本书由以下项目资助

国家自然科学基金重大研究计划"黑河流域生态-水文过程集成研究"项目
"黑河流域生态系统结构特征与过程集成及生态情景研究"（91425301）
第二次青藏高原综合科学考察研究专题"土壤质量变化及其对生态系统的影响"
（SQ2019QZKK1606）

"十三五"国家重点出版物出版规划项目

黑河流域生态-水文过程集成研究

黑河流域植被格局与生态水文适应机制

李小雁　郑元润　王彦辉　孙　阁　王　佩　高光耀　等　著

科学出版社　龙门书局

北　京

内 容 简 介

本书在集成黑河流域前期研究成果的基础上，采用野外调查、实验观测、遥感解译、模型模拟和情景分析等方法，编制全流域1:10万植被类型图，构建黑河流域生态水文参数集，制订全流域生态情景集，揭示黑河流域植被空间分布格局与多尺度生态适应性，评估黑河流域水资源与生态需水现状及存在的问题，提出黑河流域生态安全和社会经济可持续发展的政策建议，可为黑河流域生态水文综合模型构建和管理决策提供科学支撑。

本书可供地理、生态、环境、水资源、农业等领域科技工作者、大专院校师生和流域管理者阅读。

审图号：GS(2019)5275号
图书在版编目(CIP)数据

黑河流域植被格局与生态水文适应机制 / 李小雁等著. —北京：龙门书局，2020.1
（黑河流域生态-水文过程集成研究）
"十三五"国家重点出版物出版规划项目　国家出版基金项目
ISBN 978-7-5088-5647-6

Ⅰ. ①黑… Ⅱ. ①李… Ⅲ. ①黑河-流域-植被-研究 ②黑河-流域-区域水文学-研究　Ⅳ. ①Q948.15 ②P344.24

中国版本图书馆 CIP 数据核字（2019）第 211498 号

责任编辑：李晓娟　周　杰　王勤勤 / 责任校对：樊雅琼
责任印制：肖　兴 / 封面设计：黄华斌

科学出版社　龍門書局　出版
北京东黄城根北街16号
邮政编码：100717
http://www.sciencep.com

中国科学院印刷厂 印刷
科学出版社发行　各地新华书店经销

*

2020年1月第　一　版　　开本：787×1092　1/16
2020年1月第一次印刷　　印张：16 1/2　插页：2
字数：400 000

定价：218.00元
（如有印装质量问题，我社负责调换）

《黑河流域生态-水文过程集成研究》编委会

主　编　程国栋

副主编　傅伯杰　宋长青　肖洪浪　李秀彬

编　委　(按姓氏笔画排序)

于静洁　王　建　王　毅　王忠静

王彦辉　邓祥征　延晓冬　刘世荣

刘俊国　安黎哲　苏培玺　李　双

李　新　李小雁　杨大文　杨文娟

肖生春　肖笃宁　吴炳方　冷疏影

张大伟　张甘霖　张廷军　周成虎

郑　一　郑元润　郑春苗　胡晓农

柳钦火　贺缠生　贾　立　夏　军

柴育成　徐宗学　康绍忠　尉永平

颉耀文　蒋晓辉　谢正辉　熊　喆

《黑河流域植被格局与生态水文适应机制》撰写委员会

主笔　李小雁　郑元润　王彦辉　孙　阁

　　　王　佩　高光耀

委员　(按姓氏笔画排序)

　　　丁婧祎　王　帅　王亚萍　吕　达

　　　刘沛龙　李　炜　李恩贵　杨文娟

　　　肖飞艳　沈　亲　张　艳　张晓龙

　　　张萌萌　张赐成　范　昊　周继华

　　　周德成　赵文武　郝　璐　高楠楠

　　　黄永梅　黄萧霖　管天玉　潘　岑

总　　序

20世纪后半叶以来，陆地表层系统研究成为地球系统中重要的研究领域。流域是自然界的基本单元，又具有陆地表层系统所有的复杂性，是适合开展陆地表层地球系统科学实践的绝佳单元，流域科学是流域尺度上的地球系统科学。流域内，水是主线。水资源短缺所引发的生产、生活和生态等问题引起国际社会的高度重视；与此同时，以流域为研究对象的流域科学也日益受到关注，研究的重点逐渐转向以流域为单元的生态-水文过程集成研究。

我国的内陆河流域占全国陆地面积1/3，集中分布在西北干旱区。水资源短缺、生态环境恶化问题日益严峻，引起政府和学术界的极大关注。十几年来，国家先后投入巨资进行生态环境治理，缓解经济社会发展的水资源需求与生态环境保护间日益激化的矛盾。水资源是联系经济发展和生态环境建设的纽带，理解水资源问题是解决水与生态之间矛盾的核心。面对区域发展对科学的需求和学科自身发展的需要，开展内陆河流域生态-水文过程集成研究，旨在从水-生态-经济的角度为管好水、用好水提供科学依据。

国家自然科学基金重大研究计划，是为了利于集成不同学科背景、不同学术思想和不同层次的项目，形成具有统一目标的项目群，给予相对长期的资助；重大研究计划坚持在顶层设计下自由申请，针对核心科学问题，以提高我国基础研究在具有重要科学意义的研究方向上的自主创新、源头创新能力。流域生态-水文过程集成研究面临认识复杂系统、实现尺度转换和模拟人-自然系统协同演进等困难，这些困难的核心是方法论的困难。为了解决这些困难，更好地理解和预测流域复杂系统的行为，同时服务于流域可持续发展，国家自然科学基金2010年度重大研究计划"黑河流域生态-水文过程集成研究"（以下简称黑河计划）启动，执行期为2011~2018年。

该重大研究计划以我国黑河流域为典型研究区，从系统论思维角度出发，探讨我国干旱区内陆河流域生态-水-经济的相互联系。通过黑河计划集成研究，建立我国内陆河流域科学观测-试验、数据-模拟研究平台，认识内陆河流域生态系统与水文系统相互作用的过程和机理，提高内陆河流域水-生态-经济系统演变的综合分析与预测预报能力，为国家内陆河流域水安全、生态安全以及经济的可持续发展提供基础理论和科技支撑，形成干旱区内陆河流域研究的方法、技术体系，使我国流域生态水文研究进入国际先进行列。

为实现上述科学目标，黑河计划集中多学科的队伍和研究手段，建立了联结观测、试验、模拟、情景分析以及决策支持等科学研究各个环节的"以水为中心的过程模拟集成研究平台"。该平台以流域为单元，以生态–水文过程的分布式模拟为核心，重视生态、大气、水文及人文等过程特征尺度的数据转换和同化以及不确定性问题的处理。按模型驱动数据集、参数数据集及验证数据集建设的要求，布设野外地面观测和遥感观测，开展典型流域的地空同步实验。依托该平台，围绕以下四个方面的核心科学问题开展交叉研究：①干旱环境下植物水分利用效率及其对水分胁迫的适应机制；②地表–地下水相互作用机理及其生态水文效应；③不同尺度生态–水文过程机理与尺度转换方法；④气候变化和人类活动影响下流域生态–水文过程的响应机制。

黑河计划强化顶层设计，突出集成特点；在充分发挥指导专家组作用的基础上特邀项目跟踪专家，实施过程管理；建立数据平台，推动数据共享；对有创新苗头的项目和关键项目给予延续资助，培养新的生长点；重视学术交流，开展"国际集成"。完成的项目，涵盖了地球科学的地理学、地质学、地球化学、大气科学以及生命科学的植物学、生态学、微生物学、分子生物学等学科与研究领域，充分体现了重大研究计划多学科、交叉与融合的协同攻关特色。

经过连续八年的攻关，黑河计划在生态水文观测科学数据、流域生态–水文过程耦合机理、地表水–地下水耦合模型、植物对水分胁迫的适应机制、绿洲系统的水资源利用效率、荒漠植被的生态需水及气候变化和人类活动对水资源演变的影响机制等方面，都取得了突破性的进展，正在搭起整体和还原方法之间的桥梁，构建起一个兼顾硬集成和软集成，既考虑自然系统又考虑人文系统，并在实践上可操作的研究方法体系，同时产出了一批国际瞩目的研究成果，在国际同行中产生了较大的影响。

该系列丛书就是在这些成果的基础上，进一步集成、凝练、提升形成的。

作为地学领域中第一个内陆河方面的国家自然科学基金重大研究计划，黑河计划不仅培育了一支致力于中国内陆河流域环境和生态科学研究队伍，取得了丰硕的科研成果，也探索出了与这一新型科研组织形式相适应的管理模式。这要感谢黑河计划各项目组、科学指导与评估专家组及为此付出辛勤劳动的管理团队。在此，谨向他们表示诚挚的谢意！

2018 年 9 月

前　言

在全球环境变化背景下，干旱区流域综合管理与可持续发展面临严峻挑战，其中水资源的利用与管理是核心问题。流域水文过程控制着植被的分布、结构、组成及生态适应性，同时流域水文过程对气候、地形、土壤、植被等要素的变化异常敏感，其中对植被的响应尤为突出。因此，实现流域高水平综合管理与可持续发展，需要深刻理解植被空间格局、结构动态等生态过程与径流形成、蒸散消耗等水文过程的耦合作用机制，并在此基础上发展具有区域特色的流域生态水文综合模型和管理决策支持系统，而完整的植被空间分布信息、系统的生态特征参数、合理的生态变化情景是构建流域生态水文综合模型的重要基础。黑河流域是我国西北地区第二大内陆河流域，其自然环境、人类活动与流域水文的相互影响具有良好的典型性和广泛的代表性。在气候变化和人类活动的综合影响下，黑河流域上游、中游和下游都不同程度地出现了一系列生态环境问题。黑河上游山区是径流形成区，超载过牧、冰川退缩等现象在改变植被水源涵养功能的同时，也影响着中下游的用水安全、生态安全与可持续发展；黑河流域中游和下游分别为绿洲灌溉农业区和荒漠区，是流域内的水资源集中利用区和耗散区，存在荒漠化、盐碱化、绿洲萎缩等突出的生态环境问题，已引起各级政府、国际社会和科学家的广泛关注。

植被以复杂多变的结构特征影响众多水文过程，细化生态系统结构特征及其变化是理解、描述和调控植被水文作用的基础。在国家自然科学基金重大研究计划项目"黑河流域生态–水文过程集成研究"（简称"黑河计划"）的集成项目"黑河流域生态系统结构特征与过程集成及生态情景分析"（91425301）支持下，北京师范大学联合中国科学院生态环境研究中心、中国科学院植物研究所、中国林业科学研究院和南京信息工程大学，在集成"黑河计划"已有研究成果的基础上，开展了大量野外调查、实验观测和模型模拟研究，辨析了黑河流域植被空间分布格局与多尺度生态适应性，编制了全流域1:10万植被类型图，探究了主要植被结构的时空变化特征、影响因素及水文效应，建立了典型生态系统完整生态参数集，构建了上游植被结构组成变化、中游景观格局变化、下游荒漠绿洲规模变化和尾闾湖变化的全流域生态情景集，为黑河流域生态水文综合模型构建和管理决策提供了支撑。

本书共分7章。第1章简要介绍黑河流域的自然地理特征、社会经济情况和面临的主要生态环境问题，并综述生态情景集制订等的研究进展。第 2 章阐述黑河流域植被分布特征与植被图，分析影响流域植被分布的主要驱动因子。第 3 章论述黑河流域植物功能属性与生态水文参数。第 4 章论述黑河流域植被多尺度生态水文适应机制。第 5 章模拟率定黑河流域上游山区植被的分布格局，分析近 30 年来植被格局变化与气候、放牧等驱动因子的时空耦合关系，并以 1∶10 万植被现状图作为基图，改善优化动态植被模型，分析上游气候变化和人类活动共同作用下流域植被的分布格局及其结构与功能的动态响应特征与规律，制订上游生态情景集。第 6 章基于上游产水、中游耗水和输水、下游生态需水的生态水文过程机理，考虑中下游生态情景的主要影响因素，并基于历史变化分析，确定影响中下游生态系统特征的关键因素，同时建立定量关系。通过水量配置将上游、中游、下游未来情景有机联系起来，将上游出山径流与下游生态需水的差值作为中游可用水量约束，同时上游、中游、下游采用相同的未来气候情景（RCP4.5），以及综合采用数据集成、统计分析、空间制图和模型模拟等手段制订中下游生态情景集。第 7 章对黑河流域的水资源进行评价，在此基础上提出水资源优化配置对策。

　　本书由李小雁、王佩完成各章节编制与统稿工作。各章执笔人分别为：第 1 章由北京师范大学王佩、李小雁完成；第 2 章由中国科学院植物研究所郑元润、周继华、张晓龙、高楠楠完成；第 3 章由中国林业科学研究院王彦辉、杨文娟，北京师范大学黄永梅、赵文武、丁婧祎、李炜、张赐成、王佩以及南京信息工程大学郝璐联合完成；第 4 章由北京师范大学李小雁、赵文武、王佩、张赐成、李恩贵、丁婧祎、范昊、王亚萍，中国林业科学研究院王彦辉、杨文娟以及中国科学院植物研究所郑元润、周继华、管天玉、张晓龙联合完成；第 5 章由南京信息工程大学郝璐、孙阁、周德成、刘沛龙、潘岑、黄萧霖完成；第 6 章由中国科学院生态环境研究中心高光耀、沈亲、张萌萌、肖飞艳、吕达、张艳完成；第 7 章由北京师范大学王帅、中国科学院生态环境研究中心张萌萌完成。

　　植被分布格局及其生态水文适应涉及许多学科与研究领域，由于作者水平有限，书中不足之处在所难免，恳请读者批评指正。

编　者
2019 年 8 月

目 录

总序
前言
第1章 绪论 ··· 1
 1.1 研究区概况 ·· 2
 1.2 理论基础与研究进展 ··· 7
 1.3 关键科学问题和研究内容 ··· 14
第2章 黑河流域植被分布特征与植被图 ·· 16
 2.1 流域植被分布特点与1∶10万植被图 ·· 16
 2.2 植被分布模拟 ··· 19
 2.3 植被格局与影响因子分析 ··· 25
 2.4 小结 ··· 33
第3章 黑河流域植物功能属性与生态水文参数 ··· 34
 3.1 植物功能属性与生态水文参数指标体系 ·· 34
 3.2 黑河上游主要植被的时空变化特征与生态水文参数 ··································· 37
 3.3 黑河中下游荒漠植被的生态水文参数与植物功能属性 ································ 45
 3.4 黑河荒漠河岸林的生态水文参数及时空变化特征 ······································ 62
 3.5 小结 ··· 71
第4章 黑河流域植被多尺度生态水文适应机制 ··· 72
 4.1 黑河流域上游植被对山地环境的适应 ·· 72
 4.2 青海云杉林的生态水文适应机制 ·· 83
 4.3 黑河流域荒漠植被生态水文适应性特征 ·· 101
 4.4 黑河流域河岸林植被生态水文适应特征 ·· 135
 4.5 小结 ··· 156
第5章 植被格局驱动因素与未来情景 ·· 157
 5.1 研究方法 ··· 157
 5.2 研究结果 ··· 164
 5.3 小结 ··· 187

第 6 章 黑河中下游生态系统变化特征与未来情景 ············· 189
  6.1 研究方法 ············· 189
  6.2 中游土地利用和景观结构变化特征与驱动因素 ············· 196
  6.3 中游植被盖度变化特征与归因分析 ············· 206
  6.4 下游植被覆盖变化特征与生态需水 ············· 210
  6.5 中游土地利用情景模拟 ············· 217
  6.6 下游荒漠绿洲生态情景 ············· 219
  6.7 尾闾湖生态情景 ············· 222
  6.8 小结 ············· 225

第 7 章 流域水资源适应性管理 ············· 226
  7.1 黑河流域水资源管理历程 ············· 226
  7.2 黑河流域社会生态系统结构演变与适应性管理 ············· 239

参考文献 ············· 244

索引 ············· 255

第1章 绪 论

黑河流域为我国第二大内陆河流域,位于我国西北干旱区(界定范围为 97.71°E~102.07°E,37.82°N~42.66°N)。黑河发源于青海省祁连山的冰川和积雪覆盖地带,途经张掖、临泽、金塔,最后汇入额济纳旗的居延海。流域南边为祁连山脉,北边为荒漠戈壁与绿洲农田。流域内地形错综复杂,生态系统类型多样,分布有高山冰川、高寒森林、高寒草甸、绿洲农田、戈壁荒漠等多种景观类型。按自然环境特点以及海拔等因素可以划分为上游、中游、下游三部分,流域总面积为 142 900km²,东西宽约为 400km,南北长约为 500km。流域地势表现为从南到北海拔逐渐降低。流域上游为产流区,中游和下游为水资源消耗区(图 1-1)。

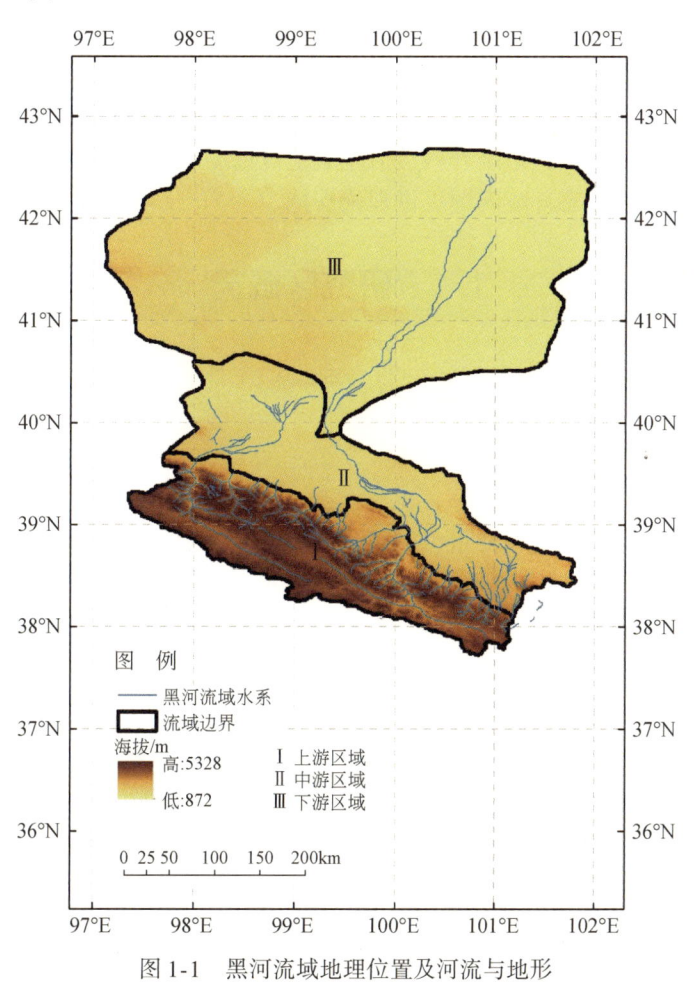

图 1-1 黑河流域地理位置及河流与地形

由于气候变化和人类活动耗水日益增加等，流域水资源较为短缺，其上游、中游及下游区域之间，生产、生活、生态之间用水矛盾突出，生态需水被大量占用，由此产生诸多的生态环境问题，需要各区域、各部门间科学管理、分配与调度水资源，以实现各区域、各部门间的协调与发展。由于传统的水文学研究难以解决流域出现的诸如此类的新问题，生态与水文过程的耦合研究日益引起国内外学者的关注（王根绪和程国栋，2000；Li et al.，2017），亟待开展黑河流域生态水文过程研究，为协调流域生态保护、区域经济发展、粮食安全等问题以及为全流域水资源综合治理提供科学支撑。国际地圈生物圈计划（International Geosphere-Biosphere Programme，IGBP）及联合国教育、科学及文化组织（United Nations Educational Scientific and Cultural Organization，UNESCO）、国际水文计划（International Hydrological Programme，IHP）等都将陆地植被生态过程与水文过程的耦合研究作为核心内容。国家自然科学基金重大研究计划项目"黑河流域生态–水文过程集成研究"（简称"黑河计划"）以我国黑河流域为典型研究区，从系统思路出发，通过建立我国内陆河流域科学观测–试验、数据–模拟研究平台，认识内陆河流域生态系统与水文系统相互作用的过程和机理，建立流域生态–水文过程模型和水资源管理决策支持系统，提高内陆河流域水–生态–经济系统演变的综合分析与预测预报能力，以期为国家内陆河流域水安全、生态安全以及经济可持续发展提供基础理论和科技支撑。在此背景下，需要深刻理解流域植被和水文间的相互作用及其互馈机制，揭示不同时空尺度上、不同环境条件下植被与水的相互作用关系，系统开展黑河流域植被格局以及生态水文适应机制研究，为解决流域水资源危机和生态环境问题提供理论支持。

1.1 研究区概况

1.1.1 研究区自然地理特征

(1) 气候特征

黑河流域位于欧亚大陆中心地带，由于其远离海洋，湿润的水汽团很难抵达，加上流域特殊的地形，降水稀少、空气干燥、太阳辐射强烈。流域可分为上游、中游、下游3个区域：其一为祁连山高寒半干旱区，该气候区年均气温小于6℃，无霜期为140d，年均日照时数为2600h；其二为中游河西走廊区，空气干燥、日照充足，年均日照时数大于2800h，降水稀少且主要集中在7月和8月，气温年际差异较大，为5~10℃，是农作物生长的理想区域；其三为流域下游，空气干燥，其平均相对湿度仅为35%~42%，年潜在蒸发量约为年均降水量的100倍，年均日照时数为2800~3300h，年均气温为6~10℃，无霜期为140~160d，平均风速为4.2m/s，最大风速为15.0m/s（司建华等，2008）。

黑河流域气候具有明显的东西差异和南北差异。南部祁连山区，降水量由东向西递减，雪线高度由东向西逐渐升高。中部走廊平原区多年平均降水量由东部的250mm递减到西部的50mm以下，而其多年平均蒸发量则由东向西递增，由不足2000m增加到

4000mm 以上。南部祁连山区海拔为 2600~3200m，地区年均气温为 1.5~2.0℃，年均降水量在 200mm 以上，最高可达 700mm，相对湿度约为 60%，年均蒸发量约为 700mm；海拔 1600~2300m 的地区气候较冷，是农牧业的过渡地带。中部走廊平原区光热资源丰富，年均气温为 2.8~7.6℃，年日照时数达 3000~4000h，是发展农业的理想地区。南部山区海拔每升高 100m，年均降水量增加 15.5~16.4mm；平原区海拔每升高 100mm，年均降水量增加 3.5~4.8mm，年均蒸发量减少 25~32mm。下游额济纳平原深居内陆腹地，是典型的大陆性气候，具有降水少、蒸发强烈、温差大、风大沙多、日照时间长等特点（黄友波等，2004）。据额济纳旗气象站 1957~1995 年资料统计，年均降水量仅为 42mm，年均蒸发量为 3755mm，年均气温为 8.04℃，最高气温为 41.8℃，最低气温为-35.3℃，年日照时数为 3325.6~3432.4h，相对湿度为 32%~35%，平均风速为 4.2m/s，最大风速为 15.0m/s，8 级以上大风日数平均为 54d，沙暴日数平均为 29d。受全球气候变化的影响，近 50 年来，黑河流域的气候发生了显著的变化，主要表现在气温的升高和降水量的增加。1973~2016 年，年均气温增加速率为 0.38℃/10a，且祁连山区降水明显增加，增加速率为 9.7mm/10a（王忠武等，2018）。概括来讲，黑河流域"暖湿化"趋势显著。

（2）水文水资源特征

黑河流域受地形、地貌影响，不同区域多年平均降水量在 40~500mm，且降水量按其大小可分为年降水量大于 300mm 的山区、年降水量在 100~200mm 的中游区和年降水量小于 100mm 的下游阿拉善荒漠地带。多年平均降水量的总体分布规律呈由南到北、由东向西递减趋势。多年平均蒸发量时空变化趋势与降水量呈相反变化趋势，即呈由南到北逐渐增加的趋势。黑河流域可划分为东、中、西三个子水系。其中，西部子水系为洪水河、讨赖河水系，归宿于金塔盆地；中部子水系为马营河、丰乐河诸小河水系，归宿于明花、高台盐池；东部子水系包括黑河干流、梨园河及东起山丹瓷窑口、西至高台黑大板河的 20 多条小河流，总面积为 6811km²。流域中集水面积大于 100km² 的河流约 18 条，地表径流量大于 1000 万 m³ 的河流有 24 条。黑河流域水资源由多种水体构成，包括冰川、地表水、地下水等。流域主要由上游祁连山脉的冰川融水和大气降水进行补给。冰川融水补给河川径流的量约占总流量的 5%。大气降水是河川径流的主要补给来源，其中约 77% 的河川径流被蒸发，剩余的 23% 则转化为地下水和其他形式的水资源。黑河流域包括大小支流 30 多条，多年平均径流量为 36.67 亿 m³，最大年径流量为 47.35 亿 m³，最小年径流量为 28.21 亿 m³，年径流深度为 30.0mm，径流系数约为 0.17。

黑河流域水资源具有以下特征：①河川径流形成、利用、消失区域特征明显，流域地表水和地下水转换频繁。上游祁连山区降水较多，又有冰川融水补给，是黑河径流形成区。祁连山出山口以上径流量占黑河天然水量的 88.0%。山区径流深自山岭向山脚递减，自东向西递减，山岭径流中心位于大堵麻河上游，径流深约为 500mm，向山口逐渐减至 5mm。中游河西走廊和下游阿拉善高原南部降水少而蒸发强烈，下垫面是深厚的第四系沉积层，是良好的地下储水场所，一般强度的降水均耗散于蒸发，偶尔一次强度较大的降水也下渗补给地下水，所以基本不产流。上游来的河水在中游被大量引用，河川径流沿程减小，属于径流利用区。在中游，地表水和地下水多次转化与重复利用，成为内陆河最为独特的水文现象。河流出山后，流入山前冲积扇，一部分被引入灌溉渠系和供水系统，消耗于农业、林业的灌溉以及人畜饮用、工业用水，其余则沿河床下泄，并沿途渗入地下，补给地下水。被引灌的河水，除作物吸收蒸腾、渠系和田间蒸发外，相当一部分下渗补给了地下水，地下水以远比地面平缓的水面坡度向前运动，在细土平原一带出露成为泉水，或者再向前回归河流，或者再被引灌，连同打井抽取的地下水，再进行一次地表水和地下水转化。在中游非灌溉引水期的12月至次年3月，由于前期灌溉水回归河道，正义峡断面的径流量较莺落峡断面大2.5亿~3.0亿 m³。水资源多次转换并被多次重复利用的同时，也增加了无效消耗的次数和数量。最下游河流尾闾附近，地下径流和余留的河川径流以土壤潜水层蒸发和流入居延海水面蒸发的形式，为尾闾地区生态所消耗，属于径流消失区。②河川径流以降水补给为主。黑河流域源头分布有大小冰川100km²，估计冰储量27.5亿 m³，但其径流量以降水补给为主。河川径流受冰川补给的影响，径流年际变化相对不大，年径流变差系数为0.15左右。③径流年内分布较为集中。10月至次年2月为径流枯水期，莺落峡站该时期径流量占年径流量的17.4%；从3月开始，随着气温的升高，冰川融化和河川积雪融化，径流逐渐增加，至5月出现春汛期，3~5月径流量占年径流量的14.8%；6~9月降水最多，而且冰川融水也多，其径流量占年径流量的67.8%，其中7~8月径流量占年径流量的41.6%（Gao et al., 2016; Li et al., 2018）。

（3）地形地貌

黑河流域在大地构造上大体可分为祁连山造山带（高山区）、阿拉善地块（即阿拉善高原）和北山构造带（低山丘陵区）及河西走廊拗陷盆地。该区域新生代以来的区域沉积、建造及地下水的赋存与运动由全新世地质构造运动控制，中生代以来，明显进入以强烈的差异性断块运动为主的构造运动期。黑河流域上游、中游与下游具有不同的地貌成因和形态，中上游地貌根据成因和形态特征可分为三种基本类型，包括强烈褶皱断块隆升的高山、断块隆升的中高山、褶皱断块低山等组成的山地，由震荡上升并被水流割切的梯状高平原、构造-剥蚀作用形成的低山丘陵等构成的准平原，以及由冲洪积和洪积砾石戈壁平原、冲洪积细土平原及风积平原等组成的走廊平原区。中生代地质构造运动奠定了下游地区地貌的基本格架，近期干旱气候的风化剥蚀作用塑造了现代地貌形态，从成因角度可划分为三种类型，分别是由低山丘陵、准平原组成的构造剥蚀地貌，由冲洪积平原、冲湖积平原、湖积平原、洪积倾斜平原等组成的堆积地貌，以及由固定半固定、垄状、波状及复合式沙丘及其他风蚀地貌组成的风成地貌，其中堆积地貌和风成地貌是主要地貌类型（苏琦等，2016）。

（4）土壤特征

黑河流域由于地形地貌复杂以及气候类型多样，形成多种类型的土壤系统，可划分出有机土、人为土、干旱土、盐成土、潜育土、均腐土、雏形土和新成土8个土纲，涵盖了12个亚纲、25个土类、43个亚类、129个土族和208个土系。流域祁连山地受山地气候、地形和植被影响，土壤具明显的垂直带谱，土壤涉及有机土、干旱土、潜育土、均腐土、雏形土和新成土6个土纲，主要有纤维永冻有机土、半腐永冻有机土、普通钙积正常干旱土、简育正常干旱土、简育滞水潜育土、寒性干润均腐土、草毡寒冻雏形土、潮湿寒冻雏形土、暗沃寒冻雏形土、简育寒冻雏形土、简育干润雏形土、寒冻正常新成土、寒冻冲积新成土、干旱正常新成土14个土类。黑河流域中游河西走廊地区土壤涉及人为土、干旱土、盐成土、均腐土、雏形土和新成土6个土纲，主要有灌淤旱耕人为土、钙积正常干旱土、石膏和简育正常干旱土、干旱正常盐成土、灌淤干润雏形土、底锈干润雏形土、干旱砂质新成土、干旱冲积新成土、干旱正常新成土等13个土类。黑河流域额济纳旗境内，土壤分布与中游相似，涉及干旱土、盐成土、雏形土和新成土4个土纲，包括4个亚纲，主要有钙积正常干旱土、盐积正常干旱土、石膏正常干旱土、简育正常干旱土、潮湿正常盐成土、干旱正常盐成土、淡色潮湿雏形土、干旱正常新成土8个土类。由于下游土壤表层长期积聚着可溶性盐类，土壤呈碱性，pH为7.97~9.35。

（5）植被特征

流域内植被在垂直和水平方向上呈规律性变化。黑河流域上游由山地森林、高寒草甸、高寒灌丛以及高寒荒漠等植被类型构成。上游祁连山区植被属温带山地森林草原，生长着呈片状、块状分布的灌丛和乔木林，垂直带谱极其明显，东西山区稍有差异，由高到低，依次分布：①高山垫状植被带，分布在海拔3900~4200m的高山带流石滩上；②高山草甸植被带，分布在海拔3600~3900m，由矮草型的蒿草高寒草甸和杂类草高寒草甸等组成；③高山灌丛草甸带，阳坡分布在海拔3400~3900m，阴坡分布在海拔3300~3800m，由常绿革叶杜鹃灌丛、落叶阔叶高山柳灌丛和金露梅矮灌丛等植被类型组成；④山地森林草原带，阳坡分布在海拔2500~3400m，阴坡分布在海拔2400~3400m，是祁连山区森林主要分布带，主要树种为青海云杉、祁连圆柏，此植被带对形成径流、调蓄河流水量、涵养水源有着非常重要的作用；⑤山地草原带，阳坡分布在海拔2300~2600m，阴坡分布在海拔2200~2500m；⑥荒漠草原带，主要分布在中部低山带，海拔1900~2300m，主要呈现出由超旱生小灌木、小半灌木组成的草原化荒漠景观。流域中下游地区以荒漠植被为主体，其分布面积占全流域面积的73%，其中零星分布着河岸林、草原以及人工林等植被类型。中下游地带性植被为温带小灌木、半灌木荒漠植被。中游山前冲积扇下部和河流冲积平原上分布有灌溉绿洲农作物和人工林，呈现以人工林为主的绿洲景观，是我国著名的产粮基地。中下游主要的天然荒漠植被包括红砂、泡泡刺、梭梭、盐爪爪；荒漠河岸林植被以胡杨林和多枝柽柳灌丛为主体，还有沙枣、苦豆子、沙棘等。

1.1.2 社会经济情况

（1）行政区划

黑河从发源地到居延海全长821km，横跨三种不同的自然环境单元，北部与蒙古国接壤，东部由大黄山与武威盆地相连，西部由黑山与疏勒河流域毗邻。黑河流域自上游至下游分属三省（自治区），上游属青海省祁连县，中游属甘肃省山丹县、民乐县、张掖市、临泽县、高台县、肃南裕固自治县（简称肃南县）、酒泉市等，下游属甘肃省金塔县和内蒙古自治区额济纳旗10个行政区域。

（2）人口状况

人是社会发展的推动力，是经济活动的主体，人口总量可以衡量人口资源。由于黑河流域内城市数量少、规模小，人口主体主要分布在沿交通干线分布的绿洲地区，呈明显的带状分布。总的来看，流域内人口密度比较低，且分布极不均匀。人口居住在水资源相对丰富的中游地区。2012 年人口统计表明，黑河流域总人数为 2 133 932 人，其中农业人口占比较大，占到总人口数的 71.4%。人口最多的是甘州区，总人口达 51 万人，其中乡村人口为 35 万人。上游的祁连县和下游的额济纳旗人口稀少，分别为 5 万人和 2 万人。上游地区包括祁连县大部分和肃南县部分地区，以牧业为主，人口为 88 208 人；中游地区包括山丹、民乐、张掖、临泽、高台等县（市）及肃州区，属灌溉农业经济区，人口为 1 875 550 人；下游地区包括金塔县部分地区和额济纳旗，人口为 170 174 人。

（3）经济发展

黑河流域的经济发展比较落后。2012 年黑河流域生产总值达到 547.569 亿元，人均生产总值近 25 660 元，基本达到了小康水平。产业结构相对合理。流域内各地区经济发展极不均衡，地区间差异很大。产业结构中，第一产业占比最高的是高台县，占到 45.6%，最低的是额济纳旗，仅占 5.17%。第一产业是黑河流域国民经济的基础。黑河流域虽然处于干旱半干旱区，但第一产业产值在国民经济中占比仍很大。流域内第一产业产值最高的是甘州区，为 33.17 亿元，肃州区第一产业产值达 22.83 亿元。工业是黑河流域国民经济的支柱。祁连县的第二产业产值最低，为 1.6 亿元。从产业结构的角度分析，嘉峪关市的第二产业产值所占的比例最高，第二产业产值达 220.21 亿元，远超其他地区。其中祁连县的第二产业产值占比最低。服务业发达是现代化的标志，黑河流域的服务业发展有所提升，肃州区的第三产业产值在黑河流域是最高的，为 59.73 亿元。除甘州区、山丹县和金塔县外，其他地区还是以第二产业所占比例为主。

（4）土地利用

黑河流域土地利用类型主要包括七种：农田、林地、草地、水体、建筑用地、湿地和沙漠。据 2011 年的土地利用调查数据，沙漠占地最多，约为 60.7%，农田约为 22.3%，林地为 1.4%，草地为 9.7%，水体为 2.9%，建筑用地为 1.5%，湿地为 1.5%。土地利用变化监测表明，2000~2011 年农田扩张较为明显，水体环境表现为先收缩后恢复（Hu et al.，2015）。

1.1.3 生态环境问题

在气候变化和人类活动的综合影响下，黑河流域上游、中游和下游都不同程度地出现了生态环境问题。黑河上游山区是径流形成区，超载过牧、冰川退缩等现象在改变其植被水源涵养功能的同时，也影响着中下游的用水安全、生态安全与可持续发展。黑河中游和下游分别是绿洲灌溉农业区和荒漠区，是流域内的水资源集中利用区和耗散区，存在荒漠化、盐碱化、绿洲萎缩等突出的生态环境问题（程国栋等，2006）。在诸多生态环境问题中，植被退化和湖泊等水环境变化成为亟待解决的生态环境问题。

(1) 植被退化

黑河流域是典型的山地-荒漠-绿洲系统，上游祁连山区是径流形成区，分布有高山稀疏植被和高寒草甸。山地森林和山地草原可维持基本的水分平衡，具有维持生物多样性、保持土壤、固碳等重要的生态功能。然而随着气候变化及人类活动加剧，产生了诸如超载过牧、冰川退缩等环境问题，进而对上游森林生态水文过程产生影响，导致其水源涵养功能不确定性增加。流域上游产水及可利用水量改变的同时，也影响着中下游的用水安全、生态安全与可持续发展。黑河中游和下游是荒漠绿洲区，中游绿洲为人类活动强度最大的区域，以农田、防护林和城市生态系统为主，也是流域内的水资源集中利用区和耗散区，存在盐碱化、荒漠化等突出的生态环境问题。除此之外，如何在水资源约束下，优化农田发展规模及结构调整成为中游农业发展亟待解决的问题。下游荒漠绿洲和尾闾湖完全依赖中上游的水分供应，在气候变化和人类活动影响下，一度出现绿洲萎缩和尾闾湖干涸等问题，使下游生态环境恶化，造成了胡杨林大片死亡。在全球气候变化和放牧影响下，下游大面积分布的荒漠灌丛也进一步退化，成为中下游重要的生态环境问题之一。如何保持下游的植被及尾闾湖的生态用水成为该地区可持续发展的核心问题。

(2) 湖泊等水环境的变化

20世纪50年代以来，中游地区农业生产持续扩张，对水资源大规模开发利用，挤占下游生态用水，使得下游环境持续恶化，表现为河道断流、胡杨林大片死亡、居延海干涸。1992年以来，国家实施了一系列分水方案及对生态工程进行了抢救性恢复。特别是2000年，国家开始实施黑河甘蒙跨省级调水，至2014年累计向下输水156.27亿m³，占黑河来水的57.33%。黑河流域水资源综合调度与管理使得东居延海自2004年以来连续多年不干涸，水域面积近年来能达到50km²以上。额济纳旗核心绿洲生态恶化状况初步得到缓解，地下水位有所回升。如何持续解决目前面临的水资源短缺并保持湖泊生态环境生态需水成为亟待解决的问题。

1.2 理论基础与研究进展

在全球环境变化背景下，干旱区流域的综合管理与可持续发展面临严峻挑战，其中水资源的利用与管理是核心问题。流域水文过程控制着植被的分布、结构、组成及生态适应性，同时水文过程对气候、地形、土壤、植被等要素的变化异常敏感，其中对植被的响应尤为突出（赵文智和程国栋，2001a，2001b）。植被以复杂多变的结构特征影响水文与生物地球化学过程，在诸多时空尺度上，植被的生长动态和自然的水文循环过程相互作用、相互影响，从而将诸多生态过程和水文过程紧紧地耦合在一起。一方面，可获取的水分多少影响植被的生理生态特征，进而控制植被的分布格局及其功能。另一方面，植被又直接或间接地调控生态系统的水分、能量及营养物质循环。细化植被格局及其内在的生态水文适应机制是理解、描述和调控植被及其生态功能的基础。因此，实现流域高水平综合管理与可持续发展，需要深刻理解植被空间格局、结构动态等生态过程与径流形成、蒸散消耗等水文过程的耦合作用机制，以及未来可能的生态情景，并在此基础上发展具有区域特色的流域生态水文综合模型和管理决策支持系统。然而，在生态水文模型构建中，存在缺少对中间过程的理解和控制而导致"异参同效"的超参数化等问题，还存在缺乏精细的流域植被分布格局、植被的生态水文参数以及未来可能的生态情景等问题。因此，开展全流域植被分布格局、量化植被的生态水文特征参数、构建合理的生态变化情景成为构建流域生态水文综合模型，预测未来水资源变化及开展全流域综合治理的重要基础。植被与水文之间的关系涉及多个层次、多个方面，本书主要关注植被分布格局与制图、植被生态水文参数与功能属性、植被动态模拟及其生态适应性，以及未来可能的生态情景这几个方面的研究与探讨，旨在获取能够满足综合研究需求的植被分布格局、植被水平与垂直结构参数、环境变化下未来生态情景集，加强生态水文过程与植被生态适应性研究，理解植被分布格局变化对区域水文过程的影响，揭示植被对水文的影响机理，进而支撑流域生态情景设计和可持续发展规划（图1-2和图1-3）。

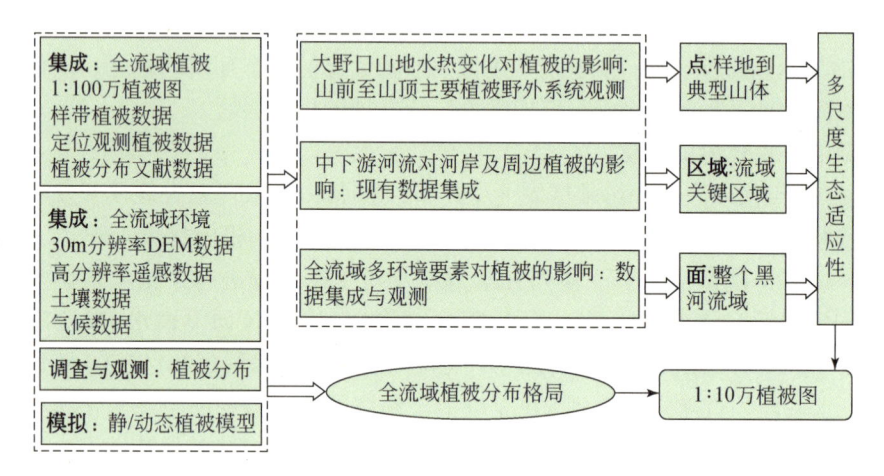

图1-2　总体研究思路与框架

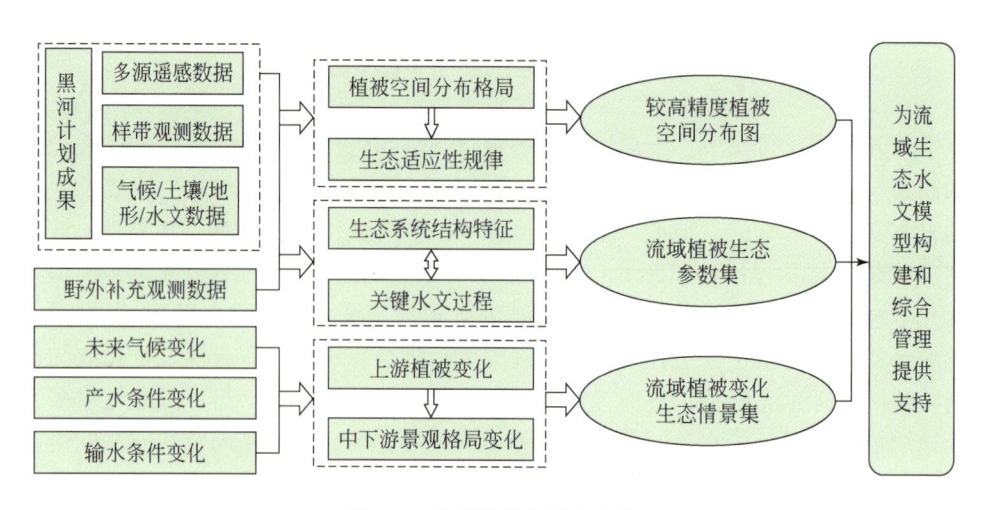

图1-3　技术路线与研究方案

1.2.1 植被生态水文参数及功能属性

植被是指一定地区中覆盖地表的植物群落的总体，是在过去和现在的环境因素及人为因素影响下，经过长期的历史发展演化的结果。植被在多个时空尺度上影响陆地生态系统的水分和能量平衡。在植被动态模型研究中，其中一个挑战性问题在于如何参数化多样性植被。在前期诸多研究中，将植被归纳为几类植物功能型，用以描述植物的分布与气候之间的关系，并广泛地应用于生物地球化学模型与植被动态模型[如动态全球植被模型（dynamic global vegetation model，DGVM）]。人们普遍认为，相同的功能型组植被具有相似的生态水文参数（如植被物候、生产力、生理生态参数）。然而，近年来基于植物功能型方法也遭到了诸多的质疑（Pappas et al., 2015），并提出了基于植物功能属性来进行植被分类的方法，可以更好地描述植被对水文的响应，认为具有类似响应特征的植被，其功能属性较为一致，并可以归纳为一类，较 PFT 能够更好地描述其生态水文功能。因此，基于全流域尺度植被群落的广泛调查，筛选并确定流域典型植被类型，构建典型植被类型生态水文参数集对于描述植被格局及其生态水文过程具有重要的作用。

（1）生态水文参数及植物功能属性

植物功能属性空间分布的表达和植物生态水文参数集对于研究生态水文过程非常有意义。在众多的植物属性中，与植物定植、存活、生长和死亡紧密相关的一系列核心植物属性称为植物功能属性（或植物功能性状），可用来解释植物个体、种群、群落和生态系统的生态功能（黄永梅等，2018）。一方面，具有相同功能属性的植物可以采用相似的生态参数来表达，如森林、灌丛及荒漠植被。同一植被类型具有类似的功能属性，可以用生态参数来描述该类型植被以及对水分的调控作用。另一方面，植物属性随着环境梯度会发生变化。植物功能属性在环境梯度上分化，会产生生态水文分异规律，如不同的生态系统（高寒草甸、森林、灌丛及草原）对气候变化的响应各异，对外界环境变动及干扰具备不同的适应力及恢复力，且具有一定的生态阈值。当气候变化或发生干旱时，不同生态系统的记忆效应各异，且恢复力存在较大的差别。在有限的环境压力下（小于其生态阈值），生态系统具备对抗外界扰动的"弹性"和自我修复的能力，而超出了生态阈值，系统将不可逆转。因此，识别不同生态系统的生态阈值尤为重要。另外，植被对气候变化的响应需要一定的时间，并存在一定的时滞效应，不同植被类型时滞效应各异。在日益剧增的环境压力下，生物多样性的降低日益显著，识别关键物种（对生态系统功能具有决定性影响）并加以保护是亟待解决的问题。

对于陆地生态系统而言，生态水文过程关注以地表径流为主的水平通量和以蒸散、入渗、渗漏、土壤水分等为主的垂直通量变化及其影响机制，以及由这些通量变化引起的生态和水文过程的变化。影响上述水文过程的植被参数包括空间分布格局（分布面积、海拔、坡度等）、群落结构特征（盖度、叶面积、生物量、根系形态等）、生理生态特征（气孔导度、根系吸水能力等）等。研究表明，随着植被盖度增加，尤其是森林植被盖度增加，土壤的入渗和储水能力增大，地表径流减少，且植被蒸散耗水增加，从而导致总产流量降低。干旱区植被多呈斑块状不连续分布，以往研究主要关注植物长期形成的独特水分适应机理和水分胁迫响应对策，但对植被与土壤之间的水文过程关系了解还较为初步。荒漠生态系统有着独特的降水再分配过程，其植物生长不但可以对地表水和表层土壤水的赋存及运移产生影响，还可以作用于深层土壤水和地下水，不同荒漠植物之间也存在显著差异。在干旱区，大部分降水用于蒸散耗水（植被截持、植被蒸腾和土壤蒸发），植被结构直接影响蒸散的大小和组成（植被截持、蒸腾比），植被盖度增加使降水截持和蒸腾耗水增大，但土壤蒸发减少，总蒸散量非线性升高。因此，不同生态系统的植被特征与水文过程的相互作用各不相同，对植被特征参数进行精细刻画，量化其与生态水文过程之间的关系，揭示生态系统结构的水文影响规律，是干旱区水量平衡和水分管理研究的关键。

（2）黑河流域相关研究

黑河流域从上游山地至中下游绿洲和荒漠及河岸林，植被类型多样化。阐述生态–水文之间的相互作用，需要多尺度、多要素的生态水文参数描述植被、水文以及相互作用过程。在国家自然科学基金重大研究计划项目"黑河流域生态–水文过程集成研究"的集成项目"黑河流域生态系统结构特征与过程集成及生态情景分析"支持下，已有诸多研究阐述上游森林、中游农田以及下游河岸林的生态水文参数。但是先前研究多是单要素、单过程的生态水文参数描述，缺乏流域尺度系统的、基于结构–过程–功能的生态水文参数集，这制约着对流域总体植被格局动态与水文过程的认识。因此，需从全流域整体出发，基于结构、过程及功能的参数集刻画流域典型植被类型，进而提高流域生态–水文–经济集成模型对生态水文过程的刻画和模拟结果的准确性。

1.2.2 植被分布格局及其模拟与监测

植被分布格局是指植被中各群落的空间分布与相互作用。目前植被分布格局研究由静态植被模型模拟向动态植被模型模拟与遥感分析相结合的方向发展，植被制图是植物分布格局研究的重要手段，是植被研究成果的简明生动的表示方式，区域植被分布格局与制图研究需要理解植被生态适应性，在深入认识植被空间分异规律的基础上实现较高分辨率植被制图与生态情景制订。

（1）植被分布格局及其影响因素

植物对环境的长期适应，伴随环境变化逐渐形成与之相适应的植物群落，进而导致区域植被分异（中国科学院中国植被图编辑委员会，2007）。植被分布研究从最初的植被分类逐渐发展到全球植被分布格局与环境的关系，并成为植物生态学的重要内容，其中气候是决定全球植被分布的主要因素，土壤或地形地貌是影响植被小尺度分布的重要因素。我国学者采用上述模型开展了大量植被分布格局研究，但这些大尺度植被格局不能直接应用于黑河流域植被格局分布研究，特别是人类活动（如放牧或土地利用变化等）较为剧烈的区域。黑河流域植被格局是气候、地形、土壤以及人类活动等诸多环境因素综合作用的结果。黑河流域植被格局分布区域化非常明显，上游多森林植被，植物多样性高，植物群落间存在竞争、死亡等，且受到放牧、间伐以及土地利用变化等人类活动的影响；中游存在众多人工植被，如农田；中下游广泛分布荒漠植被，呈斑块状不连续分布，该分布特征或许可用自组织原理等理论来解释；下游分布诸多河岸林植被，与地下水之间存在诸多关联。因此，阐述黑河流域植被分布格局及影响驱动力仍需要开展大量精细的研究。

（2）植被分布格局与动态特征

1）植被类型分布及动态特征。提到术语"植被动态"，根据上下文，可能有不同的含义。植被对陆地表面与大气之间的物质、能量和动量交换起到重要的控制作用，能在不同的时间和空间尺度上对气候产生显著影响。植被在任何尺度的一切时空变化称为植被动态。在诸多的陆地生物圈模型研究中，植被动态模型用于指代植被类型（如 PFT 或物种）在空间的分布和时间上的物候变化。也就是说，植被动态是指植物从建立到死亡的一系列过程，现实中干扰活动会修正植被类型的空间分布和时间动态。有些文献中，植被动态可以简单地指代植被演替过程，但没有关联到植被结构和功能，如光合作用、呼吸作用或气孔导度。在诸多生态水文模型文献中，植被动态通常是指模型预测模拟植被属性，如叶面积指数（leaf area index，LAI）、根密度、碳分配等的过程。本书主要采用植被动态模型用于指代植被类型（如 PFT 或物种）在空间的分布和时间上的物候变化。

2）植被类型分布及动态特征的研究方法。目前，植被空间分布研究主要采用的方法包括样方-样线法、遥感技术与 GIS 技术结合的方法以及植物机理动态模型和空间统计模型的方法。传统的样方-样线法，依托大量的野外实地调查工作来得到样点的植被信息，需要耗费大量时间和劳动力，但是获取数据较为准确。而研究区中很多地方不可达，通常情况下仅适用于小空间尺度的研究。20 世纪 70 年代以来，遥感技术与 GIS 技术在植物信息提取和分类等方面都得到了很大发展。高精度、高分辨率和高光谱遥感技术通过监测植被结构信息与分析植被指数来进行植被类型判别，具有速度快、稳定高等特点，提高了识别和分类的精度。随着统计方法的发展，人工神经网络（ANN）模型、广义增强模型（GBM）、随机森林（RF）模型、决策树分析（CTA）模型、广义线性模型（GLM）和广义相加模型（GAM）等也是分析植被空间分布的重要方法（周勋等，2017），可以较好地模拟植被分布格局，辨识主要驱动力。然而，这些方法缺乏对机理过程的理解，因此基于机理模型耦合水、碳及营养物质的循环来模拟植被分布，成为辨析植被分布机理与过程的方法。基于以上多种方法开展植被分布格局及动态研究分析与比对，有助于提高对流域植被格局分布及生态水文适应性机制的理解。

（3）植被动态模型模拟

植被分布格局研究已从最初的定性描述发展到模型模拟研究，早期的植被分布格局模型多为统计模型，是依据气候界线与植被分布密切相关的概念建立起来的，如气候-植被分类的霍尔德里奇（Holdridge）模型、Troll 和 Paffen 分类方案、惠特克（Whittaker）分类方案等。随着对影响植物光合、蒸腾、生长与更新演替等机理过程的深入研究，逐步发展了一系列机理模型来模拟植被分布，如 MAPSS、LPJ、MC 等模型。根据植被分布是否可变又分为静态植被模型和动态植被模型，静态植被模型仅考虑气候与植被间的相关性，不能模拟植被动态；而动态模型则加入了植被对气候的反馈与调节，根据生理、形态、物候和干扰响应属性及气候限制因子来定义 PFT，实现了植被分布格局及结构与功能的动态模拟。我国学者采用上述模型开展了大量植被分布格局研究，但要将这些大尺度植被格局模型用于黑河流域植被分布的精细刻画仍需开展大量研究。除此之外，植被受到人类活动（如放牧、土地利用变化）的影响，如何耦合人类活动影响来刻画植被格局仍面临诸多挑战与不确定性。

（4）植被分布格局与变化遥感监测及应用

由于植被动态具有显著的时空变化等特征，在依靠传统的地面样方实测估算的方法基础上，探讨利用遥感资料估算大面积的植被动态的方法已成为当前建立全球及区域气候、生态模型的基础工作之一。利用遥感数据提取的植被物候格局分布及时空变化特征能很好地反映区域尺度上植被对全球变化的响应。基于遥感技术可开展植被-水文相关的监测，如基于荧光遥感监测反演植被的光合作用，基于热红外波段监测植被蒸腾，基于微波技术（如LIDAR、SAR）监测植被结构及储水量等属性。归一化植被指数（normalized difference vegetation index，NDVI）及其衍生数据（如植被盖度、叶面积指数、物候）是许多全球及区域气候数值模型中所需的重要信息，成为描述植被分布格局、监测植被物候特征的重要手段和基础数据。

植被制图是以植物群落为主要对象进行专题地图编制的研究。自1854年德国学者完成第一幅植被图以来，研究人员已逐步完成了全球植被图及多个国家不同尺度的植被图。植被图是以反映植物群落为主要对象的专题地图，是植被生态学研究的重要内容。它是一个地区植被研究成果的具体表现和全面概括，是国家和地区的基础资源数据，广泛应用于植被与环境关系研究、植被动态监测、土地利用规划、环境管理、自然保护区及农林业管理等领域（中国科学院中国植被图编辑委员会，2007）。传统植被制图以实际调查资料为主，随着遥感技术的快速发展，遥感数据逐渐成为植被制图的关键数据。我国的植被制图工作始于20世纪50年代，随后逐步出版了《中华人民共和国植被图》（1：400万），2007年出版了《中华人民共和国植被图1：1 000 000》及数字化版本。《中华人民共和国植被图1：1 000 000》是我国大尺度研究最常用的植被图，对于数据缺乏的西部地区是可获得的精度最高的植被图，但它是小比例尺植被图，在区域及较小尺度研究时精度较低，无法满足流域尺度相关研究需求。在黑河流域，已经开展了一些基于遥感的生态区划、土地利用以及特定植被类型等制图，但仍缺乏流域高精度植被图。综合传统的实地调研、遥感监测与模拟多种手段与技术，综合编制《黑河流域1：10万植被图》，可为构建流域生态水文综合模型提供更精确的植被数据，也可为后续生态、环境、水资源研究及管理提供基础数据。

1.2.3 生态适应性

（1）植被生态适应性

生态适应性是生物随着环境生态因子变化而改变自身形态、结构和生理生化特性，以便于与环境相适应的过程。生态适应是生态学中古老而永恒的命题，早在1859年达尔文就根据生物自然选择和适应的大量例证，提出"适者生存"的概念。生态适应是在长期自然选择过程中形成的，在不同尺度中表现形式各不相同，如植物个体形态、生理特征，植被的分布、外貌、结构、生产力对不同尺度环境的适应等。随着全球气候变化日趋明显，有关生态适应性的研究已由个体尺度扩展到植物群落尺度及植被对变化环境的适应方面。研究表明，低纬度的树线高于高纬度，其范围由赤道附近的4800m降至极地的海平面附近，这种变化与植被对温度的适应密切相关。不同植物对干旱生境的适应方式也存在差异，耐旱植物通过生物量调节降低蒸腾，落叶植物通过在干旱季节的落叶降低水分消耗，非耐旱植物则最大限度利用地上与地下水分来适应干旱环境，这种差别可以很好地解释不同植物的水分梯度分布。植物会通过调节功能属性来实现其对环境的适应，而属性之间的关系变化则通过植物对资源的权衡（trade-off）来调控。最广为人知的初级权衡被称作叶片经济型谱。Wright等（2004）对全球范围内2548种植物的6种重要属性进行了分析，发现生长快速、获取资源效率高的植物往往具有较高的比叶面积和叶氮含量，以及较低的叶干物质含量，这些植物占据叶片经济型谱的一端；相反，生长缓慢、储存资源效率高的物种一般具有较高的叶干物质含量，以及较低的比叶面积和叶氮含量，它们分布在叶片经济型谱的另一端。

干旱区植被主要表现出植物对水分适应性特征，包括植物水分来源与利用效率、生理生态调节、植物功能性状对水分适应等方面。水分适应性的差异是干旱区植物重要的生态适应特征，其受植物自身功能性状（如根的分布与功能、植物导水力性、叶片气孔导度等）与外界环境水分条件的共同制约。植物通过气孔导度、叶片形态结构等调控蒸腾作用耗水来响应水分胁迫，通过茎干水力功能、根系分布与活动等来调控植物水分吸收与水分输送。此外，植物通过协调各组织器官的功能性状来最大程度地节约水分和获得水源，从而以最优化状态去适应水分胁迫环境。基于植被对干旱的响应差别，以及气孔导度随植物水势变化的敏感程度，描述植被在水势降低的条件下，植物气孔导度的反应，可将植物分为"各向同性"（isohydy）和"各向异性"（anisohydy）两种干旱适应类型。先前研究认为"各向异性"植物更能适应干旱条件，虽然受到干旱环境胁迫，但是仍然能够维持较高的气孔导度，进行光合作用（黄永梅等，2018）。植被对干旱环境长期适应的结果，表现为其植被根、茎以及叶的协同与适应进化。

（2）黑河流域植被生态适应性

黑河流域上游为山地环境，由高山森林、高寒草甸、高寒灌丛以及高寒荒漠等植被类型构成，垂直带谱极其明显。利用高精度气候数据与遥感监测和地面调查植被历史资料，建立区域静态植被模型，并以此校准动态植被模型，是理解山地植被适应性特征行之有效的方法。然而，先前的动态植被模型主要应用于较大尺度（如全球），缺乏在中国区域尤其是高海拔山区的校准和验证。黑河流域山地阳坡海拔2500~3300m，阴坡海拔2400~3300m，是祁连山区森林主要分布带，主要特有树种为青海云杉。对该特有物种的分布格局开展研究，刻画青海云杉林的适应性特征，可以更好地开展流域植被动态模拟与生态情景的制订。黑河中下游主要的天然荒漠植被包括红砂、泡泡刺、梭梭、盐爪爪等，荒漠河岸林植被以胡杨林和多枝柽柳灌丛为主体。荒漠及河岸林植被对水分的适应性是多方面、多途径的，且不同水分条件下、不同类型植物之间，其水分利用策略也具有较大差异性。尽管目前对荒漠植物水分适应与响应机制已开展了大量研究，但针对荒漠及河岸林植被适应性，以下科学问题仍不清楚。例如，不同水分条件下同种植物的水分来源是否具有明显差异？以降水或地下水为主要水源其生理生态特征是否存在显著差异？相同水分条件下不同荒漠及河岸林物种之间是否存在差异？不同荒漠植物间对降水的响应是否不同？以上问题的科学回答还需要综合开展黑河流域植被生态适应性研究。

1.2.4 生态情景集制订

情景模拟方法是通过制订若干气候变化、生态保护或社会经济发展优先或兼顾的情景，分析生态系统服务价值及作用关系的动态变化，其情景制订可通过结合生态保护规划模型、土地利用动态变化模拟模型、气候变化模拟模型等实现。黑河流域不同区域群系分布的驱动因子不同，因此流域未来生态情景集的制订因其主要驱动力而异，所使用的主要分析方法及制订因区域而异。针对黑河流域的植被分布格局及其功能特征，未来生态情景的构建采取分区辨识其主控因素，进而分区制订的原则。分区辨析过去植被变动的主要驱动力及影响因素，基于未来主要驱动力的可能变化情景，制订系列生态情景集。围绕上游植被格局与动态特征变动、中游土地利用与景观格局变动，以及下游荒漠绿洲和尾闾湖的变动，辨析其变动的主要驱动因子，结合未来主要的驱动因子（气候、土地利用、放牧、水资源分配）的变化情景，制订上游植被结构变化、中游景观格局变化、下游荒漠绿洲规模和尾闾湖变化的全流域生态情景集。以上生态情景分析提供了一种可能的方法，用于探索流域水资源供给服务随着生态情景的变化所产生的可能影响及其边际效应，为未来水资源的规划与优化管理提供决策参考与智力支持。

1.2.5 黑河流域水资源综合管理与生态保护

情景和模型能够为处理复杂的自然、人类社会及人类福祉之间的关系提供有效分析手段，因而能够极大增加在评估和决策支持中使用可获得的最优以及最大化的服务价值。结合生态情景集以及综合模型，配合黑河流域的水资源决策支持系统，可为流域满足生态需水的同时，协调优化经济、粮食及各部门对水资源的需求，实现流域的水资源供需平衡与可持续发展。本书基于黑河流域水资源与生态需水现状及存在的问题，在生态情景集及模型输出的基础上，提出黑河流域生态安全和社会经济可持续发展的政策建议，为黑河流域生态水文综合模型构建和管理决策提供科学支撑。

1.3 关键科学问题和研究内容

1.3.1 关键科学问题

（1）植被生态适应性宏观分布规律辨识

黑河流域上游山区森林和灌草植被分布与海拔、温度、降水、冰川融水及地形等因素密切相关，中下游荒漠植被与降水、地下水以及上游地表来水密切相关，不同因素之间也存在相互作用。如何有效整合遥感监测和地面调查及其他信息，理解和辨识流域植被生态适应性及其控制因素，揭示流域现有植被及其潜在空间分布规律，是绘制流域较高精度植被分布图的科学基础。

（2）植被结构动态特征及其水文影响的定量刻画

黑河流域植被类型多样、植被结构层次复杂、空间异质性大，如何定量描述异质景观的植被结构动态特征，有效刻画植被结构动态与生态水文过程的复杂作用机理，是提炼和集成反映主要生态水文过程成套植被生态参数的关键。

（3）基于生态水文过程的流域整体性生态情景制订

黑河流域上游植被结构变化受气候驱动和放牧活动影响显著，中游景观格局、下游荒漠绿洲的动态变化不仅受气候变化影响，更与上游产水、中游输水过程密不可分。然而，如何基于上游产水、中游输水、下游耗水的生态水文过程机理，综合考虑气候变化和水资源配置综合作用，合理制订上游、中游、下游的流域整体性生态情景集，是需要突破的难点问题。

1.3.2 研究内容

（1）流域植被空间分布格局与制图

整合黑河流域多源遥感数据、环境基础资料和"黑河计划"形成的生态水文样带观测数据，开展资料缺乏区域的野外补充调查和重点区域的精细观测，构建流域植被分布基础数据集；采用空间代替时间方法对代表性植被的分布格局、动态变化进行归因分析，解析流域主要植被类型对多要素环境的生态适应性；分析流域主要生态要素和植被空间分布的相互关系，探讨代表性植物群落的稳定性；在此基础上编制全流域1∶10万植被图，为流域生态水文模型提供较高精度的植被空间分布数据。

（2）流域主要植被类型生态水文过程与参数分析

在黑河流域的上游、中游、下游选定代表性植被类型和建群种以及不同环境梯度样地，定量分析生态系统的分层结构特征及其在环境要素影响下的时空变化规律，识别关键影响因素并量化相关阈值；整合代表性植被结构特征对水文过程（截留、蒸腾、蒸发、产流）影响效应的研究成果，构建黑河流域典型生态系统的完整生态参数指标体系，建立黑河流域生态参数数据库，为黑河流域生态水文综合模型建立和率定提供完整的生态参数集。

（3）流域生态情景制订与分析

基于黑河流域历史和现状植被分布的遥感监测与调查结果，分析流域生态系统宏观结构的时空变化特征与驱动因素；结合不同气候变化模式，分析未来气候变化和放牧活动对上游植被空间分布与结构的影响，制订气候变化和放牧活动综合影响下的上游植被结构变化情景；根据不同的上游来水条件，分析可利用水量约束下的中游自然植被和景观格局的变化，建立不同人工输水条件下的下游荒漠绿洲分布和尾闾湖变化情景，探讨维持生态安全的天然绿洲规模和尾闾湖面积与生态需水量；集成以上研究，形成面向未来气候变化和水资源优化配置的上游植被结构、中游景观格局和下游荒漠绿洲的生态情景集。

第 2 章 黑河流域植被分布特征与植被图

植被是一个地区植物群落的总体，其分布受气候、水文、土壤等环境因素的影响。本章以地面观测数据为主，综合各类遥感数据，分析流域主要生态要素和植被空间分布的相互关系，进行黑河流域植被制图。使用植被分布模型研究区域植被分布规律及其与环境因子的关系，使用去趋势典范对应分析（DCCA）研究环境因子对植被格局的影响，综合分析影响黑河流域大尺度植被分布格局的环境因子。

2.1 流域植被分布特点与 1∶10 万植被图

植被图是以反映植物群落为主要对象的专题地图，是一个地区植被研究成果的具体表现和全面概括，是国家和地区的基础资源数据，广泛应用于植被与环境关系研究、植被动态监测、土地利用规划、环境管理、自然保护区及农林业管理等领域（中国科学院中国植被图编辑委员会，2007）。目前最常用的中国植被分布数据为《中华人民共和国植被图 1∶1 000 000》，是数据缺乏的西部地区可获得的精度最高的植被图，但它为小比例尺植被图，在区域及较小尺度研究时精度较低，无法满足流域尺度相关研究需求。编制《黑河流域 1∶10 万植被图》，可为构建流域生态水文综合模型提供更精确的植被数据，也可为后续生态、环境、水资源研究及管理提供基础数据。

2.1.1 植被分布概况

黑河是西北地区较大的内陆河流之一，从发源区到尾闾湖泊，依次穿越了高山冰雪冻土带、山区植被带、绿洲带、下游荒漠带四个气候区，海拔梯度变化明显，地形复杂，植被类型多样，在流域范围内分布着我国 11 种植被型组中的 9 种，包括针叶林、阔叶林、灌丛、荒漠、草原、草甸、沼泽、高山植被、栽培植被。

根据《黑河流域 1∶10 万植被图》（3.0 版），黑河流域包括 9 个植被型组、22 个植被型、67 个群系（组）。其中上游、中游、下游植被分布特点如下。

黑河莺落峡以上为上游，主要位于祁连山区，植被垂直分布明显。因水热条件不同，阴坡和阳坡植被存在较大差异。冰川末端平均海拔为 4100m，雪线高度介于海拔 4400～4500m；其下为高山植被，其中，高山垫状植被主要分布于西部子流域，高山稀疏植被则广布于高海拔区，高山植被分布下限为 3900～4000m；再向下为高寒嵩草、杂类草草甸，为上游分布面积最大的植被类型；海拔 3800m 以下的阴坡分布有亚高山落叶阔叶灌丛；海拔 2800～3200m 的阴坡分布有青海云杉林，祁连圆柏林主要分布在阳坡，阴坡也有少量分布，该海拔段分布最多的为温带丛生禾草典型草原与高寒禾草、薹草草原；海拔2800m以下至中游则主要为温带丛生禾草典型草原，部分低海拔地段开始出现荒漠。

莺落峡至正义峡之间为中游，主要位于河西走廊，走廊南部靠近上游的部分地区分布有温带丛生禾草典型草原；向北随降水减少及蒸发增加，植被主要为温带丛生矮禾草、矮半灌木荒漠草原。中游的主要植被型组为荒漠和栽培植被，荒漠主要包括温带灌木荒漠，温带半灌木、矮半灌木荒漠，温带多汁盐生矮半灌木荒漠；栽培植被分布于绿洲区，为一年一熟粮食作物及耐寒经济作物、落叶果园。在部分有河流分布及地下水位较高的地段形成零星分布的寒温带、温带沼泽、温带禾草、杂类草盐生草甸。

下游从正义峡开始至额济纳旗居延海，从鼎新盆地开始形成巨大的冲积扇，主要有东居延海沼泽等一系列湖盆洼地；沿河道为温带落叶小叶疏林的主要分布区；东南部为巴丹吉林沙漠，西部为马鬃山山系，均以荒漠为主，面积最大的荒漠类型为温带半灌木、矮半灌木荒漠，温带矮半乔木荒漠，温带灌木荒漠亦占有较大面积。金塔绿洲及沿干流少数地区分布有一年一熟粮食作物及耐寒经济作物、落叶果园。下游还分布有极少量的温带草原化灌木荒漠，温带多汁盐生矮半灌木荒漠，温带禾草、杂类草盐生草甸，戈壁等。

2.1.2 制图方法

植被制图方法以地面观测数据为主，综合各类遥感数据、《中华人民共和国植被图1∶1 000 000》、气候、地形、地貌、土壤数据进行交叉验证，编制《黑河流域1∶10万植被图》[详细方法参见张晓龙等（2018）]。植被制图流程如图2-1所示。

为便于与《中华人民共和国植被图1∶1 000 000》比较，以及该图的独立性与易读性，在纸质图成图时，提供两种序号标注方式，一种是序号与《中华人民共和国植被图1∶1 000 000》严格一致；另一种是按照黑河流域的群落分布重新确定植被类型序号。黑河流域1∶10万植被图（3.0版）可从寒区旱区科学数据中心申请下载。

2.1.3 制图结果

《黑河流域1∶10万植被图》基本分类单位为群系（组），主要包含9个植被型组、22个植被型、67个群系（组），《中华人民共和国植被图1∶1 000 000》在黑河流域包含9个植被型组、20个植被型、58个群系（亚群系）。与《中华人民共和国植被图1∶1 000 000》相比，《黑河流域1∶10万植被图》共增加了2个植被型，9个群系及3个无植被地段类型，其中2个植被型为亚高山常绿针叶灌丛和一年一熟短生育期耐寒作物（无果树）。9个群系为锦鸡儿灌丛，沙地柏灌丛，唐古特白刺灌丛，芦苇盐生草甸，苦豆子盐生草甸，花花柴盐生草甸，芦苇沼泽，青稞、春小麦、马铃薯、豌豆、油菜、蜜瓜、棉花、玉米。3个无植被地段为裸露盐碱地、裸露沙漠和居民地。

通过与《中华人民共和国植被图1∶1 000 000》[图2-2（a）]对比，《黑河流域1∶10万植被图》[图2-2（b）]更好地反映了区域植被分布特征和植物群落分布边界，群系

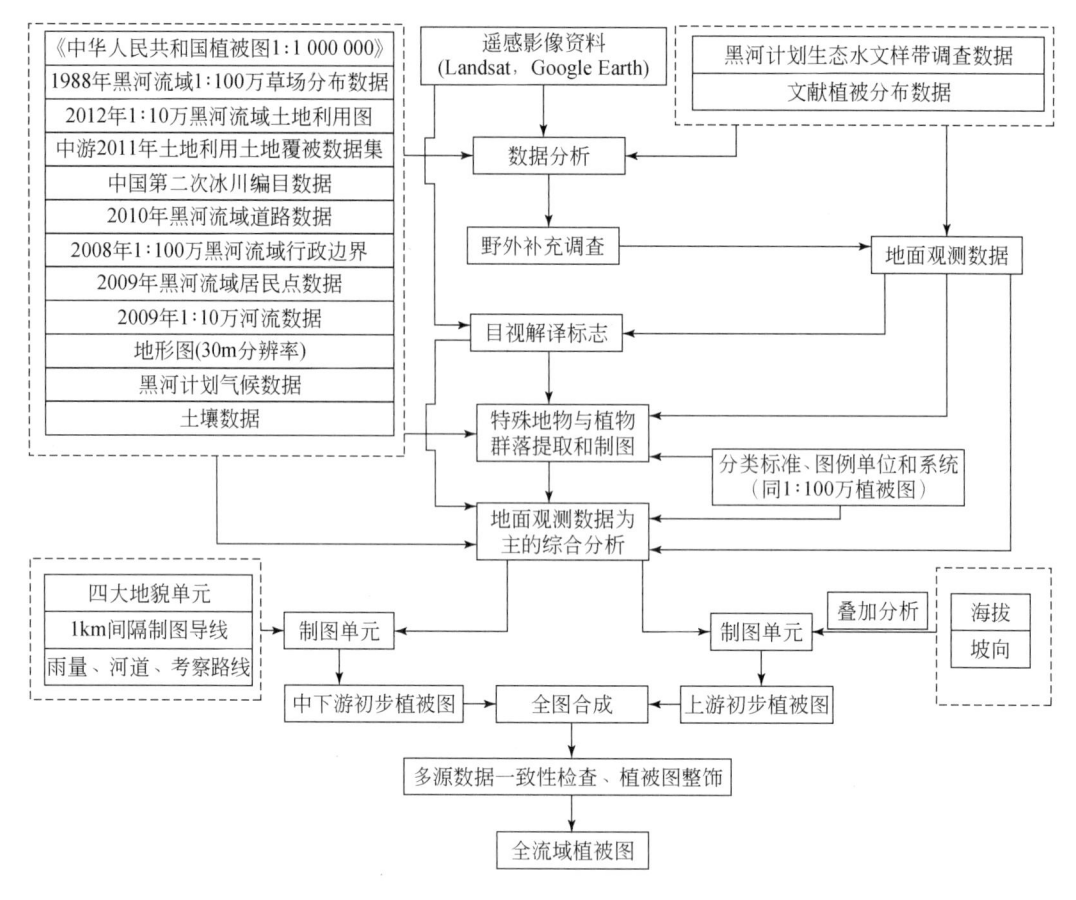

图 2-1 植被制图流程

和群系组斑块数目从 786 个增加到 13 151 个。

采用"3S"技术和野外调查结合的方法,主要优势体现在:①大量野外调查数据为主与遥感影像目视解译相结合的方法,大大地提高了植被的可解译能力,保证植被图的准确性和精度;②与传统植被制图相比,采用高分辨率遥感数据,相对准确地提取和确定了植物群落边界;③黑河上游地形地貌复杂,采用坡向和海拔作为控制因素之一,使植被图与自然条件更为吻合;④与纯遥感反演形成的植被图相比,制图准确性更高。

由于制图资料限制,《黑河流域 1∶10 万植被图》仍存在一些局限性。由于种种原因,野外考察不能覆盖所有区域,对于影像难以区分的未考察区域,植被分类存在一定不确定性。植被制图的首要任务是确定植被的空间及分布,但大多数植被边界实际上是模糊的、缓慢变化的。对于野外考察及遥感影像容易区分边界的类型,制图精度较高,而对于边界不明显,具有大范围过渡带的类型,制图精度较低。主要依据目视解译处理遥感影像,目视解译虽然费时,但在一定经验基础上分类精度高于常用的监督分类和非监督分类。研究区采用分区分类法和分层分类法虽然增加了一定工作量,但减少了不同类型间的相互干扰,提升了分类精度。

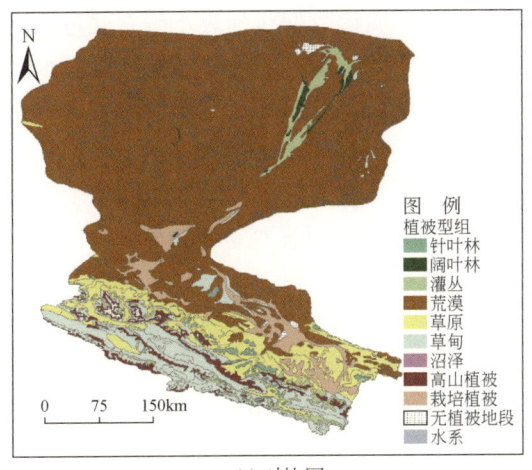

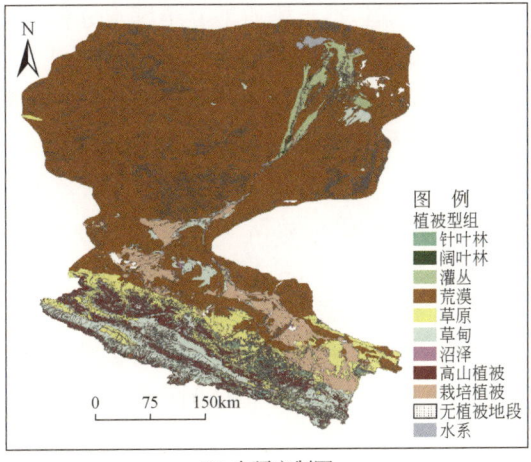

(a) 对比图　　　　　　　　　　　　　(b) 本研究制图

图 2-2　黑河流域植被图

a 引自《中华人民共和国植被图 1 : 1 000 000》；b 引自本研究所制图《黑河流域 1 : 10 万植被图》

2.2　植被分布模拟

植被分布模型使用模型映射环境变量来确定植被的地理分布，增进对植被分布规律及其与环境因子关系的理解（Franklin, 2010）。黑河上游植被模拟在黑河系列专著《高寒山区生态水文过程与耦合模拟》中已有介绍，本节仅介绍中下游植被分布模拟。黑河中下游位于河西走廊和额济纳盆地，区域海拔等因子变化较小，地表径流和地下水等是影响绿洲分布的主要因子。

2.2.1　研究方法

黑河中下游植被分布模拟使用了地形、气候、土壤等 31 个因子，用决策树、支持向量机和随机森林模型来区分中下游区域分布面积较大的 6 个植被型组、9 个植被型和 19 个群系。

(1) 地形、气候、土壤数据

地形数据使用 1000m 分辨率的 SRTM （http：//srtm. csi. cgiar. org/），由其得到海拔、坡度和坡向。河流数据下载自寒区旱区科学数据中心，将常年河流、未多年持续干涸的季节性河流缓冲 500m、1000m、2000m、3000m、5000m 来代表河流的影响。

气候数据包括温度、湿度和辐射变量。温度数据包括年均温、最暖月最高气温、最冷月最低气温、≥0℃年积温、≥10℃年积温、年均生物温度（Holdridge, 1967）。水分数据包括年均降水量、最湿季降水量、最干季降水量、干旱指数和实际蒸散量。辐射数据包括年均地面短波辐射和年均大气长波辐射。

土壤数据包括土壤质地、土壤水分和土壤养分。土壤质地数据包括表土砾石含量、表土黏土密度、表土砂土密度、表土粉质土密度和土层深度。土壤水分数据包括地下水埋深、100cm 土壤湿度、2cm 土壤湿度。土壤养分数据包括表土 pH、表土含钾量、表土含氮量、表土含磷量和表土有机碳含量。

年均温、最暖月最高气温、最冷月最低气温、年均降水量、最湿季降水量和最干季降水量使用 WorldClim 数据（http://www.worldclim.org/）（Hijmans et al., 2005），其他数据下载自寒区旱区科学数据中心。

（2）植被数据

用于模型训练和精度评价的植被数据从多个来源搜集，包括 2013 年 4 月、2013 年 7 月、2014 年 9 月的野外植被调查数据，黑河生态水文样带数据（冯起等, 2013），已有研究中的植被样点数据等。这些数据包含样点经纬度、海拔、植被盖度、物种组成和丰富度、植被高度等信息。使用《黑河流域 1:10 万植被图》用于模型精度评价。

植被模拟共搜集到 1344 个植被点，其中 1105 个用于训练模型，239 个用于模型精度评价，每一个群系包含 51~60 个植被样点数据。对于每一个植被型或植被型组则使用该植被型或植被型组内的所有群系的植被样点数据。使用植被型组、植被型和群系三个分类等级来进行植被判别与模拟研究。

（3）变量组合

植被分布模拟共使用 5 个地形、13 个气候、13 个土壤变量。使用不同的变量组合进行植被分布模拟。组合 1~3 包含一种类型的变量，分别是地形、气候和土壤；组合 4~6 包含两种类型的变量，分别是地形+气候、地形+土壤和气候+土壤；组合 7 使用包含所有变量的决策树中前 10 个重要变量（DT10）；组合 8 使用包含所有变量的随机森林中前 10 个重要变量（RF10）；组合 9 包含所有变量（地形+气候+土壤）。

（4）模拟方法

使用决策树、随机森林、支持向量机三种模型模拟植被分布，使用前述的 9 个变量组合进行植被型组和植被型的模拟，共建立了 54 个模型。

决策树有可视化的结构并使用决策回归树算法（Hastie et al., 2009）生成分类规则。不同的决策树有不同的分类规则，本书使用的决策树有 5 层，最小父节点为 40 个样本，最小子节点为 10 个样本。

随机森林利用 bootstrap 重抽样方法从原始样本中抽取一定量样本，对每个 bootstrap 样本进行决策树建模，然后综合多个决策树的预测结果，通过投票得出最终预测结果（Hastie et al., 2009）。随机森林算法提升了分类精度，并对包含噪声的数据集不敏感，随机森林也可以对变量的重要性进行评估，提供了变量贡献的量化分析。随机森林模型使用 EnMAP Box（van der Linden et al., 2015）的默认设置生成，包含 100 个树，节点计算使用 GINI 系数。

支持向量机的原理是寻找一个满足分类要求的最优分类超平面，使得该超平面在保证分类精度的同时使超平面两侧的空白区域最大化，理论能够实现对线性可分数据的最优分类。在支持向量机模型中，使用 EnMAPBox 软件的默认设置（van der Linden et al., 2015），其中 G 是 $0.01 \sim 1000$，C 是 $0.1 \sim 1000$，乘数为 10。

（5）模型评估

Kappa 系数是评价测量目标影像与参照影像一致性的方法。该方法忽略了"偶发的精确"，计算出的误差可以对比两幅图的变化量。通过逐点对比两幅图，计算同类型栅格重合的数目与整幅图栅格数目的比例，得到图中某一类型的 Kappa 系数。对于 Kappa 系数，定义 0.7~1.0 为非常好，0.55~0.7 为好，0.4~0.55 为可以接受，0.2~0.4 为较差，0.0~0.2 为非常差。本书使用未用于模型训练的 239 个野外调查点评估模型的总体精度和 Kappa 系数。

2.2.2 研究结果

1. 植被模型和精度评价

使用的植被模型无法精确区分群系的分布，植被图验证总体精度和 Kappa 系数低于 20% 和 0.1，表明模拟结果很差，在此仅分析植被型组和植被型模拟结果。

（1）植被型组模拟与精度评价

植被型组分类结果较好，使用多类型变量组合 4~9 在大多数模型中具有比单一类型变量组合 1~3 更高的总体精度和 Kappa 系数（表 2-1）。在单一类型变量组合 1~3 中，气候和土壤精度高于地形。

点验证结果最优的是采用组合 8 的随机森林模型，总体精度为 85%，Kappa 系数为 0.77。支持向量机模型模拟结果最优出自组合 7，总体精度为 76%，Kappa 系数为 0.61。决策树模型模拟结果最优出自组合 9，总体精度为 72%，Kappa 系数为 0.57。植被图验证结果最优的是采用组合 9 的随机森林模型，总体精度为 92%，Kappa 系数为 0.65。支持向量机模型模拟结果最优出自组合 9，总体精度为 90%，Kappa 系数为 0.56。决策树模型模拟结果最优出自组合 7，总体精度为 89%，Kappa 系数为 0.43（表 2-1、表 2-2 和图 2-3）。

表 2-1 使用点验证的植被型组分布模拟精度

组合	变量	决策树 精度/%	决策树 Kappa 系数	随机森林 精度/%	随机森林 Kappa 系数	支持向量机 精度/%	支持向量机 Kappa 系数
1	地形	64	0.40	68	0.49	60	0.30
2	气候	69	0.49	82	0.72	69	0.46
3	土壤	69	0.51	72	0.55	69	0.48
4	地形+气候	66	0.48	83	0.74	70	0.51
5	地形+土壤	45	0.26	75	0.61	72	0.54
6	气候+土壤	65	0.40	83	0.73	71	0.52
7	DT10	64	0.37	83	0.74	76*	0.61*
8	RF10	71	0.55	85*	0.77*	75	0.60
9	地形+气候+土壤	72*	0.57*	84	0.75	74	0.59

* 为最优模型

表 2-2　使用图验证的植被型组分布模拟精度

组合	变量	决策树 精度/%	决策树 Kappa 系数	随机森林 精度/%	随机森林 Kappa 系数	支持向量机 精度/%	支持向量机 Kappa 系数
1	地形	87	0.44	88	0.48	88	0.38
2	气候	86	0.44	91	0.62	89	0.50
3	土壤	88	0.55*	90	0.55	89	0.51
4	地形+气候	87	0.43	91	0.63	89	0.51
5	地形+土壤	88	0.51	91	0.60	90	0.54
6	气候+土壤	87	0.45	91	0.63	90	0.53
7	DT10	89*	0.43	90	0.60	89	0.50
8	RF10	87	0.45	91	0.64	90	0.55
9	地形+气候+土壤	87	0.43	92*	0.65*	90*	0.56*

* 为最优模型

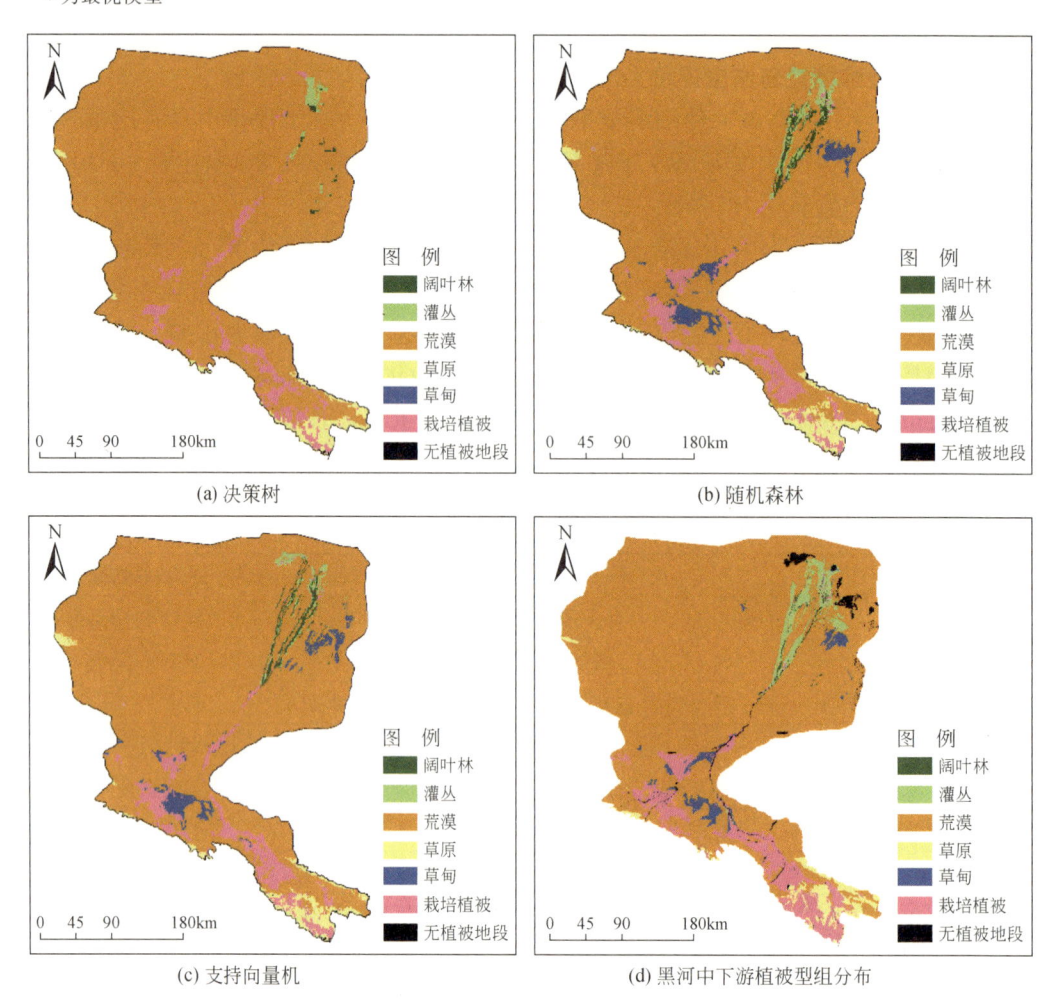

图 2-3　植被型组分布模拟结果及对比

(a) 决策树　(b) 随机森林　(c) 支持向量机　(d) 黑河中下游植被型组分布

（a）（b）（c）是各模型得到的精度最高的植被型组分布与黑河中下游植被型组分布（d）对比

（2）植被型模拟与精度评价

对于植被型模拟，点验证结果最优的是采用组合 6 和 9 的随机森林模型模拟，总体精度均为 66%，Kappa 系数均为 0.61。支持向量机模型模拟结果最优出自组合 7，总体精度为 58%，Kappa 系数为 0.51。决策树模型模拟结果最优出自组合 6，总体精度为 45%，Kappa 系数为 0.36。植被图验证结果最优的是采用组合 7 的随机森林模型，总体精度为 60%，Kappa 系数为 0.37。支持向量机模型模拟结果最优出自组合 7，总体精度为 60%，Kappa 系数为 0.34。决策树模型模拟结果最优出自组合 8，其总体精度为 55%，Kappa 系数为 0.17（表 2-3、表 2-4 和图 2-4）。

表 2-3　使用点验证的植被型分布模拟精度

组合	变量	决策树 精度/%	决策树 Kappa 系数	随机森林 精度/%	随机森林 Kappa 系数	支持向量机 精度/%	支持向量机 Kappa 系数
1	地形	36	0.25	43	0.34	36	0.26
2	气候	31	0.20	62	0.55	52	0.45
3	土壤	37	0.26	48	0.40	43	0.33
4	地形+气候	29	0.30	64	0.59	51	0.43
5	地形+土壤	45	0.36*	52	0.44	44	0.35
6	气候+土壤	45*	0.36*	66*	0.61*	54	0.46
7	DT10	41	0.32	62	0.56	58*	0.51*
8	RF10	28	0.16	63	0.58	55	0.48
9	地形+气候+土壤	38	0.30	66*	0.61*	48	0.40

* 为最优模型

表 2-4　使用图验证的植被型分布模拟精度

组合	变量	决策树 精度/%	决策树 Kappa 系数	随机森林 精度/%	随机森林 Kappa 系数	支持向量机 精度/%	支持向量机 Kappa 系数
1	地形	48	0.17	49	0.21	48	0.17
2	气候	43	0.12	58	0.34	58	0.32
3	土壤	51	0.20*	55	0.25	52	0.21
4	地形+气候	42	0.13	58	0.34	55	0.28
5	地形+土壤	51	0.20*	57	0.30	51	0.21
6	气候+土壤	43	0.17	60	0.37*	58	0.30
7	DT10	43	0.17	60*	0.37*	60*	0.34*
8	RF10	55*	0.17	59	0.36	54	0.27
9	地形+气候+土壤	46	0.18	60	0.36	52	0.24

* 为最优模型

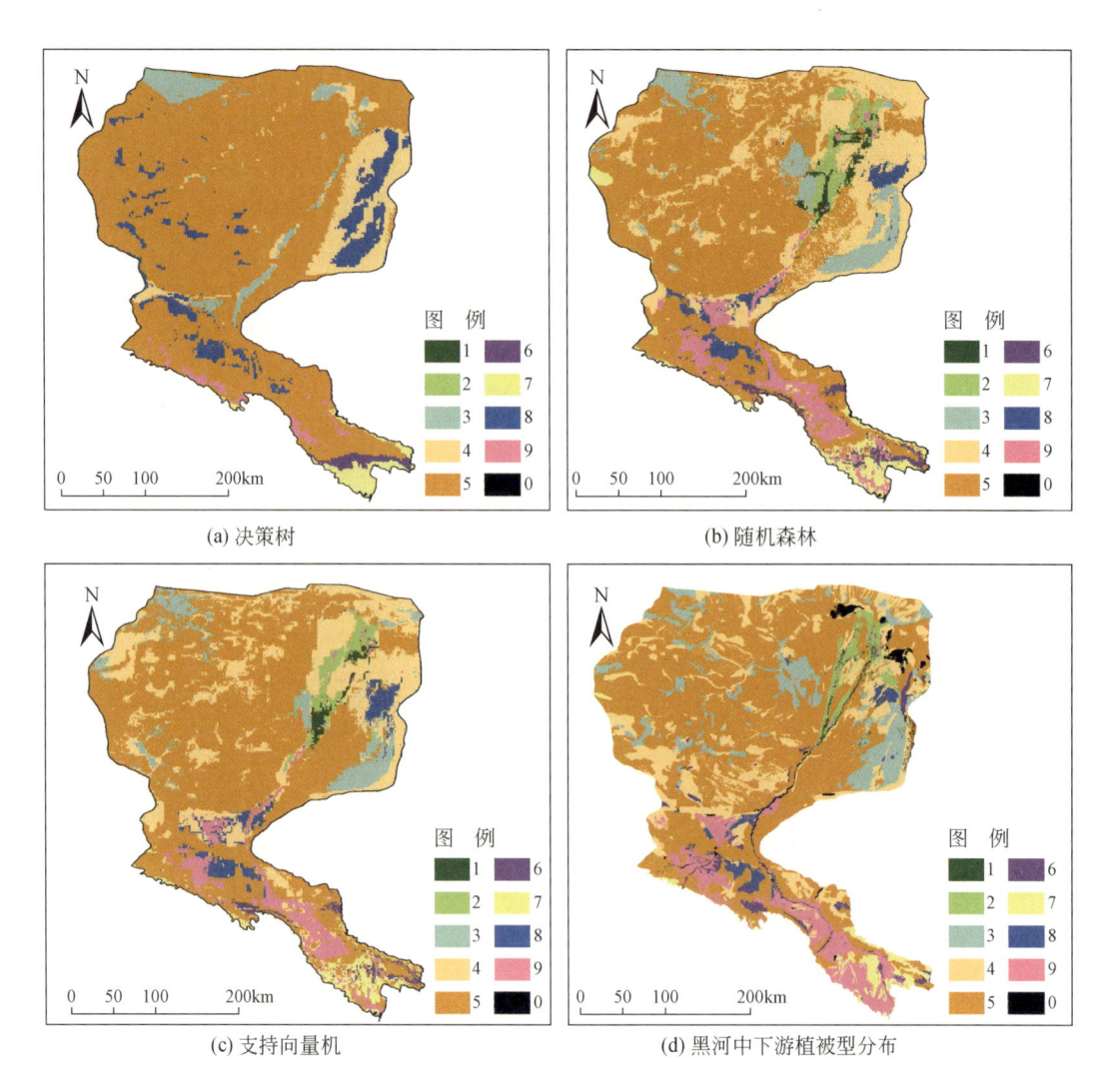

图 2-4 植被型分布模拟结果及对比

1. 温带落叶小叶疏林；2. 温带落叶阔叶灌丛；3. 温带矮半乔木荒漠；4. 温带灌木荒漠；5. 温带半灌木、矮半灌木荒漠；6. 温带多汁盐生矮半灌木荒漠；7. 温带丛生禾草典型草原；8. 温带禾草、杂类草盐生草甸；9. 一年一熟粮食作物及耐寒经济作物、落叶果园；0. 无植被地段。(a) (b) (c) 是各模型得到的精度最高的植被型分布与黑河中下游植被型分布 (d) 对比

在温带荒漠地区，夏季极为炎热，冬季严寒。中游年降水量为69~216mm，下游年降水量仅为35mm。大部分地区的荒漠植被盖度低于5%（中国科学院中国植被图编辑委员会，2007；程国栋，2009）。阔叶林与灌丛（柽柳灌丛）混杂生长，主要分布在河流、古河道或洪水可能扩散的地区。在大多数模拟结果中，阔叶林分布在小于500m的河流缓冲区中。荒漠植物群落中有四种植被型具有相似的环境条件，因此植被型模拟精度低于植被型组。

2. 变量在建模中的重要性

对于使用所有变量的随机森林和决策树植被型组分布模拟模型，分析其变量的相对重要性（表2-5）。在随机森林模型中，三个最重要的变量是河流距离、100cm土壤湿度和实际蒸散量。最冷月最低气温是决策树模型最重要的变量。

表2-5 植被模拟重要性较高的10个变量

决策树模型变量	重要值	随机森林模型变量	重要值
最冷月最低气温	0.112	实际蒸散量	4.34
100cm土壤湿度	0.110	河流距离	4.09
地下水埋深	0.109	100cm土壤湿度	4.08
年均温	0.106	年均降水量	2.8
最暖月最高气温	0.103	地下水埋深	2.76
坡度	0.102	最湿季降水量	2.42
≥10℃年积温	0.102	干旱指数	2.21
实际蒸散量	0.100	海拔	2.02
≥0℃年积温	0.098	年均温	1.98
年均生物温度	0.098	年平均大气长波辐射	1.77

在荒漠区，水分是荒漠和绿洲植被制图中最重要的变量（Dilts et al., 2015）。在随机森林模型中，最重要的10个变量中有7个是与水分相关的变量。在黑河流域下游，绿洲主要分布在距河岸2km以内的区域（Shen et al., 2017）。在所有的变量中，河流距离与绿洲植被存在显著关系。土壤质地和养分含量与植被分布相关（Dilts et al., 2015），西部人口稀少地区土壤数据精度较低，因此数据精度可能会限制其在本书中的表现。与水分和其他变量相比，土壤质地可能不是沙漠和绿洲植被的限制因素。

2.3 植被格局与影响因子分析

全球气候变化导致生物群落发生变化和生态系统状态改变。理解植被对影响因子的反应，可以提高气候变化对生物多样性、植被生产力等影响预测的准确性。植被分布受多种因子影响，不同因子对植被产生的影响不同。在高山和亚高山区，海拔梯度、温度和基质类型等对植被格局有重要影响。降水和土壤有效含水量是干旱和半干旱区植被的主要影响因子，许多非生物因素（如土壤和地形）也会影响植被分布。本节研究流域不同部分以及全流域尺度植被与环境的关系。

2.3.1 研究方法

1. 数据来源

植被数据来自《黑河流域 1∶10 万植被图》。对分布面积大于 1% 的群系进行分析，涉及的群系见表 2-6。

表 2-6 植被群系及其编码

编码	群系	编码	群系
NF1	青海云杉林	C1	春小麦、水稻、大豆；糖甜菜、向日葵、枸杞；苹果（小地形）、梨
NF2	油松林	C2	青稞、春小麦、马铃薯、油菜
BF1	祁连圆柏林	C3	蜜瓜、棉花、玉米
BF2	胡杨疏林	D1	合头草荒漠
SH1	多枝柽柳灌丛	D2	短叶假木贼荒漠
SH2	毛枝山居柳灌丛	D3	多花柽柳荒漠
SH3	毛枝山居柳、金露梅灌丛	D4	红砂荒漠
SH4	金露梅灌丛	D5	蒙古沙拐枣荒漠
SH5	吉拉柳灌丛	D6	膜果麻黄荒漠
ST1	克氏针茅草原	D7	泡泡刺荒漠
ST2	短花针茅、长芒草草原	D8	梭梭砾漠
ST3	紫花针茅高寒草原	D9	梭梭沙漠
ST4	疏花针茅草原	D10	珍珠猪毛菜荒漠
ST5	冰草草原	D11	无叶假木贼荒漠
ST6	米蒿、矮禾草荒漠草原	D14	齿叶白刺荒漠
ST7	沙生针茅荒漠草原	D16	灌木亚菊荒漠
M1	矮嵩草高寒草甸	D17	蒿叶猪毛菜荒漠
M2	小嵩草高寒草甸	D18	合头草沙漠
M3	垂穗披碱草、垂穗鹅观草高寒草甸	D19	红砂沙漠
M4	细叶嵩草高寒草甸	D20	尖叶盐爪爪荒漠
M5	西藏嵩草、薹草沼泽化高寒草甸	D24	梭梭盐漠
M7	含盐生半灌木的芦苇盐生草甸	D25	沙蒿荒漠
M12	芦苇盐生草甸	D27	西伯利亚白刺荒漠
M14	圆穗蓼、珠芽蓼高寒草甸	D29	细枝盐爪爪荒漠
A1	水母雪莲花、风毛菊稀疏植被	D30	盐爪爪荒漠
A2	风毛菊、红景天、垂头菊稀疏植被	D31	籽蒿荒漠
A3	藏亚菊垫状植被		

影响因子数据包括33个：3个地形因子、13个土壤因子、17个气候因子和人类干扰因子。其中地形数据包括海拔、坡度和坡向（ASTER GDEM V2，空间分辨率30m），由DEM数字高程数据在AcrGIS中计算而得。土壤数据包括土壤砾石含量（Gravel）、土壤黏粒含量（Clay）、土壤细砂含量（Fine sand）、土壤粗砂含量（Grit）、土壤粉砂含量（Silt）、土壤酸碱度（pH）、2cm土壤湿度（SM2）、100cm土壤湿度（SM100）、土样剖面厚度（Prifile）、土壤总钾含量（TK）、土壤总氮含量（TN）、土壤总磷含量（TP）、土壤有机质含量（Organic），由联合国粮食及农业组织（Food and Agriculture Organization of the United Nations，FAO）编写的世界土壤数据库土壤数据集（1.2版）数据处理而得。

其他数据由寒区旱区科学数据中心整理而得。其中年均降水量（MAP）、生长季降水量（GSP）、≥0℃年积温（AAT0）、≥10℃年积温（AAT10）、年均温（MAT）、生长季温度（GST）、最冷月均温（MTCO）、最暖月均温（MTWA）、太阳辐射（RAD）、大气逆辐射（ACR）、表面压强（PSFC）由《黑河流域2000—2015年大气驱动数据集》（Pan and Li，2012）中的地表2m高度的温度（T2）、表面气压（PSFC）、下行长波辐射（GLW）、总积云对流降水累积（RAINC）在MATLAB中计算而得，其中年均降水量（MAP）、生长季降水量（GSP）由总积云对流降水累积（RAINC）计算而得，≥0℃年积温（AAT0）、≥10℃年积温（AAT10）、年均温（MAT）、生长季温度（GST）、最冷月均温（MTCO）、最暖月均温（MTWA）由地表2m高度的温度（T2）计算而得，太阳辐射（RAD）由下行短波辐射（SWDOWN）计算而得，大气逆辐射（ACR）由下行长波辐射（GLW）计算而得。实际蒸散量（AET）、地下水埋深（ZWT）、2cm土壤湿度和100cm土壤湿度由《黑河流域1981—2013年高分辨率地下水埋深、土壤湿度、蒸散发模拟数据》中2013年的实际蒸散（AET）、地下水埋深（ZWT）、2cm土壤湿度和100cm土壤湿度由MATLAB软件处理而得。年均日照时数（AST）由《黑河流域生态-水文综合图集》矢量化而得。年均生物温度（MAB）采用Holdridge方法计算。

潜在蒸散量（PET）的计算公式为

$$PET = 58.93 MAB \qquad (2\text{-}1)$$

2. 数据处理

属性数据（如Aspect）转化为数量数据。将Aspect重新分类为9类：Flat、N、NE、E、SE、S、SW、W、NW分别被指定为1、2、3…9。干燥度指数使用Holdridge（1967）方法分为7类：超潮湿、非常温暖、温暖、半湿润、半干旱、干旱、非常干旱分别被分配到1、2、3…7。通过农业活动、道路交通和居民点等的影响来反映人类干扰，重新被分为两类：受干扰和不受干扰，分别赋值为1和0。将所有影响因子数据插值为30m分辨率的栅格数据。

利用Fragstats 4.2软件（McGarigal，2002），采用群系数据计算类型所占景观面积的比例（PLAND），描述植被格局特征。

$$PLAND = P_i = \frac{\sum_{j=1}^{n} a_{ij}}{A} \times 100 \qquad (2\text{-}2)$$

式中，P_i 为类型 i 占景观面积的比例；a_{ij} 为类型 ij 的面积（m²）；A 为总景观面积（m²）。

PLAND 取值范围为 0~100，当相应的类型在景观中变得越少时，PLAND 越接近 0。PLAND=100，表明整个景观包含 1 个单一的类型。

3. 分析方法

使用 DCCA 分析影响因子对植被格局的影响。使用 IBM SPSS Statistics 19.0 对所有变量进行标准化检测，去除 z 值大于 3 或小于 −3 的异常值。利用标准化后的植被和影响因子数据，采用 CANOCO for Windows 4.5（Ter Braak and Smilauer，2002）对上游、中游、下游和整个黑河流域进行排序分析。

首先利用去趋势对应分析（DCA）对植被数据进行梯度长度（lengths of gradient）检验，发现梯度长度大于 4，不适合使用线性方法（Lepš and Smilauer，2003），因而使用典范对应分析（CCA）方法或 DCCA 方法。为消除冗余变量和共线性的影响（膨胀因子 VIF≥10），使用前向选择和蒙特卡罗（Monte Carlo）检验确定代理变量（Lepš and Smilauer，2003），通过蒙特卡罗检验变量显著性水平（置换次数 $n=499$，非限制性置换）。采用前向选择环境变量确定环境因子对植被数据的相对重要性及其对变化的解释率。在前向选择中，每个影响因子对变化的解释率由蒙特卡罗检验确定。在本书中，DCCA 结果好于 CCA，尤其是在下游 CCA 结果中，各种荒漠植被集中在原点附近，很难区分植被与环境的关系，DCCA 对荒漠植被的区分度明显大于 CCA。因此，采用 DCCA 方法分析植被格局和环境因子的关系。

2.3.2 研究结果

在上游，经过前向选择，选出 10 个影响因子，可解释 52.4% 的植被格局变化。前两个轴的特征值分别为 0.57 和 0.45，累计解释率分别为 25.4% 和 46.0%。前两个轴能够较好地反映植被分布与影响因子的关系。最暖月均温与第一轴正相关，相关系数为 0.70，解释率为 7.4%（$P=0.001$）。其次是年均日照时数（解释率为 5.8%，$P=0.001$）和年均降水量（解释率为 4.8%，$P=0.001$）（表 2-7）。

表 2-7 黑河流域 DCCA 排序蒙特卡罗检验前向逐步选择结果 （单位:%）

变量	解释率			
	上游	中游	下游	全流域
海拔	1.6*	5.6*	1.5	5.1*
坡度	0.8	1	1.3	2.4*
坡向	0.6	2*	1.3	0.8
土壤砾石含量	1	1.2	—	2*

续表

变量	解释率			
	上游	中游	下游	全流域
土壤细砂含量	1.2*	—	—	2.2*
土壤粗砂含量	1.8*	1.9*	—	1.2
土壤粉砂含量	—	1.1	3.2*	2.1*
100cm 土壤湿度	1.7	2.1*	1.5	2.1*
2cm 土壤湿度	1.2	1.7*	2	1.8*
土壤总钾含量	0.7	1	1.1	2.1*
土壤总磷含量	1.3	1	—	2.1*
土壤有机质含量	1.1	0.8	5.5*	1.4
实际蒸散量	0.5	2.4	5.9*	2.2*
年均降水量	4.8*	1.9*	1.4	1.2
生长季降水量	1	1.3	2	1.5
地下水埋深	2.8*	1.3	4.2*	1.8*
最冷月均温	2*	1.5	1.9*	1
最暖月均温	7.4*	1.3	—	1.1
年均日照时数	5.8*	2.3*	1.2	3.1*
表面压强	2.4*	1.1	1.4	1.2
大气逆辐射	0.6	1	3.5*	1.5
太阳辐射	1.1	1.5*	2.2*	1.9*
干燥度指数	1.9*	1.2	1.3	1.9

注：各因子的解释率表示在解释率最大的因子后逐项加入这些因子后增加的解释率，即将解释率最高的因子固定，加入新因子时其解释率，对所有因子依次排序，每次留下最高的，然后再用此方法分析剩余的因子

* 为 $P<0.05$

在上游，青海云杉林、克氏针茅草原和紫花针茅高寒草原分布与干燥度指数和海拔的相关性最高。矮嵩草高寒草甸，小嵩草高寒草甸以及水母雪莲花、风毛菊稀疏植被分布对海拔、最暖月均温和最冷月均温最敏感。合头草荒漠、短花针茅、长芒草草原分布与干燥度指数、地下水埋深和年均日照时数的相关性最高。风毛菊、红景天、垂头菊稀疏植被与土壤细砂含量的相关性最高（图 2-5）。

在中游，经过前向选择，选出 9 个影响因子，可解释 48.5% 的植被格局变化。前两个轴的特征值分别为 0.89 和 0.63，累计解释率分别为 29.5% 和 49.7%。前两个轴能够较好

地反映植被分布与影响因子的关系（图 2-6）。海拔与第一轴正相关，相关系数为 0.93，解释率为 5.6%（$P=0.001$）。其次是实际蒸散量（解释率为 2.4%，$P=0.002$）、年均日照时数（解释率为 2.3%，$P=0.001$）（表 2-7）。

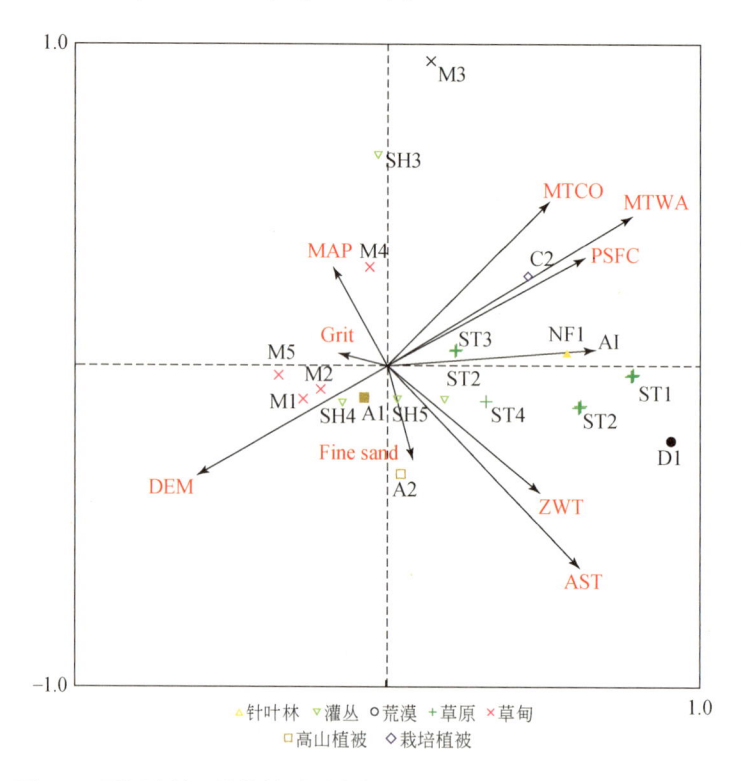

图 2-5　黑河流域上游植被群系分布及影响因子的 DCCA 前两个轴排序

DEM 为海拔；Fine sand 为土壤细砂含量；Grit 为土壤粗砂含量；MAP 为年均降水量；ZWT 为地下水埋深；MTCO 为最冷月均温；MTWA 为最暖月均温；AST 为年均日照时数；AI 为干旱指数；PSFC 为表面气压。植被群系编码见表 2-4。实心是面积占总植被 5% 以上的植被，是重点监测植被

在中游，青海云杉林和坡向的相关性最高，祁连圆柏林则与土壤粗砂含量的相关性最高。克氏针茅草原和红砂荒漠与年均日照时数和年均降水量的相关性最高。小嵩草高寒草甸与海拔的相关性最高。多枝柽柳灌丛与 2cm 土壤湿度的相关性最高。合头草荒漠与最冷月均温的相关性最高。膜果麻黄荒漠、泡泡刺荒漠、水母雪莲花、风毛菊稀疏植被与实际蒸散量和太阳辐射的相关性最高。栽培植被与最暖月均温、≥10℃ 年积温和 100cm 土壤湿度的相关性最高（图 2-6）。

在下游，经过前向选择，选出 9 个影响因子，可解释 50% 的植被格局变化。前两个轴的特征值分别为 0.78 和 0.74，累计解释率分别为 22.1% 和 38.2%。前两个轴能够较好地反映植被分布与影响因子的关系。实际蒸散量与第一轴正相关，相关系数为 0.83，解释率为 5.9%（$P=0.012$）。其次是土壤有机质含量（解释率为 5.5%，$P=0.05$）和地下水埋深（解释率为 4.2%，$P=0.001$）（表 2-7）。荒漠区年均降水量只有 50mm 左右，高蒸散增加了缺水和干旱程度（Kool et al.，2016），成为该区植被分布的限制因素。

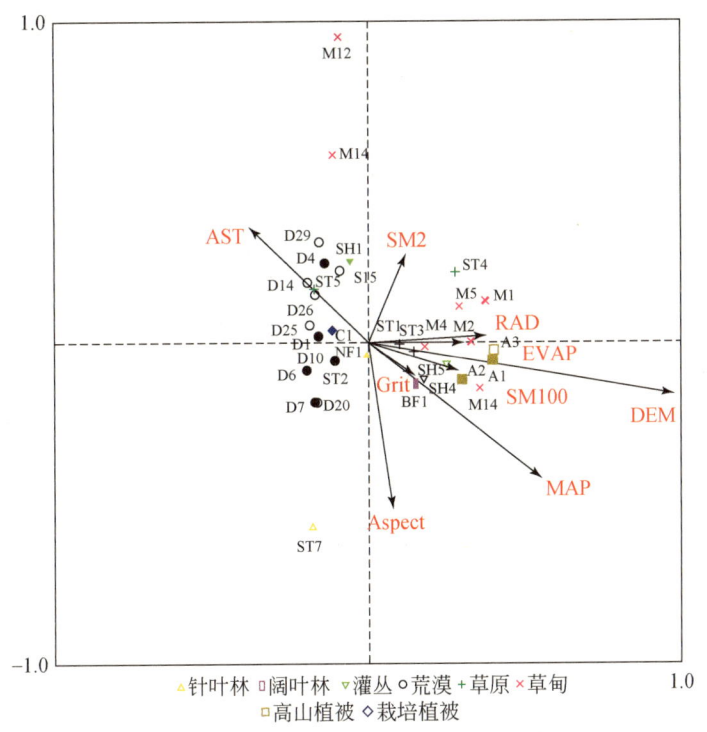

图 2-6 黑河流域中游植被群系分布及影响因子的 DCCA 前两个轴排序

DEM 为海拔；MAP 为年均降水量；AST 为年均日照时数；Aspect 为坡向；RAD 为太阳辐射；SM2 为 2cm 土壤湿度；SM100 为 100cm 土壤湿度；EVAP 为实际蒸散量；Grit 为土壤粗砂含量。植被群系编码见表 2-4。
实心是面积占总植被 5% 以上的植被，是重点监测植被

在下游，地下水埋深和土壤黏粒含量是无叶假木贼荒漠、膜果麻黄荒漠、梭梭砾漠、泡泡刺荒漠、红砂荒漠和合头草荒漠分布影响最重要的因子。多枝柽柳灌丛分布主要受土壤有机质的影响。栽培植被主要受实际蒸散量的影响（图 2-7）。

在全流域，经过前向选择，选出 13 个影响因子，可解释 55.1% 的植被格局变化。前两个轴的特征值分别为 0.89 和 0.80，累计解释率分别为 18.9% 和 31.1%。前两个轴能够较好地反映植被分布与影响因子的关系。海拔与第一轴正相关，相关系数为 0.95，解释率为 5.1%（$P=0.001$）。其次是年均日照时数（解释率为 3.1%，$P=0.001$）和坡度（解释率为 2.4%，$P=0.002$）（表 2-7）。与在干旱半干旱区的一些认识不同，年均降水量仅在上游占重要地位，在全流域和中下游并不重要。这可能是由于研究区属于内陆河流域，中下游降水很少，主要水分来源是上游冰雪融水产生的径流和地下水。

在全流域，无叶假木贼荒漠、梭梭砾漠和泡泡刺荒漠与土壤砾石含量和土壤总磷含量显著相关。干燥度指数和实际蒸散量与合头草荒漠、膜果麻黄荒漠、红砂荒漠的相关性较高。小嵩草高寒草甸与太阳辐射的相关性较高。胡杨疏林和水母雪莲花、风毛菊稀疏植被与 2cm 土壤湿度和太阳辐射的相关性较高。栽培植被与年均日照时数、地下水埋深和土壤砾石含量的相关性较高（图 2-8）。

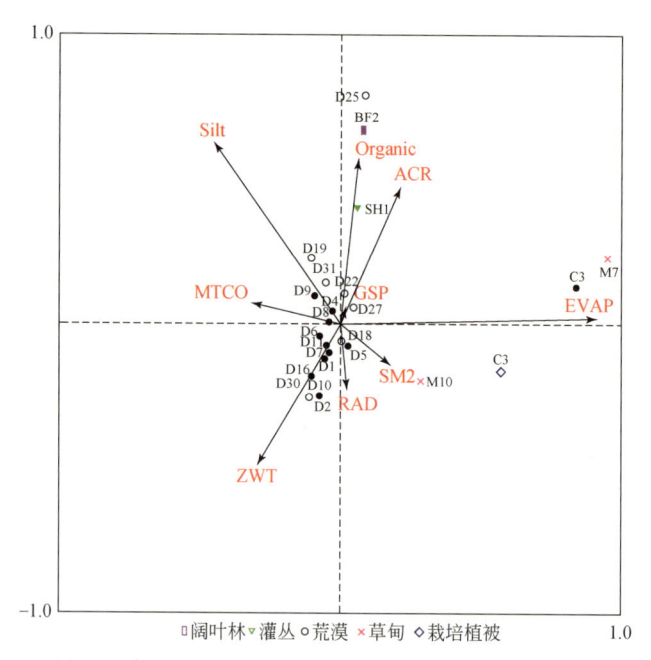

图 2-7 黑河流域下游植被群系分布及影响因子的 DCCA 前两个轴排序

ZWT 为地下水埋深；Organic 为土壤有机质含量；Silt 为土壤粉砂含量；RAD 为太阳辐射；SM2 为 2cm 土壤湿度；EVAP 为实际蒸散量；ACR 为大气逆辐射；GSP 为生长季降水量；MTCO 为最冷月均温。植被群系编码见表 2-4。
实心是面积占总植被 5% 以上的植被，是重点监测植被

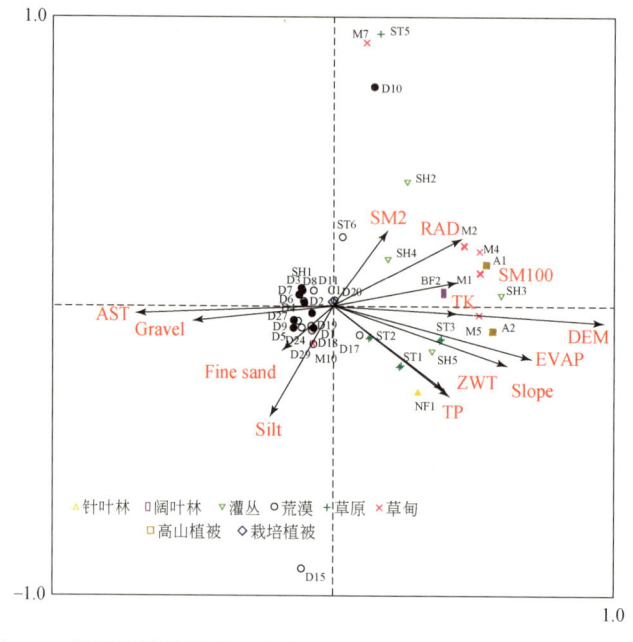

图 2-8 黑河流域植被群系分布及影响因子的 DCCA 前两个轴排序

DEM 为海拔；Slope 为坡度；AST 为年均日照时数；EVAP 为实际蒸散量；Gravel 为土壤砾石含量；Fine sand 为土壤细砂含量；Silt 为土壤粉砂含量；RAD 为太阳辐射；SM2 为 2cm 土壤湿度；SM100 为 100cm 土壤湿度；TK 为土壤总钾含量；TP 为土壤总磷含量；ZWT 为地下水埋深。植被群系编码见表 2-4。实心是面积占总植被 5% 以上的植被，是重点监测植被

2.4 小　　结

　　与遥感解译植被制图相比，采用大量野外调查数据为主与遥感影像目视解译相结合的方法制作植被图，大大提高了植被的可解译能力。《黑河流域1∶10万植被图》可以客观地反映该区域中等分辨率植被分布，较大地提高了植被图精度。植被分布模型较好地模拟了植被型组的分布，基于点验证结果，在上游精度为75%，Kappa系数为0.64，在中下游精度为85%，Kappa系数为0.77，在上游区域模型中最重要的变量为海拔和最暖月均温，说明高海拔区域植被分布主要受到热量的控制，在中下游区域模型中最重要的变量与水分相关，说明干旱区植被分布主要受到水分的控制。DCCA表明上游最暖月均温对植被分布的解释率最高，下游实际蒸散量解释率最高，其变量解释率排序与植被分布模型的变量重要性有类似的特征。

第 3 章　黑河流域植物功能属性与生态水文参数

定量刻画环境驱动下的生态系统结构特征及动态变化规律，将复杂的植被结构动态过程进行参数化表达，建立不同植被类型关键生态水文参数集，是发展流域生态水文综合模型亟待解决的基础性科学问题。为满足"黑河计划"生态水文模型对生态参数进行精细刻画的需求，本书通过对"黑河计划"相关研究成果的集成研究和必要的野外实验，构建了黑河流域典型生态系统的生态水文参数指标体系和生态参数集，可满足目前全球生态水文模型的生态水文参数需求。根据黑河流域植被的区域差异和生态特征，本章将黑河流域植被分为上游植被、中下游荒漠植被和荒漠河岸植被，并分别进行论述。上游植被主要关注生态水文参数特征及关键参数的时空变化特征。中下游荒漠植被在构建生态水文参数的同时，分析关键植物功能属性的变化特征。荒漠河岸植被主要关注生态水文参数的时空变化特征。

3.1　植物功能属性与生态水文参数指标体系

植物属性是反映植物对环境的响应和适应，包括植物的生理和形态适应特征（Wright et al., 2005），与其所处环境密切相关，并表现出一定的地理格局，为植物地理分布格局及机制的研究提供了基础。植物功能属性是指植物体具有的与其适应环境相匹配的生长、存活和繁殖等紧密相关的一系列核心植物属性。

植物属性与生态系统功能的密切关系已得到广泛认识，植物属性可用来解释植物个体、种群、群落和生态系统的生态功能（Violle et al., 2014），也称为植物功能属性。例如，基于全球植物属性数据，研究发现在更干旱、更炎热和太阳辐射更强烈的地区，植物的比叶重和叶氮含量更高（Wright et al., 2005），而随着干旱和寒冷程度增加，森林将更多的生物量分配给根系（Reich et al., 2014）。在中国东北部温带草原样带上，由东向西随着干旱程度的增加，中国东北部温带草原样带不同功能群植物的形态、生理和解剖属性呈不同的变化规律，灌木和多年生禾草的属性对干旱的响应最大，而多年生杂类草次之，木本植物和一年生草本植物仅通过调节生理属性来响应干旱的变化（Guo et al., 2017）。沿着乞力马扎罗山的环境梯度，气温和降水对群落平均属性以及属性多样性的影响大于土壤因子，在降水量较大的样地，植物群落有更高的比叶面积、叶氮含量、冠层高度，同时有更低的叶干物质含量（Costa et al., 2017）。

植物属性的生态学意义各有不同，目前最常用的植物属性包括比叶面积、叶干物质含量、叶氮含量、种子重量、植株高度和茎密度等（Levine, 2016）。比叶面积是叶面积与对应叶片干重的比值，能够反映植物获取资源的能力，比叶面积较低的植物能更好地适应资源贫瘠和干旱的环境，而比叶面积较高的植物保持体内营养物质的能力较强（Cornelissen et al., 2003）。叶干物质含量是叶片干重与饱和鲜重的比值，能够反映植物生态行为的差异及获取资源的能力，特别是当比叶面积不易准确测量时，叶干物质含量是比比叶面积更有意义的指标。植株高度可以反映植物多方面的适应和平衡能力，在光资源为限制因子的生境里，植株高大的植物可以获取更多的光照，在群落中具有更强的竞争能力。

植物属性研究的发展，为全球变化下碳水循环过程的模拟和陆面模式的发展带来新的机遇和挑战（Reich et al., 2014）。传统的植物地理学根深蒂固的观念是以物种为研究对象，21世纪植物地理学的巨大挑战之一则是将物种组成和生态功能与服务相联系，如用植物属性代替物种来解释世界上的物种多样性机制，并基于植物属性来预测未来全球气候变化下的物种迁移（Levine, 2016）。有研究表明，裸子植物针叶属性的种间差异反映了其沿纬度梯度对温度和湿度的适应，并从植物属性出发进一步解释了植物分布和植物对环境适应的生理机制，为全球变化下的针叶林碳循环过程的精确模拟提供了基础（Reich et al., 2014）。地球科学模型直接关注在全球尺度下生物地球化学循环的变化，但在大多数情况下只用了极简化的生物多样性模式，即基于少量的植物功能型和平均的生理生态学特征来模拟每个生物群区的生物地球化学循环过程对全球变化的响应（van Bodegom et al., 2014）。结合全球最大的植物属性数据库（TRY）（Kattge et al., 2011）和现代贝叶斯空间统计建模方法，基于植物属性和环境因子之间的关系，有研究开始绘制比叶面积、叶氮含量和叶磷含量的全球分布图（Butler et al., 2017）。这将进一步推动全球生物地球化学循环的模拟研究。

不同生态系统的植被特征与水文过程的相互作用各不相同，对植被生态参数进行精细刻画，量化其与生态水文过程之间的关系，揭示生态系统结构的水文影响规律，是生态水文学的研究热点之一。随着生态水文模型的发展，生态参数的获取和共享也迫在眉睫。随着计算能力的增强，精细刻画生态系统结构及其水文影响是必然趋势（Asbjornsen et al., 2011）。虽然物种水平的生态参数已有很多全球尺度上的结果，但群落水平的研究通常在更小的空间尺度上进行。因为研究群落水平的植物属性，除了需要植物属性数据之外，还需要有关群落结构的数据。由于缺乏在较大空间尺度上匹配的两套数据（植物属性和群落结构），全球尺度上群落属性数据发展受到一定限制。同时，随着遥感和GIS技术的发展，高时空分辨率的遥感产品可刻画多尺度的植被结构参数，特别是叶面积指数的遥感产品已发展成熟，同时航空遥感数据也可生产冠层高度、植被叶面积指数、植被盖度等生态参数的空间连续分布参数。但遥感产品时空分辨率和相关技术还是限制了对植物群落结构的精细刻画和参数提取，如群落的物种组成和优势种对群落功能具有重要作用，但遥感还不能准确获取这类参数，还需要结合地面观测数据，发展全面的植被生态参数，推动生态水文过程的模型模拟和预测研究。所以说，要完成流域乃至区域或更大尺度的生态水文过程的精确刻画，需要在植物功能属性的基础上，提出一套完整的植被生态参数，对生态系统结构和功能进行精细量化并确定关键参数，改变以往模型中简化植被结构的现状，是促进流域生态水文综合模型发展的关键科学问题。

通过多方调研，包括对国内外相关研究的总结分析、"黑河计划"生态水文模型研究的需求，构建了黑河流域典型植被类型生态水文参数指标体系和生态参数集，可满足目前全球生态水文模型的生态参数需求。黑河流域典型植被类型生态水文参数指标体系包括四组生态参数，共15类75个指标。其中植被结构参数包括盖度、高度、密度、叶面积指数和物候期，共5类25个指标；植被生产力参数包括地上生物量、根生物量和其他生物量，共3类16个指标；生理生态参数包括生物量分配、元素含量、叶片形状、气体交换特征，共4类24个指标；植被水文参数包括降水再分配、产流和蒸散发，共3类9个指标（图3-1）。

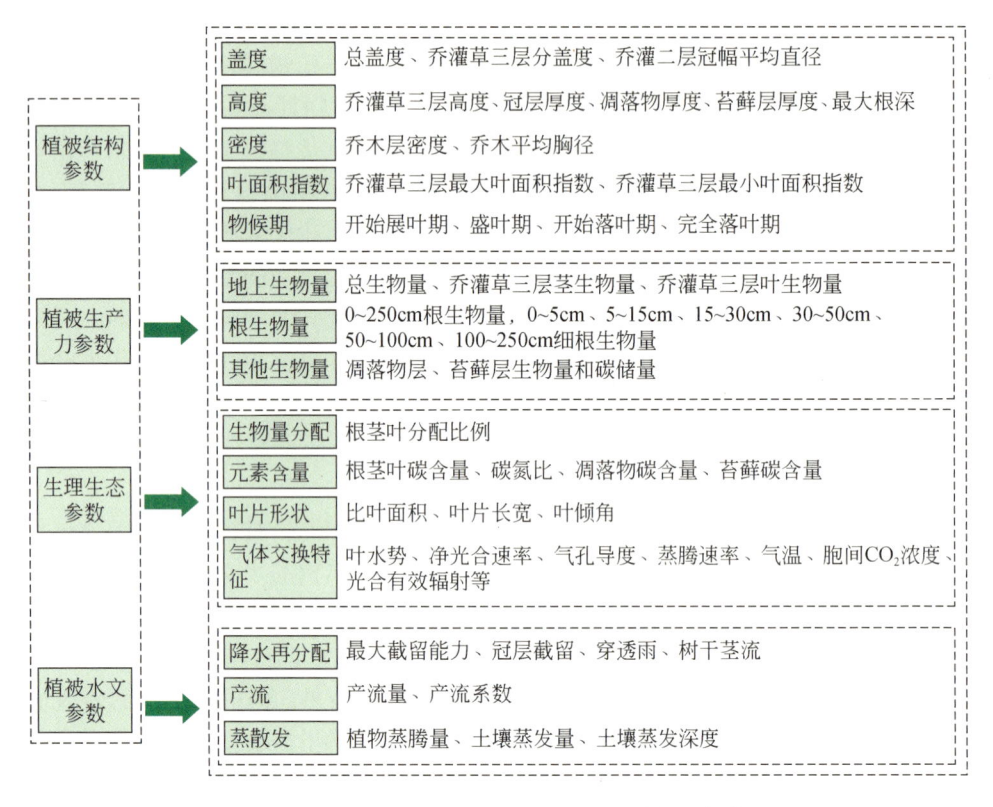

植被结构参数	盖度	总盖度、乔灌草三层分盖度、乔灌二层冠幅平均直径
	高度	乔灌草三层高度、冠层厚度、凋落物厚度、苔藓层厚度、最大根深
	密度	乔木层密度、乔木平均胸径
	叶面积指数	乔灌草三层最大叶面积指数、乔灌草三层最小叶面积指数
	物候期	开始展叶期、盛叶期、开始落叶期、完全落叶期

植被生产力参数	地上生物量	总生物量、乔灌草三层茎生物量、乔灌草三层叶生物量
	根生物量	0~250cm根生物量，0~5cm、5~15cm、15~30cm、30~50cm、50~100cm、100~250cm细根生物量
	其他生物量	凋落物层、苔藓层生物量和碳储量

生理生态参数	生物量分配	根茎叶分配比例
	元素含量	根茎叶碳含量、碳氮比、凋落物碳含量、苔藓碳含量
	叶片形状	比叶面积、叶片长宽、叶倾角
	气体交换特征	叶水势、净光合速率、气孔导度、蒸腾速率、气温、胞间CO_2浓度、光合有效辐射等

植被水文参数	降水再分配	最大截留能力、冠层截留、穿透雨、树干茎流
	产流	产流量、产流系数
	蒸散发	植物蒸腾量、土壤蒸发量、土壤蒸发深度

图3-1 黑河流域典型植被类型生态水文参数指标体系

黑河流域典型植被类型生态水文参数指标体系完整，可精确刻画生态系统的生态水文过程。冠层截留主要受盖度和叶面积指数的影响，土壤水分的空间分布受根系垂直分布和土壤性质的影响，植物蒸腾受气孔导度、冠层高度、叶面积指数和盖度等的影响，土壤蒸发受盖度和土壤性状的影响。本参数集中包括了生态水文过程中所有关键生态参数，且植被水文参数还可以为生态水文模型的验证服务。

3.2 黑河上游主要植被的时空变化特征与生态水文参数

3.2.1 研究方法

(1) 数据来源

黑河流域是我国内陆河生态水文研究的重要基地，自 20 世纪 80 年代以来开展了大量的科学研究，积累了丰富的数据资料，尤其是在国家自然科学基金重大研究计划项目"黑河流域生态-水文集成研究"支持下，于 2012 年底正式成立了黑河计划数据管理中心，专门负责黑河计划科学数据的汇交、存档、共享及相关事务，以促进黑河计划研究项目的数据交流和交叉合作；黑河计划数据管理中心规定，黑河计划产出数据在黑河计划内部实行无条件共享策略，对黑河计划外部采用由项目组审核的数据共享策略。这反映和代表了促进科学数据共享的发展趋势，有利于避免重复研究、促进学科交叉融合、推动科研发展。依托于"黑河流域生态-水文集成研究"项目，为建立一套相对完整的黑河上游植被生态水文参数集，本书所用的数据来源于收集整理已有研究成果和补充观测两个渠道。收集整理已有研究成果主要是指从已发表文献中提取数据、从黑河计划数据管理中心下载及由数据采集人直接提供数据，共下载查阅黑河上游植被相关研究文献 1163 篇，其中中文文献 597 篇，学位论文 194 篇，英文文献 372 篇，经过阅读筛选整理，用于生态水文参数集构建的文献有 207 篇。同时共从黑河计划数据管理中心下载数据 201 条，其中遥感数据 98 条，植被数据 36 条，生态水文数据 41 条，土地利用数据 10 条，土壤数据 16 条，经过筛选整理，用于生态水文参数集构建的数据有 43 条。本书中所用数据均已得到黑河计划数据管理中心及数据采集人的使用授权。

本书所采用的 LAI 数据为全球陆表卫星（global land surface satellite，GLASS）的特征参数数据——叶面积指数产品（3.0 版），该产品由北京师范大学全球变化数据处理与分析中心发布。GLASS LAI 产品的时间分辨率为 8d，时间范围为 1982～2012 年。1982～2000 年产品基于 AVHRR 地表反射率数据反演得到，采用等角度投影，空间分辨率为 0.05°；2000～2012 年产品基于 MODIS 地表反射率数据反演得到，采用 ISIN 投影，空间分辨率为 1km。GLASS LAI 产品反演算法采用广义回归神经网络（GRNN）算法。许多现有的验证结果显示，GLASS LAI 产品经过国际通用站点测量数据验证，质量控制严格，相对 MODIS 和 CYCLOPES LAI 等现有的全球 LAI 产品，时间序列曲线连续平滑，具有更强的时间连续性且很好的空间分布一致性。通常情况下，GLASS LAI 产品具有全局一致性，在生态研究方面，特别是在表征草地/禾谷类作物和灌丛等植被类型时有明显优势；季节上的连续性也有一定优势（Xiao et al.，2016）。

在本书中，开展了稀缺、重要数据的野外补充观测。以往的青海云杉林分布、生长、结构特征及水文影响的研究多集中于单个样点或单个特征或单个过程，相互匹配性不足，无法建立完整的生态水文参数集，以用于完整的和系统的生态水文研究，因而在具备青海云杉林水文过程长期（始于20世纪90年代）监测研究基础（研究设施+数据积累）的祁连山区典型流域排露沟内，在同属项目参加人员的甘肃省祁连山水源涵养林研究院工作人员的配合与帮助下，对欠缺数据进行了补充观测，主要包括青海云杉林固定样地内垂直层次（林冠层、林下植被层、苔藓与枯落物层、土壤层）的成套林分结构特征的同步调查（尤其采用 LAI-2000 冠层分析仪测定林冠层 LAI 时空变化），以往观测很少用于推求林木和林分蒸腾的树干液流密度监测，以及利用微型蒸渗仪测定林下蒸散等。

对不同来源数据进行整合匹配，分别记录每条数据的调查日期、地点（经纬度等）、立地条件（海拔、坡向、坡度、土壤厚度等），以及各垂直层次（乔木层、灌木层、草本层、苔藓层、枯落物层、土壤层）的结构特征，建立黑河上游植被生态水文参数集。该参数集共包括植被结构参数、植被生产力参数、生理生态参数、植被水文参数和土壤参数，共5类97个指标。本书整理的黑河上游植被生态水文参数集已于2017年底提交黑河计划数据管理中心，可供有需要的研究人员免费下载使用（杨文娟，2018）。

（2）数据分析

世界气象组织（World Meteorological Organization，WMO）推荐的 Mann-Kendall（M-K）检验，能有效区分某一自然过程是处于自然波动还是存在确定的变化趋势，已广泛用于气候趋势检测研究。本书利用 M-K 检验来分析上游植被叶面积指数变化特征（Liu et al.，2017）。

3.2.2 上游植被 LAI 变化特征分析

LAI 是理解生态系统中植被生长和响应气候变化功能型的重要参数。LAI 与植物光合作用、碳循环、蒸散以及生态系统生产力和产水量息息相关。生态水文模型，如新安江模型、VIC 模型、MIKE SHE 模型，都将 LAI 作为关键参数输入模型模拟"气候-水文-生态"的耦合关系。植物生态系统结构（如 LAI）直接影响降水再分布、系统能量平衡和蒸散，从而影响流域径流过程。因此，在研究植被变化对气候的响应及反馈，以及流域尺度水资源管理方面，LAI 都是一个十分重要的参数。

（1）植被 LAI 结构特征与时空分布规律

基于对2001~2012年生长季 LAI 的 M-K 检验趋势分析，把上游植被变化区域分成改善区、稳定区和退化区（图3-2）。其中，稳定区的面积占整个上游的74%，改善区占21%，退化区占5%。与其他两个植被覆盖变化区域相比，退化区所占面积最小，但却是检验气候变化和人类活动耦合影响植被变化效应最重要的区域。从植被类型来看，针叶林有32%的面积和高寒草甸有16%的面积呈现上升趋势，其他植被类型整体上有21%的面积呈上升趋势。而所有的植被类型都存在4%~6%的面积退化区。黑河流域上游区域2001~2012年植被变化的总体趋势为改善。尽管只有21%的区域发生了显著的改善变化，且退化和改善趋势在许多区域共存，但是植被改善区域所占比例是退化区域的4倍多。

（2）影响植被 LAI 的环境因子分布阈值

为了更好地从时间变化和空间分异上研究 LAI 分布结构特征，探究不同植被类型适宜

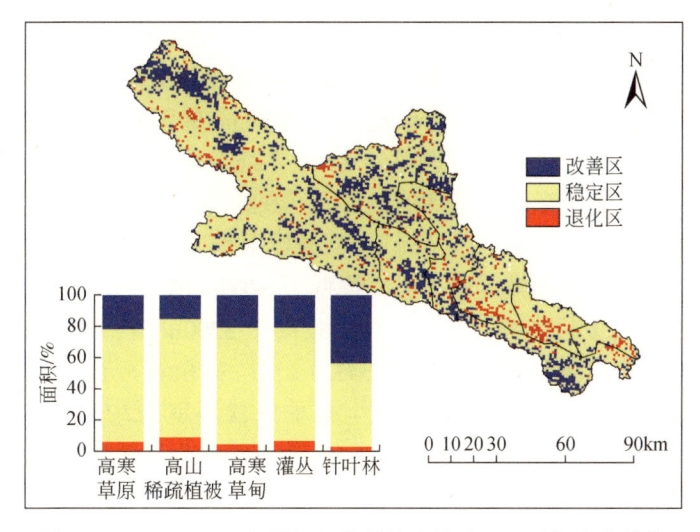

图 3-2　2001～2012 年黑河上游植被生长季 LAI 时间变化趋势

生长的气温、降水和海拔等关键因子的阈值，我们在植被生长季（4～9 月）内对各个类型植被的 2001～2012 年逐年平均 LAI、气温、降水量和海拔在像元尺度上进行筛选提取，得到的散点图如图 3-3 所示。

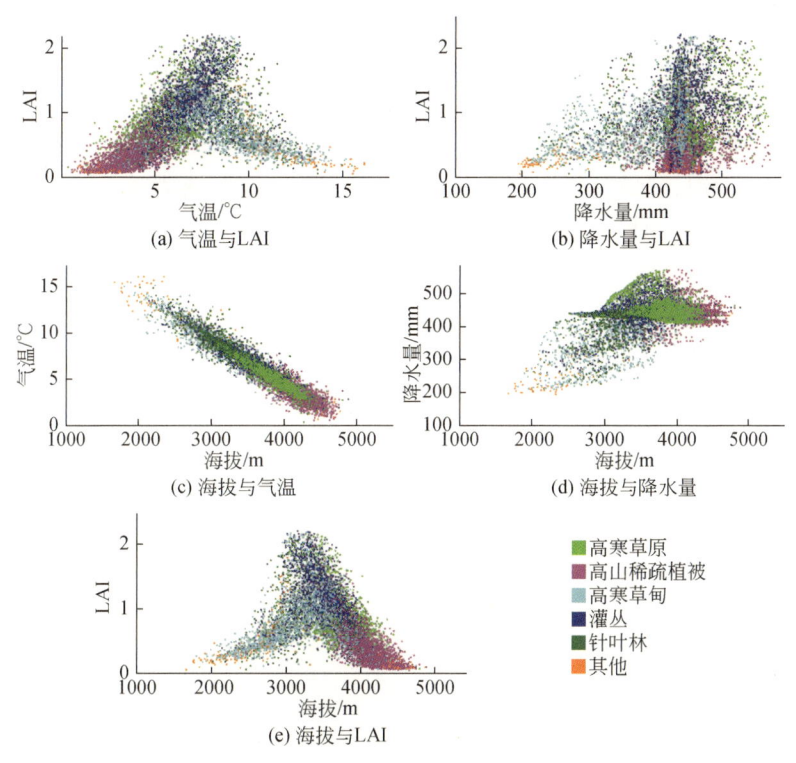

图 3-3　各植被类型多年平均生长季 LAI、气温、降水量与海拔的关系

2001～2012 年的 4～9 月

在黑河流域上游，低 LAI 植被分布在 0~7℃和 10~15℃两个范围内，高 LAI 植被集中分布在 7~10℃［图3-3（a）］。从图中可以明显地看出，低温限制植被生长，高温促进水分胁迫。大部分植被分布在生长季降水量 400~500mm 的区域，尤其是较高 LAI 植被主要分布在高于 400mm 降水量的区域［图3-3（b）］。降水量随着海拔的增高而增加，而温度随着海拔的增高显著线性降低（−0.0048℃/m，$P<0.05$）［图3-3（c）］。降水量较高的区域大多在海拔 3000m 以上［图3-3（d）］。从整体上看，生长季 LAI 的分布情况呈现出水热共同作用下的明显的垂直异质性。当海拔低于 3200m 时，LAI 随海拔的升高而递增，其很可能是受降水量增多的影响。相反，当海拔高于 3200m 时，LAI 随海拔的升高而下降，其很有可能是受温度递减的影响［图3-3（e）］。高植被覆盖区域植被（LAI>1.5）主要生长在海拔 2700~3900m，其最佳的生长季气候环境为均温 4~11℃，降水量在 300~580mm。

高寒草甸是黑河上游覆盖面积最大的植被类型（44%），也是流域产水量的主要来源，大多生长在海拔高于 2600m、生长季降水量高于 400mm、均温在 0~11℃的区域。高山稀疏植被是覆盖面积第二大的植被类型，相对来说整体 LAI 较低，主要生长在海拔高于 3000m、生长季降水量在 330~580mm、均温低于 7℃的区域。高寒草原主要分布在降水量较少（<500mm）且均温较高（>7℃）的区域。针叶林主要分布在海拔 1850~4560m、降水量适中、靠河道较近的区域。

当海拔低于 2800m 时，植被盖度偏低，LAI 值偏小。这与半干旱地区相对较低的降水量以及较高的潜在蒸散量（PET）有关。随着海拔的升高，降水量增多，潜在蒸散量减小，植被可利用水分增多，LAI 值不断增大。当海拔在 2700~3900m 时，足量的降水与适宜的温度使该海拔范围成为植被生长的最佳区间，也是上游植被 LAI 最高值所在的区间。当海拔高于 3900m 时，降水对植被生长的影响力下降，温度成为植被生长的主要限制因子。当海拔高于 4800m 时，流域以积雪、冰川和裸露岩石为主，少有植被分布。

3.2.3 上游森林植被结构参数特征

(1) 随年龄变化的林分生长类植被结构参数特征

基于对大量样地调查数据的分析，提取上外包线，得到其他因素限制作用很小情况下的青海云杉林分的树高、胸径和蓄积量随年龄的变化关系，见式（3-1）~式（3-3）。可以看出，青海云杉林分的树高和胸径与年龄未呈现近线性关系，而在一定年龄后生长速率逐渐变小，趋于一个最大值（图3-4）。

$$MH = 21.88 \times [1-\exp(-0.055\,Age)]^{3.05} \quad R^2 = 0.962 \quad (3-1)$$

$$MDBH = 0.068/(0.00145 + Age^{-1.89}) \quad R^2 = 0.802 \quad (3-2)$$

$$MV = 520.98 \times \exp\left(\frac{-40.70}{Age}\right) \quad R^2 = 0.962 \quad (3-3)$$

式中，MH 为林分平均树高（m）；MDBH 为林分平均胸径（cm）；MV 为林分蓄积量（m^3/hm^2）；Age 为年龄（年）。

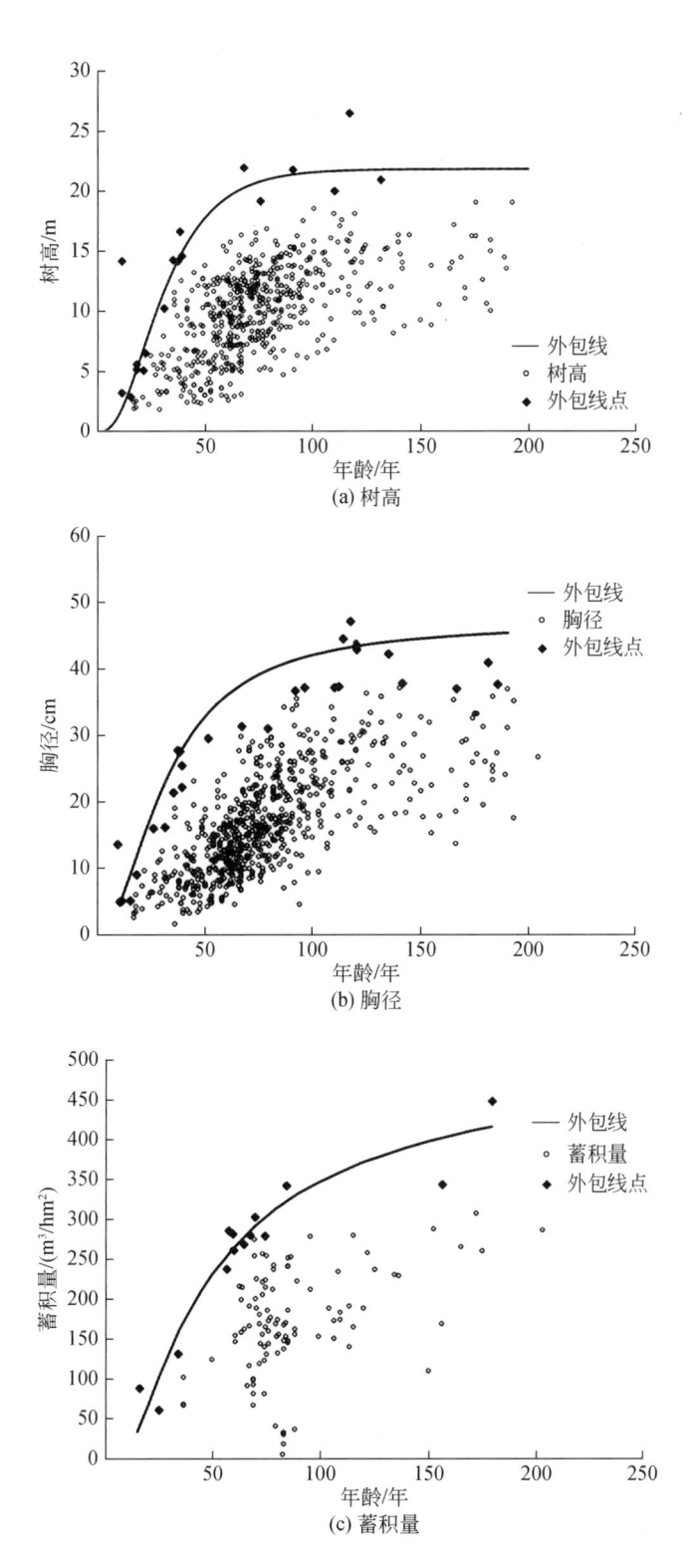

图 3-4 青海云杉林分随年龄的变化

当年龄小于 10 年时,青海云杉林分幼树的树高、胸径和蓄积量生长非常缓慢,在 10 年时,树高、胸径分别仅为 1.59m 和 4.7cm,蓄积量在 15 年时仅为 34.55m³/hm²;当年龄在 10~50 年时,树高生长迅速加快,在 50 年时可达 17.89m,意味着青海云杉在这 40 年中的年均生长量约为 0.41m;随后的生长速度有所下降,在 50~80 年的年均生长量约为 0.11m,80 年时的树高是 21.07m,已接近了树高最大值(21.88m);80 年后的树高生长速度非常缓慢,树高变化逐渐趋于稳定,并最终达到最大树高。胸径在 10~60 年才近线性地迅速生长,在 60 年时可达到 36.1cm,即在 10~60 年的年均生长量为 0.63cm;随后生长速度有所下降,在 60~100 年的年均生长量约为 0.15cm,100 年时的胸径是 42.1cm,接近最大胸径;100 年后胸径增长速度非常缓慢。蓄积量的快速生长期为 15~60 年,在 60 年时的蓄积量为 264.38m³/hm²,年均生长量达 5.11m³/hm²;60~120 年的材积增加速度有所降低,在 120 年时蓄积量为 371.13m³/hm²,年均生长量达 1.78m³/hm²;120 年后蓄积量增长逐渐趋缓。

(2) 随密度变化的林分生长类植被结构参数特征

基于大量样地调查数据,绘制了青海云杉林分树高、胸径、蓄积量随密度变化的上外包线(图 3-5),外包线的拟合方程见式(3-4)~式(3-6)。结果显示,不同密度段的林分

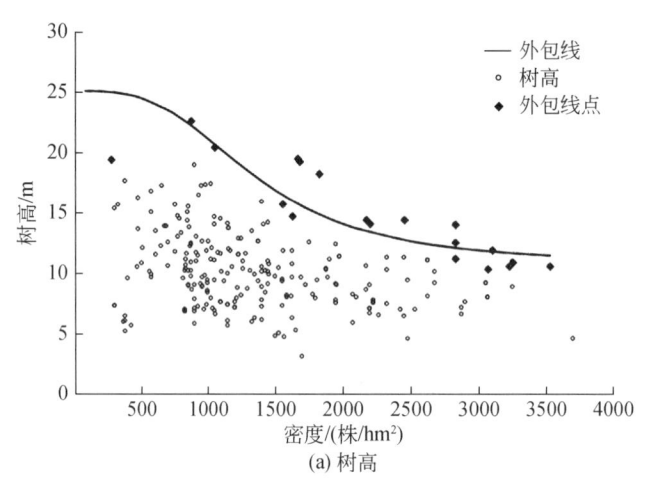

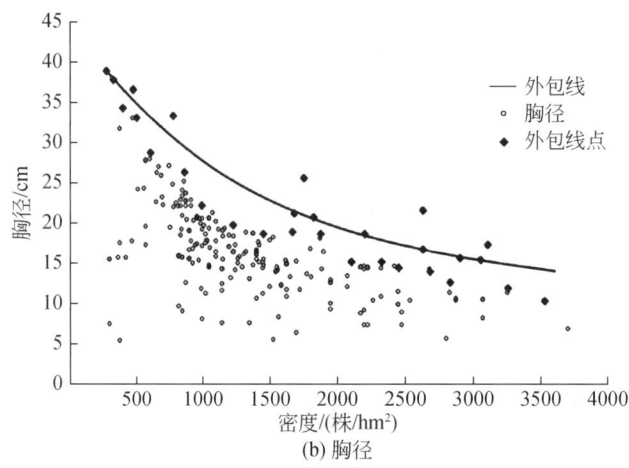

(c) 蓄积量

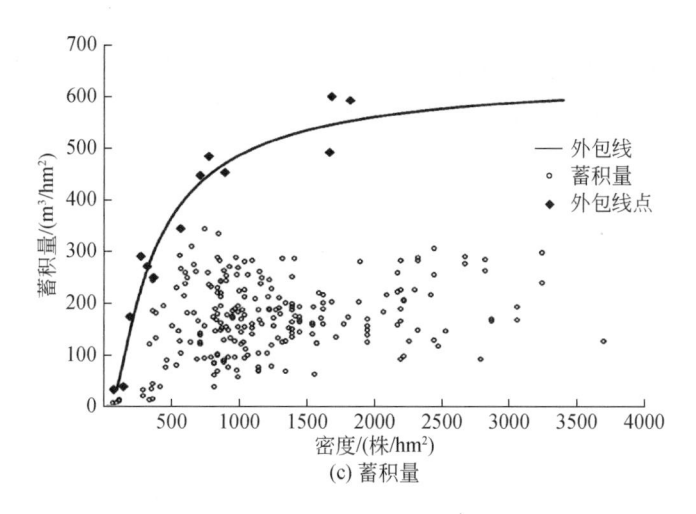

图 3-5 青海云杉结构特征随密度的变化

树高随着密度的增加而降低，但各阶段的降低速率有所不同。在 0~500 株/hm² 范围内，树高（约为 25.0m）几乎保持不变，仅轻微降低；在 500~800 株/hm² 范围内，树高开始明显降低，但只降低了约 2.0m；在 800~2000 株/hm² 范围内，树高从 22.8m 迅速降到 14.1m；当密度高于 2000 株/hm² 时，树高仅有轻微降低。

$$\text{MH} = \frac{1}{0.07 + 1.16 \times 10^{-11} \times \text{Den}^{3.12}} + 10.80 \quad R^2 = 0.848 \quad (3-4)$$

$$\text{MDBH} = 44.15 - 24.41 \times \text{ATAN}(8.01 \times 10^{-4} \times \text{Den}) \quad R^2 = 0.783 \quad (3-5)$$

$$\text{MV} = \exp\left(6.47 - \frac{281.42}{\text{Den}} - \frac{2291.04}{\text{Den}^2}\right) \quad R^2 = 0.961 \quad (3-6)$$

式中，MH 为林分平均树高（m）；MDBH 为林分平均胸径（cm）；MV 为林分蓄积量（m³/hm²）；ATAN 为反正切函数；Den 为密度（株/hm²）。

林分胸径随林分密度增大而降低，但各阶段的降低速率不同。当密度低于 1000 株/hm² 时，胸径随密度增大几乎呈直线下降趋势，300 株/hm² 时的胸径为 38.4cm，1000 株/hm² 时的胸径为 27.7cm，对应降低速率为 1.5cm/100 株。当密度在 1000~2000 株/hm² 时，胸径的降低速率有所减缓，2000 株/hm² 时的胸径为 19.4cm，对应降低速率为 0.8cm/100 株。当密度高于 2000 株/hm² 时，胸径随密度增加的降低速率更加缓慢。

根据青海云杉林分蓄积量随密度变化的外包线，当密度低于 500 株/hm² 时，蓄积量随密度增加几乎呈线性增长，100 株/hm² 和 500 株/hm² 时的蓄积量分别为 30.77m³/hm² 和 364.31m³/hm²，平均增长量为 83.39m³/(hm²·100 株)。当密度在 500~800 株/hm² 时，蓄积量增加速率有所减缓，800 株/hm² 时的蓄积量为 452.44m³/hm²，平均增长量为 29.38m³/(hm²·100 株)。当密度在 800~2000 株/hm² 时，林分蓄积量增加速率进一步降低，2000 株/hm² 时的蓄积量为 560.44m³/hm²，平均增长量为 9.00m³/(hm²·100 株)。当密度高于 2000 株/hm² 时，蓄积量随密度增长的增加速率明显变缓。

(3) 青海云杉林冠层的植被结构参数推算

吴琴等（2010）在祁连山北坡中部西水生态站的研究表明，不同海拔处青海云杉的比叶面积（SLA）平均为 313.75g/m²。基于青海云杉林叶生物量结果，可计算得到青海云杉林的叶面积指数。

$$LAI = W_L \times 100 / SLA \tag{3-7}$$

式中，LAI 为叶面积指数；W_L 为叶生物量（t/hm²）；SLA 为比叶面积（313.75g/m²）。

利用计算或实测的青海云杉林的叶生物量，可根据式（3-7）进行叶面积指数的换算，将计算结果与实测值进行比较（图3-6），发现拟合精度较高，决定系数 R^2 为 0.586，且实测值与拟合值呈极显著相关（$P<0.01$），表明本书中选用的叶生物量计算方程及叶面积指数换算方程能够较好地预测青海云杉林叶面积指数的变化。

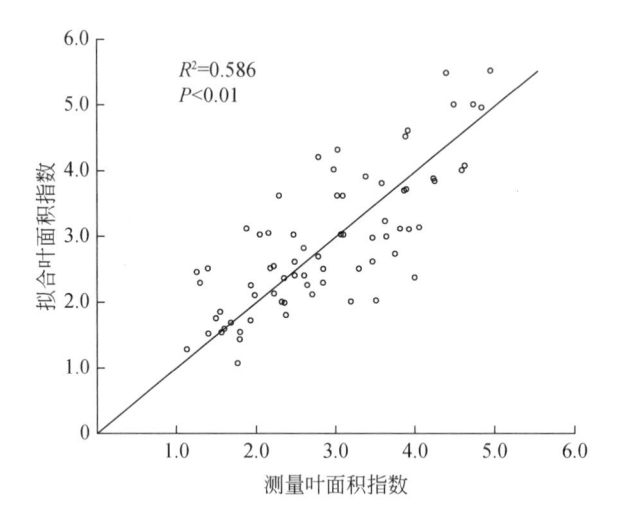

图 3-6 青海云杉叶面积指数的计算值与实测值比较

从图 3-7 中的上外包线可看出，青海云杉林分郁闭度随树木胸高断面积增加呈非线性

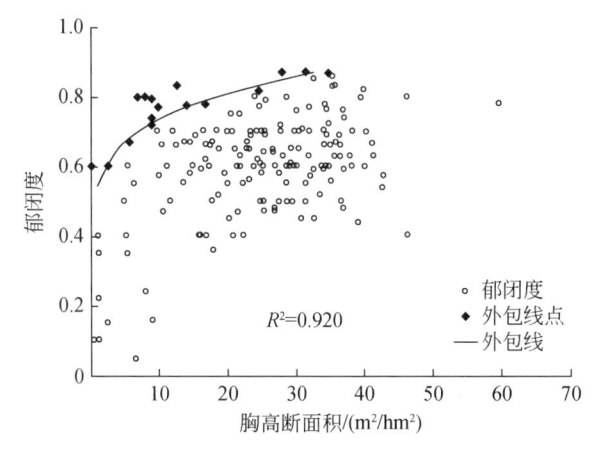

图 3-7 青海云杉郁闭度随胸高断面积的变化

增大。当胸高断面积低于 10.0m²/hm² 时，郁闭度随胸高断面积增大而快速升高，从胸高断面积 1.0m²/hm² 时的 0.46 升至胸高断面积 5.0m²/hm²、10.0m²/hm² 时的 0.69、0.78。当胸高断面积大于 10.0m²/hm² 时，郁闭度增速明显变缓，胸高断面积为 25.0m²/hm² 时仅升至 0.86。之后胸高断面积继续增加，郁闭度升高速度缓慢。

3.3 黑河中下游荒漠植被的生态水文参数与植物功能属性

荒漠生态系统在黑河流域生态水文过程中占据着重要地位，荒漠面积占黑河流域总面积的 70% 以上，是黑河流域生态水文过程研究的重要组成部分。本节基于黑河流域典型植被类型生态水文参数指标体系，开展黑河中下游荒漠植被的生态水文参数集构建和关键生态功能属性研究，可为深入理解黑河流域生态水文过程和精确刻画生态水文循环提供重要的理论与数据支撑。

3.3.1 研究方法

1. 典型荒漠生态系统的选取

生态参数集中典型植被类型的基本单位定位为植物群系，因为植物群系的建群种明确，在生产参数集时可操作性强。典型植物群系的选取主要依据黑河流域 1∶100 万植被图，进行流域中下游荒漠植被的统计分析。研究发现，黑河中下游荒漠植被主要包括 4 个植被型，在每个植被型中选取该流域分布面积最大、最具代表性的植物群系作为该植被型的代表群系（表3-1）。中下游荒漠分布面积最大、分布最广的是温带半灌木、矮半灌木荒漠，其中红砂荒漠的面积最大，占温带半灌木、矮半灌木荒漠面积的 59.5%。第二类为温带灌木荒漠，其中泡泡刺荒漠最具代表性，分布面积占温带灌木荒漠面积的 50.1%。第三类为温带矮半乔木荒漠，最具代表的是梭梭荒漠，分布面积占温带矮半乔木荒漠面积的 77.0%。第四类为温带多汁盐生矮半灌木荒漠，以尖叶盐爪爪荒漠为代表，分布面积占温带多汁盐生矮半灌木荒漠面积的 36.8%。

表 3-1 黑河中下游荒漠植被的主要植被型和典型植物群系

序号	植被型	典型植物群系（占该植被型的比例）
1	温带半灌木、矮半灌木荒漠	红砂荒漠（59.5%）
2	温带灌木荒漠	泡泡刺荒漠（50.1%）
3	温带矮半乔木荒漠	梭梭荒漠（77.0%）
4	温带多汁盐生矮半灌木荒漠	尖叶盐爪爪荒漠（36.8%）

2. 生态水文参数的获取方法

通过梳理整合"黑河计划"已完成项目的相关数据，共收集了黑河计划数据管理中心的 29 个数据库、196 篇正式出版物的相关数据，并进行了必要的野外调查和实验，完成了黑河中下游荒漠植被的生态水文参数集，共获得典型荒漠植被生态水文参数528条。

本书研究在黑河流域中下游地区沿降水梯度下选择5个典型荒漠实验样地，5个实验样地分别位于张掖、临泽、高台、金塔以及额济纳附近。各实验样地的荒漠植被景观格局如图3-8所示，进行植物功能属性和植物群落结构的调查，最后形成黑河中下游荒漠植被生态水文参数集。

(a) 张掖　　(b) 临泽　　(c) 高台

(d) 金塔　　(e) 额济纳

图3-8　实验样地的荒漠植被景观格局

从中游张掖到下游额济纳实验样地，年均降水量（MAP）以及生长季降水量（GSP）都呈递减趋势；年均温（MAT）以及生长季温度（GST）则表现出逐渐递增趋势，变化范围为7~9℃，但年际气温均表现为波动上升。临泽和高台实验样地之间在年均降水量和年均温上差异不明显。从流域中游到下游，地下水埋深的变化规律与MAP呈相反趋势，即中游到下游其地下水平均埋深呈逐渐降低趋势，下游额济纳实验样地的地下水位埋深多年平均值约为3.5m，且年际波动较小。

（1）植物群落结构和功能参数测定

在2014年生长季旺盛期（7~8月）通过传统的样方调查方法研究样地植被群落组成与结构特征。在5个荒漠实验样地中分别设置3个25m×25m样方，调查样方中群落的地上地下生物量，各物种植株的数量、组成以及各物种的平均冠幅面积、植株高度等。挖掘法测定不同植物根系的分层生物量，同时取主根测定根系的结构特征。

（2）植物群落生理生态参数的测量

植物光合作用测量使用便携式红外气体分析仪 Li-6400XT（Li-Cor，Lincoln，Nebraska，USA）。测定的生理生态指标主要有净光合速率 [A_n, μmol CO_2/(m^2·s)]、蒸腾速率 [T_r, mmol H_2O/(m^2·s)]、气孔导度 [g_s, mol H_2O/(m^2·s)] 和胞间CO_2浓度（C_i, μmol/mol）等。同时可测量环境变量，包括大气压（P, kPa）、光合有效辐射 [PAR, μmol/(m^2·s)]、叶片温度（T_l, ℃）、空气温度（T_a, ℃）、空气相对湿度

(RH,%）和大气 CO_2 浓度（C_a，μmol/mol）。为获取相关参数，测定了优势种的光合作用日变化过程，在 2014 年生长季（7~8 月）以及 2015 年生长季（5~9 月）选择天气晴朗的天气，7:00~19:00 以 2h 间隔测量光合作用日变化。同时使用植物压力室 PMS（Model 1515D，PMS Instrument Co，Albany，NY，USA）测量植物水势。

植物功能属性的测量包括叶功能属性、茎功能属性和根功能属性。植物叶片是植物与外界环境直接接触的部位，因而是对环境变化最为敏感的植物功能性状，它反映了植物对资源摄取和利用的策略（Reich et al.，1999）。在本书研究中选取的叶功能属性包括比叶重（LMA，g/m^2）、叶氮含量（N_{mass}，%）、叶碳氮比（C/N）、叶干物质含量（LDMC，%）、叶片碳同位素组成（$\delta^{13}C$，‰）和质量饱和光合速率（A_{mass}，nmmol/($m^2 \cdot s$)）。在不同程度的水分亏缺环境中，这些叶功能属性具有明显差异（Franco et al.，2005），因而可作为指示植物耐旱性的强弱指标。在 2015 年生长季（5~9 月），以月为间隔测量样地红砂和泡泡刺植物的茎干木质部密度（WD，g/cm^3）。每次测量时选择植株大小相同、年龄相近并且接近实验样方平均大小植株的个体，采集其靠近地面的植物茎干组织。同时测定茎干木质部结构，采集植物的枝条与根系，带回实验室后植物样品经过脱水、渗蜡、包埋、切片（切片厚度 8~10um）、染色等处理。使用光学显微镜（Nikon H600L）对处理过的组织切片的结构进行观测、拍照，用拍照软件自带的测量工具对茎导管直径（SD_i，μm）、根导管直径（RD_i，μm）、茎导管密度（SD_v，m/m^2）以及根导管密度（RD_v，m/m^2）进行测量和统计分析。每个物种进行 5 个重复取样，取其平均值来进行分析。根是植物从土壤获取水分和养分的重要器官，植物根功能属性决定着植物水分、养分的吸收。本书选取比根长（SRL，cm/g）、比根面积（SRA，cm^2/g）、根导管直径（RD_i，μm）、根导管密度（RD_v，m/m^2）4 个根功能属性指标来对各实验样地中红砂和泡泡刺根功能属性进行比较分析。SRL 和 SRA 越大，表明细根占总根系的比例越大，从土壤中吸取水分的能力也越强。RD_i 和 RD_v 反映植物根导水能力，其值越大，根导水能力越强。

3.3.2 研究结果

1. 群落结构组成与优势荒漠植物个体形态特征

基于野外样方调查数据，表 3-2 结果显示临泽、金塔和额济纳样地荒漠植物群落特征。随着 MAP 的降低，群落总盖度、地上生物量（AGB）、地下生物量（BGB）和叶面积指数（LAI）逐渐减少。临泽样地群落总盖度、AGB 和 BGB 明显高于额济纳样地（$P<0.05$），分别表现为临泽（8.0%±0.1%）>金塔（5.6%±0.4%）>额济纳（1.9%±1.0%）、（38.6±10.3）g/m^2>（27.0±0.2）g/m^2>（8.1±0.2）g/m^2 和 43.0g/m^2>37.6g/m^2>33.2g/m^2。LAI 与 MAP 变化趋势一致，临泽>金塔>额济纳。植株间距（PD）与 MAP 的关系不明显，临泽样地 PD 最高，临泽样地次之，金塔样地最低。随 MAP 降低，地上部分茎叶比从临泽样地到额济纳样地逐渐增加，表现为 1.72<5.72<7.92。相对于叶片，植物茎干具有较高的储水能力，随着可利用水分的减少，增加茎叶比有利于增加植物有机体的

水分存储并能有效降低植物蒸腾作用。

表 3-2 荒漠群落结构特征

样地	MAP/mm	GWD/m	总盖度/%	AGB/(g/m²)	BGB/(g/m²)	LAI	PD/m	茎叶比
临泽	112	11~13	8.0±0.1[a]	38.6±10.3[a]	43.0	0.09[a]	1.40±0.33[a]	1.72
金塔	62	13~15	5.6±0.4[b]	27.0±0.2[b]	37.6	0.03[b]	0.95±0.00[b]	5.72
额济纳	35	3.5	1.9±1.0[c]	8.1±0.2[c]	33.2	0.01[c]	2.80±0.54[c]	7.92

注：MAP 为年均降水量；GWD 为地下水位；AGB 为地上生物量；BGB 为地下生物量；PD 为植株间距；LAI 为叶面积指数。不同小写字母表示同一要素在三个地点间差异显著（$P<0.05$）

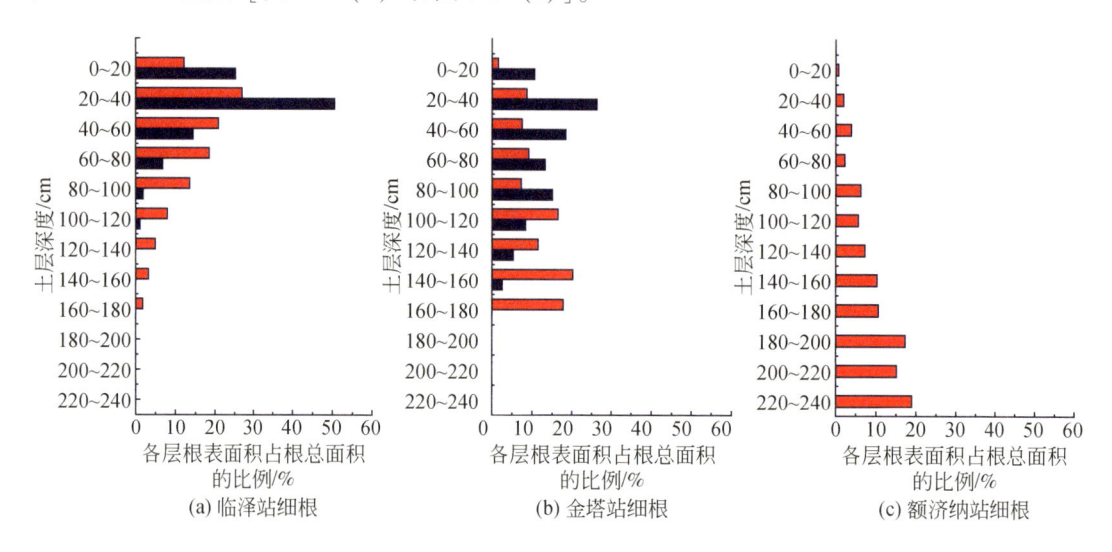

图 3-9 展示了三个实验样地红砂和泡泡刺根系沿土壤垂直分布特征，从图 3-9 中可以看出，在临泽样地，红砂和泡泡刺无论是总根还是细根，根表面积沿土壤剖面分布变化特征基本一致，呈 S 形分布，即随着土壤深度的增加先增加后减少，在 20~40cm 土层达到最大值 [图 3-9（a）和图 3-9（d）]。红砂和泡泡刺的最大根深之间有明显差异，前者显著大于后者，其值分别为 1.8m 和 1.2m。此外，泡泡刺根系分布比红砂浅，前者 60% 的细根和 75% 的总根集中在 0~40cm 土层，在同样土层深度下后者这一值分别为 34% 和 39%。在金塔样地，红砂细根沿土壤垂直剖面的变化趋势与泡泡刺细根相反，但总根系的变化趋势基本一致 [图 3-9（b）和图 3-9（e）]。该样地红砂的最大根深与泡泡刺最大根深差异不大，分别为 1.8m 和 1.6m。然而，红砂和泡泡刺的细根分布具有较大差异，红砂 70% 的细根集中在 80cm 以下土层，而泡泡刺 68% 的细根集中在 0~80cm 土层。在额济纳样地，红砂总根和细根沿土壤垂直剖面的变化趋势相反，即随土壤深度的增加，细根量逐渐增加，其最大值出现在 220~240cm 土层；总根量随深度的增加逐渐减小，其最大值出现在 20~40cm 土层 [图 3-9（c）和图 3-9（f）]。

(a) 临泽站细根

(b) 金塔站细根

(c) 额济纳站细根

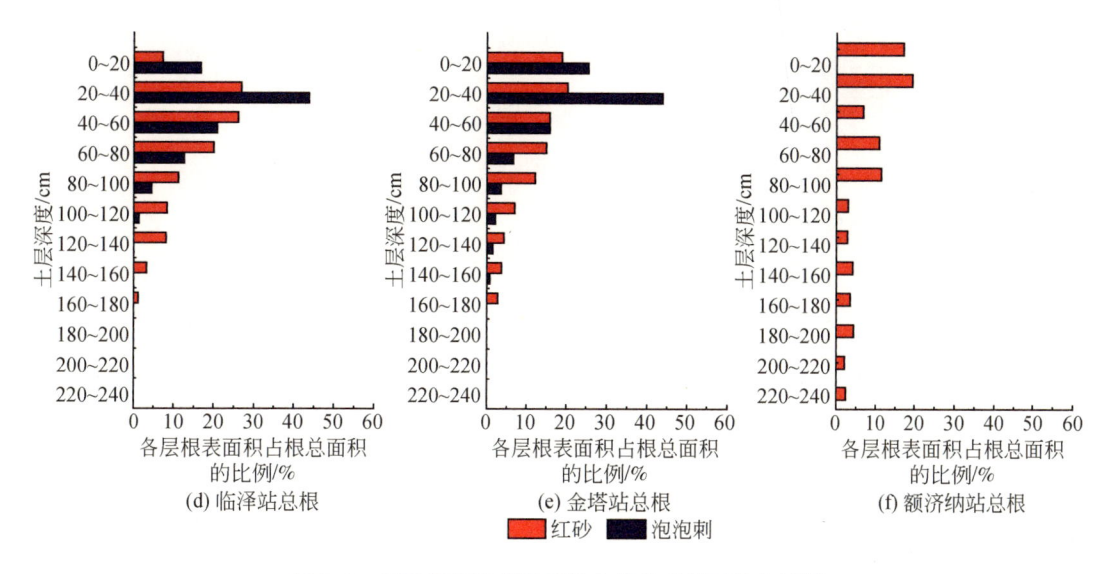

图 3-9　红砂和泡泡刺根系沿土壤垂直剖面分布特征

2. 荒漠植物生理生态参数特征

各实验样地植物黎明前水势（Ψ_{pd}）季节变化趋势与最大气孔导度（g_{smax}）变化趋势基本相一致，而与 $\delta^{13}C$ 值的变化趋势相反（图 3-10）。在临泽样地，红砂和泡泡刺 Ψ_{pd} 值都在 7 月达到最大值，5 月或 8 月为其最低值［图 3-10（a）］；红砂和泡泡刺 g_{smax} 在生长季旺盛期最高，生长季初期或生长季末期最低［图 3-10（b）］。基于整个生长季平均值，红砂和泡泡刺 Ψ_{pd} 与 g_{smax} 之间均无显著差异（$P=0.63$）［图 3-10（a）和图 3-10（b）］。在金塔样地，泡泡刺 Ψ_{pd} 和 g_{smax} 比红砂具有更加显著的季节变化特征［图 3-10（c）和图 3-10（d）］，但生长季内红砂 Ψ_{pd} 和 g_{smax} 平均值都高于泡泡刺［图 3-10（c）和图 3-10（d）］。在 2015 年，红砂和泡泡刺 Ψ_{pd} 和 g_{smax} 的最大值出现在 8 月，而 2016 年整个季节变化不大且值较低。在额济纳样地，红砂 Ψ_{pd} 和 g_{smax} 在整个生长季变化不显著，且其值维持在一个较高的水平［图 3-10（e）和图 3-10（f）］。

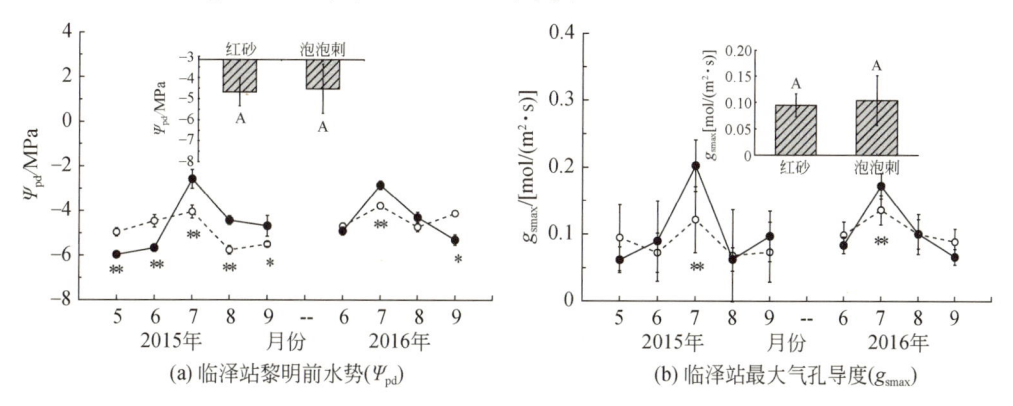

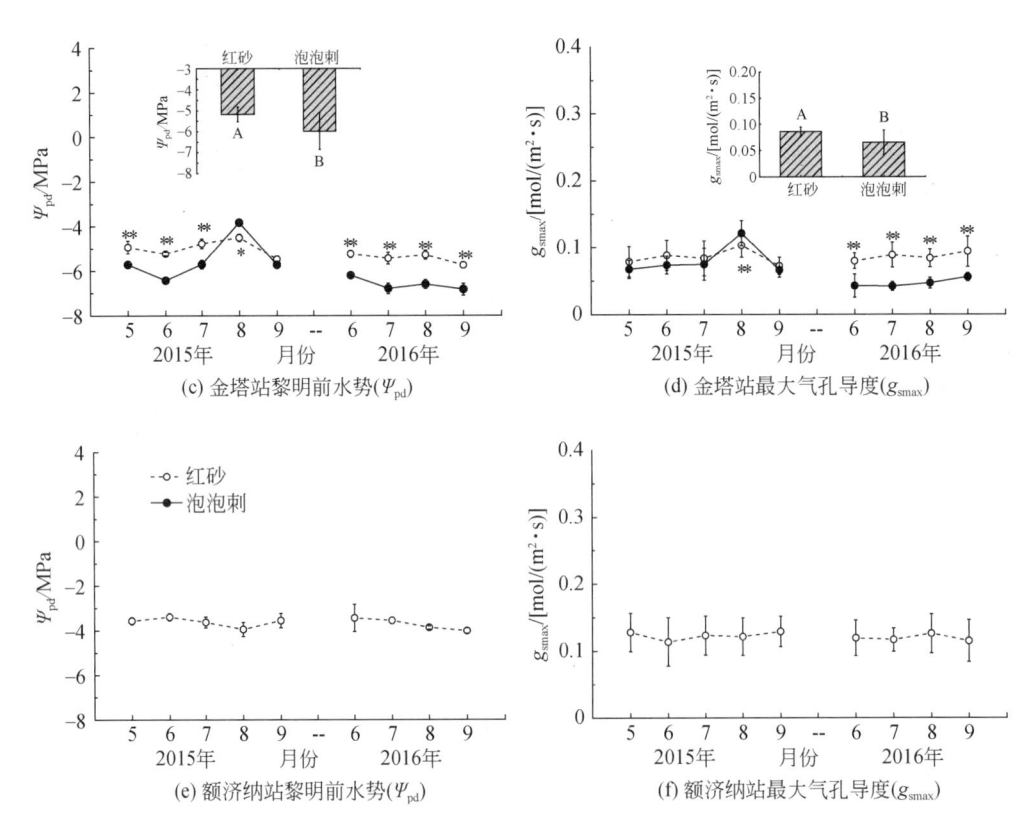

图 3-10 生长季 Ψ_{pd} 和 g_{smax} 季节动态变化特征

(a)~(d) 图中的小图为红砂和泡泡刺的平均值

3. 水分梯度下荒漠植物叶功能属性特征

红砂各叶功能属性在不同降水量样地之间存在显著差异（$P<0.05$），在同一样地中红砂和泡泡刺的功能属性之间也存在显著差异（图3-11）。N_{mass} 在张掖、临泽、高台以及金塔样地之间无显著差异（$P>0.05$），其值分别为 2.63%、2.47%、2.25% 和 2.21%，而额济纳样地红砂的 N_{mass} 值（2.13%）显著低于其他4个样地 [图3-11（a）]。泡泡刺的 N_{mass} 值在临泽和金塔样地之间无显著差异（$P>0.05$），其值分别为 3.49% 和 3.44%，都高于同样地中红砂的 N_{mass} 值。与 N_{mass} 在各样地的变化趋势相反，C/N 值在张掖样地最低（11.23），在额济纳样地最高（17.95），且沿降水减少梯度下红砂的 C/N 值逐渐升高 [图3-11（b）]。在同一样地中，红砂的 C/N 值显著高于泡泡刺的 C/N 值，而泡泡刺的 C/N 值在临泽和金塔样地之间无显著差异（$P>0.05$）。随降水量减少，红砂的 LMA 值呈显著增加趋势；就泡泡刺而言，LMA 值在临泽和金塔样地之间无显著差异，然而同一样地中泡泡刺的 LMA 值显著低于红砂 [图3-11（c）]。LDMC 在各样地之间的变化趋势与 LMA、C/N 基本一致，即随降水量减小，LDMC 值逐渐增加。在降水量最高的张掖样地中，红砂的 LDMC 值最低，降水量最低的额济纳样地红砂的 LDMC 值最大，而红砂的

LDMC 值在临泽、高台以及金塔样地之间无明显差异［图 3-11（d）］。金塔样地泡泡刺的 LDMC 值显著高于临泽样地（$P>0.05$）。在临泽和金塔样地中，红砂的 LDMC 值均显著高于泡泡刺（$P<0.05$），这表明红砂叶片水分含量明显低于泡泡刺叶片水分含量。红砂和泡泡刺的 $\delta^{13}C$ 值空间的变化规律基本一致，即红砂的 $\delta^{13}C$ 值高的样地，泡泡刺的 $\delta^{13}C$ 值也高［图 3-11（e）］。红砂的 $\delta^{13}C$ 值从流域中游张掖到下游额济纳表现为先升高后降低的变化规律，红砂的 $\delta^{13}C$ 值最高出现在临泽样地（-23.78‰），额济纳样地的 $\delta^{13}C$ 值最低（-26.93‰）。在降水量为 112mm 的临泽样地，红砂和泡泡刺的 $\delta^{13}C$ 值之间无显著差异，而在降水量为 65mm 的金塔样地，红砂的 $\delta^{13}C$ 值显著高于泡泡刺（$P<0.05$）。对 A_{mass} 而言，从张掖到金塔样地红砂的 A_{mass} 值逐渐减低，分别为 66.79nmol/($m^2·g$)、43.79nmol/($m^2·g$)、36.53nmol/($m^2·g$) 和 25.43nmol/($m^2·g$)。红砂的 A_{mass} 在临泽、高台、金塔以及额济纳样地之间无显著差异，而张掖红砂的 A_{mass} 值显著高于其他样地红砂的 A_{mass}［图 3-11（f）］。在临泽样地，泡泡刺的 A_{mass} 显著大于红砂（$P<0.05$），而在金塔样地，二者之间无显著差异。

4. 不同水分梯度下茎功能属性的比较

植物茎干是连接叶片和根部的重要器官，是水分运输的重要通道。本书选取茎饱和渗透势（Ψ_{sat}，MPa）、膨压损失点的渗透势（Ψ_{tlp}，MPa）、膨压弹性系数（ε）、茎干木质部密度（WD，g/cm^3）、茎导管直径（SD_i，μm）、茎导管密度（SD_v，m/m^2）6 个茎功能属

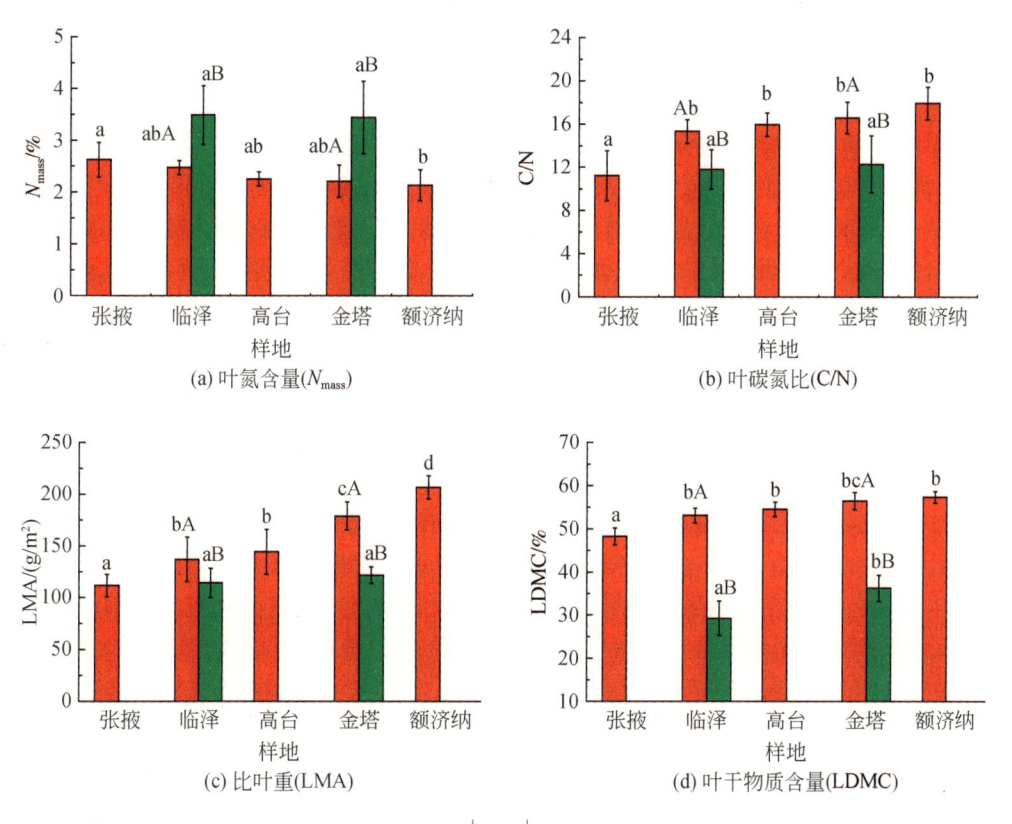

(a) 叶氮含量(N_{mass})

(b) 叶碳氮比(C/N)

(c) 比叶重(LMA)

(d) 叶干物质含量(LDMC)

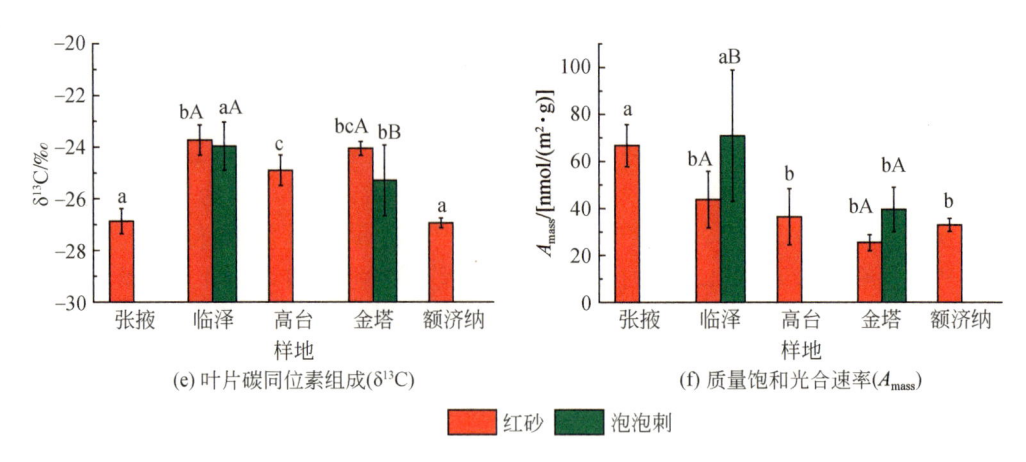

图 3-11　降水梯度下各样地红砂和泡泡刺叶功能属性变化

图中小写英文字母表示同一物种各个样地之间的差异显著性水平（$P<0.05$），大写英文字母表示同一样地不同物种之间的差异显著性水平

性指标来对各实验样地中红砂和泡泡刺茎功能属性进行比较分析。Ψ_{sat}指茎处于水分饱和状态时因组织细胞内溶质积累引起的渗透压，该值越低表明植物耐旱能力越强。Ψ_{tlp}指完全失掉膨压时的渗透势，茎水势高于这点时细胞维持充盈（turgid）和结构完整，因而茎Ψ_{tlp}值高低与其耐旱能力有密切相关性。ε指调节细胞渗透压的一种能力，其值越大表明对水分胁迫的适应能力越强。SD_i、SD_v反映植物茎导水能力，同时也是指示植物抗旱能力的指标，SD_i值越小、SD_v值越大表明植物抗旱能力越强。

红砂Ψ_{sat}在各样地之间存在显著差异（$P<0.05$），其值在张掖样地最高，为-2.5MPa，在金塔样地最低，为-3.2MPa。在临泽和金塔样地中，泡泡刺Ψ_{sat}值显著高于红砂（$P<0.05$），且临泽样地泡泡刺Ψ_{sat}值显著高于金塔样地泡泡刺［图3-12（a）］。红砂和泡泡刺Ψ_{tlp}值在各样地的变化趋势与Ψ_{sat}变化趋势相一致，即其值在张掖样地最高（-3.38MPa），金塔样地最低（-4.34MPa）［图3-12（b）］。金塔和临泽样地泡泡刺Ψ_{tlp}值显著高于同样地中的红砂（$P<0.05$），这表明红砂茎的抗水分胁迫能力比泡泡刺强。ε在各样地间变化规律与Ψ_{sat}、Ψ_{tlp}的变化规律呈相反趋势，随着降水量的减少，红砂ε值表现出先增加后减少的趋势，其值在金塔样地最高，为29.63［图3-12（c）］，表现为金塔>高台>临泽>额济纳>张掖。红砂ε值在张掖和额济纳样地之间无显著差异（$P>0.05$），其值分别为19.58和20.06。除额济纳样地外，红砂WD值在其余四个样地之间无显著差异（$P>0.05$），且显著小于额济纳样地红砂WD值［图3-12（d）］。金塔样地中泡泡刺WD值显著高于临泽样地，且在这两个样地中泡泡刺WD值均显著高于红砂。就红砂SD_i而言，不同降水量的各样地之间无显著差异（$P>0.05$）［图3-12（e）］，而泡泡刺SD_i在临泽和金塔样地之间则存在显著差异，且表现为临泽样地（24.4μm）>金塔样地（19.7μm）。红砂SD_v在各样地之间存在显著差异（$P>0.05$），且表现为额济纳（279m/m²）>金塔（271m/m²）>高台（239m/m²）>临泽（221m/m²）>张掖（176m/m²）［图3-12（f）］。

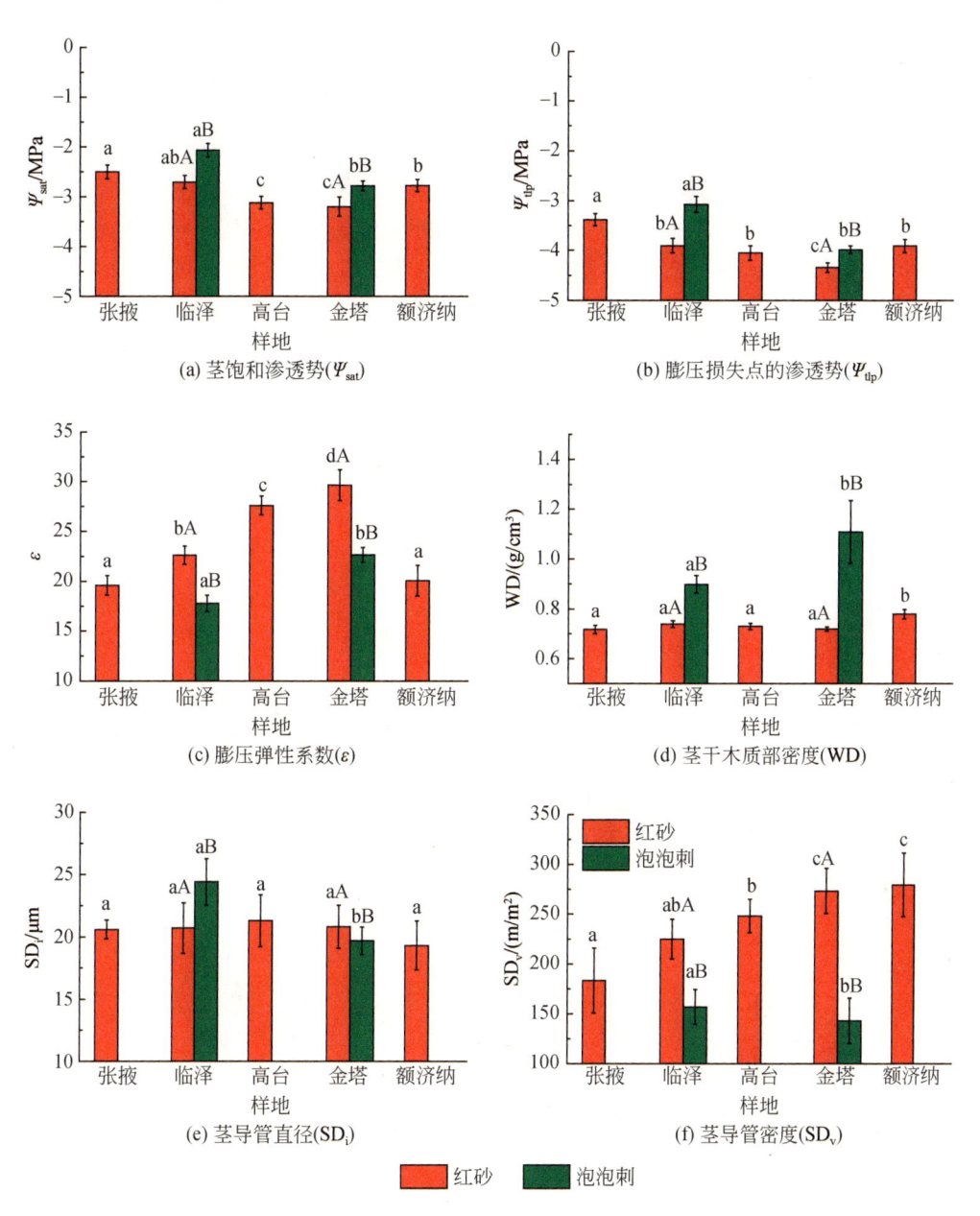

图 3-12 各样地红砂和泡泡刺茎功能属性变化

图中小写英文字母表示同一物种各个样地之间的差异显著性水平（$P<0.05$），大写英文字母表示同一样地不同物种之间的差异显著性水平

5. 不同水分条件下根功能属性的比较

红砂 SRL 值沿降水量减少梯度逐渐降低，表现为张掖（224cm/g）>临泽（50.7cm/g）>高台（38.5cm/g）>金塔（13.3cm/g）>额济纳（3.4cm/g）[图 3-13（a）]，在整个生长季

根系只进行一次调查取样,因此无法进行单因素方差分析(ANOVA)来对不同样地之间进行比较。临泽样地泡泡刺 SRL 大于金塔样地泡泡刺,在同一样地中泡泡刺 SRL 大于红砂。红砂 SRA 在各样地之间的变化趋势与 SRL 变化趋势一致,即表现为张掖（38.9cm²/g）>临泽（26.0cm²/g）>高台（24cm²/g）>金塔（13.0cm²/g）>额济纳（5.9cm²/g）。同样地,泡泡刺的 SRA 变化趋势也与 SRL 一致［图3-13（b）］。该结果表明红砂和泡泡刺根的总吸水能力随降水量减小而降低。红砂 RD_i 在各样地之间的变化规律与 SRL 和 SRA 呈现出相反的趋势,即张掖（26.1μm）<临泽（31.9μm）<高台（32.2μm）<金塔（36.70μm）<额济纳（41.4μm）,且临泽、高台以及金塔样地之间无显著差异（$P>0.05$）［图3-13（c）］。就泡泡刺而言,在临泽和金塔样地中 RD_i 值显著大于同样地中红砂（$P<0.05$）,且金塔样地泡泡刺 RD_i 值显著大于临泽样地泡泡刺。红砂 RD_v 值随降水量减小呈现出先增加后减少的趋势,其值在高台样地达到最大,为293m/m²,在额济纳样地最小,为172m/m²。泡泡刺 RD_v 值在临泽和金塔样地之间无显著差异（$P>0.05$）,其值分别为153m/m² 和148m/m²。无论是在临泽样地还是金塔样地,泡泡刺的 RD_v 值显著低于红砂［图3-13（d）］。

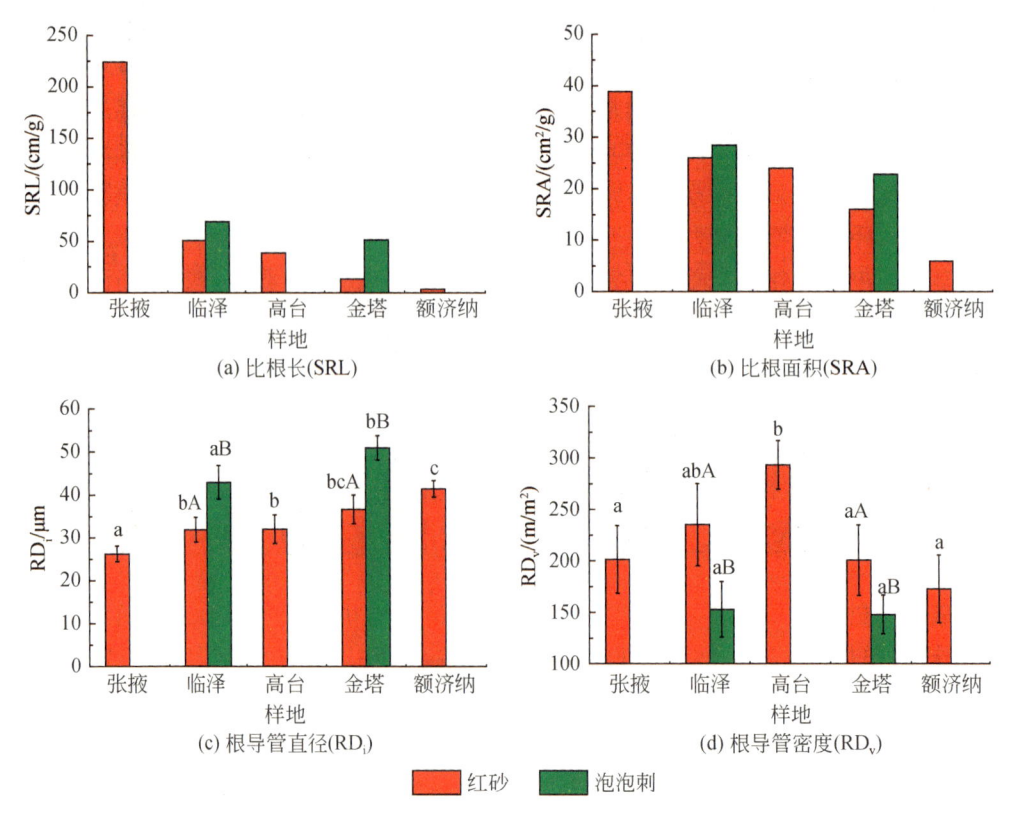

图3-13 各样地红砂和泡泡刺根功能属性变化

图中小写英文字母表示同一物种各个样地之间的差异显著性水平（$P<0.05$）,大写英文字母表示同一样地不同物种之间的差异显著性水平

对所有实验样地中红砂和泡泡刺功能属性进行统计分析,其结果见表3-3。红砂各功

能属性中 SRL 变异系数最大,为 125%,说明红砂各功能属性中 SRL 差异程度最高;标准误与变异系数最小的为 WD,其值分别为 0.01 和 4%,表明茎干密度在各样地之间差异程度最低。此外,A_{mass} 和 RSA 变异系数分别达 44% 和 50%,表明红砂 A_{mass} 和 RSA 在各样地之间差异程度很高(表 3-3)。泡泡刺各功能属性差异程度最大的是 A_{mass},变异系数达 46.53%,其他各功能属性变异系数在 5%~18% 变化,表明泡泡刺各功能属性在各样地之间差异程度较小。总体来说,泡泡刺功能属性的变异系数要小于红砂,即泡泡刺在各样地之间差异程度较红砂要小。

表 3-3 不同水分梯度下各样地红砂和泡泡刺功能属性的差异性特征

功能属性	变量	红砂					泡泡刺				
		Mean	Max	Min	SE	CV/%	Mean	Max	Min	SE	CV/%
叶	N_{mass}/%	2.34	2.97	1.70	0.61	13	3.46	4.40	2.73	0.19	17.35
	C/N	15.42	20.20	10.08	0.54	18	12.05	15.30	9.54	0.68	17.89
	LMA/(g/m²)	155.75	220.33	100.67	7.24	23	118.03	136.33	100.00	3.71	9.94
	LDMC/%	53.97	58.42	46.45	9.72	7	32.75	39.40	23.27	1.58	15.23
	δ^{13}C/‰	−25.30	−23.23	−27.94	0.30	6	−24.63	−22.86	−26.85	0.41	5.29
	A_{mass}/[nmol/(m²·g)]	41.12	104.84	18.25	3.63	44	55.26	99.18	23.45	8.13	46.53
茎	Ψ_{sat}/MPa	−2.86	−2.31	−3.37	0.60	10	−2.43	−1.89	−2.94	0.12	16.26
	Ψ_{tlp}/MPa	−3.92	−3.24	−4.46	0.07	9	−3.53	−2.84	−4.07	0.16	14.11
	ε	23.89	31.70	18.50	0.85	18	20.21	23.50	16.70	0.84	13.19
	WD/(g/cm²)	0.74	0.81	0.71	0.01	4	1.00	1.23	0.86	0.04	14.06
	SD_i/μm	20.54	24.21	17.46	0.35	9	22.27	26.85	18.23	0.98	13.86
	SD_v/(m/m²)	241.78	304.95	147.45	8.56	18	147.79	175.91	119.38	6.21	13.29
根	SRL	66.03	224.02	3.43	16.49	125	60.18	68.98	51.38	2.93	15.42
	RSA/(cm²/g)	22.15	38.89	5.89	2.23	50	25.64	28.48	22.80	0.95	11.68
	RD_i/μm	33.65	43.89	24.54	1.15	17	47.33	54.14	37.67	1.61	10.77
	RD_v/(m/m²)	220.65	331.37	140.96	10.39	24	150.92	178.72	114.77	6.88	14.41

注:Mean 为平均值;Max 为最大值;Min 为最小值;SE 为标准误;CV 为变异系数

6. 荒漠植物功能属性的影响因素

植物功能属性受植物自身内在因素和环境因素(如气候、土壤、地形以及海拔等)的影响。在荒漠地区水分是制约植物生存与生长的主要因子,植物为了适应水分亏缺的环境,从地上(叶、茎)、地下(根)两个方面发展形成相应的功能结构形态,最大限度地节约水分和获取水源。降水决定着生态系统水分收入,温度通过影响蒸散发而决定着生态系统水分支出,因此本书选用湿润指数(moisture index,MI)来替代降水和温度。土壤质地影响水分的下渗深度和土壤持水能力;土壤养分影响植物对营养元素的吸收与利用。本节分析了植物功能属性与气候和土壤特征之间的关系,以探究植物各功能属性受哪些主要因素的影响。由于泡泡刺植物只在临泽和金塔两个实验样地出现，样本量太少，本节只选择红砂作为研究对象。

（1）植物功能属性与湿润指数之间的关系

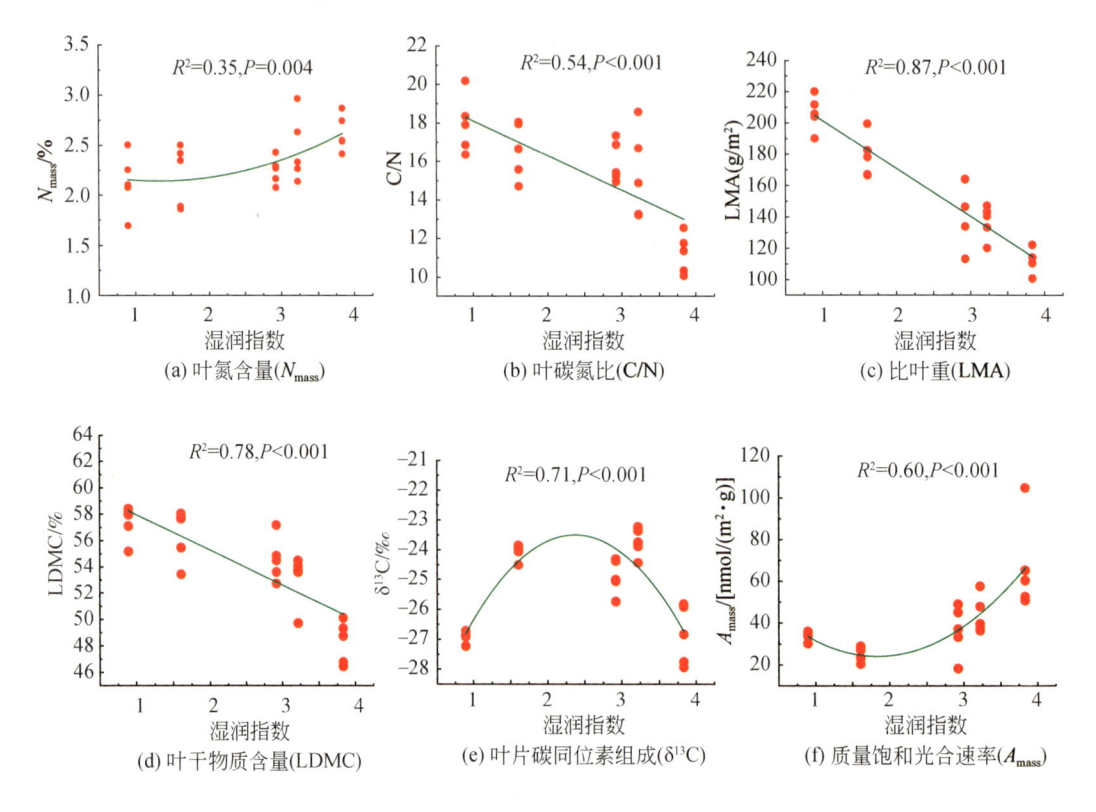

图 3-14 为红砂各功能属性与湿润指数之间的关系。除导管直径外，植物各功能属性与湿润指数之间有显著的相关性。N_{mass} 与 MI 之间呈显著正相关关系（$R^2 = 0.35$，$P = 0.004$）[图 3-14（a）]。C/N、LMA 以及 LDMC 与 MI 之间呈显著的负相关关系（C/N 的 $R^2 = 0.54$，$P < 0.001$；LMA 的 $R^2 = 0.87$，$P < 0.001$；LDMC 的 $R^2 = 0.78$，$P < 0.001$）[图 3-14（b）~图 3-14（d）]，这表明随着降水量减少，C/N、LMA 以及 LDMC 呈逐渐增加趋势。$\delta^{13}C$ 与 MI 之间呈二次函数关系（$R^2 = 0.71$，$P < 0.001$），即随着湿润程度的增加，$\delta^{13}C$ 先增加后减小 [图 3-14（e）]。此外，A_{mass} 与 MI 之间也呈二次函数关系（$R^2 = 0.60$，$P < 0.001$），但变化趋势与 $\delta^{13}C$ 相反，即随着 MI 增加，A_{mass} 呈先减小后增加趋势 [图 3-14（f）]。Ψ_{sat} 与 MI 之间呈开口向下二次函数关系（$R^2 = 0.69$，$P < 0.001$），Ψ_{tlp} 随 MI 的变化规律与 Ψ_{sat} 相一致，即呈先减小后增加的趋势，其最低值都出现在 MI 为 1.6 左右 [图 3-14（h）]。ε 随 MI 的增加呈先增加后减小趋势（$R^2 = 0.77$，$P < 0.001$）。WD、SD_v 以及 RD_i 与 MI 呈线性负相关关系（WD 的 $R^2 = 0.43$，$P = 0.003$；SD_v 的 $R^2 = 0.62$，$P < 0.001$；RD_i 的 $R^2 = 0.78$，$P < 0.001$），而 SRL 和 SRA 与 MI 之间呈线性正相关关系（SRL 的 $R^2 = 0.59$，$P = 0.025$；SRA 的 $R^2 = 0.93$，$P = 0.009$）。RD_v 与 MI 之间呈二次函数关系式（$R^2 = 0.48$，$P = 0.001$）。SD_i 与 MI 之间无显著相关关系（$R^2 = 0.24$，$P = 0.24$）[图 3-14（k）]。

(a) 叶氮含量（N_{mass}）

(b) 叶碳氮比（C/N）

(c) 比叶重（LMA）

(d) 叶干物质含量（LDMC）

(e) 叶片碳同位素组成（$\delta^{13}C$）

(f) 质量饱和光合速率（A_{mass}）

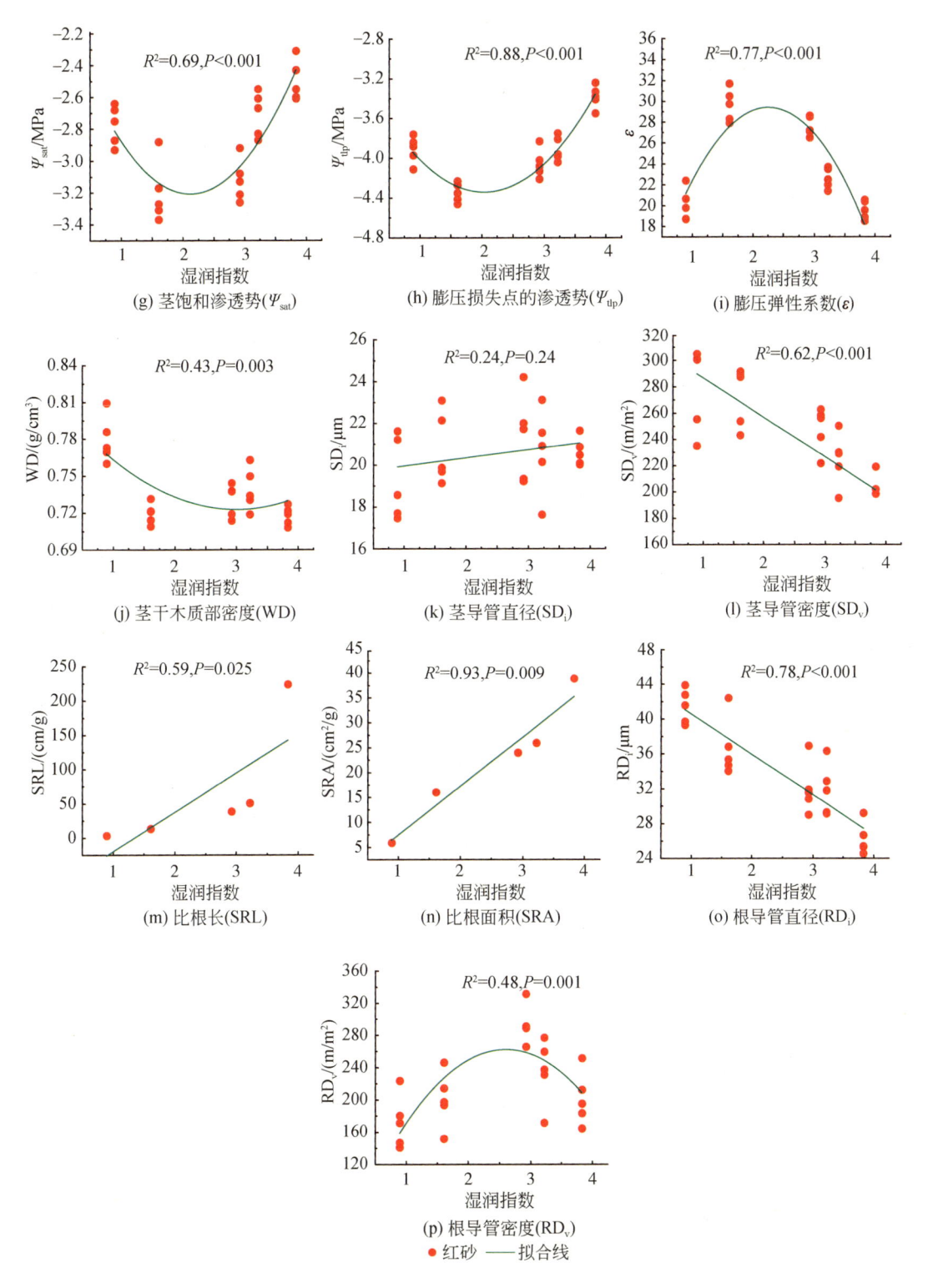

图 3-14 红砂各功能属性与湿润指数之间的关系

（2）红砂各功能属性与土壤黏粒含量的关系

土壤黏粒含量决定着土壤的保水能力，也反映着土壤发育状况，是土壤组成非常重要的一个指标，为红砂各功能属性与土壤黏粒含量之间关系。红砂各功能属性与土壤黏粒含量之间的变化趋势与 MI 基本一致。C/N、LMA、LDMC、WD、SD_v 以及 RD_i 与黏粒含量之间呈显著的负相关关系（C/N 的 $R^2 = 0.65$，$P < 0.001$；LMA 的 $R^2 = 0.73$，$P < 0.001$；LDMC 的 $R^2 = 0.64$，$P < 0.001$；WD 的 $R^2 = 0.53$，$P = 0.007$；SD_v 的 $R^2 = 0.57$，$P < 0.001$；RD_i 的 $R^2 = 0.72$，$P < 0.001$）。N_{mass}、A_{mass}、SRL 和 SRA 与黏粒含量呈显著的正相关关系（N_{mass} 的 $R^2 = 0.31$，$P = 0.009$；A_{mass} 的 $R^2 = 0.55$，$P < 0.001$；SRL 的 $R^2 = 0.75$，$P = 0.065$；SRA 的 $R^2 = 0.91$，$P = 0.014$）。$\delta^{13}C$、Ψ_{tlp}、Ψ_{sat}、ε 以及 RD_v 与黏粒含量之间呈显著的二次曲线关系式（$\delta^{13}C$ 的 $R^2 = 0.81$，$P < 0.001$；Ψ_{sat} 的 $R^2 = 0.53$，$P < 0.001$；Ψ_{tlp} 为 $R^2 = 0.75$，$P < 0.001$；ε 的 $R^2 = 0.66$，$P < 0.001$；RD_v 的 $R^2 = 0.30$，$P = 0.021$）（图 3-15）。该结果表明红砂各功能属性受土壤颗粒组成的影响较大。

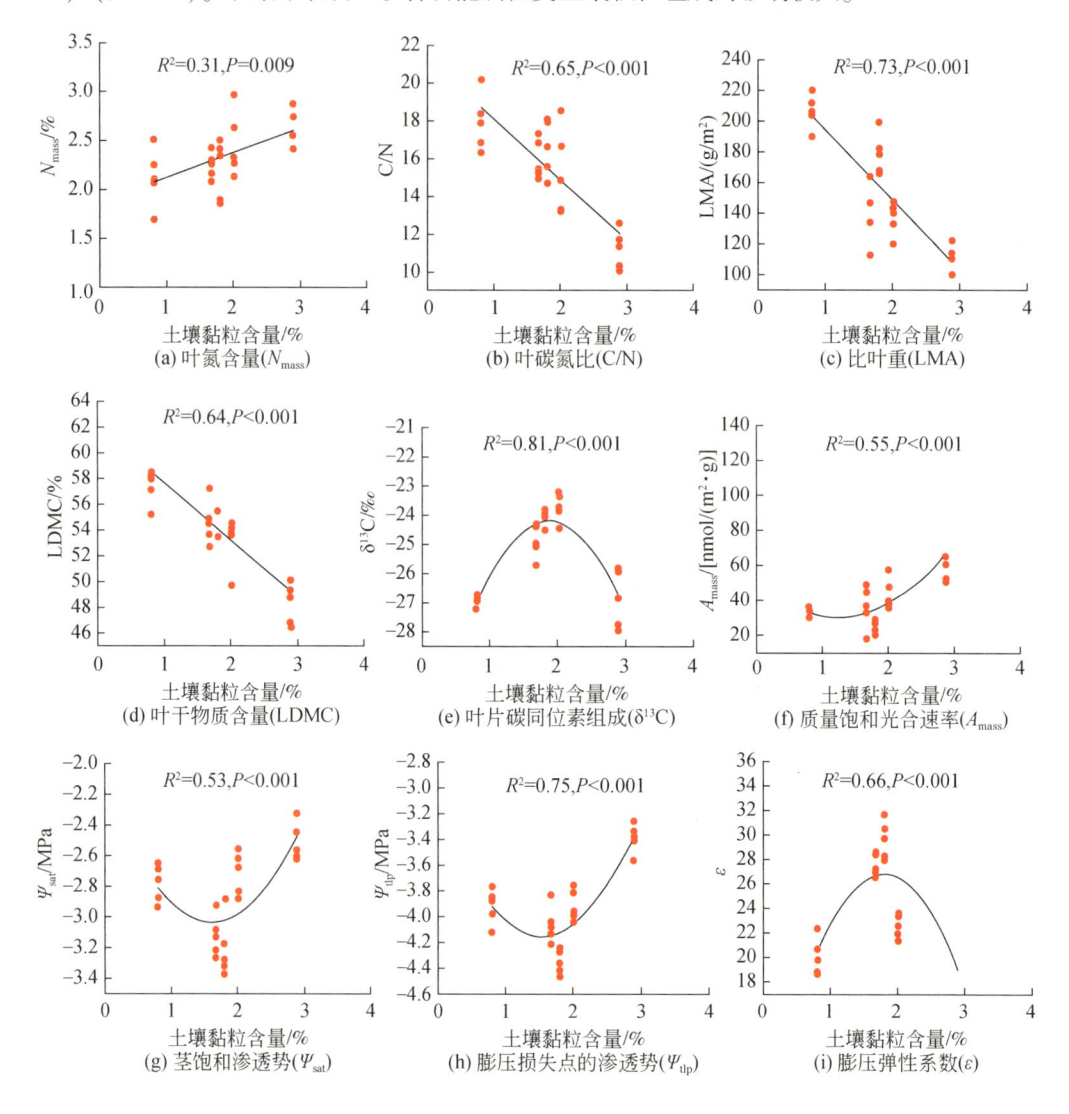

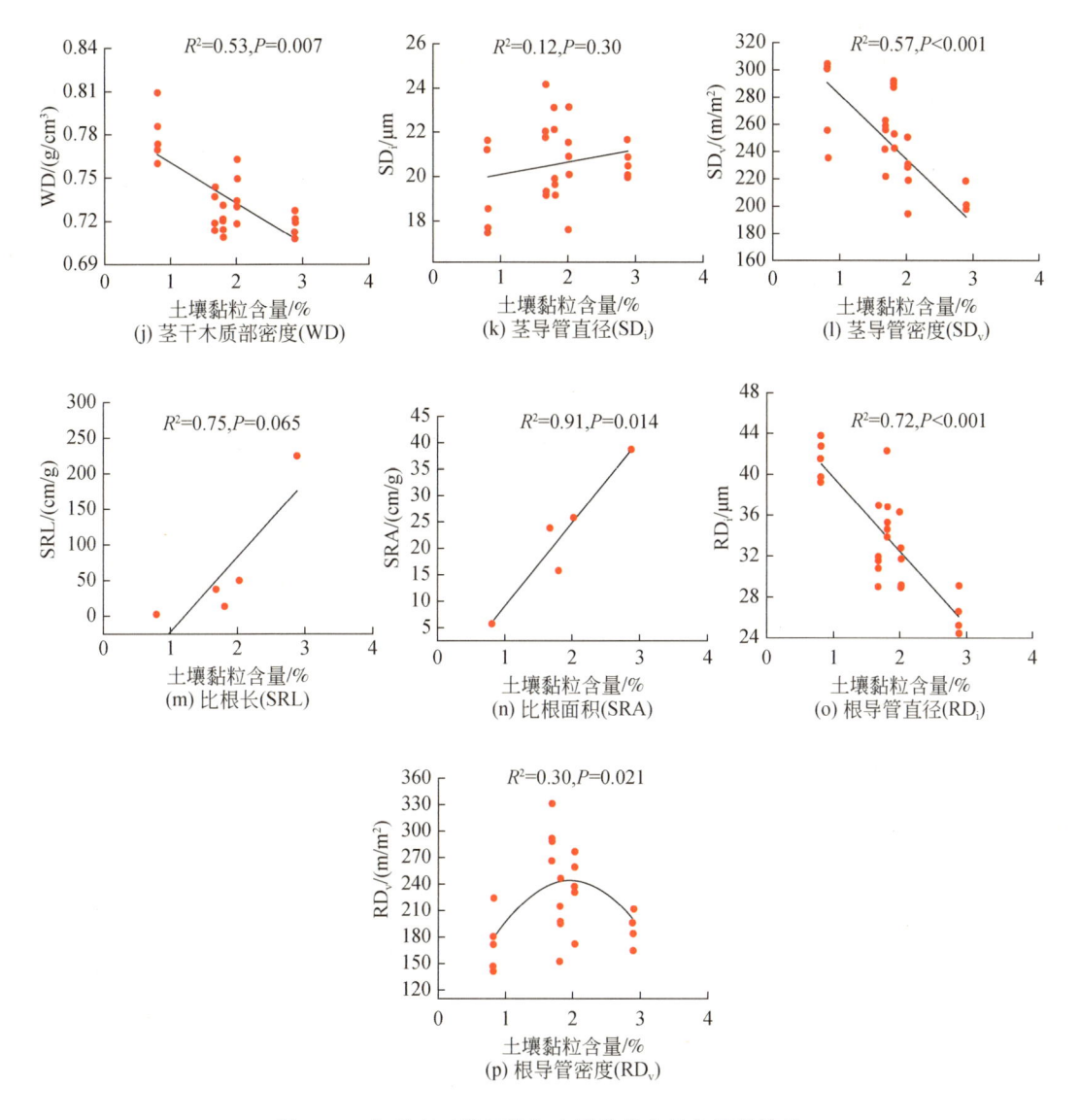

图 3-15　红砂各功能属性与土壤黏粒含量之间的关系

  本章进一步分析了湿润指数（MI）、土壤黏粒含量（Sclay）、土壤总氮（TN）以及土壤有机质（SOM）与植物各功能属性之间的关系，对各个功能属性指标与环境因子之间进行偏相关分析并初步确定了湿润指数、土壤黏粒含量、土壤总氮以及土壤有机质与红砂各功能属性之间的关系（表3-4）。N_{mass}、LMA 和 SD_i 在 $P=0.05$ 置信水平上与 4 个环境因子都无显著偏相关性。叶功能属性 LDMC、$δ^{13}C$ 以及 A_{mass} 与 4 个环境因子之间均存在极显著偏相关性，而 C/N 只与 TN 之间存在显著负偏相关性性（$R^2=-0.40$，$P=0.05$）。茎功能属性 $Ψ_{sat}$、$Ψ_{tlp}$ 和 $ε$ 与各环境因子之间都存在极显著的偏相关性，其偏相关系数基本在 0.80 以上。WD 与 TN 之间无显著偏相关性（$P=0.18$），而 WD 与 MI、Sclay 以及 SOM 之间均存在显著偏相关性。SD$_v$ 与 MI、TN 之间无显著偏相关性（$P=0.08$、$P=0.31$），但与 Sclay、SOM 之间存在显著偏相关性（$P=0.04$、$P=0.05$）。根功能属性 RD$_v$ 与 TN 之间无显著偏相关性，而与 MI、Sclay 以及 SOM 之间均存在显著偏相关性；RD$_i$ 与 4 个环境因子之间均无显著偏相关性。

表 3-4　植物各功能属性与湿润指数（MI）、土壤黏粒含量（Sclay）、土壤总氮（TN）以及土壤有机质（SOM）的偏相关分析

功能属性	变量	MI（控制 Sclay、TN 和 SOM）	Sclay（控制 MI、TN 和 SOM）	TN（控制 Sclay、SOM 和 MI）	SOM（控制 Sclay、TN 和 MI）
叶	N_{mass}	−0.24（0.27）	0.28（0.20）	−0.01（0.96）	−0.26（0.23）
	C/N	0.32（0.14）	0.35（0.10）	**−0.40（0.05）**	0.33（0.14）
	LMA	−0.19（0.40）	0.04（0.87）	−0.06（0.80）	−0.05（0.81）
	LDMC	**0.46（0.03）**	**−0.51（0.01）**	**−0.43（0.04）**	**0.49（0.02）**
	δ^{13}C	**0.85（<0.001）**	**0.82（<0.001）**	**0.92（<0.001）**	**0.83（<0.001）**
	A_{mass}	**−0.52（0.01）**	**0.54（0.01）**	**0.43（0.04）**	**−0.54（0.01）**
茎	Ψ_{sat}	**−0.87（<0.001）**	**0.87（<0.001）**	**0.44（0.05）**	**−0.87（<0.001）**
	Ψ_{tlp}	**0.95（<0.001）**	**−0.88（<0.001）**	**0.82（<0.001）**	**−0.88（<0.001）**
	ε	**0.96（<0.001）**	**−0.96（<0.001）**	**−0.81（<0.001）**	**0.96（<0.001）**
	WD	**−0.69（<0.001）**	**0.66（<0.001）**	0.29（0.18）	**−0.70（<0.001）**
	SD$_i$	0.31（0.16）	−0.30（0.18）	−0.09（0.68）	0.30（0.17）
	SD$_v$	0.38（0.08）	**−0.43（0.04）**	−0.23（0.31）	**0.42（0.05）**
根	SRL	—	—	—	—
	SRA	—	—	—	—
	RD$_i$	−0.16（0.46）	0.06（0.77）	−0.21（0.36）	−0.08（0.70）
	RD$_v$	**0.72（<0.001）**	**−0.70（<0.001）**	−0.14（0.55）	**0.67（<0.001）**

注：括号外是偏相关系数，括号内是显著性水平 P 值，黑色加粗表示存在显著相关性。SRL 和 SRA 由于样本量少，无法进行偏相关分析。各因变量单位见表 3-3。

本章使用 CANOCO4.5 软件对红砂各功能属性与环境解释变量的综合关系进行冗余分析（redundancy ananlysis，RDA）排序，其结果如图 3-16 所示。在图 3-16 中，每个环境因子箭头长度所代表的特征向量的长度，可以表示各环境因子对红砂各功能属性特征的解释量。两个箭头之间的夹角表示环境因子与功能属性特征的相关性大小。当夹角为 0~90°时，两变量之间呈正相关关系；当夹角为 90°~180°时，两变量之间呈负相关关系；当夹角为 90°时，两变量之间无显著相关性（Fan et al., 2017）。从图 3-16 中可以看出，各功能属性与环境因子之间具有较强的相关性，如 TN 与 N_{mass} 之间（$R=0.93$，$P<0.001$），SOM 与 Ψ_{sat} 之间（$R=0.97$，$P<0.001$）。气候因子（MI）、土壤因子（Sclay、TN 和 SOM）和植物功能属性（LMA、SD$_i$、WD 等）均对两坐标轴存在贡献。然而各环境因子相互之间也存在很强的正相关性，都在第一坐标轴的右边（图 3-16）。为了进一步确定导致红砂

各功能属性变化的环境主导因子，本书利用广义线性模型（GLM）计算各个环境因子对红砂各功能属性变化的贡献率，其结果见表3-5。

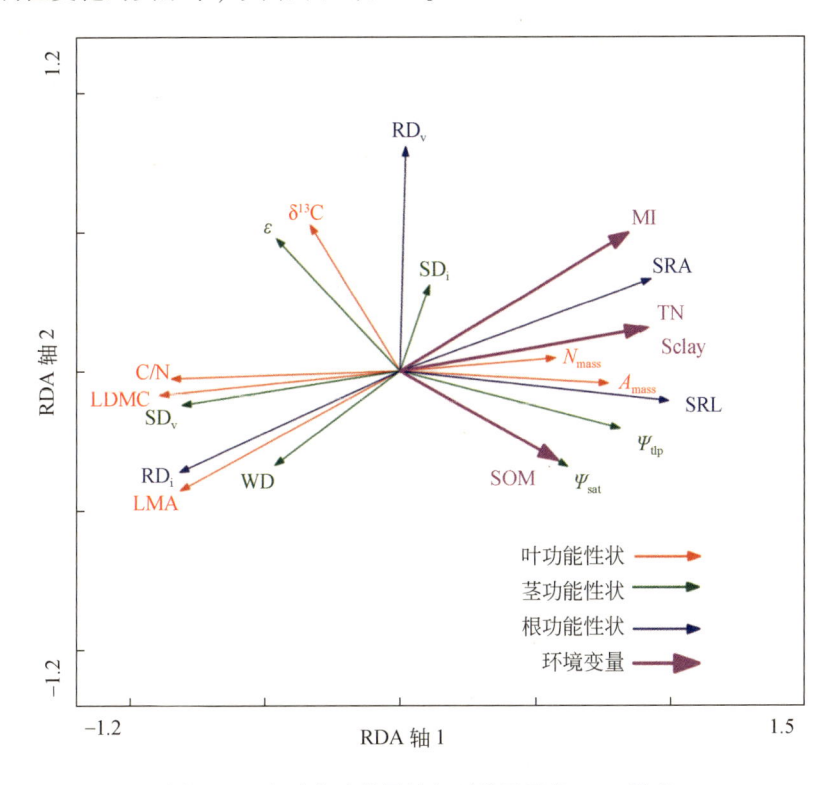

图 3-16　红砂各功能属性与环境因子的 RDA 排序

箭头表示植物功能属性；N_{mass} 表示叶氮含量；C/N 表示叶碳氮比；LMA 表示比叶重；LDMC 表示叶干物质含量；$\delta^{13}C$ 表示叶片碳同位素组成；A_{mass} 质量饱和光合速率；Ψ_{sat} 表示茎饱和渗透势；Ψ_{tlp} 表示膨压损失点的渗透势；ε 表示膨压弹性系数；SD_i 表示茎导管直径；SD_v 表示茎导管密度；WD 表示茎干木质部密度；SRL 表示比根长；SRA 表示比根面积；RD_i 表示根导管直径；RD_v 表示根导管密度；MI 表示湿润指数；Sclay 表示土壤黏粒含量；SOM 表示土壤有机质含量；TN 表示土壤总氮

广义线性模型的计算结果显示，功能属性，如 C/N、LMA、LDMC、SD_v 和 RD_i 主要受气候因子湿润指数的影响，MI 对这些功能属性变化的解释率均超过 50%（表 3-5），这表明降水和温度的共同作用是决定红砂这些功能属性的变化关键因素。土壤因素 SOM 对茎功能属性 Ψ_{sat} 和 ε 变化的解释率分别达 62.43% 和 83.55%，表明 SOM 主导 Ψ_{sat} 和 ε 功能属性变化。TN 对 $\delta^{13}C$ 在各样地之间变化的解释率达 57.70%，表明 $\delta^{13}C$ 的变化主要受 TN 的影响。MI、Sclay、TN 和 SOM 对红砂其他功能属性（包括 N_{mass}、A_{mass}、Ψ_{tlp}、WD、SD_i、RD_v）解释贡献率都不超过 41%，表明还有其他环境因素控制着这些功能属性的变化（表 3-5）。

表 3-5 环境因子对红砂功能属性变化的贡献率 （单位:%）

功能属性	变量	MI	Sclay	TN	SOM
叶	N_{mass}	30.60	2.69	0.13	4.69
	C/N	53.79	11.87	4.17	3.19
	LMA	87.33	0.60	0.05	0.03
	LDMC	66.10	5.84	3.13	6.10
	$\delta^{13}C$	0.89	0.56	57.70	28.32
	A_{mass}	40.27	1.98	5.93	14.98
茎	Ψ_{sat}	16.59	0.22	1.05	62.43
	Ψ_{tlp}	33.27	0.49	15.86	39.35
	ε	3.19	0.77	5.65	83.55
	WD	31.77	20.75	0.79	23.12
	SD_i	5.95	0.00	0.25	8.42
	SD_v	60.21	2.42	0.92	6.44
根	RSL	—	—	—	—
	RSA	—	—	—	—
	RD_i	78.51	2.41	0.91	0.14
	RD_v	16.09	21.56	0.02	28.32

3.4 黑河荒漠河岸林的生态水文参数及时空变化特征

荒漠河岸林是黑河下游绿洲的主体植被，流域下游植被保护与恢复，生态环境恢复的重要指示剂。在生境异质性较强的荒漠河岸带地区，形成了多种荒漠河岸林群落。这些群落不仅是极端干旱区生态系统服务的主要供给来源，同时也是维持该地区生态系统稳定的重要调节器。在黑河流域荒漠河岸林以胡杨和柽柳为主要的建群种。基于黑河流域典型植被类型生态水文参数指标体系，通过梳理整合"黑河计划"已完成项目的相关数据，并收集黑河计划数据管理中心的数据库以及正式出版物的相关数据，进行必要的野外调查和实验，完成了黑河中下游荒漠植被的生态水文参数集，共获得典型荒漠植被生态水文参数 455 条。基于黑河中下游荒漠植被的生态水文参数集开展黑河中下游荒漠河岸林植被的变化规律解析，为理解黑河流域生态水文过程和精确刻画生态水文循环提供重要的理论和依据。

3.4.1 研究方法

（1）生态水文参数的获取方法

采取与荒漠植被类似的生态水文参数的获取方法，在黑河流域中下游地区沿主河道梯度下选择 5 个典型荒漠河岸林样地，5 个实验样地分别位于距离河岸 500m、1000m、2000m、2500m 及 3000m 处，获取了荒漠河岸林群落的群落结构参数以及胡杨和柽柳的生理生态参数。各实验样地的景观格局如图 3-17 所示,在 2015～2016 年生长季旺盛期 (7～8 月)通过传统的样方调查方法,在 5 个荒漠河岸林实验样地中分别设置 3 个 25m× 25m 样方,进行植物功能属性和植物群落结构的调查。调查内容包含样方中群落的地上地下生物量,各物种植株的数量、组成以及各物种的平均冠幅面积、植株高度等。挖掘法测定不同植物根系的分层生物量,同时取主根测定根系的结构特征。基于以上方法刻画荒漠河岸林植被群落组成与结构特征。

图 3-17 实验样地河岸林植被群落景观

(2) 荒漠河岸林群落结构特征及分类

表 3-6 显示了黑河下游 35 个荒漠河岸林样地的基本信息。黑河下游的物种多样性相对较低,在 35 个样地中只有 19 种出现频率大于 2 的物种。其中 7 个样地包含林层、32 个样地包含灌木层、29 个样地包含草本层。本书研究基于各个样地的物种重要值,采用双向指示种分析,将黑河下游荒漠河岸林群落分为五种群落类型(图 3-18)。

表 3-6　荒漠河岸林采样点的群落信息

群落	样地编号	距河岸距离/m	盖度/%	乔灌草各层主要物种的重要值					
				S1	S2	S3	S4	S5	S6
I	1	100	9.00	1.00	1.00	—	—	1.00	—
	2	100	63.38	—	—	—	—	1.00	—
	3	100	29.00	1.00	1.00	—	—	—	—
	4	100	33.17	1.00	1.00	—	—	0.62	—
	6	500	80.42	1.00	1.00	—	—	1.00	—
	7	500	41.00	1.00	1.00	—	—	—	—
	15	1000	23.92	1.00	1.00	—	—	—	—
	21	2000	24.50	1.00	—	—	—	0.51	—
	平均值	550	38.05						

续表

群落	样地编号	距河岸距离/m	盖度/%	乔灌草各层主要物种的重要值					
				S1	S2	S3	S4	S5	S6
Ⅱ	5	100	98.67	—	0.88	0.12	—	0.51	0.11
	10	500	69.00	—	1.00	—	—	0.26	0.10
	26	2500	76.63	—	0.84	0.16	—	0.50	0.07
	平均值	1033	81.43						
Ⅲ	8	500	95.00	—	1.00	—	—	0.17	—
	9	500	70.00	—	1.00	—	—	—	—
	20	1500	78.33	—	1.00	—	—	—	—
	23	2000	55.00	—	0.55	0.45	—	—	—
	25	2000	81.33	—	1.00	—	—	—	—
	平均值	1300	75.93						
Ⅳ	12	1000	32.00	—	0.43	0.57	—	—	—
	13	1000	88.79	—	0.44	0.56	—	0.16	0.23
	14	1000	82.17	—	0.56	0.44	—	0.14	—
	17	1500	81.54	—	0.40	0.60	—	0.38	—
	18	1500	28.50	—	0.23	0.77	—	—	—
	22	2000	41.22	—	0.33	0.67	—	0.65	—
	24	2000	98.33	—	1.00	—	—	—	—
	27	2500	82.67	—	0.46	0.54	—	—	—
	32	3000	61.35	—	0.32	0.68	—	0.37	0.20
	34	3000	92.00	—	0.53	0.42	0.06	—	—
	平均值	1850	68.86						
Ⅴ	11	1000	85.42	—	0.93	0.07	—	0.49	0.51
	16	1500	52.25	—	0.91	0.09	—	0.19	0.70
	19	1500	86.23	—	0.87	0.13	—	—	—
	28	2500	31.70	—	0.88	0.12	—	—	0.84
	29	2500	64.83	—	0.61	0.39	—	—	—
	30	2500	23.33	—	0.89	—	0.11	—	—
	31	3000	80.50	—	0.64	0.36	—	—	0.97
	33	3000	15.54	—	0.38	0.52	0.10	—	0.87
	35	3000	49.83	—	0.82	0.11	0.08	—	—
	平均值	2278	54.40						

注：Ⅰ、Ⅱ、Ⅲ、Ⅳ、Ⅴ表示群落编号。S1 表示胡杨；S2 表示多枝柽柳；S3 表示黑果枸杞；S4 表示红砂；S5 表示苦豆子；S6 表示花花柴。平均值表示该群落中平均距河岸距离和平均盖度

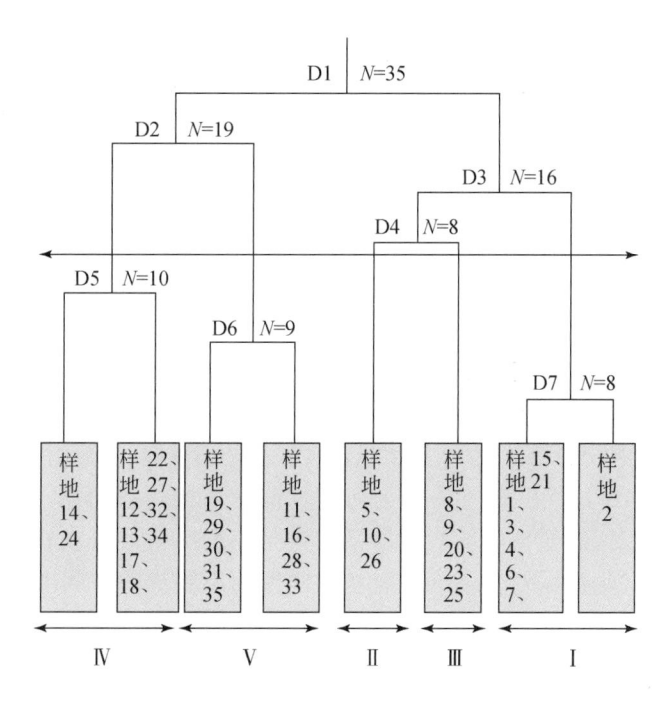

图 3-18 基于双向指示种分类法的群落分类结果

阿拉伯数字 1~35 代表样地编号；D 代表分类等级；N 代表该分类等级的样地数目；Ⅰ~Ⅴ代表群落编号

群落Ⅰ是胡杨+多枝柽柳+稀疏草本群落，包括样地 1、2、3、4、6、7、15 和 21。该群落属于典型的乔灌草多层结构的群落，但群落盖度较低，为 38.05%。林层的胡杨是该群落的优势种，而以多枝柽柳为主的灌木层植被和以苦豆子为主的草本层植被稀疏地分布于林层下。该群落在空间上主要分布于近河岸地带距离河岸 0~500m 的范围。群落Ⅱ是多枝柽柳+黑果枸杞+草本群落，包括样地 5、10 和 26。该群落主要由灌木和草本组成，群落盖度较高（81.43%）。多枝柽柳是灌木层的优势物种，重要值为 0.84~1.00。草本层物种多样，包括水生和旱生物种，如地肤和骆驼蓬。该群落主要分布在近河岸处，距河岸距离约 1000m 的区域。群落Ⅲ是多枝柽柳群落，包括样地 8、9、20、23 和 25。除了一些稀疏的草本生长在样地 8 之外，该群落主要由灌木层组成。群落以多枝柽柳为优势种，群落盖度为 75.93%。该群落主要分布在距离河岸 1000~2000m 的范围内。群落Ⅳ是黑果枸杞+多枝柽柳+旱生草本群落，包括样地 12、13、14、17、18、22、24、27、32 和 34。该群落主要由灌木和草本物种组成，群落盖度为 68.86%。黑果枸杞是灌木层的优势种，重要值为 0.42~0.77。草本层的优势种是苦豆子和碱蓬。该群落主要分布在距离河岸 1500~2500m 的范围内。群落Ⅴ是多枝柽柳+黑果枸杞+红砂群落，包括样地 11、16、19、28、29、30、31、33 和 35。该群落中出现了典型的荒漠植物红砂，属于由河岸林向荒漠过渡的群落。该群落盖度较低（54.40%），多枝柽柳是该群落灌木层的优势种，该群落主要以多枝柽柳沙丘的形式存在，重要值为 0.38~0.93。稀疏的草本层以花花柴和芦苇为主，仅分布在一个样地中，其他样地中均为灌木物种。该群落主要分布在距离河岸 2500~3000m 的范围内。

3.4.2 研究结果

荒漠河岸林植被在空间上的分布格局能够体现生态恢复过程中植被与环境之间相互作用的结果，荒漠河岸林植被在时间上的变化特征能够反映植被对生态恢复措施的响应过程。

(1) 荒漠河岸林植被空间分布及变化特征

由荒漠河岸林植被群落分类可知，黑河下游荒漠河岸林分为五个群落，这五个群落沿河岸距离依次分布，与何志斌和赵文智（2003）在黑河下游荒漠河岸林典型样带的研究结果一致，距河岸3000m的样带上，荒漠河岸林植被特征随河岸距离变化显著。利用空间代替时间序列的方法，上述五个群落遵循演替规律。随着河岸距离的增加，荒漠河岸林由具有乔灌草多层结构的群落Ⅰ向以灌草为主且盖度较高的群落Ⅱ过渡，然后向以灌木和旱生草本为主的群落Ⅲ和Ⅳ过渡，最终演化为河岸林向荒漠的过渡群落（群落Ⅴ）。群落的高度、密度等结构指标的变化能够表明群落在演替序列中植被组成和群落结构的变化过程。本书基于野外试验数据对荒漠河岸林植被随距河岸距离的空间变化特征进行了探究（图3-19）。沿着环境梯度，荒漠河岸林优势物种由树木向荒漠灌丛过渡，导致群落的高度显著下降。群落密度在距河岸距离1000m的范围内剧烈波动，超过1000m之后荒漠河岸林群落密度保持在较低的水平。群落总盖度表现出类似的变化规律，在距河岸距离500~1000m处达到最大之后，群落总盖度变化幅度较小，直至距离河岸最远处。这说明在群落演替的初期阶段，物种主要由稀疏分布向聚集再向分散分布过渡，因此群落密度出现剧烈波动。而在群落演替的后期，群落中主要发生的是群落物种组成的变化，因此群落的密度和盖度变化较小。荒漠河岸林群落的垂直结构用分层盖度来表征，随着距河岸距离的增加，群落由乔灌草多层的群落结构向灌草结构过渡，最终向单一灌丛过渡。根据已有研究结果，本书中的荒漠河岸林演替序列属于干旱演替类型。随着距河岸距离的增加，河水的影响逐渐减弱，对土壤水分和地下水的补给减少，群落从结构复杂的河岸群落向结构单一的荒漠群落过渡（群落Ⅰ到群落Ⅴ）。黑河下游荒漠河岸林群落在距河岸距离梯度上的有序分布形成了荒漠河岸林的分布格局，群落中物种组成和乔灌草物种优势度随着距河岸距离的变化是形成荒漠河岸林植被空间变化格局的主要原因。

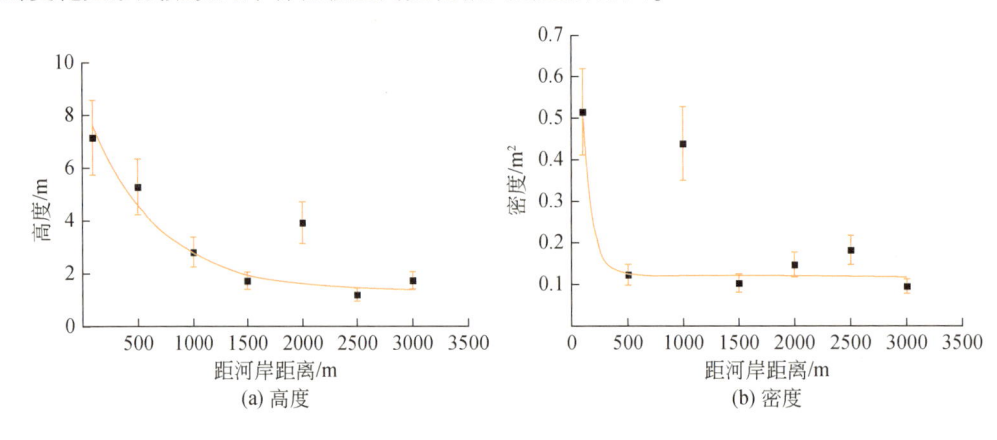

(a) 高度　　(b) 密度

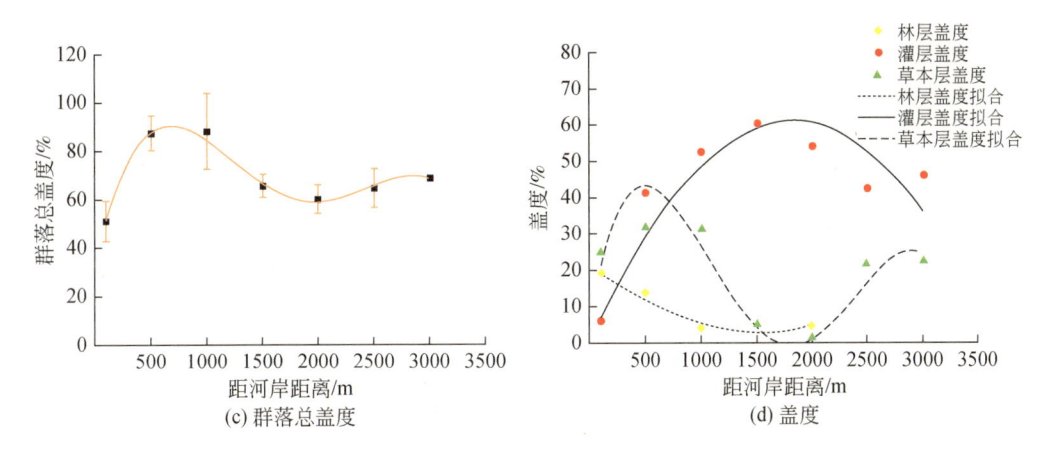

图 3-19 群落结构指标随距河岸距离的变化

群落多样性与生态系统稳定性密切相关，是表征群落在物种组成、群落结构、生态系统功能等方面差异的综合指标。群落多样性指标的变化特征能够综合反映环境梯度的特征，同时能够表征植被与环境因子之间的相互作用关系。群落多样性随环境梯度的变化是生态学中的关键问题。已有研究表明，在湿润区，河岸林群落多样性随距河岸距离呈单峰形变化，符合"适度干扰理论"（Zhang and Dong, 2010；Catford et al., 2012）。在极端干旱区（如塔里木河流域）的相关研究表明，荒漠河岸林多样性指数随地下水位呈单峰形变化，在地下水位 2~4.5m 达到峰值（陈亚宁等，2008）。而本书发现，在黑河下游，荒漠河岸林群落多样性随距河岸距离梯度呈双峰形变化，Shannon-Wiener 多样性指数、Pielou 均匀度指数和 Patrick 丰富度指数在距河岸距离 1000m 和 3000m 处达到最大，而 Simpson 优势度指数的变化特征则相反（图3-20）。在塔里木河，地下水随距河岸距离的增加而迅速下降且下降的幅度较大，在距河岸距离 1000m 处地下水已经接近 9m 深，地下水梯度较为明显（塔依尔江·艾山等，2011）。而在黑河下游，基于 2012~2014 年乌兰图格断面地下水监测数据，对地下水位随河岸距离的变化进行了分析（图3-21），发现黑河下游地下水位随距河岸距离总体上呈波动下降的趋势，但是下降的幅度并不大，从河岸到距河岸 3000m 处，地下水的波动范围为 1.91~2.66m，并且地下水位并非随河岸距离的增加而持续下降，而是在距河岸距离 1500~2500m 的范围内呈现出升高的趋势。因此在黑河下游地下水随距河岸距离波动较小，地下水位梯度不明显可能是多样性随环境梯度没有呈现出单峰形变化的原因之一。同时，Oksanen 和 Minchin（2002）研究表明，尽管大多数地区多样性随环境梯度呈单峰形变化，在特定生境中植被与环境因子之间的相互作用能够改变多样性对环境梯度响应的曲线形式，即使原有的曲线是对称形或单峰形的。在本书中，荒漠河岸林群落与极端环境之间的相互作用是多样性随环境梯度变化呈双峰形的主要原因。在距河岸距离 1000m 处，荒漠河岸林植被主要由乔灌草多层结构的群落Ⅱ组成，复杂的群落结构和丰富的物种组成使得荒漠河岸林群落多样性在该处达到峰值。同时该梯度上土壤水分达到最大，为乔灌草各层植被提供了良好的水分来源，有利于该群落中多种物种的生长（郝兴明等，2009）。因此在距河岸 1000m 的梯度上，复杂的植被组成、物种之间的共生作用以及立地良好的水分条件促进了多种物种的生长，使得群落多样性、均匀度和丰富度达到最大。在距离河岸最远的梯度上（距河岸 3000m），群落多样性达到另一个峰值，在该梯度上，荒漠河岸林群落主要由灌丛沙丘组成。尽管该梯度距离河岸较远，水分状况较差，但是灌丛和风蚀过程之间的相互作用使得灌丛间细粒的土壤被搬运到灌丛表面，改变了土壤和水分资源的空间分布，从而在灌丛周围形成了"肥力岛"（李小雁，2011）。"肥力岛"的形成使得土壤养分和水分等资源在灌丛斑块聚集，这为部分旱生草本的着生和生长提供了有力的环境条件，进而提升了该梯度上荒漠河岸林的群落多样性。荒漠河岸林群落 Simpson 优势度指数的变化趋势与其他多样性指数相反，Simpson 优势度指数在距河岸距离 500m 和 2000m 处达到最大值，而其他多样性指数则在这两个梯度上达到最小值。荒漠河岸林群落中物种对稀少的水分和养分资源的竞争是这种趋势的主要原因。在距河岸 500m 和 2000m 的梯度上，胡杨和多枝柽柳分别是这两个梯度上荒漠河岸林群落的优势物种（重要值达到 0.8~1.0，见表 3-6）。胡杨和多枝柽柳对河岸林地区的资源具有较强竞争性。在胡杨和多枝柽柳优势度较高的群落中，资源多被优势物种利用，进而抑制了竞争能力较弱的草本的生长，降低了荒漠河岸林群落的多样性。在这些物种多样性较低的群落中，优势物种在群落多样性指数中的比例较大，因此这些群落具有较高的优势度指数。

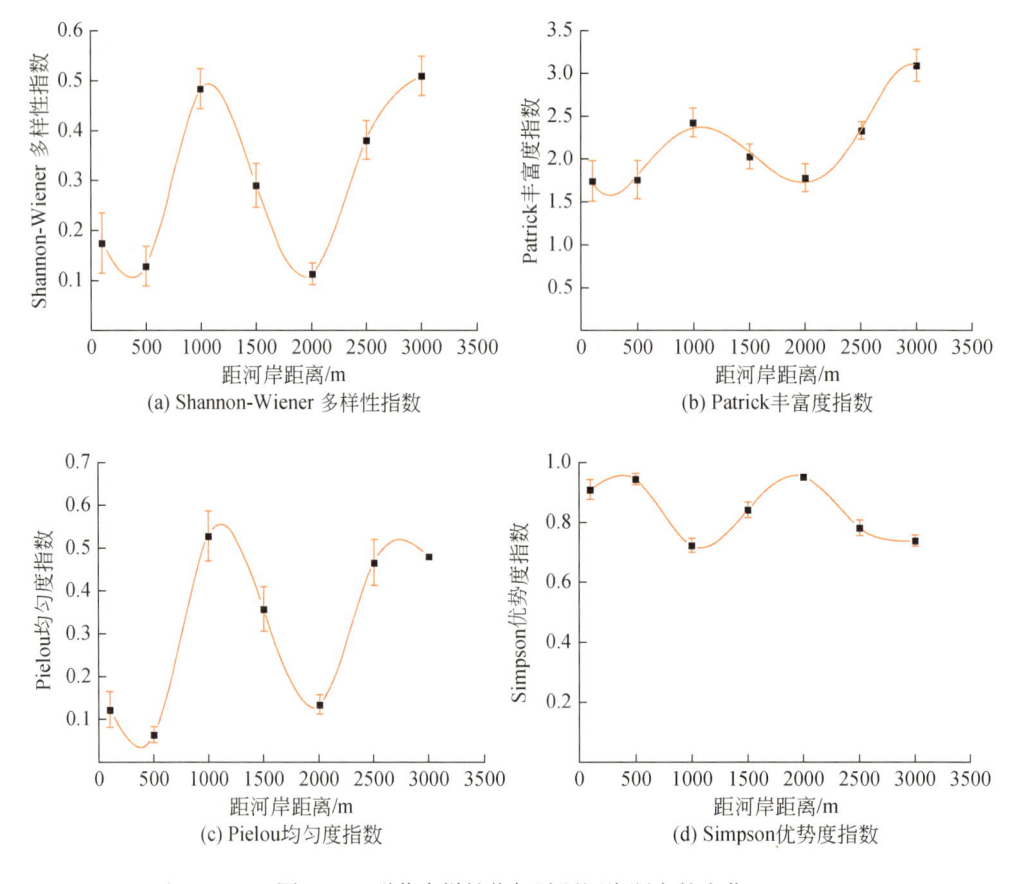

图 3-20　群落多样性指标随距河岸距离的变化

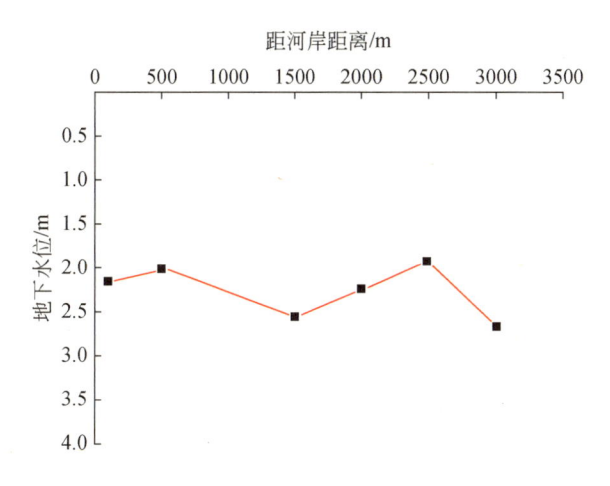

图 3-21　地下水埋深随距河岸距离的变化

（2）荒漠河岸林植被时间变化特征

为探究自 2000 年生态恢复以来黑河下游荒漠河岸林不同群落中土地利用类型的时间变化特征，本书基于黑河下游 2000 年和 2014 年土地利用图，对五种荒漠河岸林 2000～2014 年土地利用类型的变化进行了分析（图 3-22）。在五种荒漠河岸林群落中，群落 V 的物种组成在生态恢复过程中变化最大，群落物种主要由低盖度土地利用类型向高盖度土地利用类型转变。其中有 22.22% 的样地从疏林向草地转化，22.22% 的样地从草地向灌木林地转化，22.22% 的样地从裸地向草地转化。而从群落 I 到群落 IV，大部分群落（>60%）的物种组成在生态恢复过程中保持不变。在群落 I 中，尽管大部分样地发生了从裸地转变为草地的正向变化，但是还有 25% 的样地从盖度较高的灌木林地转变为盖度较低的疏林地。在群落 II 和群落 III 中，有 33% 和 20% 的样地分别从裸地和疏林地向草地转化。在群落 IV 中，有 20% 的样地分别从疏林地和草地向草地和灌木林地转化。在黑河下游五种荒漠河岸林群落中，除了群落 I 中有部分样地从高盖度的草地向盖度较低的疏林地转化以外，其他样地植被恢复明显。

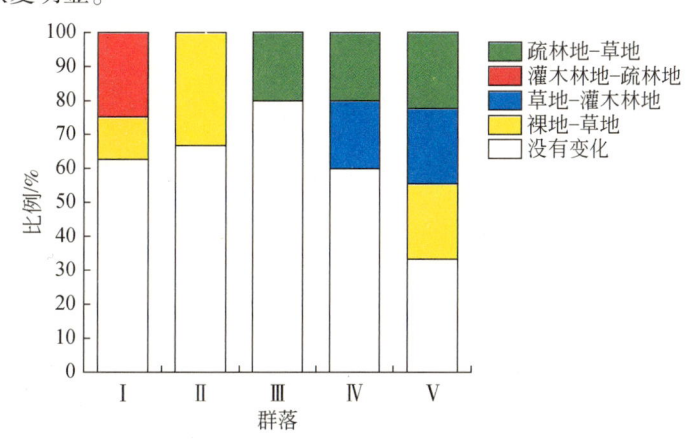

图 3-22　2000～2014 年荒漠河岸林土地利用类型变化

为探究生态恢复过程中距河岸不同距离梯度上荒漠河岸林植被的变化动态，本书利用 2000~2014 年的 Landsat TM/ETM 数据提取了各样地在该时间段内逐年生长季植被指数（NDVI）的最大值（分辨率为 30m），对黑河下游荒漠河岸林距河岸不同距离梯度的生长季最大 NDVI 的逐年变化趋势和 NDVI 的变化率进行了探究（图 3-23）。在生态输水的初始年份（2000~2002 年），由于植被对径流变化响应的滞后效应（葛晓光等，2009），NDVI 呈减少趋势。除此之外，2000~2014 年黑河下游荒漠河岸林距河岸不同距离梯度上 NDVI 的年际变化均呈增加趋势。但是各梯度生长季最大 NDVI 在 2000~2014 年的变化率有所不同 [图 3-23（b）]。距河岸距离较远的区域年最大 NDVI 呈大幅度增加趋势，尤其是在距离河岸 2500m 和 3000m 的梯度上，NDVI 增长明显（增长率为 0.75~0.80）。在远离河岸地区，植被在水分条件明显改善的情况下，从盖度低的裸地和疏林地向高盖度的灌丛和草地转化是该区域生态恢复过程中 NDVI 迅速增加的原因。在近河岸梯度，尤其是在距离河岸 100m、500m 的梯度上，NDVI 在生态恢复过程中呈负增长 [图 3-23（b）]。在近河岸带梯度上，NDVI 的水平相对于其他梯度较高，即使在生态恢复之前 NDVI 也处于较高的水平 [图 3-23（a）]。尽管自 2002 年以来 NDVI 呈波动增加的趋势，但是由于 2012 年以来有所下降，NDVI 的增长率呈负值。在生态恢复过程中，近河岸地区荒漠河岸林有 25% 的样地从灌木林地转化为疏林地（图 3-22），土地利用类型的改变导致荒漠河岸林立地群落盖度下降，进而导致 NDVI 下降。近河岸地区地下水位在 3m 以上（图 3-21）。由于地下水位较高，且该地区蒸发量远大于降水量，土壤底层或地下水的盐分会随毛管水上升到地表，在水分蒸发后，盐分将积累在表层土壤，造成土壤盐渍化。土壤中较高的土壤盐分含量将会抑制植物的生理生态过程，并对近河岸带植被的生长恢复产生影响（Zhang et al., 2011）。此外，近河岸带地区由于生长有多种适口性良好的草本并且临近水源，是放牧的主要地区。同时近河岸带生长有大量的胡杨林，也是主要的旅游景点。放牧以及越来越高的旅游压力对近河岸地区产生了一定的干扰，从而阻碍了近河岸带植被的生长，导致近河岸带植被呈退化趋势（Hochmuth et al., 2015）。

(a) 植被指数(NDVI)逐年变化

(b) NDVI逐年变化率

图 3-23　2000~2014 年的 NDVI 的逐年变化及变化率

3.5 小　　结

　　本章阐述了黑河流域的上游植被结构类型、中下游荒漠植被，以及下游荒漠河岸林植被的结构特征及其相关的生态水文参数。黑河流域生态水文参数集包含了上游植被子集、中下游荒漠植被子集、天然绿洲植被子集，共 2727 条生态水文参数。上游植被子集共获得生态水文参数 1844 条，主要包括青海云杉林、祁连圆柏林、鬼箭锦鸡儿灌丛、高山绣线菊灌丛、甘肃锦鸡儿灌丛、金露梅灌丛、吉拉柳灌丛、紫花针茅草原、小嵩草草甸等典型生态系统；中下游荒漠植被子集共获得生态水文参数 528 条，包括梭梭荒漠、泡泡刺-红砂荒漠、红砂荒漠、珍珠猪毛菜荒漠、盐爪爪荒漠、黑果枸杞荒漠等典型荒漠生态系统；天然绿洲植被子集共获得生态水文参数 355 条，其中胡杨林生态系统 208 条、多枝柽柳灌丛 147 条。该生态水文参数集在模型中得到了较好的应用，如在集成项目"黑河流域上游生态水文过程耦合机理及模型研究"中，对叶片光合速率、冠层光合速率、植被蒸腾、冠层导度以及冠层能量平衡的模拟与校正得到了较好的应用；在集成项目"黑河流域中下游生态水文过程的系统行为与调控研究"中，对荒漠植被建群种的蒸腾过程、蒸散发以及土壤水分动态进行了较好的模拟。

第 4 章 黑河流域植被多尺度生态水文适应机制

植被适应性研究对于理解植被的分布格局及未来动态演化具有重要的科学意义。黑河流域从上游山地至中下游绿洲和荒漠，植被受温度或水分等因子的影响形成了不同的分布格局及环境适应机制。本章针对黑河上游祁连山区植被及其建群种青海云杉、中下游荒漠植被以及下游河岸林植被的时空分布格局，分析了植被对环境要素的多尺度生态水文适应策略，旨在辨识不同区域群系分布的主控因子及多尺度适应机理。

4.1 黑河流域上游植被对山地环境的适应

祁连山植被具有干旱区植被的典型特征，不同海拔地带分布有森林、灌丛、草原、草甸和荒漠等不同类型植被。本节主要内容包括使用气候资料与野外调查数据分析祁连山区不同环境条件下植物群落对环境的适应性；通过拟合植物光响应曲线和二氧化碳响应曲线计算植物的光合参数，从光合生理角度揭示干旱区山地典型植被的适应性。

4.1.1 研究方法

(1) 实验设计和样地布设

研究地点位于祁连山排露沟流域（100°17′E，38°24′N），流域总面积为 2.74km²，海拔在 2650~3800m，区域年均日照时数为 1892h。流域底部（2600m）年均温为 2℃，峰顶（3800m）为 -6.3℃。年均降水量随海拔的增加而增加（250~700mm），其中 7~8 月的降水量占全年降水量的一半。年均蒸发量在 1041.2~1234.2mm，相对湿度约为 58%。植被分布随着温湿度的变化而变化，随海拔由低到高分别分布着荒漠（主要为合头草）、草原（主要为针茅）、森林（主要为青海云杉）、灌丛（主要为短叶锦鸡儿、鬼箭锦鸡儿、吉拉柳和金露梅）、草甸和高山植被。

本研究于 2015 年 6~8 月在祁连山排露沟流域及流域周边的低海拔地带，选取了 13 个样地，对 7 种物种为主的 13 个植物群落进行了观察研究。选取的植物群落主要为合头草、短叶锦鸡儿、金露梅、鬼箭锦鸡儿和吉拉柳 5 个灌木群落，1 个克氏针茅群落，7 个青海云杉群落。青海云杉主要分布在海拔 2650~3450m。13 个样地按海拔由高到低顺序分别为吉拉柳（3285m）、鬼箭锦鸡儿（3274m）、青海云杉 1（3249m）、青海云杉 2（3165m）、金露梅（3057m）、青海云杉 3（3053m）、青海云杉 4（2936m）、青海云杉 5（2876m）、青海云杉 6（2754m）、克氏针茅（2603m）、短叶锦鸡儿（2602m）、青海云杉 7

(2562m)、合头草（1855m）。

每个群落选取3个样方，样方大小分别为：乔木 20m×20m、灌木 5m×5m、草本 1m×1m。利用全球定位系统（GPS）测定并记录地理坐标和海拔。在3个样方中，逐一记录各乔木的高度及胸径、灌木的高度、冠幅（东西-南北）、盖度及草本植物的株数、高度、盖度。

（2）气象数据

根据野外观察地点的定位信息，从 WorldClim 获取包括年均温、昼夜温差月均值、温度季节性变化标准差、最暖月高温、最冷月低温、年均温度变幅、最湿季均温、最干季均温、最暖季均温、最冷季均温、年均降水量、最湿月降水量、最干月降水量、降水量变异系数、最湿季降水量、最干季降水量、最暖季降水量和最冷季降水量等基本气候数据。计算上述气候数据的相关性并分类，相关性高的气候数据则选取其中具有代表性的数据进行下一步计算。

将上述筛选的 WorldClim 数据结合寒区旱区科学数据中心记录的研究区 2010~2014 年逐日气候数据，分析统计了研究区年均温、最暖月均温、最冷月均温、年均降水量和年均蒸发量 5 个气候变量。计算研究区的温暖指数（warmth index，WI）、寒冷指数（coldness index，CI）、生物温度（biotemperature，BT）、全年温差（annual range of temperature，ART）、干湿指数（humid/arid index，S）和干燥度指数（aridity index，AI）6 个具有代表性的气候指数。

计算公式如下：

$$WI = \sum (t_i - 5) \quad (4-1)$$

$$CI = \sum (5 - t_i) \quad (4-2)$$

$$BT = 1/12 \sum t_i \quad (4-3)$$

式中，t_i 为月均温（℃）。

$$ART = MTWA - MTCO \quad (4-4)$$

式中，MTWA、MTCO 分别为最暖月均温（℃）和最冷月均温（℃）。

$$S = \sum_{i=1}^{i=12} 0.18 p_i / 1.045 t_i \quad (4-5)$$

式中，p_i、t_i 分别为月均蒸发量（mm）和月均温（℃）。

$$AI = MAE/MAP \quad (4-6)$$

式中，MAE、MAP 分别为年均蒸发量（mm）和年均降水量（mm）。

（3）土壤性状测定

在7个物种分别占优势的13个植物群落的39个样方中，按 0~10cm、10~20cm、20~30cm、30~40cm 和 40~50cm 分层，并用环刀采集土样，分层取土前测定该层土壤温度，一份土壤烘干测定土壤含水量、土壤容重。另一份置于冷藏箱内运至实验室保存在 4℃的温度下，用于分析土壤水势，测定土壤酸碱度、电导率、总有机碳、总氮、有效磷含量、有效钾含量等指标。

（4）叶性状测定

在相应的群落样方内，采集乔木东南西北四侧的叶片样本，采集灌木东南西北四侧及冠顶和冠中部位的叶片样本，采集草本南北两侧的叶片样本。采样后测量叶厚度、长度、宽度，部分叶片在4℃条件下保鲜，使用露点水势仪（WP4C，METER Group, Inc., WA, USA）测量叶水势，使用便携式扫描仪扫描叶片表面积，使用 Image J 软件计算叶片表面积数值。将叶片置于65℃烘箱中烘干至恒重，用电子天平称重，测定叶干物质量。通过计算叶干物质量与叶片投影面积的比值，计算单位面积叶干物质量。叶片的组织密度由单位面积叶干物质量除以叶厚度计算获得。比叶面积由叶面积/叶干物质量获得。测定叶干物质量后，烘干、研磨植物样品（过0.25~0.5mm筛），测定总碳、总氮、磷含量和钾含量，计算单位质量叶氮含量和单位面积叶氮含量。

（5）叶片光合参数测定

选择13个典型植物群落的7个建群种为研究对象，于2015年6~8月生长季进行光合作用参数测定。

光响应曲线：选择晴天上午，大气二氧化碳浓度、温湿度相对稳定时测量，植物处于光适应状态，不需要进行人工光诱导，且避免植物光合午休、光抑制等影响。植物叶片的净光合速率使用 LI-6400 便携式光合仪测定，光合仪使用开放气路，设定叶室相对湿度为50%，空气流量为0.5L/min，叶片温度为25℃，使用 CO_2 钢瓶控制其浓度，设定 CO_2 浓度为400μmol/mol，测定前叶片在光合作用饱和光强下诱导30min，设定光量子通量密度分别为1800μmol/(m^2·s)、1600μmol/(m^2·s)、1400μmol/(m^2·s)、1200μmol/(m^2·s)、1000μmol/(m^2·s)、800μmol/(m^2·s)、600μmol/(m^2·s)、400μmol/(m^2·s)、350μmol/(m^2·s)、300μmol/(m^2·s)、200μmol/(m^2·s)、150μmol/(m^2·s)、100μmol/(m^2·s)、50μmol/(m^2·s)、20μmol/(m^2·s)、0。

二氧化碳响应曲线：选择晴天上午，光强及空气温湿度相对稳定时测量，植物处于光适应状态，且避免植物光合午休、光抑制等影响，如果在阴天，即进行光诱导。植物二氧化碳响应曲线用 LI-6400 便携式光合仪测定，使用光合仪内的温度控制器调控叶室温度，将叶室的温度控制在25℃，空气流量与光响应曲线测定时的流量一致，同时启用 LI-6400 便携式光合仪的自带光源将光强控制在800μmol/(m^2·s)（最适光强），湿度控制在50%。设定二氧化碳的浓度梯度为1500μmol/(m^2·s)、1200μmol/(m^2·s)、1000μmol/(m^2·s)、800μmol/(m^2·s)、600μmol/(m^2·s)、400μmol/(m^2·s)、200μmol/(m^2·s)、150μmol/(m^2·s)、120μmol/(m^2·s)、100μmol/(m^2·s)、80μmol/(m^2·s)、50μmol/(m^2·s)、0，每次数据采集3min。

（6）综合环境指数构建

影响物种分布的环境因子包括非生物因子和生物因子，确定所有限制性因子是非常困难的，选择相对重要的环境变量能够对物种的生存环境和地理分布进行准确估计，因此选择其中重要的环境因子分析其与物种分布的关系。通过对上述气候和土壤等因子的筛选结果，构建能够反映环境综合状况的指数——综合环境指数（environmental comprehensive index，ECI）。

（7）数据分析

利用 SPSS 20.0 统计软件，分析不同环境因素之间及综合环境指数与叶性状之间的关系，对叶性状与综合环境指数进行回归分析。通过主成分分析，建立一个能够代表大多数环境因子的综合环境指数，用以解释植物群落的分布。主成分分析的前提是环境变量的数量必须小于采样点的数量，通过相关分析法分析环境变量的相关性，当多个变量显著相关时，则选取其中的一个变量，确定主成分分析中采用的相应数据。经分析，选取土壤总碳等16个环境变量，使用 PC-ORD 5.0 软件（MjM Software Design, Gleneden Beach, OR, USA）进行主成分分析。确定可以反映总变量80%以上变化的主成分数量，并根据特征向量矩阵，分别形成各主成分和环境因素的方程式，再根据方程式计算综合得分（F），形成综合环境指数。本书假设植物最适合的分布环境水热条件适宜，因此，当综合环境指数为0时，水热条件适宜。综合环境指数的绝对值距0越近，该处的环境越适宜植物分布。

光响应曲线拟合：植物光合作用光响应曲线表现的是光强与植物净光合速率之间的关系，该曲线可以计算出各种生理参数，如最大净光合速率、光补偿点、光饱和点、暗呼吸速率和表观光量子效率等。

采用非直角双曲线模型进行数据拟合（Lars and Lourens, 2010），计算公式如下：

$$P_n = \frac{\lambda I + P_{max} - \sqrt{(\lambda I + P_{max})^2 - 4\theta\lambda I P_{max}}}{2\theta} - R_d \tag{4-7}$$

式中，P_n 为净光合速率 [$\mu mol/(m^2 \cdot s)$]；λ 为初始量子效率；θ 为光响应曲线的初始斜率，表示植物光合作用时的光利用效率；I 为光量子通量密度 [$\mu mol/(m^2 \cdot s)$]；P_{max} 为光饱和时的最大净光合作用速率 [$\mu mol/(m^2 \cdot s)$]；R_d 为暗呼吸 [$\mu mol/(m^2 \cdot s)$]。

二氧化碳响应曲线拟合：采用直角双曲线修正模型，用最小二乘法拟合二氧化碳响应曲线（Warren, 2006），最大羧化速率（Vc_{max}）、最大电子传输速率（J_{max}）和暗呼吸速率（Respiration）等参数可通过二氧化碳响应曲线计算得到。

数学表达式为：

$$A(C_i) = \alpha \frac{1-\beta C_i}{1+\gamma C_i} C_i - R_p \tag{4-8}$$

式中，A 为净光合速率 [$\mu mol/(m^2 \cdot s)$]；C_i 为植物叶片的胞间 CO_2 浓度；R_p 为植物的光呼吸速率；系数 α 为 CO_2 响应曲线上 $C_i=0$ 处的斜率，即为植物的初始羧化效率；系数 $\gamma = \alpha/Ai_{max}$，此处的 Ai_{max} 为用胞间 CO_2 响应的直角双曲线修正模型计算的植物光合能力；β 为修正因子。

光合数据处理采用 Microsoft Excel 进行整理和计算。利用 SPSS 20.0 统计软件分析温度、海拔、降水等环境因子和综合环境指数与光合参数之间的相关关系以及光合参数随环境因子变化的趋势，进而分析综合环境指数与植物群落光合参数的相关性。

4.1.2 研究结果

1. 植物叶性状与环境的关系

(1) 植物叶性状与温度的关系

叶碳含量与年均温之间具有很强的相关性，且随着年均温上升呈下降的趋势。叶氮含量、叶磷含量、叶钾含量随年均温上升，呈先下降后上升的趋势。随年均温升高，单位面积叶干物质量呈先升高再降低的趋势，表明在相对适合的温度条件下植物生长和代谢最为旺盛，其单位面积叶干物质量积累最多，并出现峰值。叶组织密度和单位面积叶氮含量均呈先升高再降低的趋势。叶厚度随年均温度上升呈微弱下降的趋势，与其他叶性状相比，叶厚度的变化范围较小，变化趋势相对平缓。在温度较高的区域，特别是干旱区域，较厚、表面积小的蜡质叶片有利于减弱蒸腾作用，减少水分散失，当温度降低时，植物叶厚度减小，有利于光合作用的进行。单位质量叶氮含量随年均温呈先下降再上升的趋势，与单位面积叶氮含量随年均温的变化呈相反的趋势。随年均温上升，叶水势呈明显下降的趋势，在温度较高的区域，植物叶水势较低，因为在干旱区分布的植物必须有更强的吸水能力才能存活。对于青海云杉群落，随年均温上升，植物叶碳含量与单位面积叶氮含量呈明显下降的趋势，其他叶性状并无明显变化趋势。随年均温上升，黑河上游典型灌木和草本植物叶磷含量、叶水势下降趋势明显，叶厚度和叶钾含量无明显变化；叶碳含量、叶氮含量、单位质量叶氮含量和叶厚度呈微弱下降的趋势；单位面积叶干物质量、单位面积叶氮含量和叶组织密度随年均温的升高显著上升。

（2）植物叶性状与降水之间的关系

随着年均降水量的升高，所有植物的叶碳含量总体呈上升的趋势，而植物叶片营养元素氮、磷、钾含量呈先下降后上升的趋势。单位面积叶干物质量、叶组织密度、单位面积叶氮含量呈先上升后下降的趋势。叶厚度基本平稳，无明显变化。单位质量叶氮含量呈先下降后上升的趋势。叶水势随水量增加而增大，叶水势和降水量呈显著的线性关系，R^2为 0.556。对于青海云杉，随降水量增加，叶碳含量显著增加，叶氮含量、叶钾含量随降水量的增加呈一定的上升趋势，叶磷含量变化趋势不显著；单位面积叶干物质量、叶厚度、单位质量叶氮含量和单位面积叶氮含量都呈明显上升的趋势，叶组织密度和叶水势变化不大。降水对灌木和草本植物的影响远大于对乔木的影响。随降水量增加，灌木和草本植物叶水势、叶碳含量、叶氮含量、叶磷含量明显增加，叶钾含量减少。单位面积叶干物质量、单位面积叶氮含量和叶组织密度都呈明显下降的趋势，叶厚度、单位质量叶氮含量和叶水势呈一定上升的趋势。

（3）植物叶性状与海拔之间的关系

随海拔的增加，所有植物群落叶碳含量均呈上升的趋势，乔木叶碳含量大于灌木和草本植物；荒漠植物、草原植物、半灌木植物和高山植物的叶氮含量、叶磷含量、叶钾含量大于乔木叶片；乔木单位面积叶干物质量大于荒漠植物、草原植物、半灌木植物和高山植物。相对其他植物群落，乔木叶组织密度最大，且随着高度的增加而降低。乔木叶片单位质量叶氮含量随着海拔的增加而降低，总体低于其他植物群落。13 个植物群落中，叶片单位质量叶氮含量最高为灌木，其次为草本植物，最低为乔木。乔木植物的叶片单位面积叶氮含量随海拔的增加而增加，而且高于灌木和草本植物。乔木的叶水势随海拔的增加呈先升后降的趋势，其他植物群落的叶水势随海拔的增加而增加。

2. 综合环境指数

通过主成分分析，发现第一轴（PC1）反映了 85.269% 的环境变异，与寒冷指数、干燥度指数、年均降水量和年均蒸发量呈负相关关系,与温暖指数、干湿指数、生物温度、最冷月均温、最暖月均温、年温差和年均温呈正相关关系。第二轴(PC2)反映了8.899%的环境变异,与温暖指数、生物温度、最冷月均温、最暖月均温、年温差和年均温呈正相关关系,与寒冷指数、干湿指数、干燥度指数、年均降水量、年均蒸发量、土壤总碳和土壤总氮呈负相关关系,主成分分析的特征向量和特征值见表4-1。

表4-1 主成分分析的特征向量和特征值

主成分	PC1	PC2
特征值	13.643	1.424
解释率	85.269	8.899
累计解释率	85.269	95.168
特征向量		
土壤总氮	−0.935	−0.287
土壤总碳	−0.946	−0.220
pH	0.816	0.366
土壤容重	0.815	0.412
土壤含水量	−0.902	−0.330
温暖指数	0.652	0.754
寒冷指数	−0.780	−0.546
干湿指数	0.016	−0.946
生物温度	0.678	0.725
最热月均温	0.680	0.725
最冷月均温	0.684	0.718
年温差	0.681	0.723
干燥度指数	−0.481	−0.838
年均降水量	−0.577	−0.802
年均温	0.681	0.723
年均蒸发量	−0.537	−0.831

再根据主成分分析结果,通过式(4-9)计算得到综合环境分值:

$$F = \text{FAC}_1 \times 0.507\ 25 + \text{FAC}_2 \times 0.434\ 43 \tag{4-9}$$

通过主成分分析计算综合环境分值(F),形成一个虚拟的环境轴,称为综合环境指数。综合环境指数随海拔的增加而减小,由正值逐渐减少到0,再减少到负值;环境也从低海拔干热荒漠环境逐渐过渡到适合青海云杉生长的环境,再过渡到高海拔湿冷环境。

综合环境指数与所有单一环境因素显著相关:与土壤pH、土壤容重、温暖指数、生物温度、最暖月均温、最冷月均温、年温差和年均温正相关,与土壤总氮、土壤总碳、土壤含水量、寒冷指数、干湿指数、干燥度指数、年均降水量和年均蒸发量负相关。

综合利用土壤和气候数据建立的综合环境指数不仅可以分析植物群落与环境之间的相关关系，还可以分析干旱地区从山底的荒漠群落到高海拔灌丛群落不同环境下不同群落的生态适应性。环境因子主成分分析形成的综合环境指数，可用于区分从干热到湿冷的各种环境变化。综合环境指数为正值时，表明所处地区为干热环境；综合环境指数为负值时，表明所处地区为湿冷环境；综合环境指数接近0时，表明所处地区水热适中，适宜植物生长；综合环境指数绝对值越大，所处地区环境越差。当综合环境指数达到某种阈值时，植物群落出现更替，因此，虚拟环境轴上具有不同叶性状的植物渐次排列。综合环境指数不仅可以有效区分适宜生长的环境和不适宜生长的环境，而且可以有效区分干热环境和湿冷环境。干燥度指数、干湿指数、温暖指数等常用气候指数只能区分水分温度适当环境与干湿环境或冷热环境的区别，但无法明确区分干热环境和湿冷环境的区别。相比而言，综合环境指数能更好地区分各种不同环境，综合分析物种与环境的相关关系，进而分析物种对不同环境的适应能力。同时，上述结果也证明了本研究的假设，即在某个海拔梯度上存在水分、温度适宜并且能达到最佳状态的地带，该处植物生长和新陈代谢最为旺盛。此处的地带性植被是青海云杉，可在2562~3249m的海拔生长，在海拔2876m处生长最为旺盛。

3. 叶片性状随综合环境指数的变化

通过回归分析发现，叶碳含量、叶氮含量、叶磷含量、叶钾含量及叶水势和单位质量叶氮含量与综合环境指数的关系显著，但叶厚度、单位面积叶干物质量、单位面积叶氮含量和叶组织密度与综合环境指数的关系不显著。综合环境指数接近0时，叶碳含量、叶氮含量、叶磷含量、叶钾含量、单位质量叶氮含量、单位面积叶氮含量、叶组织密度和单位面积干物质量与综合环境指数的回归曲线均出现拐点。叶氮含量、叶磷含量、叶钾含量呈先下降后升高的趋势，而叶碳含量呈先升高后下降的趋势。叶厚度和叶水势呈逐渐降低的趋势。叶组织密度和单位面积干物质量呈先升高后下降的趋势。单位质量叶氮含量呈先下降后升高的趋势，单位面积叶氮含量呈先升高后下降的趋势。7个青海云杉群落中，所有叶性状均与综合环境指数呈显著的相关关系。青海云杉以外的6个物种群落中，除叶片钾浓度外，所有叶片性状均与综合环境指数呈显著的相关关系（图4-1）。

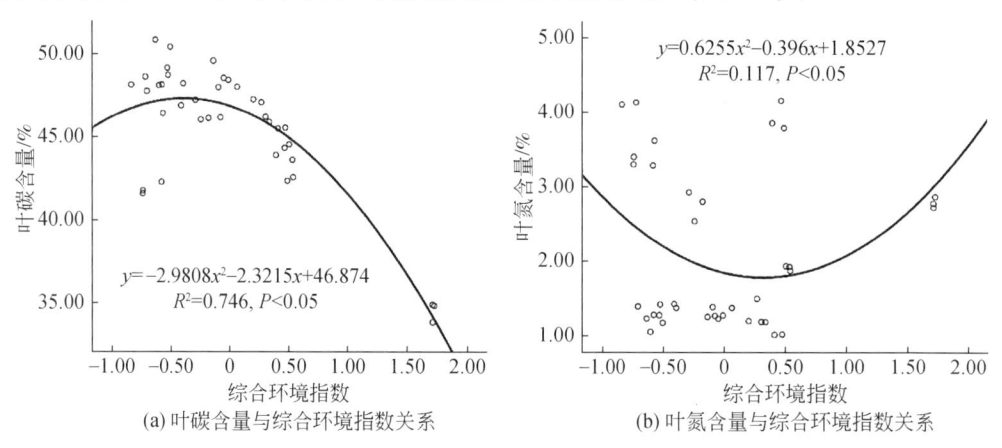

$y=-2.9808x^2-2.3215x+46.874$
$R^2=0.746, P<0.05$

$y=0.6255x^2-0.396x+1.8527$
$R^2=0.117, P<0.05$

(a) 叶碳含量与综合环境指数关系　　(b) 叶氮含量与综合环境指数关系

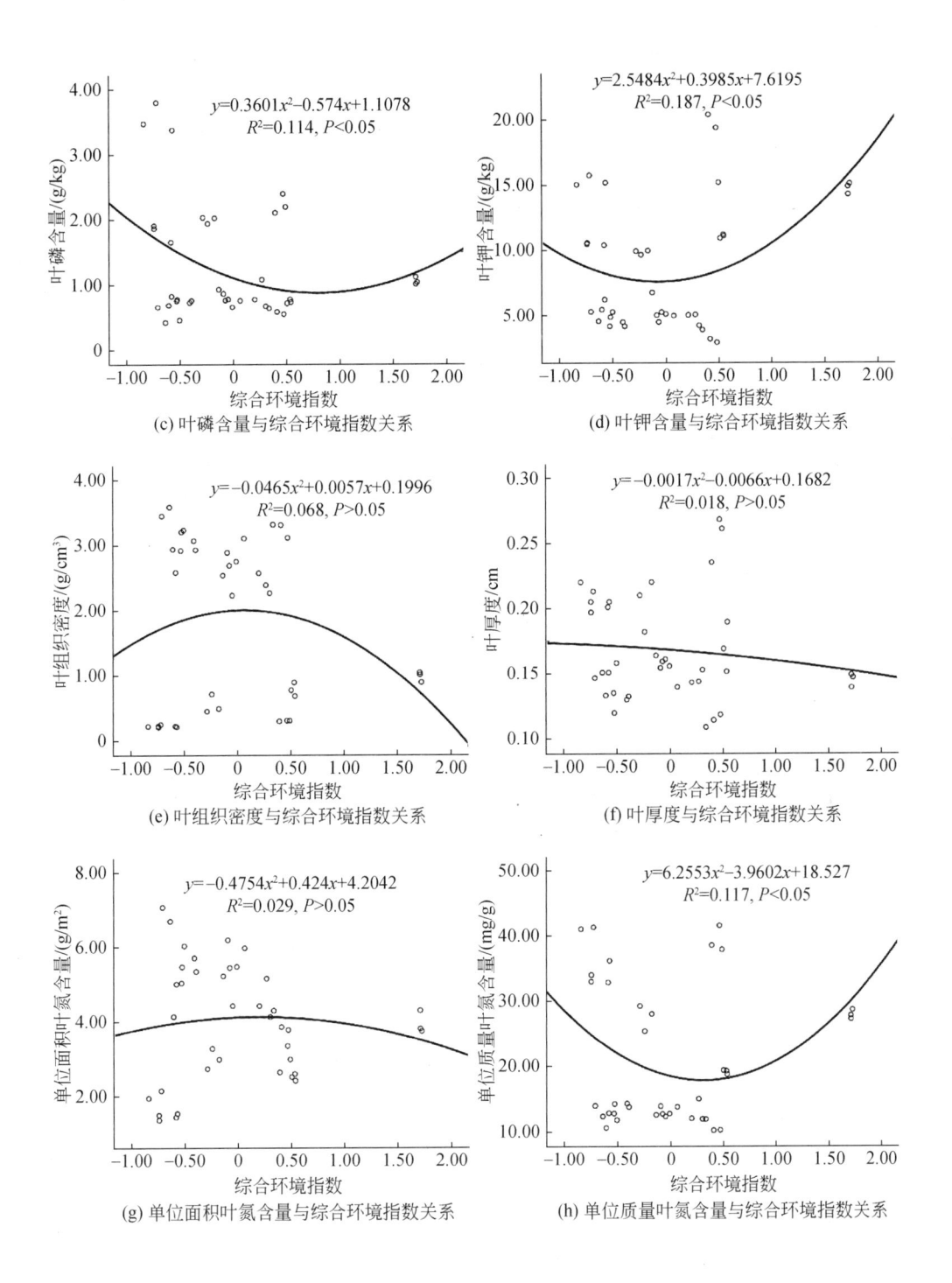

(c) 叶磷含量与综合环境指数关系　　$y=0.3601x^2-0.574x+1.1078$，$R^2=0.114$，$P<0.05$

(d) 叶钾含量与综合环境指数关系　　$y=2.5484x^2+0.3985x+7.6195$，$R^2=0.187$，$P<0.05$

(e) 叶组织密度与综合环境指数关系　　$y=-0.0465x^2+0.0057x+0.1996$，$R^2=0.068$，$P>0.05$

(f) 叶厚度与综合环境指数关系　　$y=-0.0017x^2-0.0066x+0.1682$，$R^2=0.018$，$P>0.05$

(g) 单位面积叶氮含量与综合环境指数关系　　$y=-0.4754x^2+0.424x+4.2042$，$R^2=0.029$，$P>0.05$

(h) 单位质量叶氮含量与综合环境指数关系　　$y=6.2553x^2-3.9602x+18.527$，$R^2=0.117$，$P<0.05$

(i) 单位面积叶干物质量与综合环境指数关系　　(j) 叶水势与综合环境指数关系

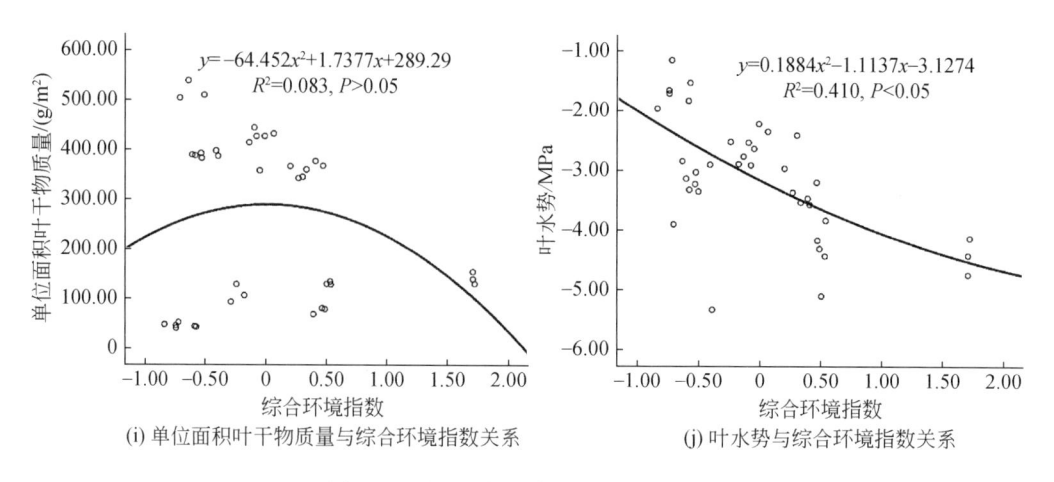

图 4-1　叶性状与综合环境指数的关系

4. 光响应曲线和二氧化碳响应曲线

黑河上游植物群落优势植物光响应曲线可分为直线上升阶段、曲线上升阶段、平稳阶段等，其中直线上升阶段的光响应曲线是指光合有效辐射小于 300μmol/(m²·s) 的部分，光合速率随光强增加直线上升；曲线上升阶段的光响应曲线呈曲线上升趋势，此时的光合有效辐射介于 300～800μmol/(m²·s)，这部分的光合速率值随光强增加而增加；平稳阶段的光响应曲线是指光合有效辐射大于 800μmol/(m²·s) 的部分，净光合速率变化基本平稳，少数植物呈波动缓慢上升趋势，部分植物出现下降趋势，变化平稳表明光合速率达到饱和水平，下降表明出现光抑制。

随二氧化碳浓度升高，植物的净光合速率显著升高。青海云杉的净光合速率随二氧化碳浓度的增加而迅速增高，近似为直线，且升高的趋势相似；其他植物光合速率随二氧化碳浓度升高的变化趋势不同，部分植物（如吉拉柳、金露梅）的二氧化碳响应曲线大致分为三个阶段，第一阶段是光合速率随二氧化碳浓度的增加而迅速增加，这部分的二氧化碳浓度小于 600μmol/mol，二氧化碳曲线变化近似为直线；第二阶段是二氧化碳浓度在 600～1200μmol/mol，光合速率随二氧化碳浓度增加缓慢增加；第三阶段是二氧化碳浓度大于 1200μmol/mol，已呈现饱和水平，表现为光合速率不再随二氧化碳浓度的增加而升高。合头草、短叶锦鸡儿、针茅和鬼箭锦鸡儿的净光合速率随二氧化碳浓度的增加呈上升趋势。

5. 植物生理生态参数

在黑河上游，叶片暗呼吸速率介于 1.02～7.62μmol/(m²·s)，表观光量子效率介于 0.01～0.18，最大净光合速率介于 2.63～29.73μmol/(m²·s)，最大羧化速率、最大电子传输速率、光饱和点和光补偿点分别为 11.55～79.37μmol/(m²·s)、15.57～98.81μmol/(m²·s)、236～1924μmol/(m²·s) 和 4～204μmol/(m²·s)。

除青海云杉外的其他植物群落，在干热环境下，合头草、短叶锦鸡儿和针茅的光饱和点平均值分别为（1150.67±393.11）μmol/(m²·s)、（1084.00±270.20）μmol/(m²·s)和（1110.67±139.03）μmol/(m²·s)；在湿冷环境下，金露梅、鬼箭锦鸡儿和吉拉柳的光饱和点平均值分别为（700±20.28）μmol/(m²·s)、（530.67±156.95）μmol/(m²·s)和（717.33±178.06）μmol/(m²·s)。

在干热环境下，短叶锦鸡儿、针茅和合头草的光补偿点平均值分别为（70.67±45.91）μmol/(m²·s)、（60.00±21.04）μmol/(m²·s)和（157±40.46）μmol/(m²·s)；在湿冷环境下，金露梅、鬼箭锦鸡儿和吉拉柳的光补偿点平均值分别为（50.67±6.60）μmol/(m²·s)、（20.00±4.42）μmol/(m²·s)和（44±8.33）μmol/(m²·s)。

黑河上游优势植物的光合速率对光强的响应规律基本相似，即低光照强度[PPFD<300μmol/(m²·s)]下，光合速率随着光照强度的增加呈线性增加，说明当光照强度小于300μmol/(m²·s)时，光照强度是限制植物光合作用的最主要因子。当光照强度大于300μmol/(m²·s)时，光合速率趋于稳定，且增加非常缓慢。黑河上游13个植物群落中，青海云杉广泛分布，可作为黑河上游叶性状功能研究的典型植物，其他灌木和草本植物有助于了解不同物种间光合参数的区别和联系。青海云杉分布环境随海拔梯度变化，环境因子发生变化，各青海云杉群落青海云杉的光饱和点不同，其中青海云杉5的光饱和点最大，光补偿点最小，平均值分别为1152μmol/(m²·s)和4μmol/(m²·s)。可以使用光补偿点、光饱和点判断植物的耐阴性和耐阳性。青海云杉5利用弱光的能力和利用强光的能力都很强，表明该处的青海云杉生态适应性最强，也可表明该处的生态环境最适宜青海云杉的分布。合头草的光饱和点平均值为1151μmol/(m²·s)，仅次于青海云杉5，在黑河上游13个植物群落的光饱和点中居第二位。光饱和点提高，发生光抑制时的光照强度也随之增加，利用强光的能力增强。这可能是由于合头草分布于最为干热的环境，需要具备很强的抗旱能力和适应强光的能力，光饱和点也偏高。荒漠植物光饱和点增大有助于减少荒漠地区强光对植物的光抑制作用，是荒漠植物对区域强烈光照的适应。

6. 光合参数与综合环境因子的关系

总体来看，不同植物群落植物光合参数随着环境变化呈现一定的规律性变化，分布于干热环境植物的平均最大羧化速率和最大电子传输速率比湿冷环境植物的平均最大羧化速率和最大电子传输速率低，干热环境植物的光饱和点和光补偿点比湿冷环境植物的光饱和点和光补偿点高，干热环境的光补偿点约为湿冷环境的光补偿点的2.5倍，在光照条件较弱时，湿冷环境的植物已开始进行光合作用。干热环境植物的暗呼吸速率呈现先下降后上升再下降的趋势，干热环境植物的暗呼吸速率比湿冷环境植物的暗呼吸速率高。干热环境植物的表观光量子效率比湿冷环境植物的表观光量子效率低，随着环境从干热向湿冷转换，植物的表观光量子效率呈现微弱的上升趋势。干热环境植物的最大净光合速率比湿冷环境植物的最大净光合速率高，总体呈现先下降后上升的趋势。黑河上游典型植物的光补偿点和光饱和点与海拔负相关，随着海拔升高总体呈现平稳下降的趋势，个别植物光饱和点和补偿点出现峰值和谷值，干热环境的光饱和点比湿冷环境的光饱和点高近一倍，这是由于干热环境的光照更强烈。青海云杉最大羧化速率和最大电子传输速率均呈现先上升后下降再上升的趋势，表现为双峰曲线变化，两个峰值分别出现在青海云杉5和青海云杉1，谷值出现在青海云杉7。

青海云杉在干热-湿冷环境轴上呈抛物线趋势。其他种植物在干热-湿冷环境轴的光合参数有明显的变化。如图4-2所示，通过叶片光合参数最大羧化速率、最大电子传输速率、光饱和点和光补偿点与综合环境指数之间的曲线拟合，可明显看出沿着从湿冷到干热的环境轴，最大羧化速率和最大电子传输速率均呈先下降后上升的趋势，综合环境指数接近0时，拟合曲线均出现拐点，最大羧化速率与综合环境指数拟合曲线的R^2为0.312，最大电子传输速率与综合环境指数拟合曲线的R^2为0.191。此外，光饱和点与光补偿点整体呈线性上升的趋势，光饱和点与综合环境指数拟合曲线的R^2为0.151，光补偿点与综合环境指数拟合曲线的R^2为0.190。表观量子速率沿着从湿冷到干热的环境轴呈缓慢下降的趋势，最大净光合速率和暗呼吸速率沿着从湿冷到干热的环境轴变化趋势不显著。

(a) 最大羧化速率(V_{cmax})与综合环境指数关系
$y=13.016x^2-13.384x+22.116$
$R^2=0.312, P<0.05$

(b) 最大电子传输速率(J_{max})与综合环境指数关系
$y=14.614x^2-11.739x+33.248$
$R^2=0.191, P<0.05$

(c) 光饱和点(LSP)与综合环境指数关系
$y=-24.645x^2+239.81x+823.75$
$R^2=0.151, P<0.05$

(d) 光补偿点(LCP)与综合环境指数关系
$y=-5.8942x^2+32.712x+44.82$
$R^2=0.190, P<0.05$

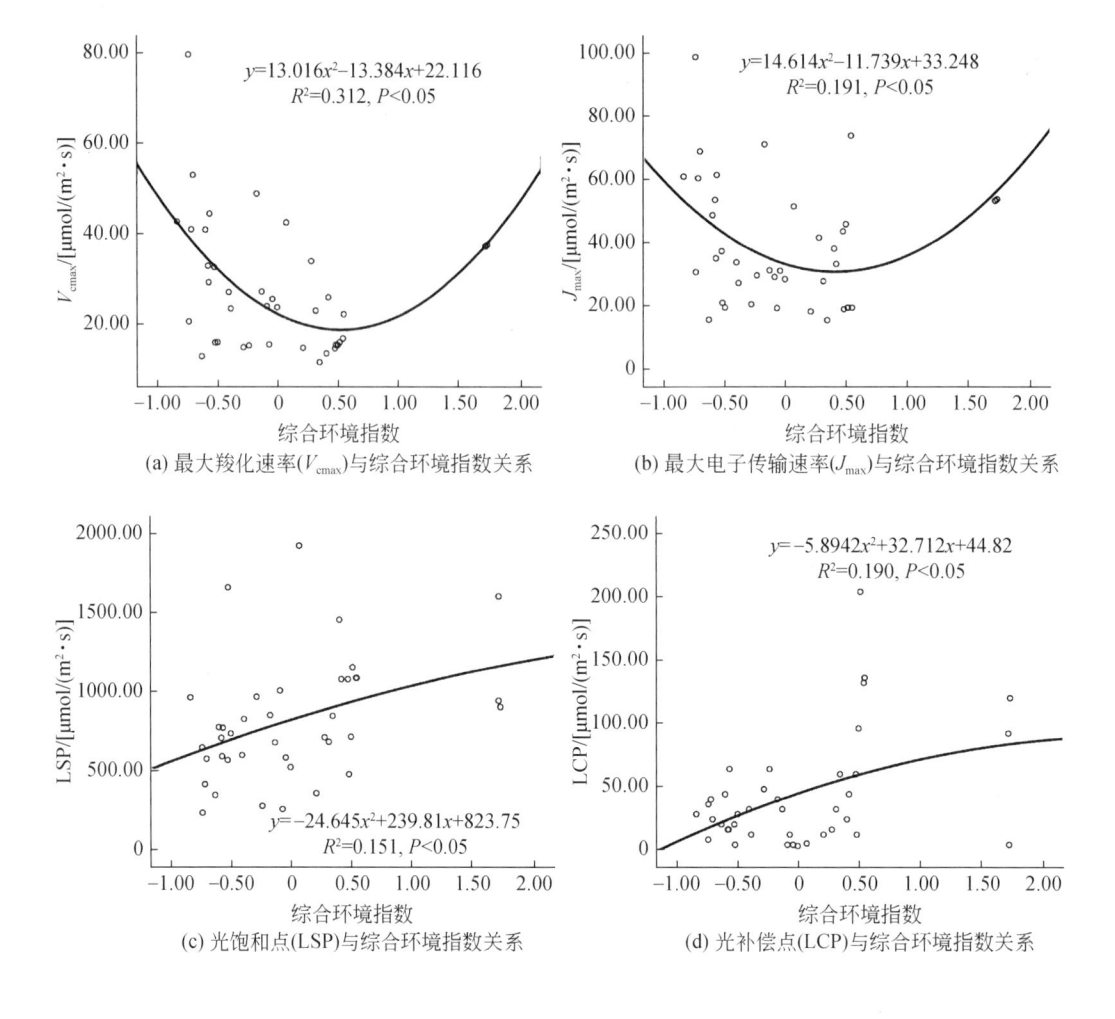

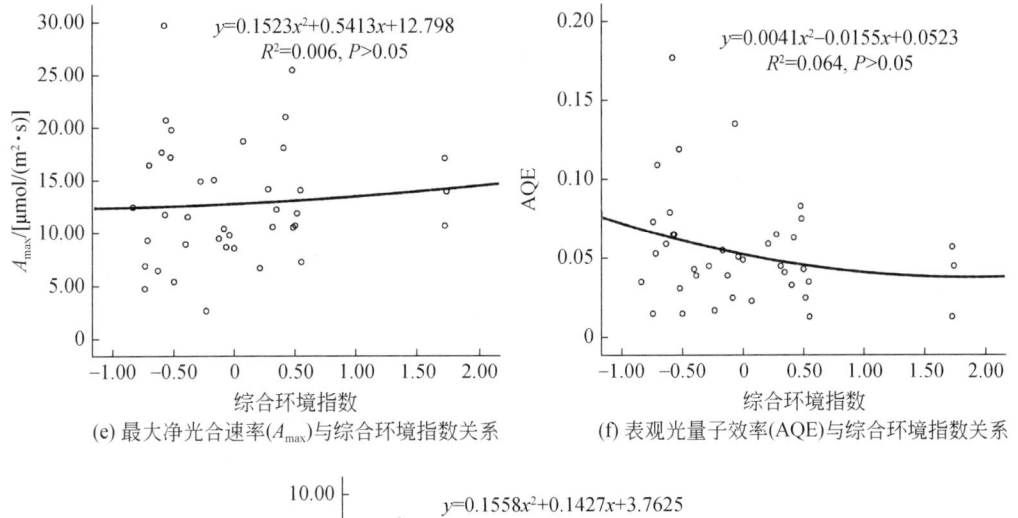

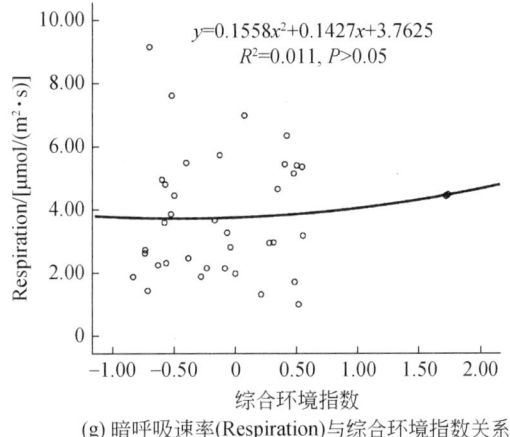

(e) 最大净光合速率(A_max)与综合环境指数关系   (f) 表观光量子效率(AQE)与综合环境指数关系

(g) 暗呼吸速率(Respiration)与综合环境指数关系

图 4-2 光合参数与综合环境指数的关系

4.2 青海云杉林的生态水文适应机制

青海云杉林是祁连山区森林的主要特有建群种，青海云杉林与水之间的相互关系在祁连山区显得更加突出、紧密和重要，是因为水分条件对森林的分布和生长等起着决定性作用，同时森林的水资源调控影响对保障区域供水安全格外关键。树高、胸径和蓄积量是最主要和最基本的林分结构特征和生长指标，且水分、温度、光照等随海拔、坡向等变化规律明显，因此本节通过研究青海云杉林的树高、胸径和蓄积量随海拔、坡向等的变化规律来揭示祁连山区青海云杉林对水分、温度和光照的适应机制。

4.2.1 祁连山区主要植被类型的水分适应机制

自然界中，陆生植物生命活动所需水分大部分来自土壤水，祁连山地处我国西北干旱区，土壤有效含水量成为植被生长状况的决定性因素，因此不同植被类型土壤含水量的垂直和季节变化可反映植被对于水分的利用和适应机制。2001年，甘肃省祁连山水源涵养林研究院在对位于祁连山中段的排露沟流域（面积2.74km²）进行全面调查的基础上，选择有代表性的4种植被类型，设10m×10m的固定标准样地13个，用土钻分层取样，取样深度为80cm，5个层次，各层次下限分别为10cm、20cm、40cm、60cm、80cm，采回的土样在实验室中根据其体积和质量计算出土壤容重，再以烘干法（105℃）测定并计算其含水量。在各样地内采用多剖面重复测定，从5月土壤解冻开始，每月1日、11日、21日采样和分析计算，到10月土壤冻结为止。对祁连山水源涵养林区土壤水分动态观测研究发现，祁连山水源涵养林区降水大多集中在5~9月。在生长季（5~9月），若降水多而集中，则有利于土壤水分积累；若降水少而均匀分布，则恰恰相反。因为在后一种情况下，每次入渗到土壤中的水量较少，且很快会被蒸发掉。若一定的时段，降水甚微或没有降水，土壤原有储水甚至被消耗掉。在降水较多的年份，土壤水分的季节变化趋势为干季在前、湿季在后，土壤干季、湿季大致以5月下旬至6月上旬为界，在湿季土壤水分含量持续增加，季末时又略有减少。但在降水偏少的年份，生长季初期林地土壤含水量较高，5月下旬至8月中旬土壤含水量一直很低，与降水季节分配趋势的反差较明显，出现土壤湿季在前、干季在后的情况，主要是由于上年（或当年生长季初期）降水偏多，生长季末期土壤储水量较大，使当年生长季初期土壤含水量依然处于较高水平。年生长季的降水量及其分配情况是影响祁连山水源涵养林区土壤水分季节变化趋势的主导因子，但上年降水量（或土壤储水量）亦有一定的影响。在干季（5月、10月），土壤含水量与降水量具有相异性。各个主要植被类型土壤水分季节动态具有差异性，但总体来看，它们都有一致的季节动态。正因为如此，祁连山不同森林类型的土壤水分的变化趋势在同一年份中具有较强的相似性；在不同年份中由于年降水量的不同，同一林地的土壤水分季节变化趋势会具有明显差异。

1. 不同植被类型土壤水的垂直特征

由于植被种类不同，根系分布深度和土壤孔隙度呈差异，土壤水在空间上有一定的垂直动态特征。根据土壤水的吸收利用以及变化特征，可将它分为三个层次。

（1）土壤水易变层

从图4-3可以看出，不同植被土壤含水量变异系数随土壤深度呈递减的趋势，这说明土壤含水量在垂直空间上表现为土壤越深，其含水量变化程度越小。在0~10cm的土层范围内，土壤水量变异系数最高且较为集中。说明这一土层的土壤含水量共同的特征是变化程度相似且最大，因此称该层为土壤水易变层，其原因是土壤水分主要受控于气候条件，特别是降水的影响，该层是雨水到达土壤时最早承接雨水的部位，也是对降水最敏感的部位，该层的土壤含水量变化特征与大气降水最为接近，雨后该层土壤水的消耗也快，由于该层又是土壤系统与大气系统的交界处，也是土壤系统对气候最敏感的部位，该层各植被类型的土壤含水量变异系数最大。牧坡草地土壤含水量变异系数最大，比藓类云杉林高出9.2%，这是因为牧坡草地受森林小气候的影响较小，非毛管孔隙度较低，土壤蓄水能力较差，土壤水分散失快，土壤含水量变化最为剧烈。藓类云杉林，降水时有一部分雨水被截留，透过林冠和林缘的降水落到地面，地面又有藓类和枯枝落叶层覆盖，一方面增加了水分的入渗作用，另一方面减缓了土壤水分的蒸发，抑制了水分消耗，由于林冠及藓类枯枝落叶层的双重作用，表层的土壤含水量变异系数最小，土壤含水量的变化最为缓和。灌丛林枝叶茂密，低矮的林冠紧贴地表，截持降水能力强，蒸腾量小，表层的土壤含水量变异系数仅次于藓类云杉林，即灌丛林土壤含水量的变化程度仅次于藓类云杉林（牛云和张宏斌，2002）。

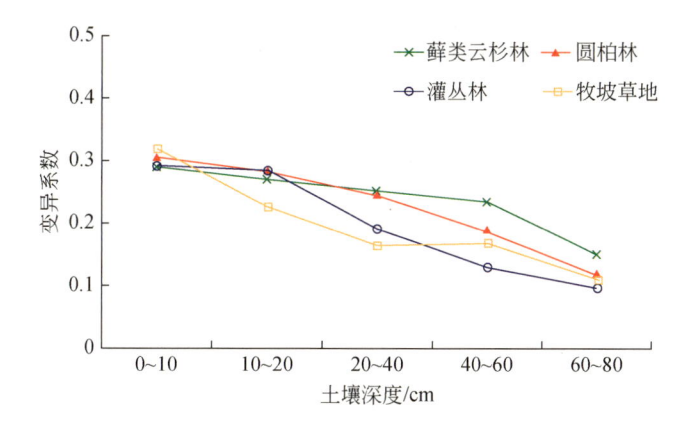

图 4-3　祁连山不同植被类型土壤含水量随土深的变异系数

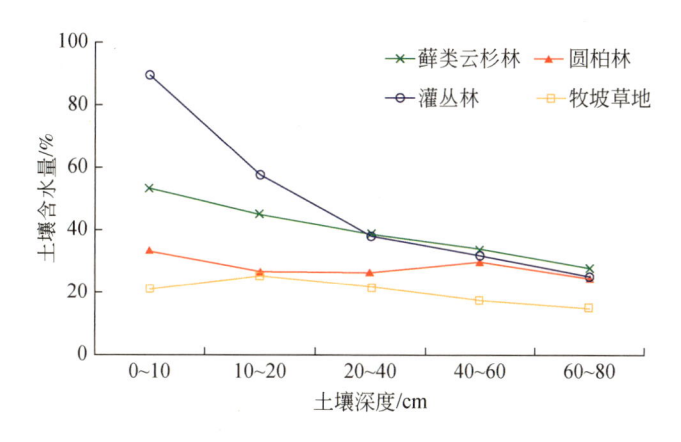

图 4-4　祁连山不同植被类型土壤含水量的垂直变化

（2）土壤水利用层

这一土层主要是林草根系分布层，因为不同植被的根系深浅不同，所以土壤水利用层的范围也不同，藓类云杉林为 10~60cm，圆柏林为 10~60cm，灌丛林为 10~40cm，牧坡草地为 10~20cm。从图 4-4 可以看出，无论在哪个土层，牧坡草地的含水量总是低于其他植被类型，在 10~20cm 土层范围内，牧坡草地的含水量比灌丛林地低 120%，其原因之一是牧坡草地的枯枝落叶层明显少于林地，雨滴的冲击常常堵塞土壤的孔隙，渗透功能比灌丛林差；又加之超载滥牧，植被严重破坏，土壤理化性质不良，土壤的渗透和涵养水源功能也随之降低，这反过来又给畜牧业发展带来不利，形成了尖锐的林牧矛盾和恶性的生态循环。土壤水利用层由于是植物根系的主要分布层，受森林小气候和根系吸水耗水的双层作用，该层除牧坡草地外，其他植被的土壤含水量均比土壤水易变层低，但对植物的生命活动起着重要作用。降水通过土壤入渗的水分大都储存在该层内，当根系的吸收和树体蒸腾而使土壤水降低时，可以通过水势梯度使深层水分向该层运动，以保证植物的正常生长需要，因此称该层为土壤水利用层。从图4-4可以看出，该层含水量的变异系数均比土壤水易变层低，牧坡草地由于土体紧张，限制了水分向下层传输，土壤水利用层的范围仅为10~20cm，而藓类云杉林、圆柏林的根系比较深广，必须在较大范围内吸收水分，因此其土壤水利用层的范围为10~60cm。从图4-4可以看出，土壤水利用层水分条件最好的是灌丛林和藓类云杉林，圆柏林次之，牧坡草地含水量最低（牛云和张宏斌，2002）。

（3）土壤水调节层

土壤水调节层位于土壤水利用层之下，土壤水分变化幅度明显减小，各植被类型的变异系数均在0.16以下。该层在林木强烈蒸腾期和缺水期可向土壤水利用层供水，丰水年雨季可起储水作用，对林木根系吸收有一定的调节作用，因此称该层为土壤水调节层。

2. 不同植被类型土壤水的季节变化

在祁连山林区，土壤水的主要来源是大气降水（降雨、降雪），因此，大气降水便成了土壤水变化的主导因素，大气降水有季节性规律，以致土壤水在时间上也有季节动态特征。

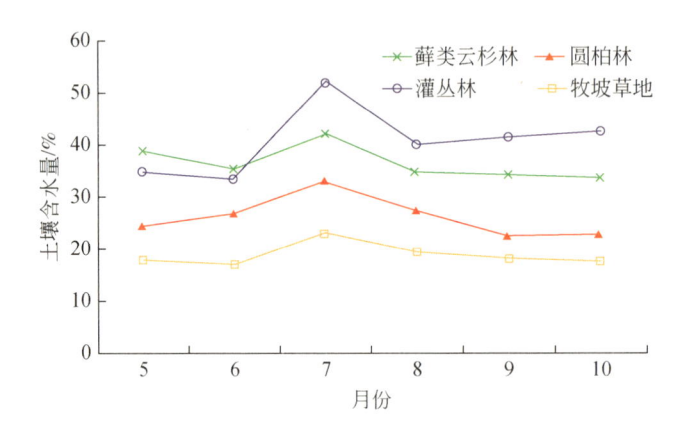

图4-5 祁连山主要植被类型土壤含水量的季节变化

从图4-5可以看出，在雨季（6~9月），祁连山水源涵养林同一年份不同森林植被的土壤含水量与大气降水量具有相似的季节动态；在干季（5月、10月），土壤含水量与降水量具有相异性，主要植被类型土壤水分季节动态具有差异性，但总体来看，它们都有一致的季节动态。根据实测土壤水分资料，可将祁连山水源涵养林主要植被的土壤水依特点和时间顺序划分为4个时期：土壤失水期、土壤聚水期、土壤退水期和土壤稳水期。

（1）土壤失水期

5月初至6月中旬，这一时期除圆柏林外，其他植被覆盖下的土壤含水量呈降低趋势，这是因为这一时期气温回升，植物解眠和复苏，需要大量土壤水分用于植物活动，但这一时期大气降水少，其植物生理用水主要依靠入渗的冻融雪水，土壤水入不敷出，土壤含水量逐渐降低，处于失水状态，称这一时期为土壤失水期。因为圆柏的根系比云杉的深，属于深根性树种，而在6月中旬之前，深层的土壤解冻滞后，所以圆柏的解眠和复苏要比云杉的滞后，因此圆柏在这一时期没有因生长而消耗大量土壤水分，其土壤含水量未出现降低趋势。各地类最低含水量的出现早晚及持续时间长短是影响林木安全解眠和复苏的主要因素，如果这一时期的含水量损耗到无法满足林木正常生命活动需要，将会造成植物的生理干旱（牛云和张宏斌，2002）。

（2）土壤聚水期

6月中旬至7月底，这一时期各植被的土壤含水量呈升高趋势，这是因为这一时期降水量和冻土融水量最大，土壤水分的总特点是收入大于支出而且有所聚集，称这一时期为土壤聚水期。聚集土壤水分依靠重力势和基质势向深层运动，储存于土壤，至7月底，主要植被类型覆盖下的含水量都达到了一年的最高值。

（3）土壤退水期

8月初至9月底，这一时期各植被覆盖下的土壤水分呈消退趋势，这是因为这一时期虽仍有部分降水，但气温仍适宜于植物生长，林木蒸散较大，林地蒸发也较强烈，渗入土壤中的水分供不应求，不能弥补林草生长蒸腾及林地蒸散而损耗掉的水分，土壤中水分呈消退趋势，称这一时期为土壤退水期。

（4）土壤稳水期

进入10月，气温逐渐降低，林草逐渐停止生长，大气降水较少，这一时期林地水分损耗以林地蒸发为主，但由于林地有枯枝落叶层覆盖，削弱了林地土壤水分损耗。这一时期的土壤含水量呈平稳趋势，随着气温进一步降低，土壤开始冻结。土壤中水分以冻结形式存在，将会进一步阻止水分运动，从而减少了土壤水分消耗。这一时期从10月至次年5月，土壤含水量较为稳定，称这一时期为土壤稳水期。

4.2.2 祁连山区主要植被类型的温度适应机制

在众多影响林木生长特征的立地因子中，海拔是决定干旱区山地森林生长的一个重要因素，温度会随海拔升高而显著降低。根据祁连山排露沟流域出口处的气象观测站（100°17′18″E，38°34′03″N，2580m）1994年1月1日至2015年9月30日的每日温度和降水观测数据，发现该流域海拔2580m处的年均气温为1.6℃。应用此气象观测站的数据及该流域内其他海拔处的气象观测站数据，推导了年均气温随海拔的变化规律，表现为年均气温随海拔每升高100m降低0.58℃。

1. 研究方法和数据

依托于"黑河计划"，通过从已发表文献中提取、从黑河计划数据管理中心下载及数据采集人直接提供等方式,共收集到青海云杉单株调查数据 31 458 条,青海云杉林样地调查数据 815 条,这些样地涵盖了青海云杉林在祁连山自然分布的大部分地区,且大部分样地只调查过一次。样地调查数据包括海拔、坡向、坡度、坡位、胸径、树高、密度及样地面积等,这些样地的平均密度为 1274 株/hm^2、平均树高为 10.5m、平均胸径为 16.9cm,样地和单株数据的主要统计信息见表 4-2 和表 4-3。

表 4-2 青海云杉样地数据的基本信息

属性	最小值	平均值	最大值	标准差
数据采集时间	1987-6		2016-10-4	
经度	98°13′47″E		102°59′08″E	
纬度	37°03′10″N		39°20′27″N	
海拔/m	2518	2934	3451	151.18
坡向/(°)	−160.0	0.5	135.0	40.94
坡度/(°)	3	23	58	10.11
土壤厚度/cm	10	69.2	225	29.36
年龄/a	16.0	82.4	204.0	30.83
密度/(株/hm^2)	247	1274	3700	634.25
郁闭度	0.16	0.60	0.87	0.13
树高/m	1.8	10.5	23.3	3.54
胸径/cm	5.3	16.9	38.9	5.78

表 4-3 青海云杉林单株数据的基本信息

属性	最小值	平均值	最大值	标准差
数据采集时间	2003-7-19		2016-10-4	
经度	99°53′46″E		100°22′47″E	
纬度	38°02′08″N		38°34′49″N	
海拔/m	2518	2906.9	3374	130.26
坡向/(°)	−90	11.2	120.0	27.16
坡度/(°)	3	22.35	58	9.26
年龄/a	4	78.3	204	34.34
树高/m	1.3	8.63	26.5	4.77
胸径/cm	3.0	15.54	128.0	12.00
所在样地密度/(株/hm^2)	150	1530	3700	665.60
所在样地郁闭度	0.11	0.63	0.87	0.11

由于不同调查人员在野外调查中所采取的调查标准存在差异,需要对不同来源的野外调查原始数据按统一标准进行处理,以达到不同来源数据间的合理匹配。在进行样地平均

树高、平均胸径等样地特征计算时，需要删除胸径<5.0cm的单株调查数据，且根据经验删除或改正因个人记录笔误等原因引起的异常值（如书写错误或小数点位置标错等）。这些样地和单株调查数据，主要用于研究青海云杉林生长特征、生物量特征和林分垂直结构特征等（杨文娟，2018）。

2. 研究结果

由图4-6中的上外包线可以看出，祁连山区青海云杉林的树高、胸径和蓄积量均随海拔增加呈现出先增大（2500~2700m）后趋于平稳（2700~3100m）之后又降低（3100~3350m）的变化趋势；在海拔2700~3100m范围内，树高、胸径和蓄积量的变化速率缓慢，当海拔低于2700m或高于3100m时，变化迅速；且青海云杉林集中分布在海拔2700~3100m范围内，在海拔2500~2700m和3100~3350m范围内分布稀疏。从海拔2500m处开始，青海云杉林的树高、胸径和蓄积量随海拔升高而增大，树高在海拔2900m处达到最大值（23.0m），胸径在海拔2950m处达到最大值（33.1cm），蓄积量在海拔2900m达到最大值（531.60m³/hm²），之后随海拔升高而降低。树高在海拔2900~3100m范围内缓慢降低，当海拔>3100m时，迅速降低，在海拔3350m处降为6.3m；海拔3100m处的胸径为31.4cm，之后以6.4cm/100m的速度降低，在3300m处降为18.6cm；蓄积量在海拔2900~3100m、3100~3300m范围内的降低速度分别为60.95m³/(hm²·100m)、137.07m³/(hm²·100m)，在3300m处降为135.56m³/hm²。青海云杉林的树高、胸径和蓄积量随海拔变化的上外包线拟合方程见式（4-10）~式（4-12）。

$$\mathrm{MH} = \left[\mathrm{EXP}\left(-15.37 - \frac{88.43}{\mathrm{Ele}-2460.56}\right)\right] \times \frac{3.64 \times 10^8 - 1.08 \times 10^5 \times \mathrm{Ele}}{1 - 2.67 \times 10^{-10} \times \mathrm{Ele}^{2.07}} \quad R^2 = 0.823 \quad (4\text{-}10)$$

$$\mathrm{MDBH} = 10\,800\,196 - 311.31 \times \mathrm{Ele} + 89\,449.17 \times \mathrm{Ele}^{0.5} - 1\,807\,757\ln(\mathrm{Ele}) - \frac{9.85 \times 10^6}{\mathrm{Ele}^2} \quad R^2 = 0.601$$
(4-11)

$$\mathrm{MV} = -31\,198.94 + \frac{2.70 \times 10^8}{\mathrm{Ele}} - \frac{9.80 \times 10^9}{\mathrm{Ele}^{1.5}} \quad R^2 = 0.918 \quad (4\text{-}12)$$

式中，MH为林分树高（m）；MDBH为林分胸径（cm）；MV为林分蓄积量（m³/hm²）；Ele为海拔（m）。

本研究发现，青海云杉林的树高、胸径和蓄积量在中海拔（2700~3100m）较大，最大值均出现在海拔2900m附近，这与青海云杉林空间分布中心的最适海拔范围相呼应，这里的水分条件和温度条件都相对适中，因而生长最好。相比之下，青海云杉林的树高、胸径和蓄积量在海拔2500~2700m范围内随海拔升高而迅速增大，可能是因降水随海拔升高而逐渐增多，蒸散逐渐降低，使可用于树木生长的有效土壤水分数量逐渐增加，干旱胁迫程度逐渐降低，立地的水分适宜性不断变好，从而有利于树木生长；在海拔3100~3350m范围内随海拔升高而降低，这可能因海拔升高导致的低温胁迫和土壤更加瘠薄等的限制，且温度降低使植被生长期缩短，光合作用变弱，最终导致生长变缓。

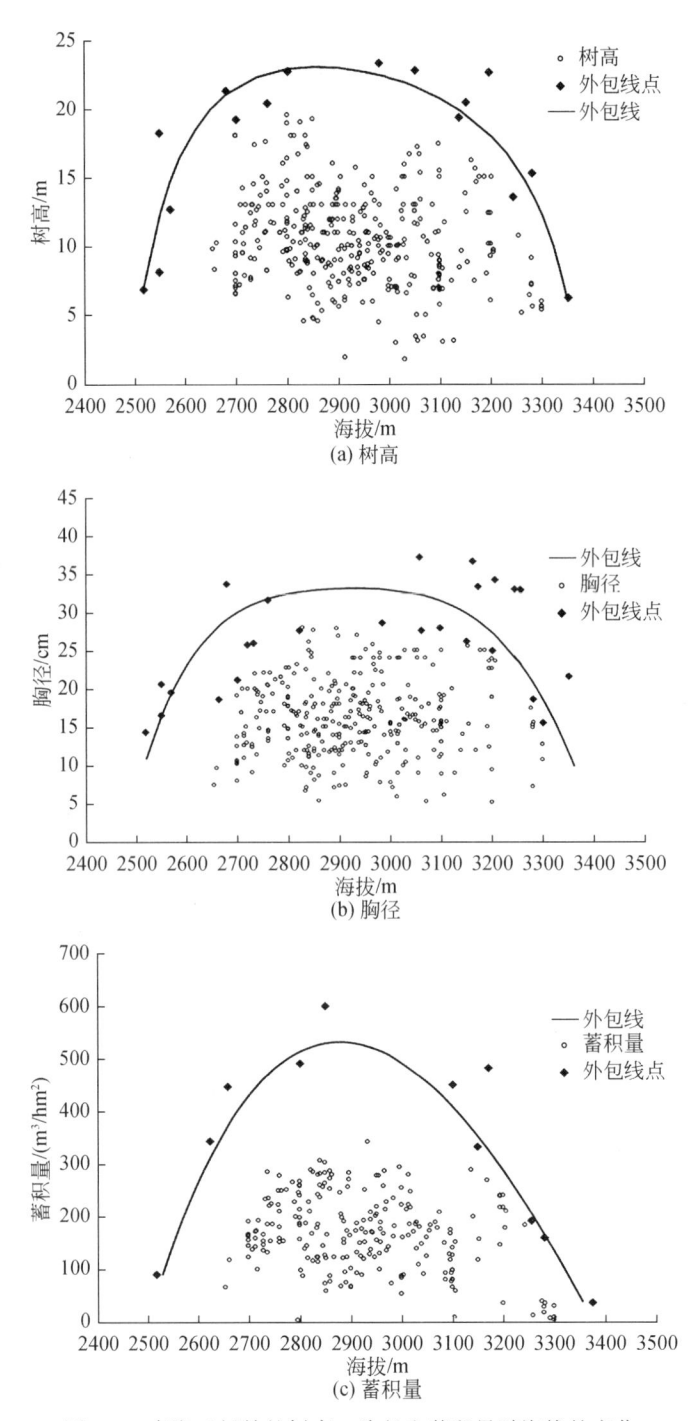

图 4-6 青海云杉林的树高、胸径和蓄积量随海拔的变化

4.2.3 祁连山区主要植被类型的光照适应机制

长期以来坡向都被认为是干旱区影响树木生长的一个重要立地因子，坡向直接影响着太阳辐射的接收量，对小气候，特别是温度、湿度和土壤含水量有很强的作用，在干旱区山地环境中表现得更加显著和突出。

1. 研究方法和数据

研究方法和数据同4.2.2节。

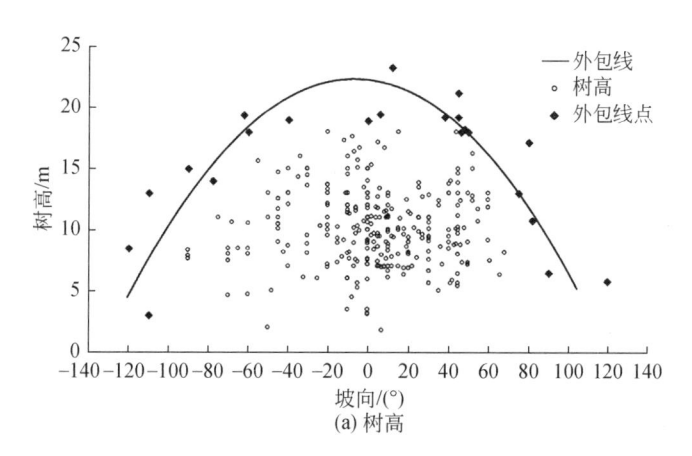

2. 研究结果

青海云杉林分的树高、胸径和蓄积量随坡向变化的外包线形状均为抛物线形（图4-7），外包线的方程表达式见式（4-13）~式（4-15）。青海云杉林在-120°~-45°坡向范围内分布稀疏，且树高、胸径和蓄积量随坡向变化迅速，树高从-120°处的4.72m迅速增大到-45°处的20.43m，胸径从-115°处的7.2cm迅速增大到-45°处的30.8cm，蓄积量从-90°处的154.19m³/hm²迅速大增到-45°处的401.84m³/hm²。青海云杉林集中分布在-45°~60°坡向范围内，且树高、胸径和蓄积量随坡向变化平缓，最大值分别出现在坡向-7°、-7°和-3°附近，分别为22.41m、34.1cm和478.05m³/hm²。在60°~100°坡向范围内，青海云杉林同样分布稀疏，且树高从60°处的16.14m迅速降低到100°处的6.44m，胸径从60°处的23.9cm迅速降低到90°处的12.6cm，平均降低速率为3.8cm/10°，蓄积量从60°处的311.87m³/hm²迅速降低到90°处的114.45m³/hm²，平均降低速率为65.81m³/（hm²·10°）。

$$MH = 22.34 - 0.02 \times Asp - 0.0139 \times Asp^2 \quad R^2 = 0.761 \quad (4-13)$$

$$MDBH = 34.03 - 0.0311 \times Asp - 0.0023 \times Asp^2 \quad R^2 = 0.841 \quad (4-14)$$

$$MV = 477.76 - 0.2208 \times Asp - 0.0424 \times Asp^2 \quad R^2 = 0.867 \quad (4-15)$$

式中，MH为林分树高（m）；MDBH为林分胸径（cm）；MV为林分蓄积量（m³/hm²）；Asp为坡向（°）。

(a) 树高

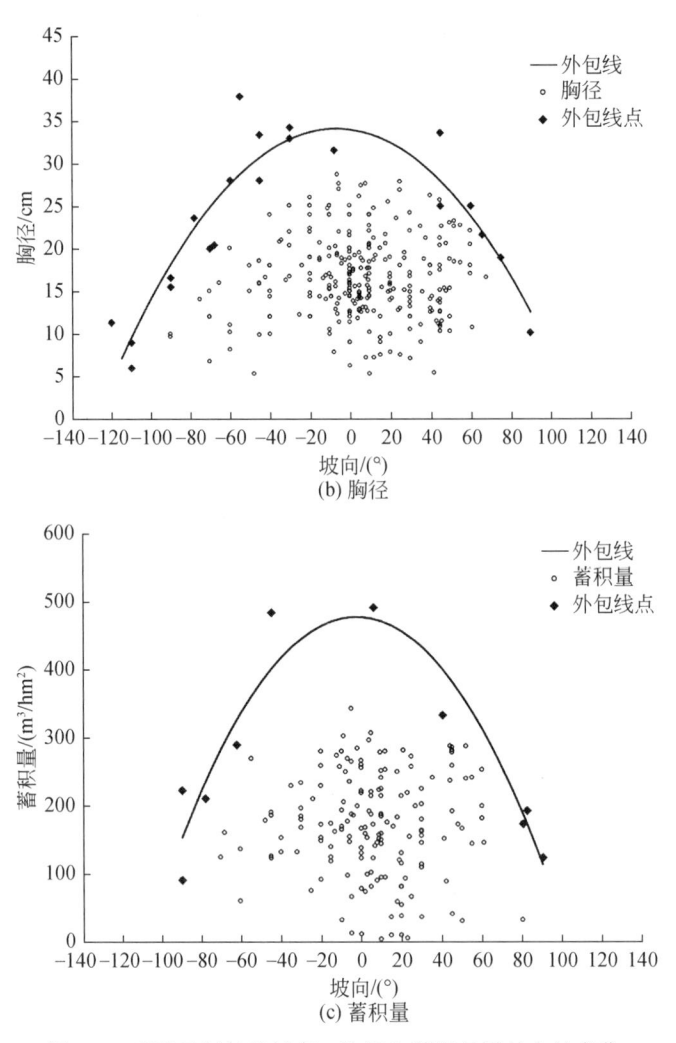

图 4-7 青海云杉林的树高、胸径和蓄积量随坡向的变化

本研究中，青海云杉林集中分布在 -60°~45° 坡向范围内，树高、胸径和蓄积量在这个坡向范围内具有较高值且随坡向变化相对平缓；在 -120°~-60° 坡向范围内，随坡向增加而增大，是由于太阳辐射和温度在越接近阴坡时越低，蒸散减少，可用土壤含水量增加；在 45°~100° 坡向范围内，随坡向增加而降低，是由于太阳辐射和蒸散随坡向的增大逐渐增强，土壤水分条件逐渐变差。

4.2.4 祁连山区主要植被类型的空间分布及适应性解释

目前对祁连山青海云杉林响应气候变化的研究较少，且这些研究都是仅考虑气候因子对山地森林分布的影响，未考虑山地普遍存在的空间异质性及其影响。在一些造林研究中，仅依立地环境因子划分立地类型，忽略了气候因子及其变化的影响，不能适应气候变化背景下的山地森林分布格局预测。因此，需要综合考虑气候因子与立地环境因子对山地森林分布的影响，从而更准确地发现并预测山地森林的分布与变化规律。

1. 研究方法和数据

(1) 地面调查数据（排露沟流域）

为了描述排露沟流域的森林及植被空间分布情况，项目组于 2003 年进行了野外调查。将排露沟流域按照地质特性、植被类型、土壤特性和气候等相同或相似的原则，划分为 342 个流域单元。应用 GPS 记录每个流域单元的空间位置，并应用罗盘仪和海拔高度仪记录每个流域单元的地形特点（如坡向、坡度、海拔等）。每个流域单元的土壤深度采用土壤剖面法获得。应用样线法获得每个流域单元内的森林郁闭度，灌木、草本层及苔藓层的盖度，并且记录胸径≥5.0cm 的每株青海云杉的树高和胸径。

为便于统计分析，按照国家林业局 2014 年发布的《国家森林资源清查技术规范》，将每一个流域单元都划分为以下八种植被类型之一：森林、疏林、稀树灌丛、稀树草地、灌丛、草地、裸岩和河道。其中，森林是指郁闭度≥0.2；疏林是指郁闭度≥0.1 但<0.2；稀树灌丛是指主要被灌丛覆盖但同时有郁闭度<0.1 的树木；稀树草地是指主要被草地覆盖但同时有郁闭度<0.1 的树木；灌丛是指只有灌丛覆盖，没有树木；草地是指只有草地覆盖，没有树木和灌丛。

为定量分析坡向对青海云杉林流域单元空间分布的影响，正北方向记为 0°，其他坡向根据其偏离正北方向的角度来标记。例如，顺时针方向的东面和东南面被标记为 90°和 135°，而逆时针方向的西面和西南面被标记为-90°和-135°（杨文娟，2018）。

(2) 遥感观测数据（大野口流域）

大野口流域和排露沟流域的森林覆盖率分别为 36.0%和 38.37%，主要由青海云杉和祁连圆柏组成，但青海云杉林占森林总面积的 95%，且祁连圆柏林多分布在高海拔的阳坡。由于青海云杉和祁连圆柏都是针叶树种，遥感影像很难像地面调查一样精确区分这两个树种，本研究在遥感数据分析中忽视了祁连圆柏的存在。

在大野口流域上空飞行高度 800m 处，本研究于 2008 年 6 月，利用机载 LiDAR 遥感相机和机载 CCD 相机进行了近地遥感调查，成像覆盖范围为 10km×6km，应用的波长为 1550nm，从 LiDAR 遥感相机获得的整体浊点密度约为 1.88 点/m²。计算得到的数字高程模型（DEM）及其衍生的地形因子（如海拔、坡向等）和森林生长参数（如郁闭度、树高等）数据具有 30m 的分辨率。根据国家林业和草原局对森林的定义，只保留郁闭度≥0.2、平均树高≥5.0m 的数据点作为森林数据。

由于遥感数据量很大，不便于作图展示青海云杉林的空间分布特征，将大野口流域的遥感数据集细分为海拔间距 50m、坡向间距 10°的空间单元。虽然可以计算每个空间单元中的森林栅格数，但不同空间单元内的坡度不同，以及随海拔升高而引起的水平距离变化，使每个空间单元覆盖的绝对面积不同，因此这样的数据不能直接用于比较不同空间单元间的森林盖度。而且，每个空间单元内的非森林数据无法从现有的遥感数据中获得，因此不能直接利用每个空间单元的森林栅格数据计算其森林盖度。为了解决这种限制，本研究提出了两点假设：①在同一海拔段内，所有空间单元的面积相同（或具有相同数量的栅格）；②在每一个海拔段内，都有一个空间单元可被森林完全覆盖（或非常密集的覆盖），将该海拔段内拥有最多森林栅格数的空间单元作为本海拔段内的森林最大承载量。基于以上假设，用每一个空间单元内的森林栅格数除以该海拔段内的最大森林承载量，得到每个空间单元的相对森林盖度。

$$R_{\mathrm{FCR}}=\frac{\mathrm{NF}_{ij}}{\mathrm{NF}_{i\max}} \tag{4-16}$$

式中，R_{FCR}为相对森林盖度；NF_{ij}为第i海拔段内的第j个空间单元内的森林栅格数；$\mathrm{NF}_{i\max}$为第i海拔段空间单元内的最大森林栅格数（第i海拔段森林最大承载量）。

2. 研究结果

（1）排露沟流域内的植被空间分布

将排露沟流域划分为342个流域单元，其中11个流域单元（占总面积的7.7%）由于坡度太陡或者地理位置太难到达而没有调查；剩余的331个流域单元全部调查并且均按照前面提到的植被划分标准，划分为8种植被类型，划分结果及不同植被类型在排露沟流域的分布见表4-4。此外，对森林、疏林、稀树灌丛、稀树草地，根据优势树种不同，进一步划分为青海云杉和祁连圆柏两类。

表4-4 排露沟流域植被分布及其面积比例

植被类型		单元数量/个	占流域面积的比例/%	植被类型		单元数量/个	占流域面积的比例/%
森林	青海云杉	100	31.9	稀树灌丛	青海云杉	10	1.3
	祁连圆柏	5	1.2		祁连圆柏	8	0.6
疏林	青海云杉	7	0.8	稀树草地	青海云杉	8	1.6
	祁连圆柏	1	0.1		祁连圆柏	21	2.1
灌丛		31	19.2	裸岩		14	2.7
草地		123	30.6	河道		3	0.2

从表4-4可以看出，排露沟流域森林单元共有100个青海云杉森林和5个祁连圆柏森林；8个疏林单元中包括7个青海云杉疏林和1个祁连圆柏疏林；18个稀树灌丛单元中包括10个青海云杉稀树灌丛和8个祁连圆柏稀树灌丛；29个稀树草地单元中包括8个青海云杉稀树草地和21个祁连圆柏稀树草地；31个灌丛单元；123个草地单元。此外，还有14个裸岩单元和3个河道单元。在排露沟流域没有冰川。由于祁连圆柏只分布在阳坡，且在排露沟流域所占面积比例较小，所有森林、疏林、稀树灌丛、稀树草地单元面积之和只占流域面积的4.0%，在本研究中忽略祁连圆柏的分布。

（2）排露沟流域青海云杉林的潜在分布区

为了确定限制青海云杉林分布的重要因子，应用回归树分析不同影响因子对排露沟流域青海云杉林（和非森林植被）分布的相对影响（图4-8）。结果显示，最佳回归树有三次分类和四个末端节点。第一次分类发生在海拔2972.2m处，这也说明海拔是影响青海云杉林空间分布的最主要因子。在海拔>2972.2m 的节点处，共有 82 个流域空间单元，这些单元的森林比例是 0.439（这里将森林单元视为 1，非森林单元视为 0）。海拔对青海云杉林空间分布的贡献率为 32.9%。坡向是影响青海云杉林空间分布的第二大因子，对青海云杉林空间分布的贡献率为 24.1%，但是仅在海拔≤2972.2m 范围内起显著作用。海拔≤2972.2m、坡向>-67.5°的空间单元进一步被坡向分类，此次坡向对青海云杉林空间分布的贡献率是 8.9%。之后，回归树不再继续分类，表明海拔和坡向是影响青海云杉林空间分布最重要的两个因子。这两个因子可以共同解释森林分布的大部分变化，消减误差比例达到 65.9%。

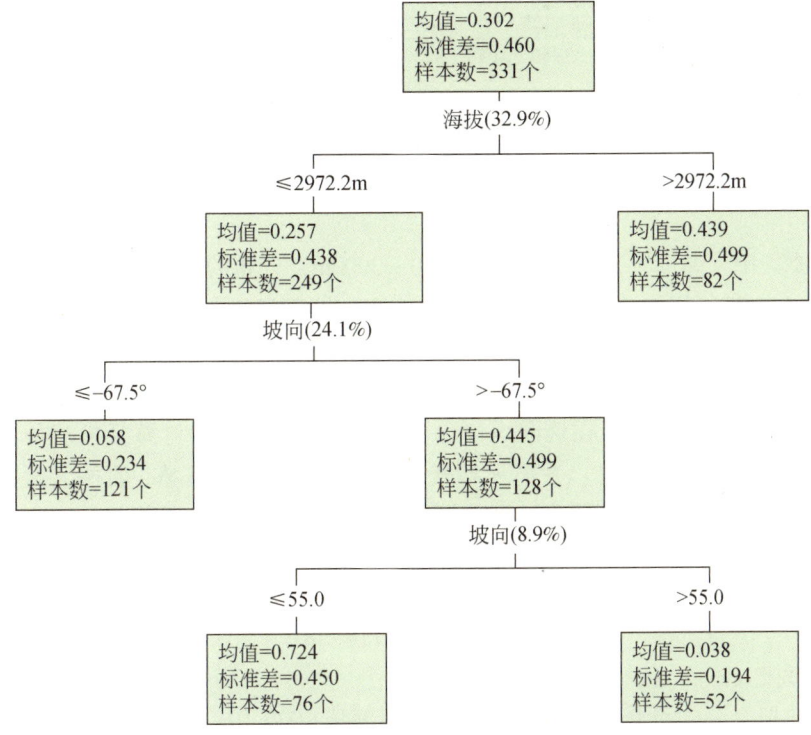

图 4-8　限制因子预测青海云杉林（非森林植被）分布的回归树
消减误差比例标注于每次分类节点处的括号内

基于回归树的分析结果，海拔和坡向是影响森林分布最重要的两个因子。将每个流域单元的海拔和坡向分别作为 X 轴和 Y 轴，得到排露沟流域内的植被分布（图 4-9）。从图 4-9 可以看出，青海云杉林分布在海拔 2684～3201m，且 80% 分布在海拔 2800～3100m。当海拔高于 3200m 时，可能由于受到低温限制，只有两个青海云杉疏林单元分布，且大部分被灌丛覆盖。青海云杉林分布的坡向范围在-160°～75°，但是首先集中分布在阴坡（-45°～45°），占森林总面积的 73%；其次分布在半阳坡（-135°～-45°）和半阴坡（45°～135°），分别占森林总面积的 19% 和 5%；只有很小一部分（3%）分布在阳坡（135°～180°和-180°～-135°）。

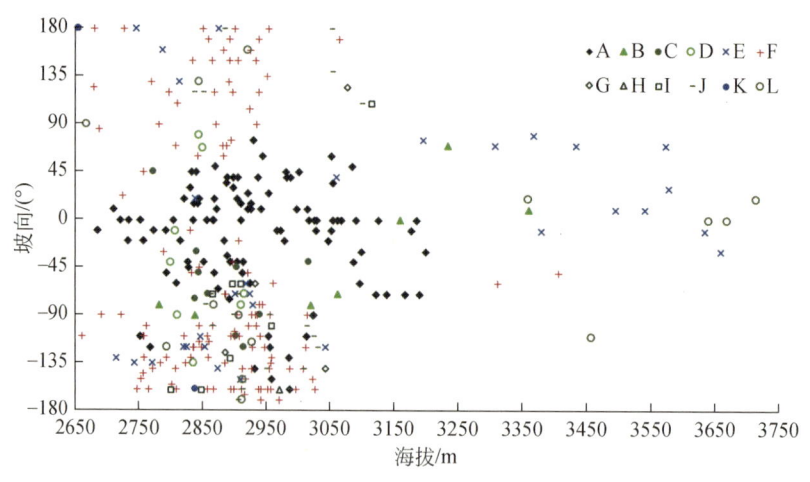

图 4-9 排露沟流域植被关于海拔和坡向的分布

A 为青海云杉林；B 为青海云杉疏林；C 为青海云杉稀树灌丛；D 为青海云杉稀树草地；E 为灌丛；F 为草地；G 为祁连圆柏林；H 为祁连圆柏疏林；I 为祁连圆柏稀树灌丛；J 为祁连圆柏稀树草地；K 为河道；L 为裸岩

草地主要集中（94.5%）分布在海拔 2650~3000m，分布的主要坡向分别为阳坡、半阳坡和半阴坡（分别占草地总面积的 41.1%、43.1% 和 12.5%），只有极少一部分（3.3%）分布在阴坡。

应用外包线原理，连接图 4-9 中青海云杉林单元的最外侧点，发现青海云杉林的潜在分布区为一椭圆（图 4-10），在椭圆内包含了几乎所有（除两个青海云杉疏林单元外）青海云杉林单元（青海云杉森林、青海云杉疏林、青海云杉稀树灌丛、青海云杉稀树草地）。因此在仅考虑海拔和坡向的情况下，此椭圆为排露沟流域内青海云杉林的潜在分布区。椭圆的拟合公式如下：

$$\frac{(H-2937.92)^2}{264.31^2}+\frac{(A+43.53)^2}{118.58^2}=1 \tag{4-17}$$

式中，H 为海拔（m）；A 为坡向（°）。

由椭圆的拟合公式可看出，椭圆中心点位于海拔 2937.9m 和坡向 -43.5°处，表明青海云杉林潜在分布区并不是精确的集中在正北坡向，而是由正北方向逆时针偏转了 43.5°。

青海云杉林在排露沟小流域潜在分布的海拔下限和上限分别为 2673.6m 和 3202.2m。在海拔 2937.9m 处，潜在分布区的坡向范围是 -162°~75°。但是，坡向的范围随着海拔的变化而变化。例如，在逆时针方向，由海拔 2684m 处的 -77°变化到海拔 2937.9m 处的 -162°，与此对应的是顺时针方向从 -10°变化到 75°。然而，森林潜在分布区的坡向范围随着海拔升高并没有继续增大，相反却缩小了。

（3）大野口流域青海云杉林的空间分布

将遥感监测数据中每一个森林数据点（郁闭度≥0.2，树高≥5.0m）的海拔和坡向分别作为 X 轴和 Y 轴，得到青海云杉林在大野口流域的分布（图 4-11）。从图 4-11 可以看出，青海云杉林分布在海拔 2626~3306m，且大部分（95%）分布在海拔 2700~3201m。

由于阴坡（-45°~45°）的土壤湿度条件优于其他坡向，大部分青海云杉林

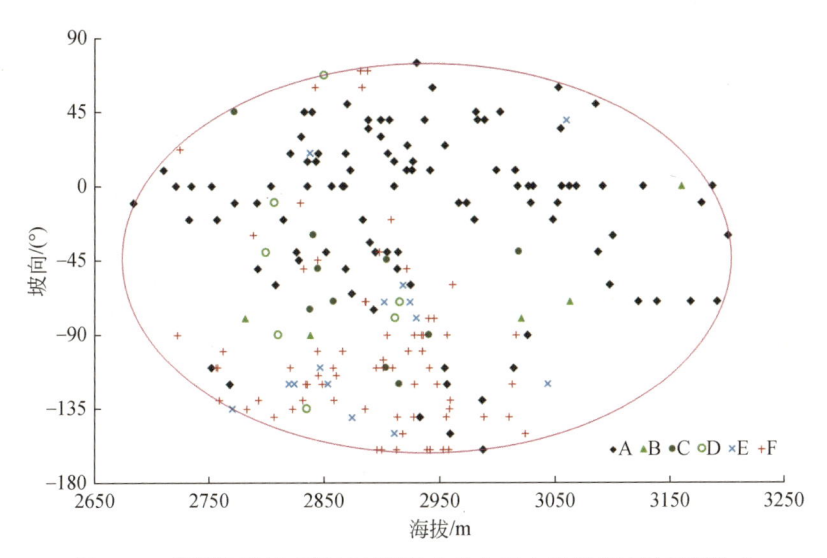

图 4-10 排露沟流域青海云杉林潜在分布区内的所有植被类型构成

（83.7%）分布在阴坡，有 16.1% 的青海云杉林分布在半阴坡（45°~135°）和半阳坡（-135°~-45°），只有 0.2% 的青海云杉林分布在阳坡（135°~180°和-180°~-135°）。在有青海云杉林分布的低海拔区域，青海云杉林分布的坡向范围较窄。随着海拔升高，降水增加，青海云杉林分布的坡向范围也增加，到海拔 3000m 附近达到最大范围（-145.4°~149.8°），之后随着海拔升高而减小。

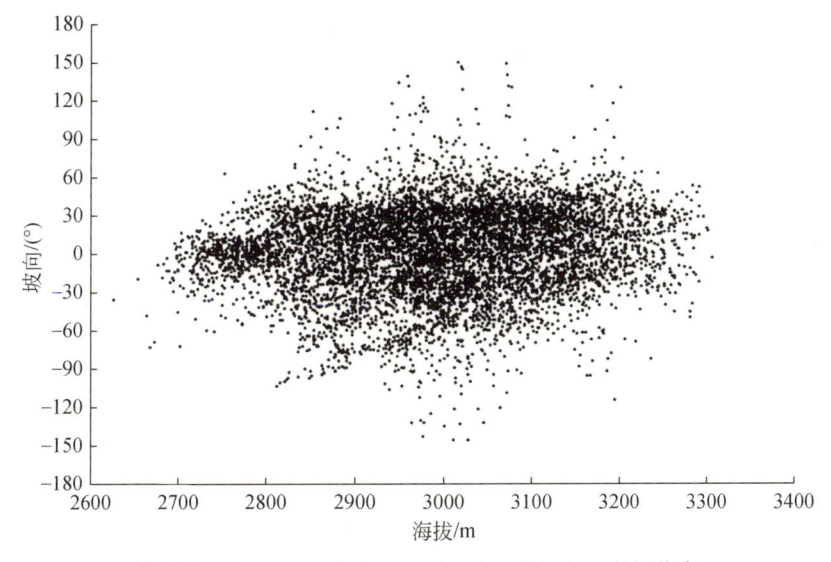

图 4-11 大野口流域青海云杉林关于海拔和坡向的分布

（4）大野口流域青海云杉林的潜在分布区

按照相对森林盖度的计算方法，得到大野口流域青海云杉林相对森林盖度的空间分布，如图 4-12 所示。青海云杉林的相对森林盖度在阳坡、半阳坡和半阴坡均较低，有 96.77% 的森林单元低于 0.3，70.97% 的森林单元低于 0.1，说明这些森林单元大部分为山地稀疏森林。与之相反的是，位于阴坡的青海云杉林单元的相对森林盖度较高，其中 80.0% 大于 0.3。

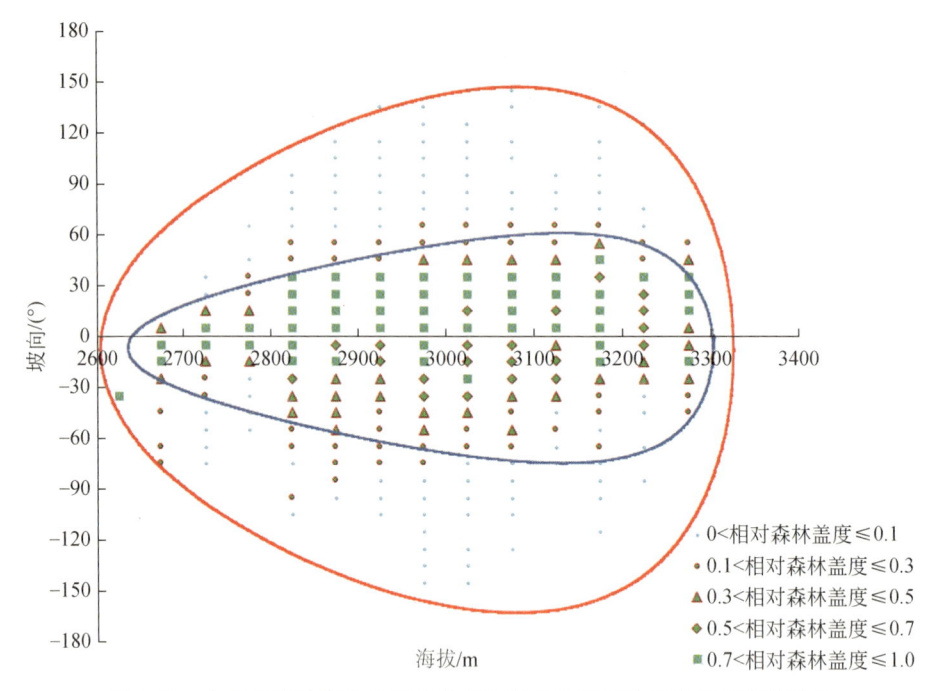

图 4-12　大野口流域青海云杉林潜在分布区及空间单元内相对森林盖度

当把图 4-12 中相对森林盖度>0 和>0.3 的森林单元连接起来后，就出现了两条边界线。内侧边界线包括了几乎所有相对森林盖度>0.3 的森林单元。因此，假设此区域为只考虑海拔和坡向限制时的青海云杉林在大野口流域的潜在核心分布区，其边界线拟合公式如下：

$$\frac{(H-3132.37)^2}{(-0.49H+1788.29)^2}+\frac{(A-6.61)^2}{67.78^2}=1 \tag{4-18}$$

式中，H 为海拔（m）；A 为坡向（°）。

由边界线的拟合公式可以看出，青海云杉林在大野口流域的潜在核心分布区的海拔下限和上限分别为 2635.5m 和 3302.5m。在海拔 3132.4m 处的逆时针坡向限制是−74.4°，顺时针坡向限制是 61.2°。坡向限制随海拔而变，如在低海拔时坡向范围较窄，随着海拔升高坡向限制范围逐渐增大，直到海拔 3132.4m 时达到最大值，之后随着海拔升高再次变窄。

外侧的边界线包含了所有森林单元，因此可以将此区域看作所有森林（疏林、密林）的潜在分布区，其边界线拟合公式如下：

$$\frac{(H-3080.21)^2}{(-0.32H+1309.88)^2}+\frac{(A-7.73)^2}{154.82^2}=1 \tag{4-19}$$

式中，H 为海拔（m）；A 为坡向（°）。

由边界线的拟合公式可以看出，青海云杉林在大野口流域的潜在分布区的海拔下限和上限分别为 2603.4m 和 3325.8m。在海拔 3080.2m 处的逆时针坡向限制是 −162.6°，顺时针坡向限制是 147.1°。

（5）青海云杉林潜在分布区的气候因子阈值

气候因子对森林的空间分布具有显著影响，且通常认为温度和降水是其中的两个最重要因子。因此选择年均温和年均降水量来确定青海云杉林在大野口流域的空间分布范围。

根据大野口流域地面气候观测站 1994~2016 年的数据，大野口流域在海拔 2580m 处的年均温为 1.6℃，年均降水量为 368mm。利用祁连山气温和降水随海拔变化的关系式计算年均温和年均降水量沿海拔梯度的变化情况，得到青海云杉林分布区海拔上限和下限对应的气候因子阈值，见表 4-5。青海云杉林潜在分布区和潜在核心分布区对应海拔上限的年均温限制分别为 −2.73℃ 和 −2.59℃，对应海拔下限的年均降水量限制分别为 372.3mm 和 378.1mm。

表 4-5　大野口流域青海云杉林潜在分布区的气候因子阈值

分布区	边界	海拔/m	年均温/℃	年均降水量/mm
潜在分布区	上限	3325.8	−2.73	527.8
	下限	2603.4	1.46	372.3
潜在核心分布区	上限	3302.5	−2.59	521.8
	下限	2635.5	1.28	378.1

（6）青海云杉林分布的其他立地因子限制

土壤深度由于会强烈影响植物可利用的水分、根系生长、树木更新以及抗旱能力等，进而影响森林的分布和生长。从图 4-10 和图 4-12 可以看出，在排露沟和大野口流域的青海云杉林的潜在分布区内，均有许多空间单元没有森林分布，表明除了海拔和坡向外，其他地理因子也在起限制作用。为了找出此种现象的原因，本研究分析了排露沟流域的地面调查数据，此套数据包括所有森林和非森林单元的植被和样地特征，方便找出影响森林空间分布的重要地理因子。

排露沟的青海云杉林土壤深度分布范围较广，10~225cm 均有分布（图 4-13）。但是仅有 6.23% 的森林单元土壤深度 <40cm，其余 93.77% 的森林单元土壤深度均 ≥40cm。从青海云杉林的郁闭度随土壤深度变化的外包线可以看出，当土壤深度由 10cm 增加到 30cm 时，青海云杉林的郁闭度从 0.5 迅速增加到 0.8，之后随土壤深度增加而缓慢增加，到 40cm 时增加到 0.87，之后几乎保持平稳，最大值为 0.9。在土壤深度 <40cm 的森林单元中，55.56% 位于低海拔段（2600~2900m）的阴坡下坡位或中坡位，说明这些森林单元很可能借助除降水外的其他水分补充而存活，如来自于上坡位的径流。但是由较低的森林郁闭度可以看出，土壤深度 <40cm 的森林长势并不好。基于此分析可以确定适宜青海云杉林生长的土壤深度为 ≥40cm。

上述结果表明，40cm 以上的土壤深度可以存储足够的可供青海云杉林在干旱期存活的水分。但在海拔高于 3060m 的一个阴坡森林单元，土壤深度仅有 10cm，表明此处的降

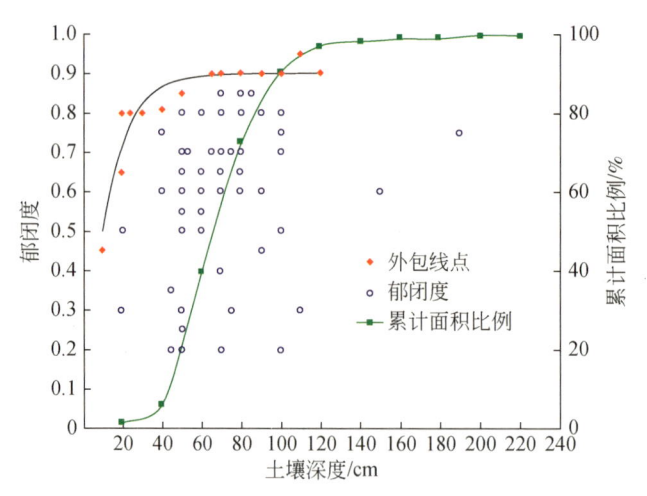

图 4-13　排露沟流域青海云杉林郁闭度和累计面积比例随土壤深度的变化

水量以及可能来自上坡的水分可以满足青海云杉这一浅根系树种的用水需求。在土壤厚度大于 100cm 的 29 个流域单元中，有 19 个是位于坡向 -160°~-60° 的草地，仅有 3 个被青海云杉林所覆盖，这说明土壤深度对于青海云杉林分布的影响较坡向要弱很多。

坡度可以通过改变太阳辐射、土壤质地、水土流失、土壤湿度和土壤营养等环境条件来影响森林的分布。与排露沟青海云杉林占据大范围（8°~46°）坡度相比，青海云杉林郁闭度随坡度变化的外包线仅有一个微小的变化范围（图 4-14）。青海云杉林郁闭度在坡度 >25° 时降低，此现象比较容易解释，但是郁闭度在 <25° 时表现出降低，很可能与土地利用的干扰有关，如 20 世纪 80 年代以前的木材砍伐和放牧。这就导致青海云杉林在平缓坡地（<15°）的累计面积比例很低，只有 8.27%，但是在陡坡（>30°）却有 56.65%。这种现象说明坡度在决定青海云杉林分布方面所起到的作用较小。这可能是当地土地利用影响的结果，因为缓坡被首先用作草场放牧。但总体来看，坡度似乎并不是青海云杉林分布的限制因子。

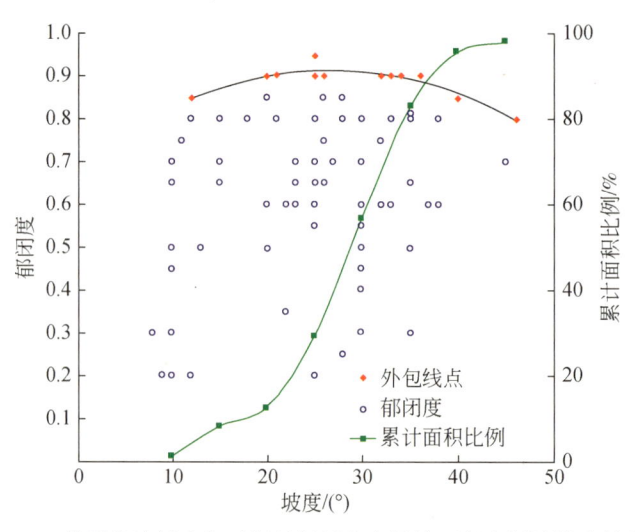

图 4-14　排露沟流域青海云杉林郁闭度和累计面积比例随坡度的变化

坡位对于森林分布的影响主要是向下流动的地表径流和壤中流使得上坡位比下坡位更加干旱。从图 4-15 可以看出，当海拔低于 2800m 时（当海拔低于 2700m 仅有一个森林单元，因此我们将此海拔段合并为 2600~2800m），青海云杉林主要分布在下坡位。当海拔在 2800~2900m 时，青海云杉林主要分布在中坡位和下坡位，分别占排露沟流域森林总面积的 5.55% 和 14.93%，而且森林开始在上坡位有所分布。当海拔高于 2900m 时，青海云杉林在所有坡位均可以分布，而且在上坡位分布的青海云杉林占排露沟流域森林总面积的 36.69%。青海云杉林分布的坡位随着海拔升高变化较大。这主要是由于随着海拔升高，降水量增加，温度降低，蒸散发减少，中坡位和上坡位的土壤水分条件得到改善。当海拔高于 2900m 时，由于降水充足，坡位对青海云杉林分布不再起限制作用，且前人研究也得到了类似结果。当海拔高于 3000m 时，下坡位只有少量森林分布，可能是受到了排露沟流域的地理条件或者调查方法的限制。

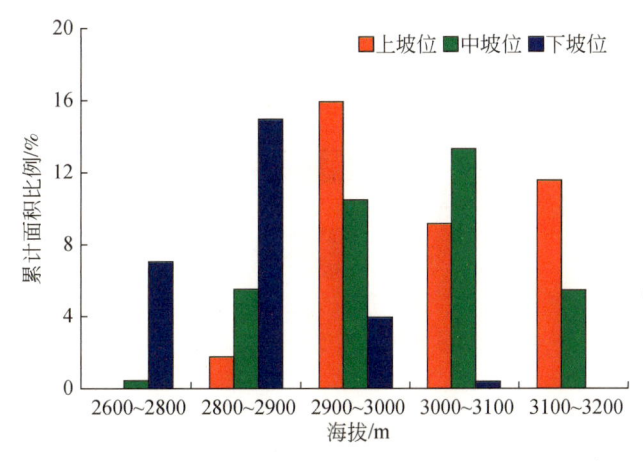

图 4-15 排露沟流域青海云杉林不同海拔段内不同坡位上的累计面积比例

4.3 黑河流域荒漠植被生态水文适应性特征

干旱区受水分条件的限制，植被多呈现斑块状的不连续格局分布。黑河流域荒漠植被往往以物种多样性匮乏和群落盖度低为基本特征，多形成植被斑块格局分布，与之相邻的稀疏草地或裸地覆盖区形成裸地斑块，从而形成荒漠区典型的二维结构植被格局，具有独特的功能特征。本节沿降水梯度选择 5 个典型实验样地（张掖、临泽、高台、金塔和额济纳），分别从建群种红砂荒漠灌丛斑块的结构、空间格局和功能性状及其与降水、土壤特性的关系等角度解释荒漠植被斑块格局的差异，以及不同荒漠对环境梯度的趋同适应性及其分异规律。旨在刻画荒漠灌丛斑块空间分布规律，荒漠植被个体及根、茎、叶功能性状与其环境因素之间的关系，总结荒漠植被的多尺度（细胞、个体、生态系统、景观流域）生态水文适应性特征（图 4-16）。

图 4-16　荒漠植被多尺度生态水文适应特征研究

4.3.1　红砂荒漠的多尺度适应性特征

1. 研究方法

（1）灌丛斑块空间分布格局和植物群落特征调查

A. 灌丛斑块空间分布格局

5 个红砂荒漠样地分别设置 3 个 25m×25m 的植被调查样方，记录每个样方 4 个顶点的地理位置。将每株灌丛垂直投影所包含的区域作为灌丛斑块，以西南角为 0 点坐标对每株灌丛进行编号，分别记录每株灌丛的物种类型、冠层大小（东西—南北）、基径、高度和空间位置（X 轴–Y 轴）。将每株灌丛的冠层进行椭圆处理，区分红砂灌丛和其他灌丛，利用 ArcGIS10.1 软件将红砂灌丛和其他灌丛斑块空间分布进行数字化制图，计算每个样方中灌丛斑块的数量、密度、周长和面积等指标。

利用灌丛斑块的数量和密度表示地表景观的破碎程度；灌丛斑块的平均面积和平均周长反映样地中斑块规模的平均水平；斑块面积百分比（样方中灌丛斑块的总面积/样方面积）表示灌丛斑块在各样地的整体水平，即灌丛盖度。

$$C = \frac{n}{S} \tag{4-20}$$

$$K_A = \frac{A}{S} \tag{4-21}$$

$$\bar{P} = \frac{1}{n} \sum_{i=1}^{n} P_i \tag{4-22}$$

$$\bar{A} = \frac{1}{n} \sum_{i=1}^{n} A_i \tag{4-23}$$

式中，C 为灌丛斑块的密度；n 为样方内灌丛斑块的数量；S 为样方面积；K_A 为斑块面积百分比；$\bar{P}$ 为灌丛斑块的平均周长；$\bar{A}$ 为灌丛斑块的平均面积；A_i 为第 i 个灌丛斑块的面积；P_i 为第 i 个灌丛斑块的周长；A 为灌丛斑块的总面积。

分维数表示灌丛斑块边界的复杂性特征，其理论范围为 1.0～2.0，分维数越大，说明斑块的周长和面积比越大，斑块的形状越复杂。

$$\bar{D} = \frac{1}{n} \sum_{i=1}^{n} \frac{2\ln\left(\frac{P_i}{4}\right)}{\ln A_i} \tag{4-24}$$

式中，$\bar{D}$ 为灌丛斑块的平均分维数。

B. 植物群落特征

在样方格局调查的基础上，分别计算群落盖度、植株平均间距、物种多样性和群落空间分布特征等表征红砂荒漠的群落特征。

物种多样性分别用 α 多样性和 β 多样性指数表示。α 多样性指数包括 Simpson 多样性指数（D'）、物种丰富度指数（SR）、Pielou 均匀度指数（J_{sw}）和 Shannon-Wiener 多样性指数（H'）。其中，Simpson 多样性指数反映不同群落内物种数量的变化情况，其值越大说明群落内物种数量分布越不均匀；物种丰富度表示单位面积内物种数量的变化，本研究物种丰富度指数指各样方中的物种总数；Pielou 均匀度指数是群落的实测多样性与最大多样性的比值，表示群落中不同物种分布的均匀程度；Shannon-Wiener 多样性指数描述群落的复杂程度，生物种类越多代表群落的复杂程度越高，所含的信息量越大，因此 Shannon-Wiener 多样性指数越大，说明某物种个体出现的不确定性越大，多样性水平随之增加。

$$D' = 1 - \sum_{i=1}^{n} P_i^2 \tag{4-25}$$

$$H' = -\sum_{i=1}^{n} P_i \ln P_i \tag{4-26}$$

$$J_{sw} = \frac{H'}{\ln S} = -\frac{\sum_{i=1}^{n} P_i \ln P_i}{\ln S} \tag{4-27}$$

此外，植物个体和群落结构受气候、土壤、地形和人为干扰的影响，在空间上既有一定的关联性又有一定的异质性，因此生态学中常用 β 多样性指数表示不同生境的群落间物种组成的相异性或沿环境条件梯度变化物种的替代程度。β 多样性越大说明不同群落间或某个环境梯度上共有物种越少,说明群落间的物种变化或更替速率越快,生境破碎化程度越高。本研究采用 Sørenson 相似系数(C_s)推求 β 多样性表达式:

$$\beta_{C_s} = 1 - C_s \tag{4-28}$$

$$C_s = \frac{2j}{a+b} \tag{4-29}$$

式中,j 为两个群落或样地中共有的物种数量;a 和 b 分别为两个群落或样地的总物种数量。

植株间距的计算通过抽选随机数组的方式,计算任意两株灌丛间的欧氏距离,取间距最短的 4 个欧氏距离的平均值作为样方内邻近灌丛的间距,最后计算灌丛间距的均值并作为样地灌丛的平均间距,方差表示离散程度(Bedford and Small,2008)。群落空间分布特征采用灌丛的集聚水平指标表示,将每个 25m×25m 的大样地平均分割为 25 个 5m×5m 的小样地,利用参照方差/均值(V/m)的方法计算。

$$V = \sum_{j=1}^{n} \frac{(X_i - m)^2}{n-1} \tag{4-30}$$

$$m = \frac{1}{n} \sum_{i=1}^{n} X_i \tag{4-31}$$

式中,X_i 为每个 5m×5m 小样地中的物种数量;m 为 25m×25m 样地中的平均物种数量;V 为 25m×25m 样地的方差;$V/m>1$、$V/m=1$ 和 $V/m<1$ 说明群落物种间分别呈集聚模式、随机模式和均匀模式。

由于很难准确获取生态系统中各物种个体的数量,通常采用重要值指数(important value,IV)表示群落中各物种的相对重要性。参照草本群落中各物种相对重要值的计算方法,选择高度和频度指标研究灌丛斑块的相对重要值。

$$IV = \frac{H+F}{2} \tag{4-32}$$

$$H = \left(\frac{H_i}{\sum_{i=1}^{n} H_i}\right) \times 100\% \tag{4-33}$$

$$F = \left(\frac{F_i}{\sum_{i=1}^{n} F_i}\right) \times 100\% \tag{4-34}$$

式中,H_i 为某物种的高度;H 为相对高度;F_i 为某物种的出现频度;F 为相对频度。

C. 地上、地下生物量

分别选择各荒漠样地红砂和主要其他物种(泡泡刺、盐爪爪),包括张掖红砂和盐爪爪、临泽样地红砂和泡泡刺、高台样地红砂和珍珠猪毛菜、金塔样地红砂和泡泡刺及额济纳样地红砂。每个样地每个物种选择长势良好、年龄相近、冠幅和基径居中的 3 株灌丛作为研究对象,齐地剪切获取地上所有的植物活体,清拣后于室内进行枝叶分离装袋,而后在烘箱中 105℃ 半小时杀青,随后设置 65℃ 恒温烘干至恒重获得地上生物量。

地下生物量以根系挖掘的方式获取。由于工作量较大,仅选择张掖红砂(3 株)、临泽红砂（3株）和泡泡刺（3株）及额济纳样地红砂（3株）进行完整根系的挖掘。以灌丛为中心，分别沿水平方向（1m×1m）和垂直方向（0~2.5m）获取根系的空间分布信息，垂直方向40cm内以10cm为间距、40~120cm以20cm为间距、120cm以下以40cm为间距进行样品收集。室内进行根系清洗，利用WinRHIZO Pro 2008a根系扫描系统获取根系长度、表面积和体积，生物量参照地上生物量的获取方法。

D. 最大叶面积测定

鉴于荒漠植物特殊的叶片形态，利用带刻度的地质坐标纸，固定10cm×10cm大小的方格，于2014年生长季（7月和8月）采用平铺法分别获得红砂、珍珠猪毛菜、泡泡刺和盐爪爪叶片的鲜重和干重（室内65℃，48h烘干），计算得到比叶重，最后结合群落调查数据，上推获取的总叶片生物量计算得到各样地及各物种的总叶面积和叶面积指数，每月每个物种重复3次，最后取均值。

(2) 叶片光合生理过程观测和植物水势测量

A. 光合作用日变化测定

2014年7~8月和2015年5~9月选择天气晴朗的天气，在7:00~19:00以1.5~2h为间隔测量光合作用日变化。植物光合作用测量使用美国Li-Cor公司生产的便携式红外气体分析仪Li-6400XT（Li-Cor，Lincoln，Nebraska，USA）。各个实验样地的优势植物光合作用日变化每个月进行2~3次测量。在测量光合作用时，每个物种选取3~5株长势良好、大小相近的植株灌丛，每株灌丛选取4~6叶片进行标记并重复测定，观测结束后收集被标记的叶片，随后对其叶面积进行估算。

B. 日最大光合生理参数测定、植物水势测量

2015年5~9月和2016年6~9月以月为间隔测定5个实验样地红砂和泡泡刺的日最大光合作用参数值（上午8:30~10:00测定）；同时2016年生长季（6~8月）在临泽实验样地进行人工模拟降水实验，分别测定不同降水件事件下红砂和泡泡刺光合作用生理参数的最大值。

植物水势测量使用植物压力室PMS（Model 1515D，PMS Instrument Co，Albany，NY，USA）进行测量。由于荒漠植物叶片特殊的形态，不便直接进行水势测量，选择同化枝或者带叶片的枝条进行植物水势的测量，在此本研究定义为植物水势。2015生长季（5~9月）和2016年生长季（6~9月）以月为间隔测量黎明前水势（Ψ_{pd}）和水势日变化。黎明前水势的测量在当地时间4:00~6:00进行，而植物水势日变化测量与光合作用的日变化测量同时进行。在植物水势测量前，先用黑色的塑料袋包裹要测量的同化枝或者枝条30min，使其到达平衡状态，而后将枝条剪下立刻放入仪器中进行测量，从而最大限度地减少由水分散失带来的误差。在进行植物水势测量时，每个物种选择大小、长势相近的3株进行测量，然后取平均值。

C. 植物茎干密度测定、植物压力-体积曲线测定（PV曲线）、茎干和根部结构的解剖

2015年生长季（5~9月）以月为间隔测量样地红砂和泡泡刺植物的茎干木质部密度（WD，g/cm^3）。每次测量时选择3株大小相同、年龄相近且接近实验样方平均大小的植株，采集靠近地面的植物茎干组织。将采集的茎干组织进行去皮处理，然后采用排水法测

量其体积。具体的做法是将茎干组织放入量筒中,分别记录投放前和投放后量筒中水位的刻度,从而计算出其体积。随后将测量过体积的茎干样品放入烘箱中,65℃烘干48h,用精度为0.001g的电子天平称其干重。茎干木质部密度等于茎干样品的干重除以其体积。

2015年生长季(5~9月)以月为间隔测量每个样地红砂和泡泡刺的PV曲线。每个物种选取3株进行测量以构建PV曲线,曲线的构造按照自由蒸发方法进行测量(Baltzer et al., 2008)。首先采集长度为10~15cm枝条,立即放入装满水的容器中浸泡24h至饱和,再用吸水纸吸干枝条表面附着的多余水分,迅速用精度为0.001g的电子天平测量其重量并作为饱和鲜重(M_s, g),而后将枝条放置于干燥通风实验台上,使其自然蒸发待水势降低后再次测定其重量(M_f, g),并同时用植物压力室PMS测量其水势(Ψ_p, MPa),如此反复直至枝条水势不再明显下降为止,最后将其放入烘箱中烘干至恒重,并称重得到其干重(M_d)。枝条相对含水量(relative water content, RWC)表达式为

$$\text{RWC} = \frac{M_s - M_f}{M_s - M_d} \times 100\% \tag{4-35}$$

以每次测定的RWC为横坐标,对应的水势的倒数($1/\Psi_p$)为纵坐标、绘制PV曲线,并按照Schulte和Hinckley(1985)方法计算得到膨压损失点的渗透势(Ψ_{tlp}, MPa)、饱和渗透势(Ψ_{sat}, MPa)以及膨压弹性系数(ε, MPa)

2017年7月中旬对目标植物进行了样品采集,主要采集植物的枝条与根系。用枝剪剪取直径大小约5mm,长度为3~4cm的枝条或根段。随后将其保存在植物组织固定液FAA中(70%乙醇:甲醛:冰醋酸=90mL:5mL:5mL),并贴上标签进行标记。带回实验室后植物样品经过脱水、渗蜡、包埋、切片(切片厚度8~10μm)、染色等处理,使用光学显微镜(Nikon H600L)对处理过的组织切片的结构进行观测、拍照,用拍照软件自带的测量工具对茎导管直径(SD_i, μm)、根导管直径(RD_i, μm)、茎导管密度(SD_v, m/m^2)以及根导管密度(RD_v, m/m^2)进行测量和统计分析。每个物种重复取样5个,取其平均值进行分析。

2. 研究结果

(1)红砂灌丛斑块结构特征

图4-17是黑河流域中下游红砂灌丛斑块的空间分布格局,发现红砂灌丛主要以不规则的斑点状格局分布在黑河中下游。单位面积内红砂灌丛的斑块数量(N)和斑块密度(C)自中游到下游呈逐渐下降(除临泽样地外,ANOVA,$P<0.05$),即张掖>高台>金塔>额济纳。因此红砂荒漠景观破碎水平依次为张掖>高台>金塔>额济纳。相反灌丛斑块高度(H)、平均周长($\bar{P}$)、平均面积($\bar{A}$)自张掖样地到额济纳样地呈递增趋势,其中额济纳样地红砂灌丛斑块高度、平均周长和平均面积分别是张掖样地的2.26倍、3.20倍和10倍,差异显著(independent T-test,$P<0.05$),其他三个样地差异较小。红砂灌丛斑块盖度不存在明显的分布规律,张掖样地、高台样地和金塔样地接近(平均4.5%),临泽样地和额济纳样地相对较小,分别为2.6%和1.6%;分维数整体变化较小,为1.04~1.13(表4-6)。分维数越大,说明该样地红砂灌丛斑块边界形状曲折性和复杂度越高,

因此临泽和金塔红砂灌丛斑块变异性相对较高。

表 4-6 降水梯度红砂灌丛斑块特征统分析

样点	百分比/%	N/个	C/(个/m²)	K_A/%	H/cm	$\bar{P}$/m	$\bar{A}$/m²	$\bar{D}$
张掖	63.4ª	1049±128ª	1.7±0.2ª	4.1±0.7ª	10.2±0.3ª	0.5±0.0ª	0.02±0.0ª	1.04±0.00ª
临泽	58.5ª	174±80ᵃᵇ	0.5±0.17ᵇ	2.6±1.0ª	18.1±0.3ᵇ	0.9±0.2ª	0.1±0.0ᵃᵇ	1.11±0.06ᵃᵇ
高台	89.4ᵇ	821±261ª	1.3±0.4ª	4.6±0.4ᵇ	17.5±2.4ᵇᶜ	0.7±0.1ª	0.04±0.01ª	1.04±0.00ª
金塔	92.6ᵇ	356ᵇ	0.6±0.0ᵇ	4.7±0.2ᵇ	17.6±0.3ᵇᶜ	0.9±0.0ª	0.08±0.0ᵃᵇ	1.13±0.06ᵃᵇ
额济纳	95.1ᵇ	48±11ᶜ	0.1±0.0ᶜ	1.6±1.0ᶜ	23.1±5.5ᵈ	1.6±0.4ᵇ	0.2±0.1ᵇ	1.08±0.06ᵇ

注：百分比为红砂灌丛数量占总荒漠灌丛数量的比例；N 为红砂灌丛斑块数量；C 为红砂灌丛斑块密度；K_A 为红砂灌丛斑块面积百分比；H 为红砂斑块的最大高度；$\bar{P}$ 为红砂灌丛斑块平均周长；$\bar{A}$ 为红砂灌丛斑块平均面积；$\bar{D}$ 为红砂灌丛斑块平均分维数。不同小写字母表示在 0.05 置信水平上显著

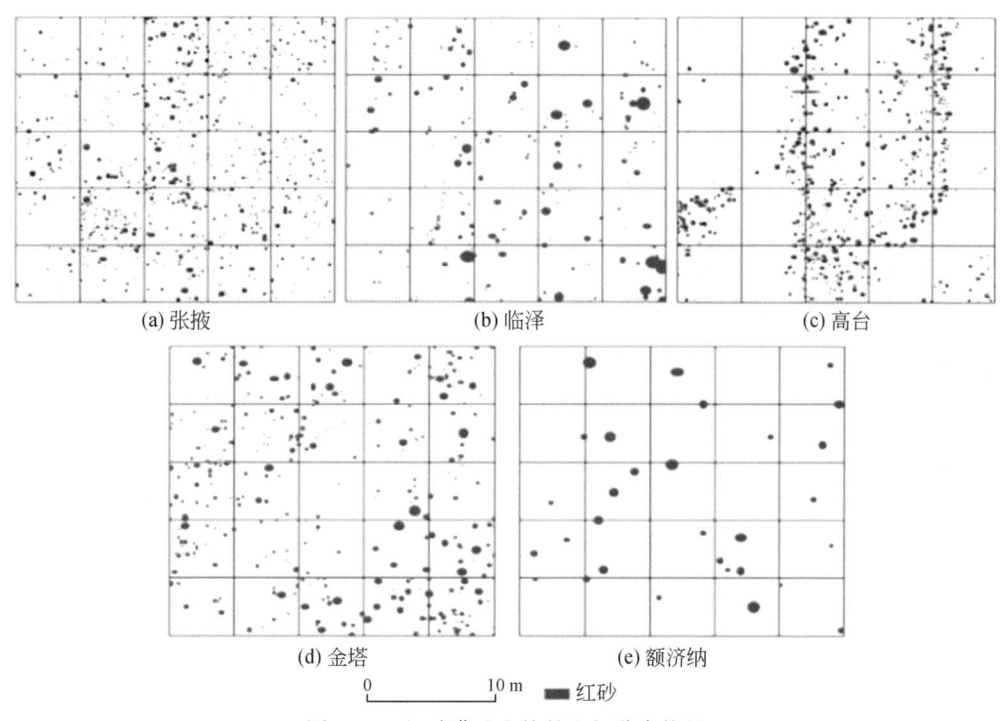

图 4-17 红砂灌丛斑块的空间分布格局

（2）红砂荒漠植物群落特征

A. 植物群落组成与生物量分配特征

红砂荒漠是黑河流域中下游面积最大、分布最广的优势荒漠灌丛类型。本研究沿降水梯度选择 5 个以红砂为建群种的典型群落，主要共生灌丛随降水变化而改变，包括张掖样地盐爪爪和珍珠猪毛菜、临泽样地泡泡刺和盐爪爪、高台样地泡泡刺和珍珠猪毛菜、金塔样地泡泡刺、额济纳样地鲜有伴生物种。因此沿降水梯度荒漠植物群落依次为

红砂-盐爪爪荒漠、红砂-泡泡刺荒漠、红砂-珍珠猪毛菜荒漠、红砂-泡泡刺荒漠和红砂荒漠（表4-7）。

表4-7 红砂荒漠植被群落特征统计分析

样地	盖度/%	AGB/(g/m²)	BGB/(g/m²)	PD/m	V/m	LAI
张掖	11.2±0.0[a]	92.4±15.2[a]	100.1	0.56±0.04[a]	13.4	0.09[a]
临泽	8.0±0.0[b]	38.6±10.3[b]	43.0	1.40±0.33[c]	2.9	0.09[a]
高台	5.3±0.8[c]	25.9±7.4[b]	—	0.60±0.03[a]	5.3	0.07[b]
金塔	5.6±0.4[c]	27.0±0.2[c]	—	0.95±0.00[b]	3.4	0.03[c]
额济纳	1.9±1.0[d]	8.1±1.2[d]	33.2	2.80±0.54[d]	0.9	0.01[d]

注：AGB 为地上生物量；BGB 为地下生物量；PD 为植株间距；V/m 为种群集聚度；LAI 为叶面积指数。不同小写字母表示在0.05置信水平上显著

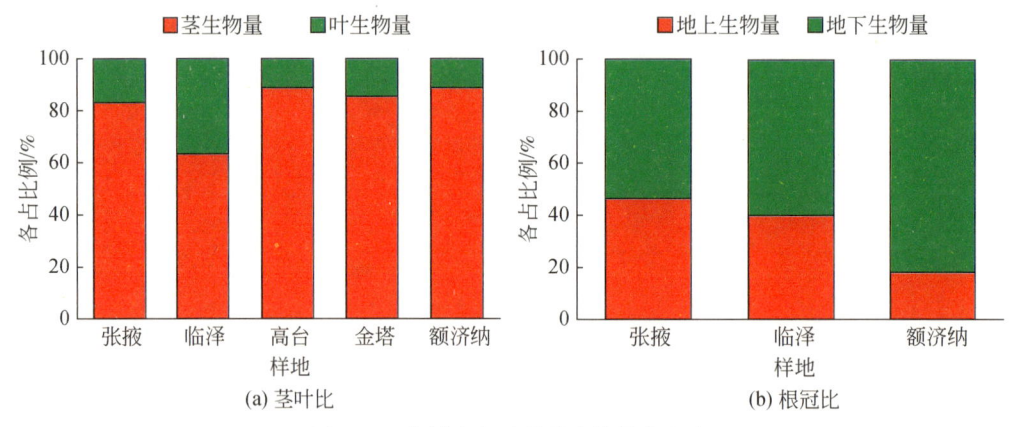

图4-18 各站点红砂荒漠生物量分配比

张掖样地和临泽样地群落盖度和地上生物量明显高于额济纳样地（independent T-test，$P<0.05$），高台样地和金塔样地比较接近，表现为张掖>临泽>金塔>高台>额济纳；地下生物量与个体相反，呈递减趋势（张掖<临泽<额济纳）。具体来看，随降水量的降低，地上部分茎叶比自临泽样地到额济纳样地逐渐减小，表现为2.58<4.97<6.21<7.93，张掖样地略高于临泽样地。相对叶片，茎干具有较强的储水能力，随着水分胁迫的加剧，增加茎干比例并降低叶片比例，有利于增加植物有机体的水分存储并降低植物蒸腾。群落根冠比仅在张掖、临泽和额济纳样地获取，张掖样地和临泽样地红砂荒漠根冠比接近，分别为1：0.94和1：0.87，而额济纳样地根冠比增加至1：0.22，因此通过增加地下生物量并改变根冠分配格局可能是红砂荒漠适应水分胁迫环境的有效策略之一（图4-18）。

见表4-7，随降水下降，植株间距自张掖样地的0.56±0.04m逐渐增加至额济纳样地的2.80±0.54m（除临泽样地外）；张掖样地、临泽样地、高台样地和金塔样地的种群集聚度均大于1，群落呈集聚性分布，额济纳样地的种群集聚度降至1以下（$V/m=0.9$），为均匀型分布，整体呈递减趋势（除临泽样地外），13.4>5.3>3.4>0.9；群落最大叶面积指数自

中游到下游递减（$0.09\text{m}^2/\text{m}^2 = 0.09\text{m}^2/\text{m}^2 > 0.07\text{m}^2/\text{m}^2 > 0.03\text{m}^2/\text{m}^2 > 0.01\text{m}^2/\text{m}^2$）。

B. 红砂荒漠生物多样性特征

前文指出红砂荒漠群落物种多样性分别用 α 多样性指数和 β 多样性指数表示。图4-19是黑河流域中下游红砂荒漠 α 多样性指数（包括物种丰富度指数、Simpson 优势度指数、Shannon-Wiener 多样性指数和 Pielou 均匀度指数）。总体而言，红砂荒漠物种多样性水平较低，且随年均降水量降低而下降；张掖样地物种丰富度指数（4）、Simpson 优势度指数（0.69）和 Shannon-Wiener 多样性指数（1.28）最高，额济纳样地物种丰富度指数（2）、Simpson 优势度指数（0.51）和 Shannon-Wiener 多样性指数（0.63）最低（independent T-test，$P<0.05$）。沿降水梯度具体表现为物种丰富度指数 4>3=3>2.5>2，Simpson 优势度指数 0.69>0.64>0.61>0.51>0.50 和 Shannon-Wiener 多样性指数 1.28>1.06>1.05>0.74>0.63；Pielou 均匀度指数张掖样地和临泽样地相近，明显高于额济纳样地（ANOVA，$P<0.05$），高台样地和金塔样地处于居中水平。

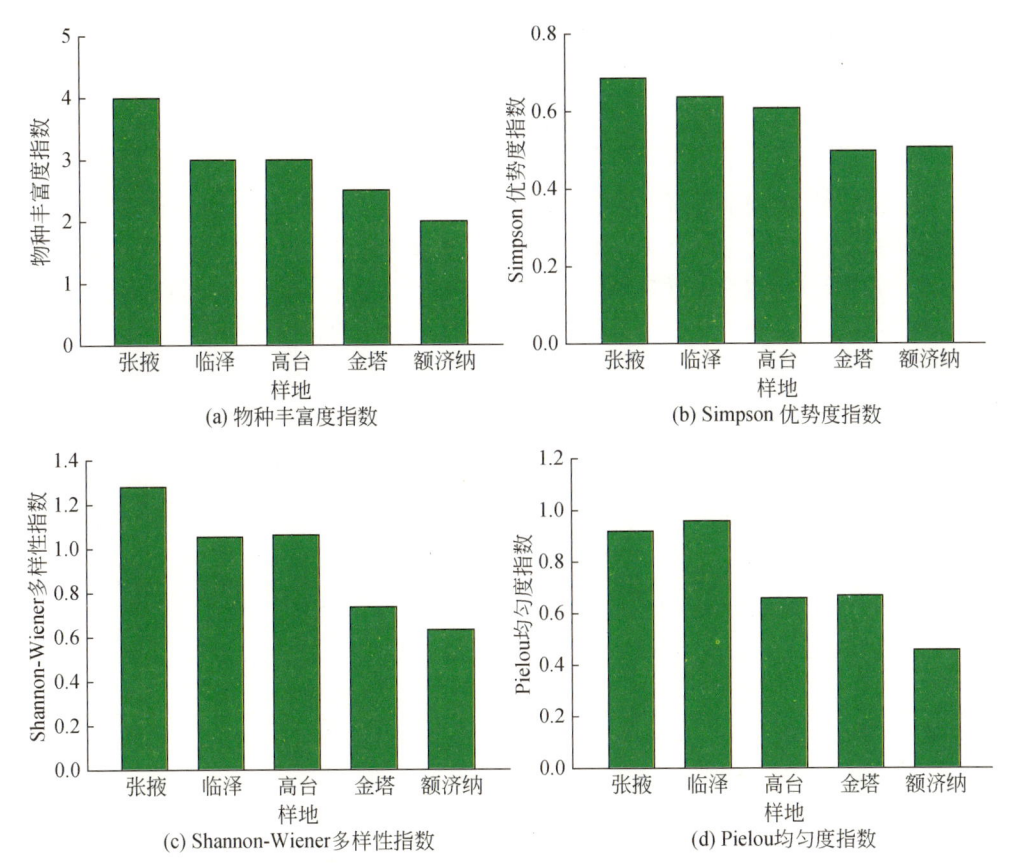

图 4-19　各站点红砂荒漠 α 多样性指数

随着物种多样性降低，红砂在群落中的相对重要值指数（IV）不断增加，变化范围是 0.42～0.68（0.42=0.42<0.58<0.66<0.68）。张掖样地和临泽样地主要共生物种为盐爪爪和泡泡刺，张掖样地盐爪爪相对重要值为 0.27，临泽样地盐爪爪逐渐被取代，泡泡刺成

为主要共生荒漠物种,相对重要值为 0.36。高台样地和金塔样地盐爪爪基本被珍珠猪毛菜和泡泡刺取代,但两种荒漠植物的相对重要值都比较低,高台样地珍珠猪毛菜为主要的共生物种,相对重要值为 0.08;金塔样地泡泡刺为主要的共生荒漠灌丛,相对重要值为 0.2。额济纳样地基本为单一红砂物种,少有共生荒漠物种出现(表 4-8)。

表 4-8 红砂荒漠群落优势物种与共生物种相对重要值

样地	优势物种	相对重要值	伴生物种	相对重要值
张掖	红砂	0.42	盐爪爪	0.27
			泡泡刺	0.16
临泽	红砂	0.42	泡泡刺	0.36
			盐爪爪	0.22
高台	红砂	0.58	珍珠猪毛菜	0.08
			泡泡刺	0.04
金塔	红砂	0.66	泡泡刺	0.2
			珍珠猪毛菜	0.1
额济纳	红砂	0.68	无	0

表 4-9 是黑河流域中下游红砂荒漠 β 多样性指数测度矩阵。从表 4-9 可以发现,β 多样性指数波动较大,在 0.14~0.67,说明不同水分条件红砂荒漠的物种构成差异明显。以张掖样地为例,张掖样地与临泽样地间 β 多样性指数值较小,为 0.14,而其他三个荒漠样地间 β 多样性指数在 0.33~0.60,说明水分条件相对较好的张掖样地和临泽样地具有相似的生境条件,而水分条件相对较差的金塔样地和额济纳样地具有异质的生境条件,因此通过 β 多样性指数的变化说明黑河流域中下游红砂荒漠随降水变化表现出不同的生境环境。

表 4-9 红砂荒漠 β 多样性指数测度矩阵

样地	临泽	高台	金塔	额济纳
张掖	0.14	0.43	0.33	0.60
临泽	1	0.67	0.20	0.50
高台		1	0.60	0.50
金塔			1	0.33

(3) 红砂灌丛斑块结构特征和群落特征的水分响应

A. 红砂灌丛斑块、群落特征与降水的关系

自张掖样地到额济纳样地存在明显的降水梯度,年均降水量(MAP)由 122.93mm 递减至 35.02mm;生长季平均降水量(GMAP)约占 MAP 的 83%(75%~89%),冬季降水(WMAP)仅占 MAP 的 1%~5%,GMAP 和 WMAP 都表现出明显的梯度递减趋势。Pearson 分析发现,黑河流域中下游灌丛斑块特征、群落特征与 MAP 相关性较好(表 4-10)。红砂

灌丛斑块特征和群落特征表现出相反的降水响应关系（$P<0.01$），红砂灌丛斑块特征与群落特征与 MAP、GMAP 和 WMAP 相关性接近，由于 WMAP 年均不足 5mm 且 MAP 和 GMAP 相差较小，后续研究均选择 MAP 作为降水因素。红砂灌丛斑块 H 和 $\bar{A}$ 与 MAP 呈显著负相关（-0.74 和 -0.70），而 C 随 MAP 的降低而减少（0.75）；群落盖度、SR 和 AGB 与 MAP 呈显著正相关（0.90、0.85 和 0.75），PD 则随 MAP 降低而增加（-0.82）。

表 4-10 灌丛斑块特征、群落特征与多年平均降水的相关分析

降水	红砂灌丛斑块			其他灌丛斑块			群落特征			
	H	$\bar{A}$	C	H	$\bar{A}$	C	盖度	PD	SR	AGB
MAP	-0.74**	-0.70**	0.75**	-0.59	-0.59	0.67**	0.90**	-0.82**	0.85**	0.75**
GMAP	-0.75**	-0.69**	0.78**	-0.65	-0.61	0.72**	0.90**	-0.80**	0.87**	0.78**
WMAP	-0.78**	-0.71**	0.74**	-0.57	-0.54	0.69**	0.94**	-0.85**	0.84**	0.79**

** 表示在 0.01 置信水平上显著

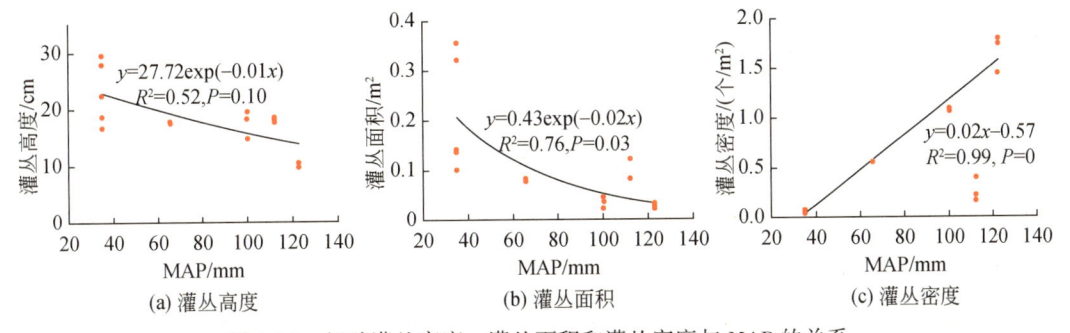

图 4-20 红砂灌丛高度、灌丛面积和灌丛密度与 MAP 的关系

红砂灌丛斑块的灌丛高度、斑块分布面积与 MAP 均呈负指数曲线关系，灌丛密度随 MAP 增加而线性增加（除临泽样地外），MAP 分别解释了红砂灌丛斑块变化的 52%、76% 和 99%，尤其是灌丛面积和灌丛密度，曲线拟合系数均优于灌丛高度（图 4-20）。说明当水分条件逐渐降低时，红砂通过增加较个体竞争优势（增加单个灌丛的高度和面积）来适应水分亏缺。其他共生荒漠灌丛只有灌丛密度与 MAP 呈显著正相关（0.67）。

红砂荒漠群落特征，MAP 分别以线性正相关解释了 75% 的植被盖度变化、79% 的物种多样性变化和 46% 的地上生物量变化，即每增加 10mm 降水分别引起 90%、20% 和 6.8 倍植物盖度、物种多样性指数和地上生物量的增加。植株间距与 MAP 呈显著负指数曲线，张掖样地和高台样地物种多样性和灌丛密度较高，群落灌丛集聚分布优势明显，因此植株间距较小，而金塔样地和额济纳物种多样性不断减少并趋于单一化，植株间距较大（图 4-21）。

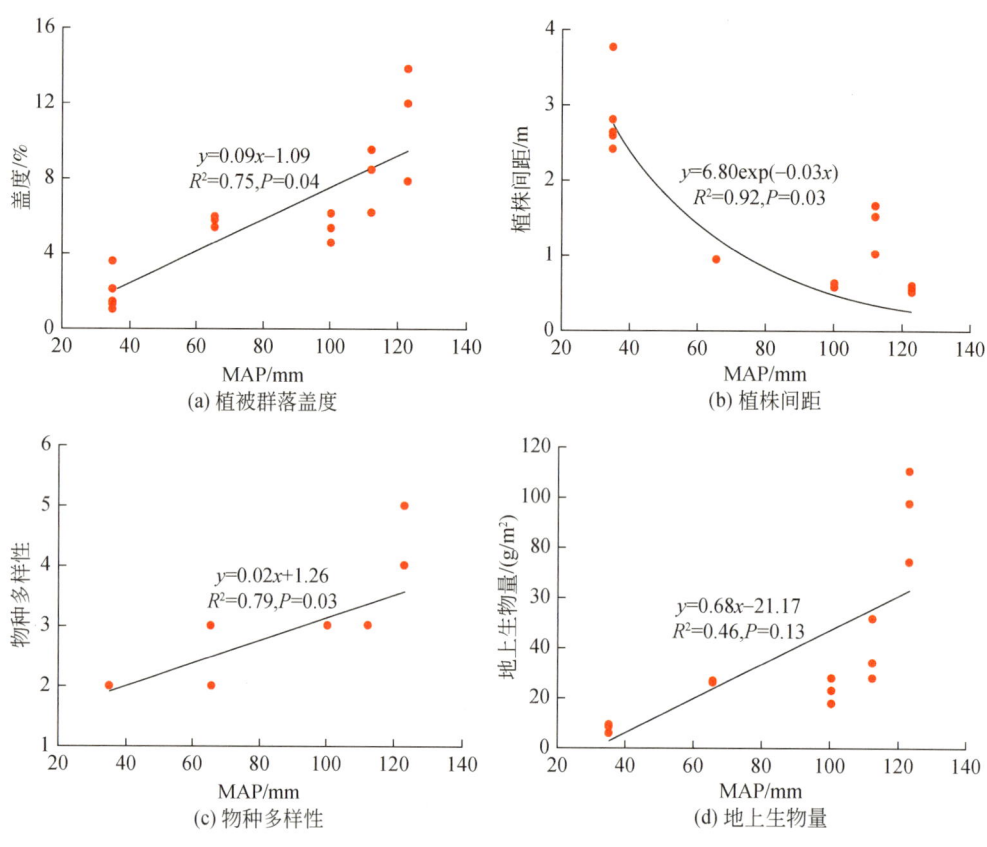

图 4-21　红砂荒漠群落盖度、植株间距、物种多样性和地上生物量与 MAP 的关系

斑块植被是干旱荒漠区最常见的景观类型，是植被长期适应水分匮乏环境的结果，其形成和演替过程可作为生态系统响应气候变化的指示器（Rietkerk et al., 2004）。黑河中游红砂灌丛主要以斑点状格局分布，主要特点是个体小、数量多、分布琐碎且空间自相关趋势明显。随 MAP 的下降，斑块大小及分布均发生改变，说明 MAP 是控制红砂灌丛斑块特征和格局变化的首要因素。Noy-Meir（1973）认为水是干旱区最积极、最活跃的非生物因子，土壤水动态是植被格局形成、演替和景观异质性的驱动力。研究表明斑块植被的形成与环境干燥度的加剧有关（由 $P/ET_0>1$ 降低至 $P/ET_0<0.3$，其中 P 为降水量，ET_0 为对应时期的参考蒸发量，P/ET_0 则为干燥度），其变化过程主要受强降水发生频率的影响。黑河中下游 MAP 在 35~123mm，P/ET_0 均在 0.1 以下，超过 80% 的降水为 <5mm 的小降水事件，仅能润湿土壤表层；只有较大的降水能通过下渗补给土壤水，进而供植物吸收利用，而 >10mm 降水发生频率随 MAP 递减而降低，因此认为稀缺的降水使得红砂灌丛呈非连续性的点状斑块分布，而亏缺的有效降水使得灌丛斑块数量和斑块密度下降。斑块结构和群落特征相互作用，共同响应降水变化是荒漠群落维持系统稳定性的重要途径。Chen 等（2014）发现降水是控制内蒙古灌丛化草原生态系统灌丛斑块盖度和斑块大小的首要因素，同时美国灌丛化草原和荒漠草地生态系统也发现灌丛斑块盖度和斑块大小与降水呈显著正

相关（Duniway et al., 2010）。灌丛斑块密度与 MAP 关系不尽一致，灌丛化草原生态系统灌丛斑块分布密度随 MAP 的增加而显著减少（Chen et al., 2014），而稀树草原生态系统内乔–灌植被斑块密度却随 MAP 的增加而增加。这可能与植被斑块类型及 MAP 梯度的选择有关。斑块间距与斑块密度、MAP 呈相反变化关系，随密度的降低，斑块间距逐渐增大，这与降水供给能力有关。单位面积中，灌丛斑块的占地面积对降水波动具有一定的适应与调节能力，Puigdefábregas（2005）认为降水较低的地区，需要较大面积的裸地提供径流水分补给，以满足灌丛植株的用水需求。本研究发现灌丛斑块结构和群落特征对 MAP 的响应呈反向规律，随 MAP 的降低，红砂灌丛高度和大小指数增加，而群落物种多样性、盖度和生物量线性降低（图4-20 和图4-21）。Pugnaire 等（2011）认为干旱半干旱区斑块结构小的样地物种间偏向互利原则，而斑块结构较大的样地物种间则偏向竞争原则，说明功能类型不同的物种间竞争–互利关系与外界水分条件密切相关。因此随 MAP 递减，红砂灌丛通过改变冠层结构，促进降水再分配过程和调节根系结构，提高水分聚集能力的方式增加红砂的水分利用，从而提高灌丛竞争优势，降低植被盖度和物种多样性响应水分胁迫环境，最终维持生态系统的功能稳定。

B. 红砂灌丛斑块、群落特征与土壤特性的关系

1）土壤有机碳、总氮、$CaCO_3$ 和粒径组成。自张掖样地到额济纳样地土壤类型依次为石膏灰棕漠土、灰棕漠土、灰棕漠土、灰漠土和灰漠土。表层 0~10cm 土壤有机碳、总氮、$CaCO_3$ 和 0~100cm 土壤粒径组成见表4-11。发现黑河流域中下游红砂荒漠有机碳和总氮含量总体上处于较低水平，0~10cm 有机碳含量随 MAP 降低而逐渐减少（除金塔样地外），依次为 1.97%（张掖）>0.97%（临泽）>0.73%（高台）>0.62%（额济纳）；张掖样地和高台样地总氮明显高于其他地区，依次为 0.09%（张掖）>0.05%（高台）>0.02%（临泽）>0.01%（额济纳）；$CaCO_3$ 在张掖样地和金塔样地含量较高，高台样地最低。其中 $CaCO_3$ 在张掖和高台样地主要分布在表层 0~20cm；临泽和金塔样地在 0~100cm 土层分布较为均匀；额济纳样地则集中在 60~100cm。

表4-11　红砂荒漠样地土壤有机碳、总氮、$CaCO_3$ 和土壤粒径组成　（单位:%）

样地		张掖	临泽	高台	金塔	额济纳
土壤类型		石膏灰棕漠土	灰棕漠土	灰棕漠土	灰漠土	灰漠土
有机碳（0~10cm）		1.97	0.97	0.73	1.84	0.62
总氮（0~10cm）		0.09	0.02	0.05	0.02	0.01
$CaCO_3$（0~10cm）		44.12	30.71	14.64	42.57	35.61
0~10cm	砂粒	57.65	89.85	86.82	89.44	97.51
	粉粒	39.46	8.13	11.50	8.75	1.68
	黏粒	2.89	2.02	1.68	1.81	0.81
10~60cm	砂粒	96.14	97.31	91.77	96.11	97.12
	粉粒	3.85	2.59	7.74	3.69	2.72
	黏粒	0.02	0.09	0.49	0.20	0.15

续表

样地		张掖	临泽	高台	金塔	额济纳
60~100cm	砂粒	90.93	84.33	91.33	96.64	56.74
	粉粒	9.07	14.46	8.10	3.36	41.15
	黏粒	0	1.20	0.58	0	2.38

随 MAP 递减，土壤砂质化程度逐渐加剧。总体上表现为砂粒百分比不断增加，粉粒和黏粒百分比逐渐降低，但粒径组成的垂直分布存在一定差异。0~10cm 土壤粒径组成与 MAP 有较好的相关性（$P<0.05$），其中砂粒与 MAP 呈显著负相关，粉粒、黏粒与 MAP 均呈显著正相关，张掖样地 0~10cm 粉粒和黏粒含量明显较高。10~60cm 土壤砂粒和粉粒差异较小，黏粒以高台、金塔和额济纳样地相对较高。临泽样地和额济纳样地 60~100cm 土壤砂粒分别降至 84.33% 和 56.74%，而粉粒和黏粒有所增加，尤其是额济纳样地土壤粉粒和黏粒含量明显高于其他地区。

2）灌丛斑块、群落特征与土壤养分、粒径组成的关系。利用 Pearson 相关分析和偏相关分析初步确定土壤养分和土壤粒径组成与红砂灌丛斑块特征、群落特征的相关关系（表 4-12）。土壤养分元素只有总氮在 0.05 置信水平上与红砂灌丛斑块 H 和 $\bar{A}$ 与 C 有较好的相关性（-0.53、-0.79 和 0.98），同时总氮与红砂荒漠群落盖度、SR 和 AGB 呈显著正相关（0.65、0.88、0.68）。当 MAP 为控制变量时，灌丛斑块特征中只有 C 与土壤粒径和总氮呈显著相关性（-0.86、0.86、0.57 和 0.95）；群落特征中除 PD 外，群落盖度、SR 和 AGB 均随砂粒增加而降低，而随粉粒、黏粒和总氮的增加而增加，说明土壤特征对荒漠植物群落特征变化更为敏感。

表 4-12 灌丛斑块及群落特征与土壤养分、粒径组成的相关分析

土层/cm		灌丛斑块特征			群落特征			
		H	$\bar{A}$	C	盖度	PD	SR	AGB
0~10	有机碳	-0.19	-0.15	0.66**	-0.05	-0.17	0.02	0.02
	总氮	-0.53**	-0.79**	0.98**	0.65**	-0.77**	0.88**	0.68**
	CaCO₃	-0.49*	-0.27	0.10	0.45**	-0.33	0.42	0.49*
0~10	砂粒	0.78**	0.60**	-0.94**	-0.81**	0.70**	-0.92**	-0.93**
	粉粒	-0.78**	-0.57*	0.94**	0.79**	-0.66**	0.91**	0.94**
	黏粒	-0.82**	-0.68**	0.83**	0.95**	-0.81**	0.91**	0.91**
0~10（控制 MAP）	砂粒	0.52	0.15	-0.86*	-0.48	0.25	-0.87**	-0.84**
	粉粒	-0.53	-0.12	0.86*	0.51	-0.18	0.87**	0.87**
	黏粒	-0.51	0.02	0.57*	0.61*	0.08	0.82**	0.92**
	总氮	-0.40	-0.19	0.95*	0.66**	-0.45	0.60*	0.73**

* $P<0.05$，** $P<0.01$

土壤粒径只有 0~10cm 土壤砂粒、粉粒和黏粒百分比与红砂灌丛斑块特征、群落特征

的相关性突出。不同的是，砂粒与红砂灌丛斑块高度、斑块面积呈线性负相关，与群落特征呈线性正相关；粉粒和黏粒则与红砂灌丛斑块高度、斑块面积呈线性正相关，与群落特征呈线性负相关。10%的砂粒含量增加能够引起1.9%的盖度降低、20.1倍AGB和50%SR降低；相反，10%的粉粒含量增加能够引起2.0%的盖度增加、21.2倍AGB和50%SR增加。黏粒含量与群落盖度、AGB和SR线性拟合度分别达97%、86%和87%，因此黑河中下游沿MAP梯度，表层土壤黏粒是制约红砂荒漠群落特征的主要非生物因素。

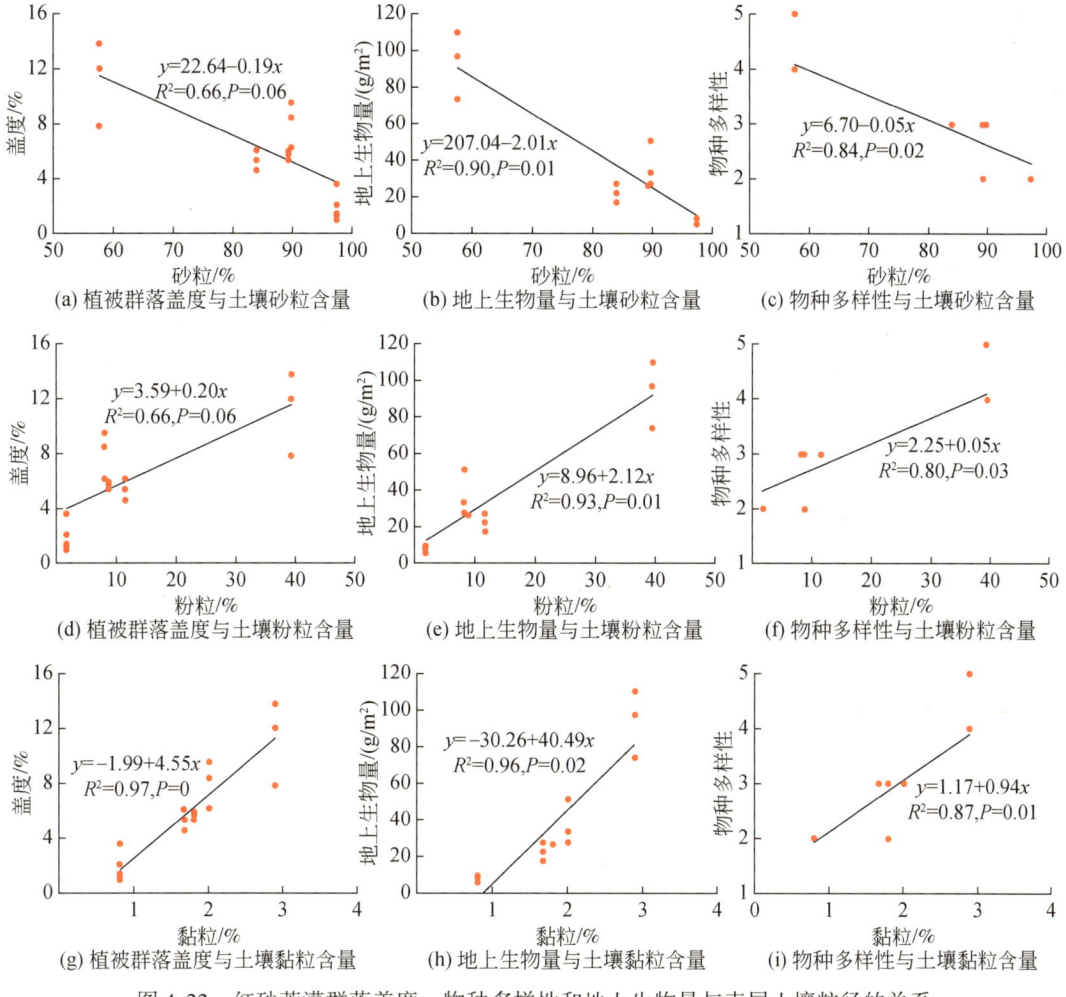

图 4-22　红砂荒漠群落盖度、物种多样性和地上生物量与表层土壤粒径的关系

荒漠区土壤沙化严重，降水产流和水分入渗过程受地形和土壤质地的限制，最终影响植物水分和养分的可利用性。Cipriotti和Aguiar（2015）认为土壤水分和养分是灌丛化草原控制灌丛斑块发育的重要因素。沿MAP梯度，0~10cm土壤砂粒百分比逐渐升高，而粉粒和黏粒百比分逐渐降低，尤其是张掖样地和额济纳样地，0~100cm粒径组成刚好相反，最终导致土壤水分、土壤有机碳和总氮递减（表4-12）。质地粗糙的土壤下渗速率

快，水分快速运移到土壤深层且季节性变化小，有利于深根性植物吸收利用；而质地黏重的土壤渗透速率慢，地表产流使得水分季节性变化明显，有利于浅根性荒漠植物生存。此外土壤机械组成深刻影响着有机碳和养分元素的补给和汇集，研究表明土壤粉粒和黏粒百分比与土壤有机碳、生物量间存在显著的线性正相关（图4-22）。这是因为黏粒和粉粒能促进土壤团聚体发育，提高水分和养分的吸附能力，从而提高植物资源的可利用性。Chen等（2014）认为灌丛斑块盖度随土壤有机碳的减少而降低，但斑块大小与土壤总氮呈显著正相关；Cramer和Barger（2013）植被斑块具有集聚土壤有机碳的功能，随斑块距离的增加而降低，土壤总氮与裸地斑块的间距和面积均呈显著线性负相关。这主要是因为土壤有机碳和土壤总氮的降低会制约土壤微生物活性，从而抑制植物生长发育并最终降低群落盖度、物种多样性和地上生物量。

C. 红砂灌丛斑块结构特征与降水-土壤-植被的关系

通过上述研究发现，红砂灌丛斑块特征与MAP、土壤粒径组成、总氮、群落盖度、物种多样性和地上生物量间具有较好的线性或非线性相关，因此本节通过CANOCO 4.5软件综合分析MAP、土壤特性和植被特征对灌丛斑块结构的贡献。以红砂灌丛斑块的高度、面积、密度和间距为斑块特征，以上述非生物-生物因素为自变量，得到RDA排序和方差分解（图4-23）。

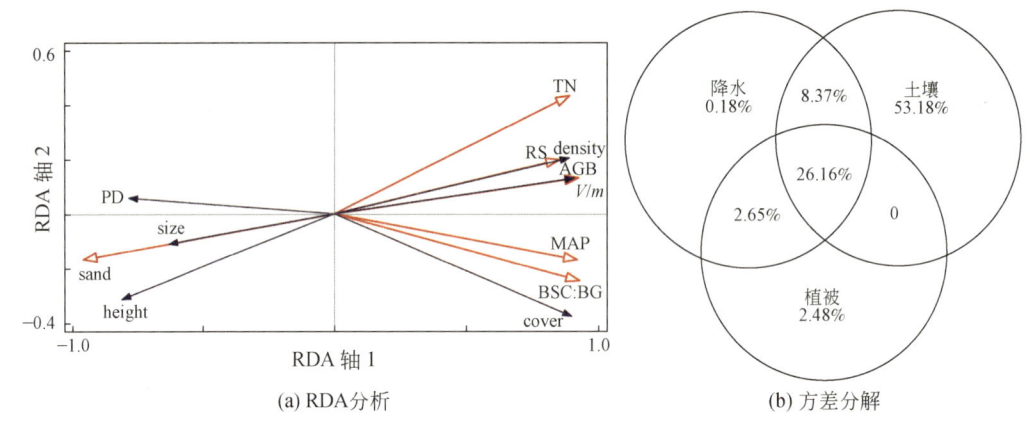

图 4-23 红砂灌丛斑块结构特征与降水、土壤和植被因素的 RDA 排序和方差分解

PD 为斑块距离；size 为斑块大小；sand 为砂粒；height 为斑块高度；TN 为总氮；density 为斑块密度；RS 为生物多样性；AGB 为地上生物量；MAP 为年均降水量；cover 为盖度；BSC∶BG 为生物土壤结皮/裸地砾石；V/m 为斑块聚集程度

发现各因变量间存在较强的共线性，灌丛 H、A 和 PD 与砂粒呈正相关，而与 MAP、粉粒、黏粒、总氮、盖度、SR 和 AGB 均呈负相关，主要的控制因素均为总氮和土壤砂粒、粉粒和黏粒；灌丛 C 相反，与砂粒呈显著负相关，而与 MAP、粉粒黏粒、总氮、盖度、SR 和 AGB 均呈显著正相关。通过方差分解发现降水-土壤-植被因素能解释93.02%的灌丛斑块变化，其中土壤特性解释了53.18%的灌丛斑块变化，降水和植被分别仅贡献了0.18%和2.48%，降水-土壤和降水-植被相互作用贡献了8.37%和2.65%，三大因素间的交互作用能解释26.16%的灌丛斑块变化。

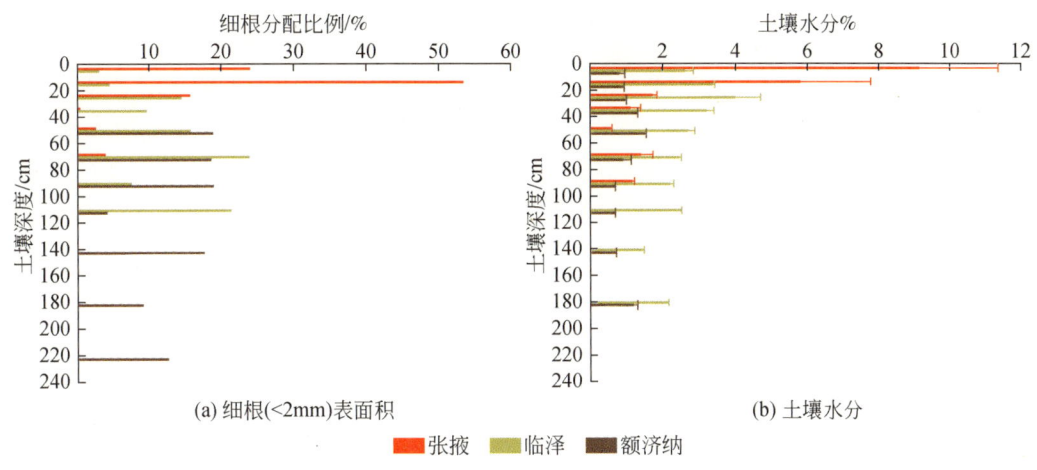

图 4-24 各站点红砂细根表面积和生长季 0~200cm 土壤水分的垂直分布

图 4-24 是张掖、临泽和额济纳三个荒漠样地红砂灌丛细根（<2mm）表面积垂直分布和 0~200cm 土壤水分垂直分布。整体来看，两者空间分布存在较好的一致性。与地下生物量分配格局相似，张掖样地红砂细根表面积主要分布在 0~30cm（约 93.12%），尤其以 10~20cm 最高，约 53.45%；临泽样地红砂细根表面积主要分布在 20~80cm（63.73%），延伸至 100~120cm 土层也出现一个峰值（21.35%）；到额济纳样地，40~220cm 土壤垂直剖面内根系分布较为均质，其中 40~100cm 和>120cm 为两个分布峰值。土壤水分沿降水梯度自张掖样地到额济纳样地逐渐下降，为（2.99±2.98）%＞（2.92±0.68）%＞（0.97±0.27）%［金塔样地为（2.12±1.51）%］。同时垂直分布也明显不同，张掖样地土壤水分以 0~20cm 最高，平均含水量为（7.46±2.11）%，显著高于其他地区（AVONA，$P<0.05$），>20cm 快速下降但变化相对平稳［（1.20±0.38）%］。临泽样地 200cm 土壤水分分布趋向均衡且季节变化较小，10~40cm 相对较高，为（3.97±0.33）%；金塔样地 0~100cm 土壤水分偏低且变化较小，为（1.51±0.44）%，100~160cm 存在一个高值区，为（4.96±0.67）%。额济纳样地 200cm 土壤水分整体处于较低水平且季节性变化最小，其中 30~60cm 和 160cm 以下分别出现两个土壤水分高值区，分别为（1.40±0.11）% 和（1.18±0.14）%。

综合表 4-12 和图 4-22，张掖样地表层 0~10cm 粉粒、黏粒百分比和有机碳较高，表明此层土壤的持水能力相对突出，0~20cm 相对集中的土壤水分恰好与之对应，同时样地内红砂灌丛细根表面积集中在表层 0~20cm。说明张掖样地红砂主要利用生长季降水及浅层土壤水生存，受水分季节性变化和地上-地下分配格局影响，红砂灌丛大小和高度发育受限，灌丛间的竞争关系相对较弱（互利关系更为突出），同时相对较高的水分和养分为灌丛数量、盖度和浅根灌丛多样性的发展提供可利用资源保障。随降水减少，临泽样地土壤沙化程度加剧，剖面粒径组成异质性逐渐减小，且有机碳含量明显降低，此时土壤持水能力整体弱化并趋向均质化，因此浅层土壤水减少而中-深层土壤水分增加，此时红砂灌丛细根逐渐向 20~80cm 延伸。说明随水分条件下降，临泽样地红砂灌丛逐渐减少对表层土壤水的利用而转移至中-深层较为稳定的土壤水；此时，竞争优势偏弱的其他浅根灌丛逐渐被取代，红砂灌丛则依靠灵活的结构变化不断增加物种竞争优势，因此灌丛大小和高度逐渐增加，但灌丛数量、群落盖度和物种多样性组成随物种或种群间的竞争而不断降低。到金塔样地降水进一步下降，60~100cm土壤沙化程度加强，因此土壤水分开始向>100cm的深层土壤转移，且挖掘取样过程中发现，100~160cm土层深度土质较黏重，土壤含水量较高，而红砂灌丛的主根可延伸至该层且分布大量细根，表明临泽样地深层的土壤水可能来自为数不多的大型脉冲降水补给，红砂灌丛浅层细根退化，而深层具有较强的储水性能的主根系逐渐发达，从而可以更好地利用深层存储的土壤水资源，进一步提高自身对干旱环境的适应性。额济纳样地极端干旱区，0~60cm土壤基本为砂质且有机碳最低，但>60cm土壤粉粒和黏粒百分比逐渐增加，说明土壤持水能力开始向深层转移；土壤水分整体很低，但在深层土壤（>100cm）有随深度增加的趋势，此时红砂灌丛0~40cm几乎没有细根分布，40~220cm细根与土壤水分含量的分布趋势基本一致；该样地地下水埋深较浅，约为3.5m，红砂根系可以利用到地下水，后面的水同位素数据也证实了这一点。

综上，黑河中下游红砂荒漠的斑块状结构是一种有效的干旱适应策略。随降水递减，土壤粒径组成和有机碳等通过影响土壤持水能力控制土壤水分的垂直分布，红砂灌丛则通过地上灌丛大小、高度和地下细根的垂直分布调整，灵活的改变水分利用策略，增加个体竞争优势和群落竞争优势，最大限度地利用稀缺的水资源，最终适应干旱区的多样生境。

4.3.2 荒漠植被生态水文适应性及区域分异规律

1. 研究方法与材料

(1) 稳定同位素样品采集

1）降水和地下水样品收集。在2014年7~9月和2015年5~9月，利用自制雨水收集装置对各个样地的降水进行收集（由于样地较多无法收集每个站点的降水样品，尽可能多的收集各样地降水事件的雨水样品）。在样品收集装置的漏斗口处放置一个大小合适的小球，其目的是减少雨水样品的蒸发，避免其稳定同位素发生显著分馏效应。降水结束后立刻将雨水样品装入容量为20mL的塑料瓶，并用封口膜（Parafilm®）进行密封，对样品进行编号。气象数据则来源于附近的气象站点。除了收集降水样品外，同时在每个站点还收集地下水样品。将收集的水样放入温度为-18℃冰箱保存，以待随后进行同位素分析。

2）土壤和植物水同位素样品采集。在2014年生长季（7~8月）、2015年生长季（5~9月）以及2016年生长季（6~9月）设置3个实验样地（除张掖样地和高台样地外，是因为这两个样地砾石含量高，无法用土钻进行取样），以月为间隔进行土壤样品采集。在目标植物的下方用土钻（$\Phi=5cm$）取0~200cm深度的土壤样品，按0~10cm、10~20cm、20~30cm、30~40cm、40~60cm、60~80cm、80~100cm、100~120cm、120~160cm、160~200cm深度取样，每层土壤3个重复。金塔样地土壤样品只取到160cm深度，这是因为 160cm 以下为非常致密的黏土层，无法进行深一步取样。每次将收集的土壤样品分成两份，其中一份土壤样品迅速装入 10mL 玻璃样品瓶，并用封口膜密封，放入携带的冰盒冷冻箱，带回实验室冷冻保存直到对样品进行低温抽提分析；另一份土壤样品则装入塑料袋并密封，带回实验室用传统的烘干法测量土壤含水量。在所选土壤样品附近采集植物非光合作用器官的枝条，长度为 3~5cm，进行去皮处理后立即放入取样瓶中密封、冷冻保存。每个物种选择 3 株植物进行 3 个重复处理。

3）植物叶片稳定碳同位素样品收集。在各样地中选取长势良好的红砂和泡泡刺植株各 8~10 株，采集冠幅阳面的成熟叶片，用枝剪剪取健康的叶片 10g 左右，随后将每个物种所有采集的叶片进行均匀混合。先将叶片样品灰尘清除干净后装入纸质信封袋，随后立即测量其鲜重，称重结束后将植物样品放入保温箱带回实验室进行杀青、烘干等处理。烘干后的植物叶片经研磨粉碎过 40 目筛处理后分成两部分：一部分用于测量叶片 $\delta^{13}C$ 值，另一部分用于测量叶碳含量和叶氮含量。叶碳含量的测量使用 Liqui TOC（有机碳分析仪，德国 Elementer 公司），叶氮含量的测量使用半微量凯氏定氮法。

（2）室内稳定同位素测定与分析

在实验室对采集的土壤和植物样品进行抽提处理，将土壤和植物样品中的水分完全提取出，进而进行同位素分析。在本研究中，对植物样品和土壤样品中水的提取采用低温真空蒸馏法，低温真空抽提装置为北京理加联合科技有限公司生产的自动式水抽提系统（LI-2100，automatic water extraction system）。为了保证样品中水分尽可能完全地被抽提，土壤抽提时间不少 2h，植物样品不少于 4h。抽提实验完成后从土壤和植物样品中各随机选择 10 个样品用来评价抽提系统的精度。首先将选取的样品做进一步烘干处理，然后对烘干后的样品进行称重。通过对比烘干前后样品重量，发现大多数样品在抽提过程中产生的误差均在 ±3% 以内，可以认为样品在抽提过程中没有发生明显的同位素分馏现象，因此抽提的样品满足稳定同位素测试分析要求。

在北京师范大学地理科学学部同位素分析实验室，对抽提出的土壤或植物水使用美国 LGR 公司生产的液态水红外光谱同位素分析仪 DLT-100（LWIA，DLT-100，Los Gatos Research，Mountain View，CA，USA）进行测试分析。分析得到的氧（O）或氢（H）同位素值用 δ 的形式来表示，其表达式为

$$\delta X = (R_{sample}/R_{standard} - 1) \times 1000\% \tag{4-36}$$

式中，δX 为 $\delta^{18}O$ 或 δ^2H 值，R_{sample} 为样品中同位素组成，$R_{standard}$ 为标样中同位素组成。

仪器输出的原始 $\delta^{18}O$ 或 δ^2H 数据再使用 LGR3C、LGR4C 和 LGR5C 标准样品进行校正处理。前期大量研究结果表明，利用红外光谱技术测定的水同位素值与质谱仪测量所得结果之间具有一定的差异，尤其是对植物样品水的测量（West et al.，2006）。导致这种差异的原因可能是样品在进行抽提过程中混入一些有机质，主要是甲醇和乙醇，其光谱吸收峰与水分子的光谱吸收峰相类似，使其对同位素的吸收光谱产生干扰，从而导致测量得到的同位素值与真实值不相等。为了消除这些由有机质污染而造成的差异，我们首先将所有测定过的样品利用软件 LWIA-SCI 进行光谱污染诊断，然后再使用矫正公式对受到污染样品的同位素值进行矫正。矫正公式按照 Wu Y 等（2014）和 Wu H 等（2016）方法获取得到。

为了评价矫正的精度，随机选择 21 个样品采用稳定同位素质谱分析仪（Thermo Finnigan，MAT，Bremen，Germany）测量，随后将质谱仪结果与矫正前后的同位素值进行比较。在矫正前质谱仪结果与光谱激光测量的结果的差异为 3.13‰($\sigma=2.27$)，矫正后两者的差异为 0.14‰($\sigma=0.16$)。因此，样品同位素值经过矫正后能有效消除甲醇和乙醇污染带来的影响。

植物叶 $\delta^{13}C$ 的测定使用 Picarro 公司的 G2201-I 稳定碳同位素分析仪 CRDS（Picarro G2201-I Picarro，Inc. Santa Clara，CA，USA）。首先将研磨好的植物样品粉末置于燃烧管中完全燃烧成 CO_2 气体，随后将产生的 CO_2 气体导入光谱分析腔室内分析。所有分析结果均以国际标准物质芝加哥箭石（Pee Dee Belemnite，PDB）作为参照物，并用 δ 值来表示，仪器长期测量精度为 ±0.2‰。

2. 结果与讨论

(1) 土壤水、降水、植物水同位素组成季节变化特征

1) 土壤水同位素组成季节变化特征。土壤水在水循环过程中扮演着关键角色，是联系大气降水、地下水和地表水的纽带。基于稳定水同位素技术，探究水分在土壤中分布、迁移规律等已经进行了大量的研究工作。土壤性质、降水分布、蒸发以及植被类型等因素是土壤水同位素时空变化差异的主要原因（马雪宁等，2012）。本节结合土壤水同位素以及土壤含水量变化特征进行分层，并分析黑河中下游三个典型实验样地下土壤水稳定同位素的时空变化特征。各实验样地土壤水同位素均存在明显的季节变化，由于蒸发富集作用，表层土壤水同位素值通常高于深层土壤水同位素值；受降水补给影响，表层土壤水稳定同位素与深层土壤水之间有明显差异。临泽样地 0~10cm 土壤水同位素波动幅度最大，$\delta^{18}O$ 值的变化范围为 −2.16‰~12.42‰；40~60cm 土壤水同位素变化范围为 −0.16‰~6.6‰，变化幅度小于 0~10cm；120~160cm 土壤水同位素变化范围为 −1.86‰~1.17‰（图 4-25）。除金塔样地外，2014 年金塔样地和额济纳样地表层土壤水同位素年际变化与季节变化幅度小于临泽样地。2014 年金塔样地 7 月 0~60cm 土壤水 $\delta^{18}O$ 显著低于 8 月，这主要是由于该样地 7 月发生 3 次较大的降水事件，而雨水的 $\delta^{18}O$ 值较负，显著降低了 0~60cm 土壤水 $\delta^{18}O$ 值。

金塔样地在 40~60cm 深度土壤水同位素在垂直剖面上存在一个明显的高值中心，这可能是降水和蒸发共同作用的结果，即其上层土壤受同位素值较低的雨水补给，因此同位素值小于该层；而下层土壤由于蒸发程度低，同位素富集程度低于该层。额济纳样地土壤水同位素值在 40cm 深度形成一个转折点（图 4-25），可能是因为该土壤深度为水、气相互转换的边界层。地下水在毛管力的作用下上升到该土壤深度，然后以气态的形式蒸发掉，而地下水的同位素值要显著低于土壤水同位素值，因此该土壤深度出现一个同位素值较低的点。实验样地各层土壤水同位素值具有较明显的年际波动，主要原因有：①样地降水量以及降水分布时间具有年际波动，而降水是补给土壤水分的主要途径；②雨水中同位素值具有明显的季节变化以及年际变化，贫化或富集的雨水同位素组成影响土壤水的同位素组成；③样地潜在蒸发量具有年际波动，蒸发能使土壤水同位素值富集，蒸发强度越大，土壤水同位素越富集。

图 4-25 土壤水 $\delta^{18}O$ 季节变化特征

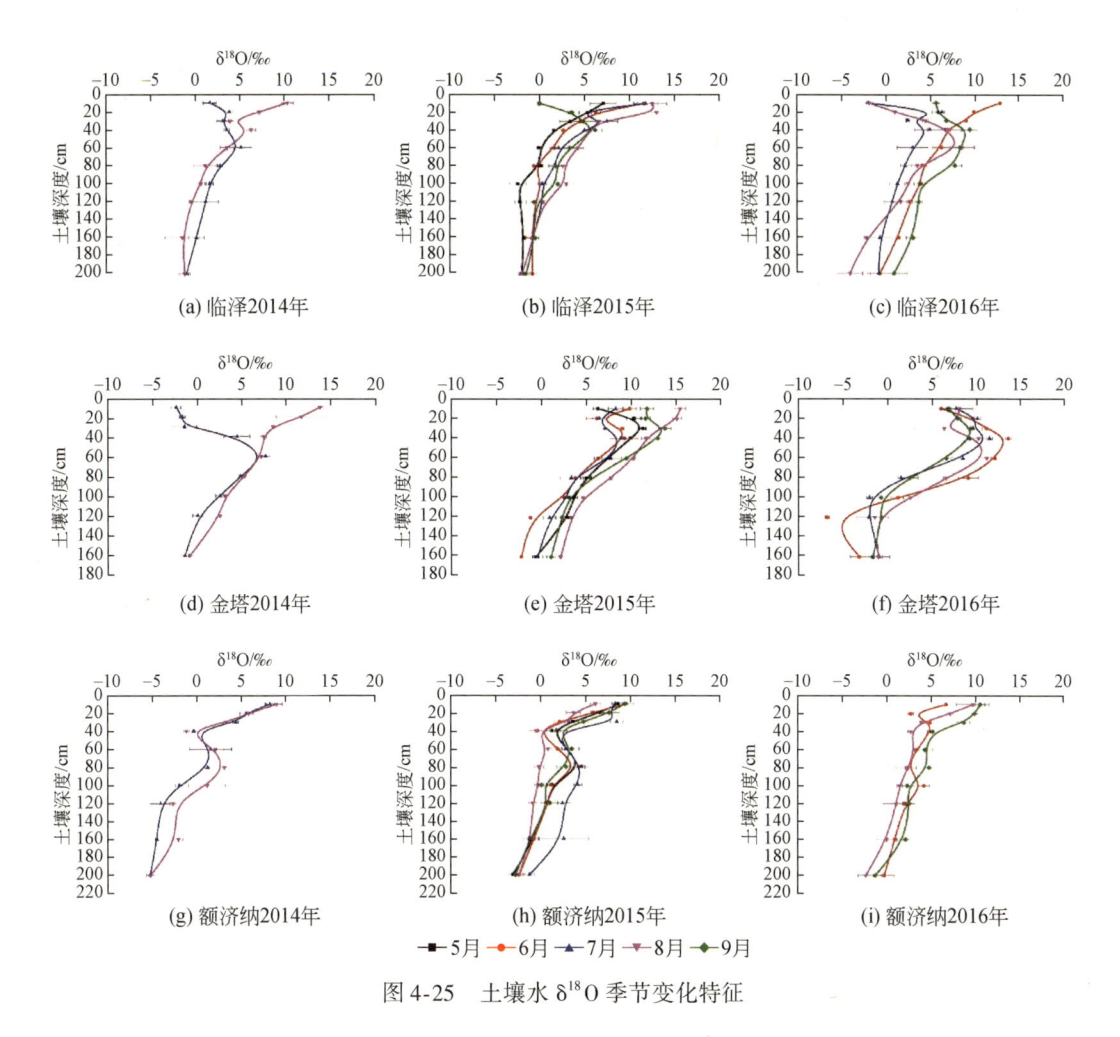

各实验样地表层土壤水同位素组成的季节变化特征比较一致：在生长季中期，表层土壤水同位素组成较贫化；在生长季初期和生长季末期，表层土壤水同位素组成较富集，造成土壤水同位素组成季节变化的因素很多，包括降水、蒸发、气温、植被覆盖类型、土壤水分含量等。表层土壤水分和温度受空气温度季节变化的影响较为明显，而深层土壤水分和温度受空气温度季节变化的影响较弱。因此，表层土壤水同位素值的季节波动较大，而深层土壤水同位素值的季节变化程度相对平缓。Robertson 和 Gazis（2006）对美国华盛顿州两个实验样地进行降水和土壤水同位素季节变化观测，结果表明，受降水同位素值的变化和空气温度的影响，表层土壤水同位素值的季节变化幅度显著大于深层土壤水。各实验样地植被群落组成与结构差异较大，不同植物根系分布深度不同以及土壤结构的空间异质性，土壤垂直剖面上水分含量以及土壤水同位素组成分布差异显著。

2）降水、植物水以及各层土壤水同位素组成季节变化特征。Craig（1961）研究发现，大气降水中 $\delta^{18}O$ 和 δ^2H 之间存在非常显著的线性关系，并把二者之间的线性关系称为大气降水线（meteoric water line，MWL），其能很好地反映水循环过程中不同水体间存在的联系。同时，在全球各区域尺度上建立了当地大气降水线（local meteoric water line，LMWL），LMWL与全球大气降水线（GMWL：$\delta^2H=8\delta^{18}O+10$）间的斜率以及截距的差异能够较客观地反映区域水分环境状况，如LMWL的斜率和截距都小于GMWL，表明该地区气候较干燥。气象因素（如温度、湿度、风向风速、太阳辐射等）、水汽团来源、自然地理因素（如地形地貌、纬度、海拔等）的变化影响降水的形成及其形成过程，因此引起水汽和大气降水中稳定同位素组成的变化。本研究对流域中下游三个实验样地的雨水中$\delta^{18}O$和δ^2H值进行一元线性回归分析，得到流域中下游地区的LMWL（图4-26）（$\delta^2H=7.9\delta^{18}O+2.4$），其斜率与GMWL的斜率相近，但截距显著低于GMWL的截距，这说明雨水收集过程中没有发生明显的蒸发现象；同时该流域降水中同位素组成变化很大程度上受到来自内陆蒸发的影响。本研究大气降水线斜率与先前得到的黑河全流域大气降水线（$\delta^2H=7.82\delta^{18}O+7.63$）相当，但是截距小于黑河全流域大气降水线的截距，这表明三个实验样地相比于整个黑河流域更加干旱，蒸发更加强烈。

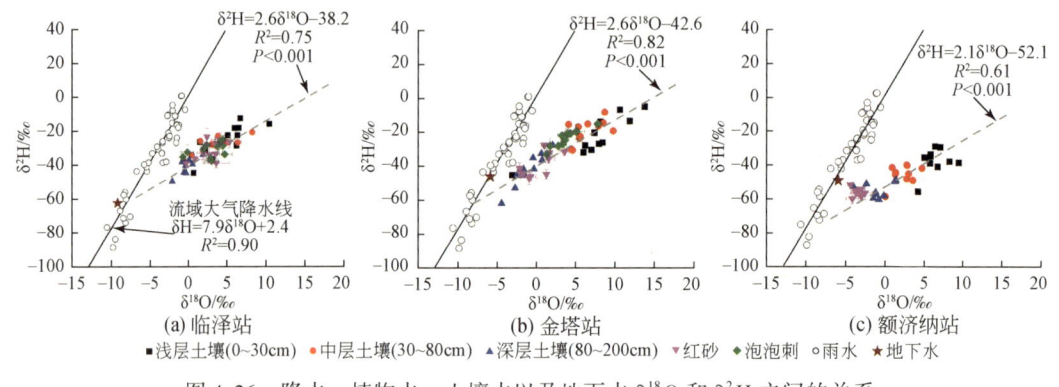

图4-26 降水、植物水、土壤水以及地下水$\delta^{18}O$和δ^2H之间的关系

Birks和Edwards（2008）把湖泊水和土壤水中$\delta^{18}O$和δ^2H之间的线性关系称为区域蒸发线，其斜率和截距能较好地反映土壤水受到蒸发的程度，揭示不同植被条件、微气象和土壤水分条件的差异性。对各实验样地土壤水中$\delta^{18}O$和δ^2H的组成进行一元线性回归分析，所得结果如图4-26所示，从图4-26可知，各实验样地土壤水蒸发线的斜率和截距不同程度的偏离LMWL，这表明各个样地土壤水中同位素组成都经历了不同程度的蒸发富集过程，其中临泽样地和金塔样地土壤水蒸发线斜率相同，都为2.6，额济纳样地的斜率最低，为2.1（图4-26）。三个实验样地的土壤水蒸发线斜率都低于干旱区土壤水蒸发线斜率平均值（斜率值为3左右）。土壤水蒸发线截距表现为临泽（-38.2）>金塔（-42.6）>额济纳（-52.1），显著低于当地大气降水线截距，这表明3个实验样地土壤水都经历了强烈的蒸发作用，且受蒸发强烈程度表现为额济纳样地>金塔样地>临泽样地。额济纳样地在三个实验样地中降水量最低，潜在蒸发最强，因此该样地土壤水同位素富集程度最高。

对各实验样地植物水中$\delta^{18}O$和δ^2H的组成进行一元线性回归分析（图4-26），发现各样地植物水同位素组成均位于大气降水线的右下方。在临泽样地、金塔样地，植物水中同位素比值都沿土壤水蒸发线分布，这表明各植物所利用的水源均主要来自不同层的土壤水。在额济纳样地，植物水中同位素比值位于土壤水蒸发线左上方，比较接近地下水同位素比值，表明植物主要利用地下水。在临泽样地，红砂和泡泡刺植物水中同位素比值均匀分布于各层土壤附近，且二者同位素比值比较相似，而在金塔样地，红砂和泡泡刺植物水中同位素比值发生明显的分化，泡泡刺植物水中同位素比值明显高于红砂。该结果表明，在临泽样地，红砂和泡泡刺具有相同的水分来源，在金塔样地，两种植物水分来源发生分化现象。从临泽样地到额济纳样地，地下水同位素比值逐渐降低。

在临泽样地和金塔样地，红砂和泡泡刺 $\delta^{18}O$ 值与土壤水 $\delta^{18}O$ 值比较接近，而与地下水 $\delta^{18}O$ 值差异较大，表明红砂和泡泡刺主要是利用土壤水而不是直接利用地下水。在额济纳样地，红砂 $\delta^{18}O$ 位于深层土壤水和地下水 $\delta^{18}O$ 值之间，与浅层土壤水和中层土壤水相差甚远，表明红砂主要利用深层土壤水和地下水，对浅层和中层土壤水利用较少。实验期间，三个实验样地的地下水 $\delta^{18}O$ 值变化幅度都较小，临泽样地、金塔样地和额济纳样地地下水 $\delta^{18}O$ 值变化范围分别为 $-9.37‰\sim-9.07‰$、$-7.19‰\sim-6.88‰$ 和 $-6.12‰\sim-5.67‰$。三个样地的地下水 $\delta^{18}O$ 和 $\delta^{2}H$ 的比值都位于流域大气降水线上。

实验期间，在临泽样地，红砂和泡泡刺中 $\delta^{18}O$ 值无显著差异（$P>0.05$），红砂和泡泡刺中 $\delta^{18}O$ 值季节变化范围分别为 $-0.4‰\sim5.2‰$ 和 $-0.8‰\sim4.6‰$，且平均值分别为 2.64‰ 和 2.73‰，表明红砂和泡泡刺植物水分来源相近。在金塔样地，泡泡刺的 $\delta^{18}O$ 值显著高于红砂的 $\delta^{18}O$ 值（$P<0.05$），在 2016 年生长季尤为明显。红砂和泡泡刺 $\delta^{18}O$ 值季节变化范围分别为 $-1.0‰\sim5.29‰$ 和 $2.86‰\sim8.90‰$，其平均值分别为 1.65‰ 和 4.84‰，这表明泡泡刺植物根系吸收更多 $\delta^{18}O$ 值较高的浅层土壤水分。在临泽样地和金塔样地，红砂和泡泡刺 $\delta^{18}O$ 值呈现出显著季节性波动，说明其主要受降水的影响，而在额济纳样地，红砂 $\delta^{18}O$ 值无显著季节性变化（图 4-27），说明其水分来源比较稳定。

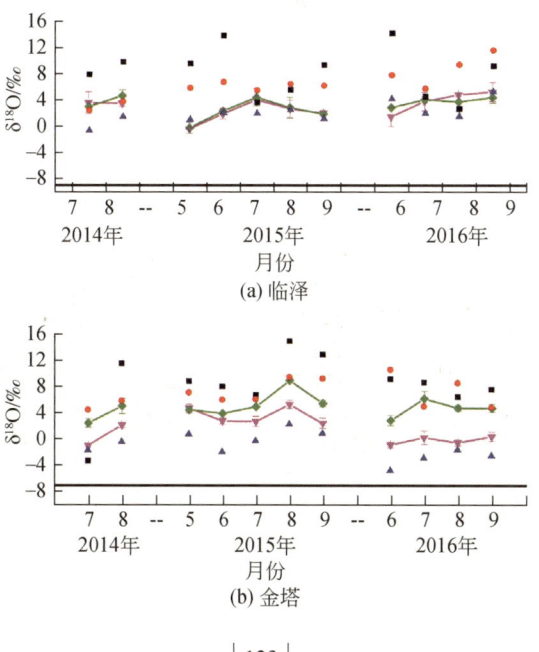

(a) 临泽

(b) 金塔

(c) 额济纳

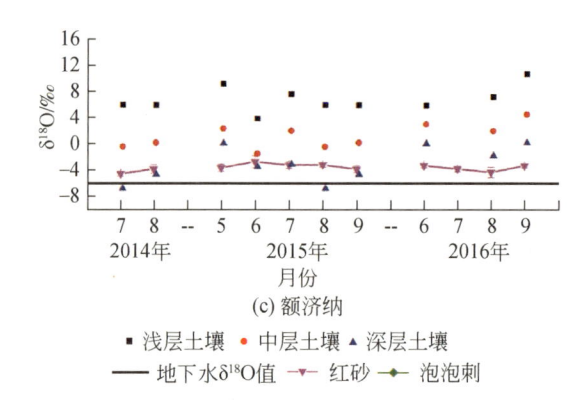

图 4-27　植物水、土壤水以及地下水 $\delta^{18}O$ 值季节变化特征

（2）荒漠植物水分来源、$\delta^{13}C$ 以及气孔导度变化特征

1）不同水分梯度下荒漠植物水分来源比较分析。基于 Iso-Source 模型对各实验样地植物各潜在水分来源所占比例进行估算，其结果如图 4-28 所示。模型计算结果显示，临泽样地红砂和泡泡刺对浅层（0~30cm）、中层（30~80cm）和深层（>80cm）土壤水的吸收利用比例具有明显的季节波动。年际间红砂和泡泡刺对各层土壤水的水分吸收比例呈现出相一致的变化规律，即在生长季初期（5~6月），其均主要利用深层土壤水；在生长季中期（7~8月），降水量增加，表层土壤水分含量升高，红砂和泡泡刺转向主要利用浅层土壤水与中层土壤水；在生长季末期（9月），降水量减少，表层土壤水分含量降低，根系对表层土壤水分的吸收利用比例减少。该结果表明临泽样地红砂和泡泡刺能灵活的利用各层土壤水分，且对降水的响应明显。对于整个生长季而言，红砂和泡泡刺主要利用表层土壤水（包括浅层土壤和中层土壤），其平均值分别达 69.9% 和 73.9%。金塔样地红砂和泡泡刺利用各层土壤水分也具有明显的季节性波动，但相对于临泽样地，其季节变化幅度较小。相对于临泽样地，金塔样地红砂和泡泡刺对深层土壤水分利用比例增加，且红砂的增加量高于泡泡刺，二者生长季平均值分别达到 72% 和 39.9%。额济纳样地红砂主要利用地下水和地下水补给的深层土壤水，其平均利用比例分别为 64.7%±8.6% 和 17.98%±5.5%，且无显著季节变化，表明额济纳样地红砂能稳定的利用地下水源。

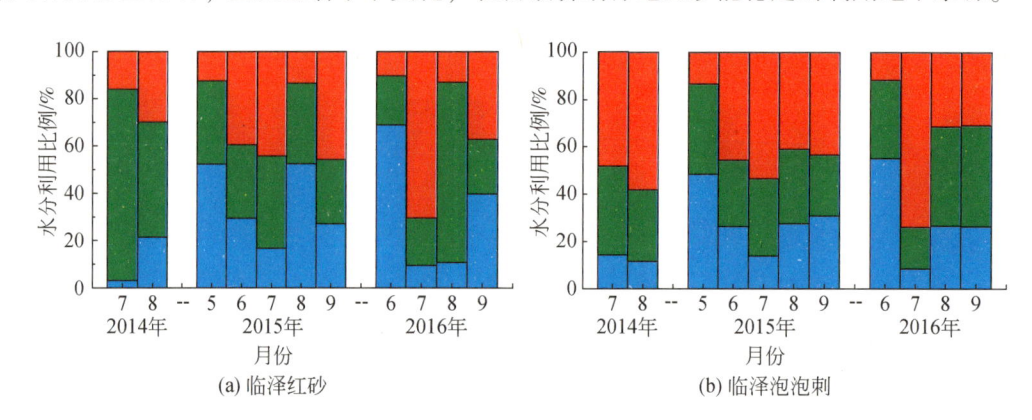

(a) 临泽红砂　　　　(b) 临泽泡泡刺

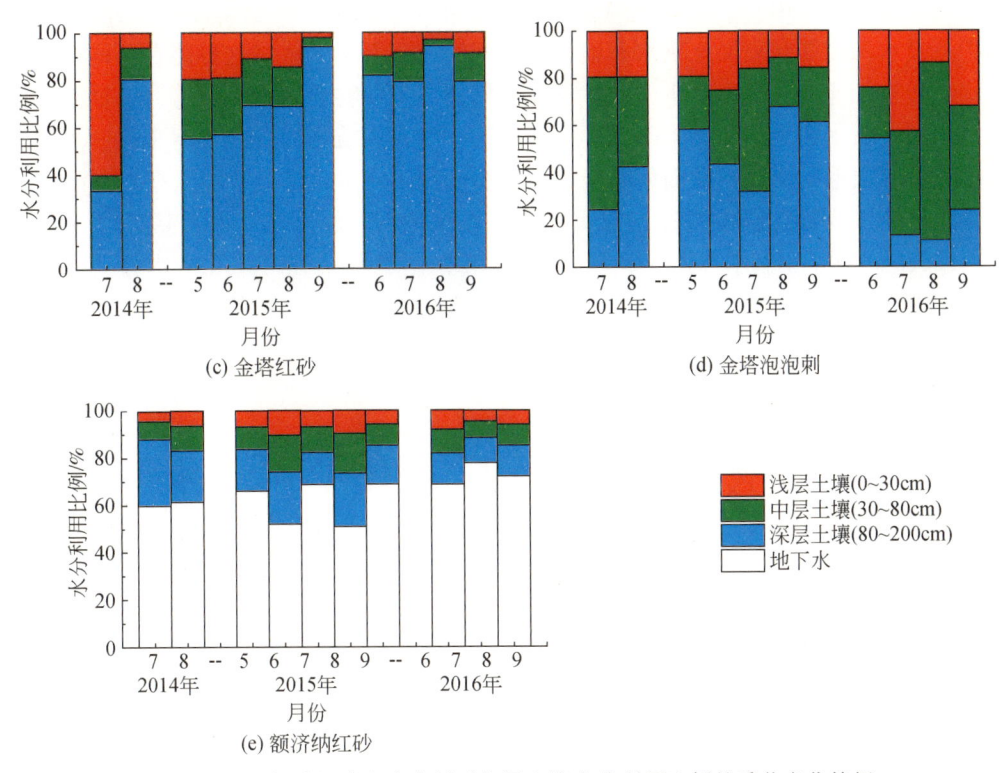

图 4-28　生长季红砂和泡泡刺对各层土壤水分利用比例的季节变化特征

植物根系是植物吸收水分和养分的重要器官之一,同时也是联系土壤-植物-大气连续体系统(SPAC)水分运动的重要环节,其分布特征影响植物吸收利用水分的能力和效率。临泽样地红砂和泡泡刺在整个生长季内水分来源呈现出较显著季节变化,这一方面由土壤可利用水分决定,另一方面与植物根系结构分布有关。在干旱区,多年生的植物根系大多数具有二态结构:①分布在表层土壤的侧根吸收夏季降水补给的浅层土壤水;②深入深层土壤的主根吸收冬季降水补给的深层土壤或地下水。在生长季初期,由于降水稀少表层土壤水分含量低,植物通过主根吸收利用深层土壤水分,7~8 月大量降水的补给,使得表层土壤水分含水量明显增加,分布于土壤表层的植物侧根受水分的激发作用而活性增强,这有利于植物吸收降水补给的表层土壤水。红砂和泡泡刺水分利用特征与干旱区大多数多年生的植物水分利用特征相一致,即植物通过调节根系吸水深度来响应环境中水分的变化,最大效率的吸收土壤水分来满足植物对水分的需求。例如,Zhou 等(2015)对荒漠植物白刺的研究发现,在生长季初植物主要吸收融雪补给或夏季降水补给的浅层土壤水,而随着夏季降水减少,表层土壤水分含量降低,逐渐转向利用深层土壤水分。同样地,Williams 和 Ehleringer(2000)对生长在美国西南部犹他(Utah)和亚利桑那(Arizona)交界处的林地物种进行了研究,并发现夏季降水占全年总降水的比例越高,植物吸收利用夏季雨水的比例也越高。Sun 等(2015)发现地下水位的变化对河岸林植物柽柳的水分来源影响较大,受地下水位波动的影响,柽柳根系吸水深度随地下水深度的变化而变化。在我国毛乌素沙地，对引种植物旱柳（Salix matsudana）的研究发现同样的水分利用规律，旱柳根系吸水深度能在表层土壤水和地下水之间转换。干旱区植物这种能在不同土壤深度进行水源转换的能力对其生存生长非常重要。例如，当植物遇到水分胁迫时，通过增加地下水或深层土壤水的利用比例来降低其水分胁迫程度；当植物遇到降水增多时，通过调节各深度土壤中根系的活性，从而使其能最大效率的利用降水来进行各种生理生态活动。

金塔样地红砂和泡泡刺对各层土壤水分的利用比例具有显著差异（图4-28），即红砂主要利用>80cm的深层土壤水（图4-28），而泡泡刺则主要吸浅层和中层土壤水分（图4-29），且泡泡刺吸水深度的季节波动幅度大于红砂，这表明金塔样地的红砂和泡泡刺水分来源发生分化。在长期水分胁迫环境下，不同植物之间水分利用的分化能有效地减缓生态系统中各物种间的水分竞争，维持生态系统物种多样性和生态系统组成与结构的稳定。生态系统中各物种间的水分利用分层现象在荒漠生态系统、稀树草原生态系、高寒草甸、热带雨林、地中海灌木林地以及草地生态系统中都有发生（Silvertown，2004；Martorell et al.，2015；Silvertown and Gowing，2015）。额济纳样地红砂主要利用地下水，且该样地地下水位在整个生长季上没有明显波动，其值在3.0~3.5mm范围内变化，因此该样地红砂的水分来源比较稳定。

在降水量为112mm的临泽样地，红砂和泡泡刺的水分来源基本一致，而在降水量为65mm的金塔样地，红砂和泡泡刺的水分来源发生明显分化现象，这表明降水量的变化能导致生态系统物种间水分竞争关系发生改变。物种间水分利用差异性与物种间的根系分布差异密切相关。在各实验样地中，红砂和泡泡刺对各层水分利用比例总体变化趋势与根系的分布特征以及根系形态结构基本相吻合，但植物水分来源具有季节波动性。直接利用根系分布方法判定植物水分来源具有很多不确定性，因为植物根系的分布与植物根系的活性在时间上不一定吻合，如临泽样地泡泡刺根系主要集中在表层，但在生长季初期其水分来源主要为深层土壤水。因此，利用同位素示踪技术、结合植物根系分布特征以及土壤含水量变化等参数才能揭示植物真实的水分利用方式。

植物叶片$\delta^{13}C$值与植物水分利用效率呈显著的正相关关系，$\delta^{13}C$值越高，植物水分利用效率也越大，因此可以利用叶片$\delta^{13}C$值指代植物长期水分利用效率。流域中下游各样地红砂和泡泡刺叶片$\delta^{13}C$值的季节性变化如图4-29所示。临泽样地和金塔样地植物叶片$\delta^{13}C$值在生长季内呈现出显著的季节变化特征，临泽样地红砂和泡泡刺的季节变化趋势基本一致，而金塔样地红砂和泡泡刺季节变化趋势存在显著差异，额济纳样地在整个生长季红砂叶片$\delta^{13}C$值无显著季节变化（$P>0.05$）。临泽样地在整个生长季红砂和泡泡刺$\delta^{13}C$值的变化范围分别为 $-24.4‰\sim-23.23‰$、$-24.84‰\sim-23.32‰$，其平均值分别为 $-23.68‰$、$-23.94‰$，两者之间无显著差异（$P>0.05$），这表明整个生长季红砂和泡泡刺的水分利用效率相似。临泽样地红砂和泡泡刺$\delta^{13}C$值在生长季中期（7~8月）最小，在生长季初期（5~6月）或末期（9月）最大。植物叶$\delta^{13}C$值这种季节变化趋势可能与降水季节分布差异有关，降水量大的月份，$\delta^{13}C$值低，反之则高。前期大量研究结果也表明植物$\delta^{13}C$值与降水量之间呈负相关关系。Song等（2008）在整个青藏高原地区对不同功能型植物研究发现，$\delta^{13}C$值在不同功能型植物之间具有明显差异且大部分物种$\delta^{13}C$值与降水量呈负相关关系。降水量高的月份，土壤可利用水分较高，植物受到的干旱胁迫程度低，气孔导度较大，大气中的 $^{13}CO_2$ 在叶片内发生同位素分馏效应越强，因此其 $\delta^{13}C$ 值为负。在整个生长季内，金塔样地红砂 $\delta^{13}C$ 最大值出现在 8 月，为 -23.22‰，最小值出现在 7 月，为 -24.51‰；泡泡刺最大值为 -22.28‰，出现在 6 月，最小值为 -24.04‰，出现在 8 月。基于整个生长季的平均值，泡泡刺 $\delta^{13}C$ 值显著高于红砂（$P=0.001$），这说明金塔样地的泡泡刺比红砂具有更高的水分利用效率。金塔样地红砂主要利用 >80cm 深层土壤水，其水分含量高且稳定；泡泡刺主要利用表层土壤水，受降水和蒸发的影响，表层土壤水分含量季节波动大且水分含量较低。因此，红砂受水分胁迫程度低于泡泡刺，进而红砂

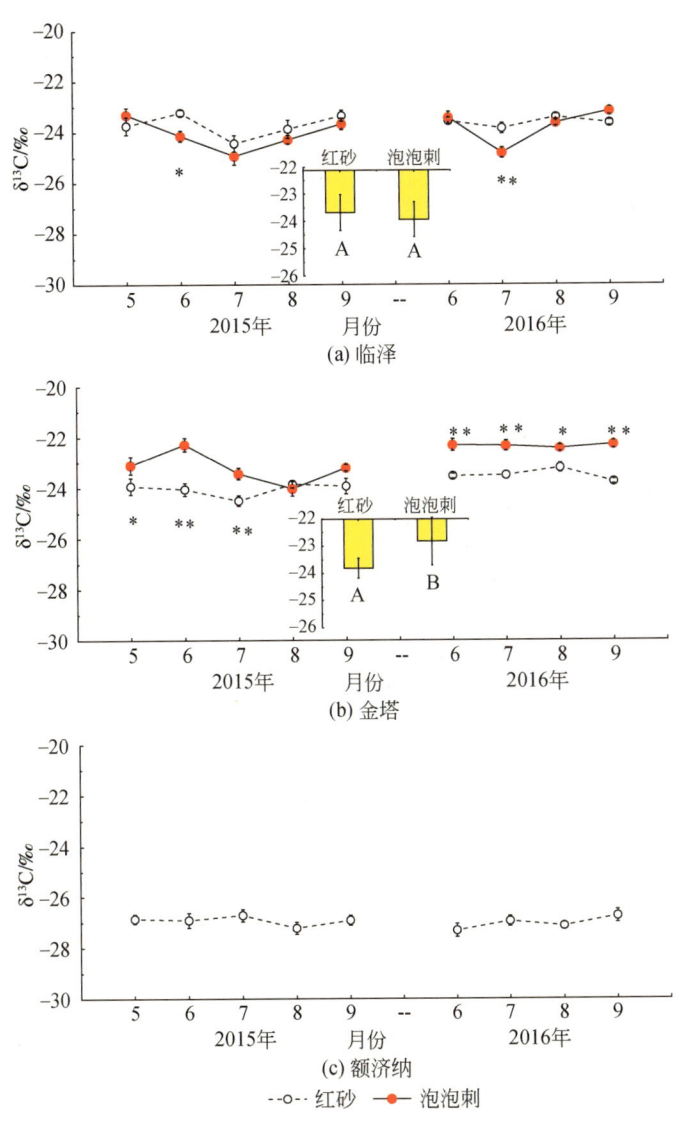

图 4-29 生长季红砂和泡泡刺叶片 $\delta^{13}C$ 季节性动态变化特征

δ^{13}C值比泡泡刺更小且更稳定。额济纳样地中红砂生长季内δ^{13}C值比临泽和金塔两个样地红砂δ^{13}C值低2‰~3‰，这表明额济纳样地红砂水分利用效率更低，且非常稳定。额济纳样地年降水量非常低，其平均值为35mm，降水远远不能满足植物对水的需求，但前文同位素结果显示，红砂可以通过吸收利用地下水维持其生存和生长。在年降水量最低的额济纳样地中，红砂的水分利用效率显著低于临泽样地和金塔样地中的红砂，这表明降水量不能较好的替代植物可利用水分的状况。除降水量外，植物可利用水分还受地下水位以及其他等因素的影响。

见表4-13双因素方差分析结果，黎明前水势（Ψ_{pd}）、最大气孔导度（g_{smax}）以及δ^{13}C之间的相关显著性因研究站点水分条件而异。总体而言，各实验样地植物黎明前水势与最大气孔导度正相关，而与δ^{13}C值负相关。临泽与金塔样地红砂与泡泡刺的季节变动较为明显，而额济纳旗样地无显著的季节变动，季节内都维持在水分条件较好的状态。以上生理生态观测结果与同位素示踪植被植物水分来源共同表明：临泽和金塔荒漠植被动态受到季节性降水的控制，其生理过程呈现出显著的季节性特征，而下游额济纳荒漠植被由于利用稳定的地下水源（地下水控制），其生理生态特征较为稳定（无明显的季节性变动）。

表4-13　黎明前水势（Ψ_{pd}）、最大气孔导度（g_{smax}）以及δ^{13}C双因素方差分析结果

变量名称	临泽 df	临泽 F	金塔 df	金塔 F	额济纳 df	额济纳 F
Ψ_{pd}						
采样日期	8	81.9***	8	72.8***	8	1.9 NS
物种	1	8.1**	1	272.7***		
日期×物种	8	28.1***	8	18.5***		
g_{smax}						
采样日期	8	43.7***	8	40.5***	8	0.5 NS
物种	1	14.4***	1	7.8**		
日期×物种	8	11.1***	8	13.5***		
δ^{13}C						
采样日期	4	20.7***	4	9.8**	4	1.9 NS
物种	1	12.8**	1	78.7***		
日期×物种	4	4.9*	4	11.3***		

* $P<0.05$；** $P<0.01$；*** $P<0.001$；NS 不显著

2）Ψ_{pd}、δ^{13}C与g_{smax}间的相互关系。国内外已有大量研究表明，植物叶片δ^{13}C值受许多外界环境因子影响，如土壤水分、土壤养分、温度、海拔及地下水埋深等（苏培玺和严巧娣 2008）。在荒漠生态系统中影响植物叶片δ^{13}C值的主要因素是环境中水分条件。植物受到水分胁迫时，g_{smax}降低，使得细胞间CO_2浓度降低，植物对$^{13}CO_2$的识别和排斥能力

降低，因此植物光合作用合成有机物中 $\delta^{13}C$ 值较高。植物受水分胁迫的程度可以用 Ψ_{pd} 来表征，因此本研究进一步分析了各实验样地红砂和泡泡刺 $\delta^{13}C$ 与 Ψ_{pd} 以及 $\delta^{13}C$ 与 g_{smax} 之间的关系，其结果如图 4-30 所示。临泽样地红砂 $\delta^{13}C$ 与 Ψ_{pd} 之间（$P=0.43$）以及 $\delta^{13}C$ 与 g_{smax} 之间（$P=0.11$）均无显著相关性，而泡泡刺 $\delta^{13}C$ 与 Ψ_{pd} 之间（$P=0.008$）以及 $\delta^{13}C$ 与 g_{smax} 之间（$P=0.008$）均有较强的负相关性。与临泽样地类似，金塔样地红砂 $\delta^{13}C$ 与 Ψ_{pd} 之间（$P=0.26$）以及 $\delta^{13}C$ 与 g_{smax} 之间（$P=0.94$）均无显著相关性，而泡泡刺 $\delta^{13}C$ 与 Ψ_{pd} 之间（$P<0.001$）以及 $\delta^{13}C$ 与 g_{smax} 之间（$P=0.005$）则呈现出较强相关性，且其相关程度比临泽样地泡泡刺高。额济纳样地红砂与临泽样地、金塔样地红砂一样，$\delta^{13}C$ 与 Ψ_{pd}（$P=0.98$）以及 $\delta^{13}C$ 与 g_{smax} 之间（$P=0.99$）都没有显著相关性。图 4-31 为三个实验样地中红砂和泡泡刺 g_{smax} 与 Ψ_{pd} 之间的关系，从图 4-31 可以看出，红砂和泡泡刺 g_{smax} 与 Ψ_{pd} 之间都呈现出较强的正相关性，即 Ψ_{pd} 越高，g_{smax} 也就越大。无论是临泽样地还是金塔样地，泡泡刺 g_{smax} 与 Ψ_{pd} 之间的相关程度都比红砂高，且拟合的回归线斜率泡泡刺也高于红砂（临泽回归线斜率为 0.039 和 0.021；金塔回归线斜率为 0.034 和 0.017），这表明泡泡刺的 g_{smax} 对水分条件的变化更加敏感。此外，从流域中游到下游，红砂 g_{smax} 与 Ψ_{pd} 之间的回归线斜率逐渐减小（临泽为 0.039；金塔为 0.034；额济纳为 0.015）。该结果表明随环境水分亏缺程度的加剧，g_{smax} 对植物水分变化的敏感性减弱。

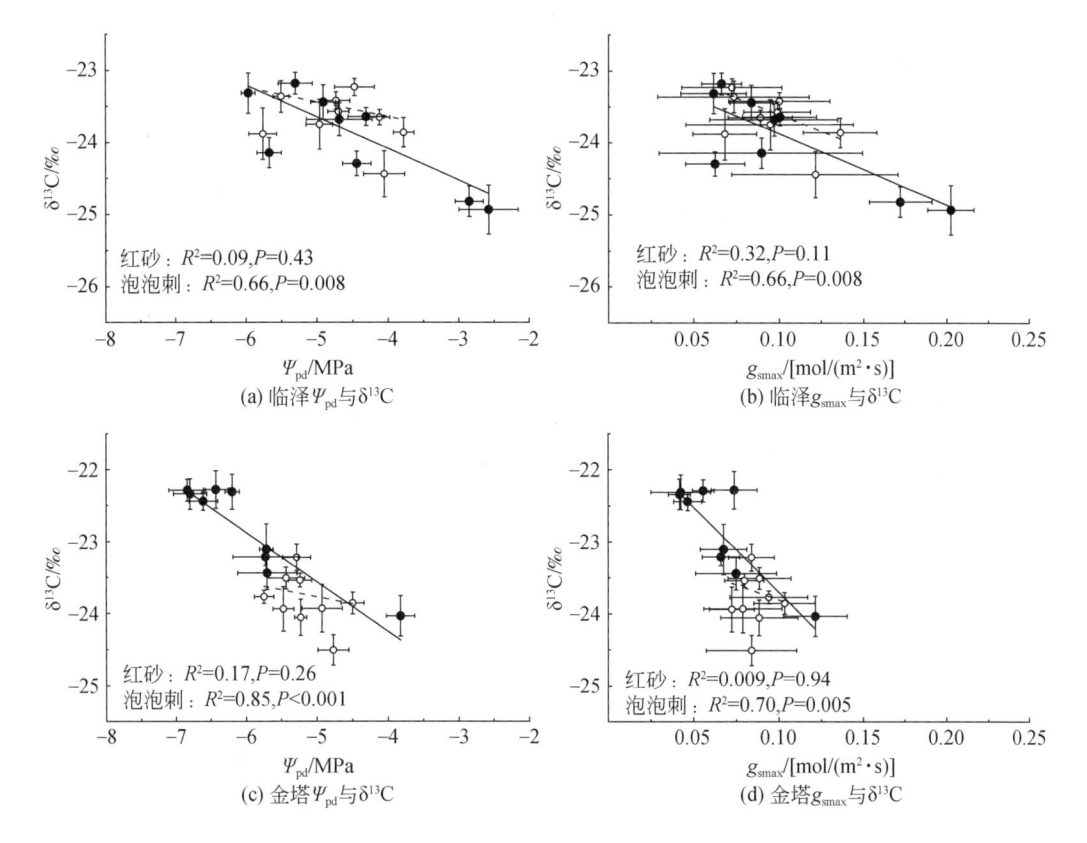

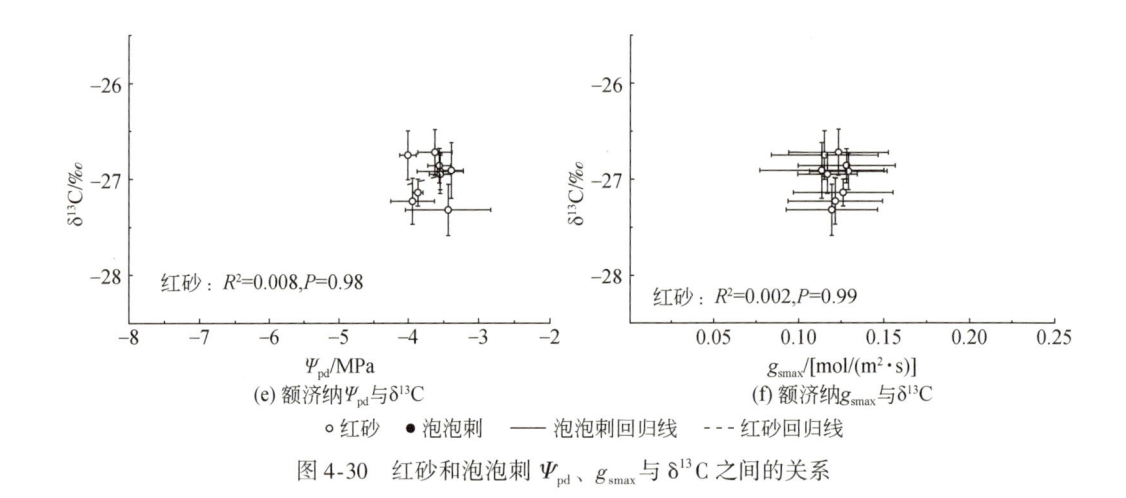

图 4-30　红砂和泡泡刺 Ψ_{pd}、g_{smax} 与 $\delta^{13}C$ 之间的关系

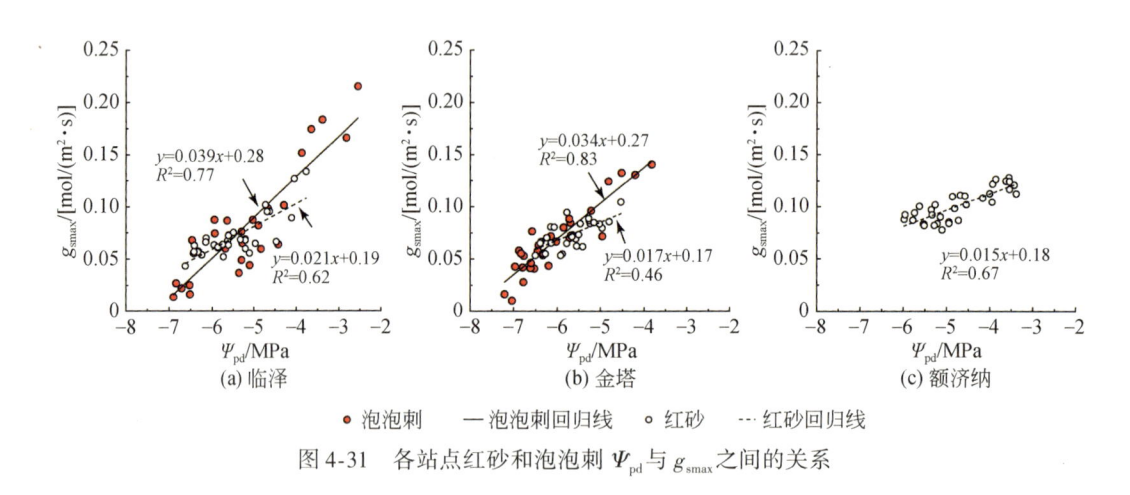

图 4-31　各站点红砂和泡泡刺 Ψ_{pd} 与 g_{smax} 之间的关系

临泽样地、金塔样地以及额济纳样地的红砂 $\delta^{13}C$ 值与 Ψ_{pd} 以及 $\delta^{13}C$ 与 g_{smax} 之间均无显著相关性，这表明红砂 $\delta^{13}C$ 值受植物水分变化的影响较弱（图 4-31）。造成这种结果的原因可能有：①红砂气孔导度对植物水分变化敏感性不强，当植物受水分胁迫时，其气孔导度变化不大，而气孔导度控制着植物叶片的光合作用，因此红砂叶片中 $\delta^{13}C$ 值与 Ψ_{pd} 之间的关系不显著；②红砂光合作用合成的有机物几乎全部被呼吸作用消耗，积累的有机物非常少，对叶片 $\delta^{13}C$ 值的影响可以忽略。红砂这种受水分胁迫时而不通过气孔调节作用来减少水分散失的水分利用方式被称为"挥霍型"（Moreno-Gutiérrez et al., 2012），该植物一般具有较强耐旱能力。泡泡刺 $\delta^{13}C$ 值与 Ψ_{pd} 和 g_{smax} 均呈现出显著的负相关关系，Ψ_{pd} 越高或 g_{smax} 越大，叶片 $\delta^{13}C$ 值就越小，该结果反映出泡泡刺气孔活动受植物水分状况的影响较强。泡泡刺的这种水分利用方式被称为"保守型"，即遇到水分胁迫时通过调节气孔导度来减少水分散失，其耐旱能力一般较弱，植物容易发生栓塞现象。红砂在整个黑河流域分布范围要比泡泡刺更广泛，其在降水量为 35～120mm 的地区都有分布，而泡泡刺主要分在降水量为 65mm 以上的地区，这种空间分布的差异现象可能是由二者水分利用策略的

不同造成的。红砂能够更加灵活的利用水分，具有更强的耐旱能力，这些特征使红砂具有更强的水分适应能力。在全球其他地区也发现类似现象（Darrouzet-Nardi et al.，2006）。Eggemeyer 等（2009）对位于美国内布拉斯加（Nebraska）半干旱草地生态系统中两种入侵树种——北美圆柏（*Juniperus virginiana*）和西黄松（*Pinus ponderosa*）进行研究，发现，北美圆柏相比于西黄松对夏季降水响应的敏感性较弱，且具有更强的耐旱能力，因此北美圆柏在整个生态系统中分布范围更广。

4.3.3　荒漠植被多尺度生态水文适应性特征

1. 研究方法

（1）实验设计和群落调查

沿降水梯度设置 7 个荒漠植被样地（P1～P7），样地选择在远离河流（距离大于 10km）和公路的荒漠地区，地形开阔平坦，尽可能避免其他水源影响，自然降水为其最主要的水分来源。样地降水数据来自 WroldClim 1950～2000 年降水数据，P1～P7 样地年均降水量分别为 35mm、39mm、69mm、82mm、149mm、162mm 和 209mm。

采用随机取样法进行样方调查，在每个调查样地各设置 3 个重复样方。样方大小分别为：乔木 20m×20m、灌木 5m×5m。此外，在每个乔木和灌木样地四角布设草本植物调查样方，样方大小为 1m×1m。在乔木层主要记录植物种类、名称、株数、植株高度、冠幅、胸径、基径等特征；在灌木、草本层主要记录种类名称、株（丛）数、高度、冠幅（灌木）、基径和盖度等群落特征。同时记录样地基本状况，包括样地坡度、生境、地貌和土壤等属性。在灌木和草本植物样地还测定叶面积指数（LAI）、地上生物量、叶片投影盖度（FPC）等数据。使用 FPC 测量装置测定叶片投影盖度，在样地设置一条 30m 长的样线，沿样线以 0.5m 为间隔设置观测点，通过 FPC 测量装置记录绿叶出现次数，计算 FPC（姜联合等，2004）。与群落盖度相比，叶片投影盖度仅记录绿叶覆盖度，每个样地 3 个重复。采用 LAI-2200（LI-COR，Lincoln，NE，USA）植物冠层分析仪测定样地叶面积指数，在日落时分进行测定。

（2）土壤调查

在与植物群落相对应的样地内，测定土壤理化性质，取样深度为 50cm，分 0～10cm、10～20cm、20～30cm、30～40cm 和 40～50cm 5 个层次取样。土壤理化性质主要包括土壤含水量（0～30cm）、土壤含水量（30～50cm）、土壤容重、土壤总氮、土壤总碳、土壤碳氮比、土壤有效磷、土壤有效钾、土壤 pH 和土壤电导率。

2. 研究结果

（1）降水梯度下植物群落特征的变化

区域降水梯度下，植被类型以荒漠灌丛为主，随降水量的变化，物种丰富度、地上生物量、群落盖度、群落高度、群落叶片投影盖度和群落叶面积指数在不同降水量样地间均具有显著性差异。植物群落特征随降水不同而不同，物种丰富度、地上生物量、群落盖度、叶片投影盖度和叶面积指数均随降水增加呈显著线性上升趋势，而群落高度随降水增加呈显著线性下降趋势（图4-32）。

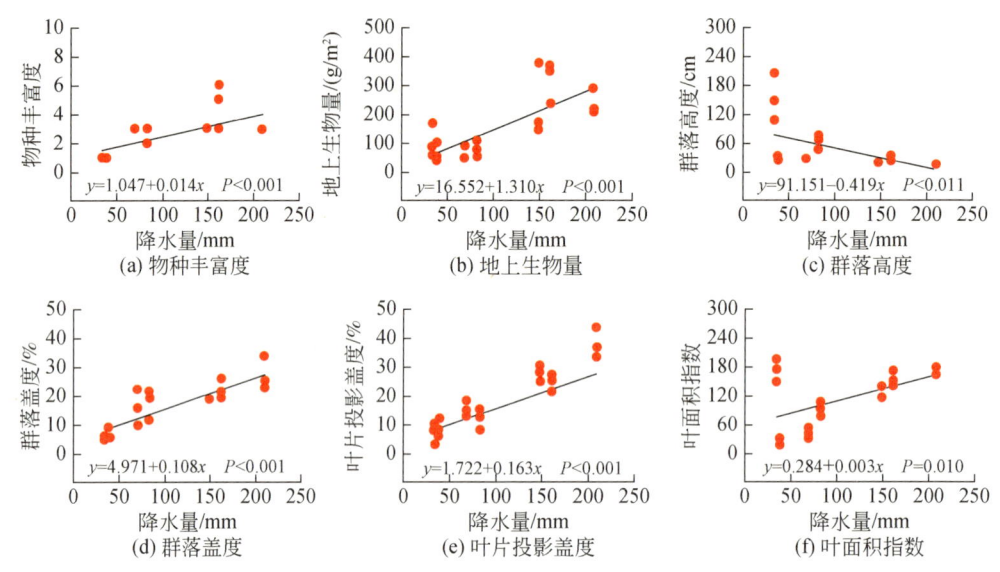

图4-32 植物群落特征和降水量的回归关系

物种丰富度和地上生物量随降水增加呈显著线性上升趋势，但物种丰富度和地上生物量最大值未出现在降水量最大的 P7 样地。物种丰富度和地上生物量的减少很大程度上是由优势灌木植物尖叶盐爪爪引起的。出现这种情况的原因可能有两个：第一，尖叶盐爪爪是典型的泌盐植物，地表盐分积聚，常常形成盐结皮，盐生环境严重限制其他植物生存，导致物种丰富度有所下降；第二，尖叶盐爪爪为降低体内盐分浓度，体内储水组织发达，大大增加了植株鲜重，降低了植物干重。此外，物种丰富度与土壤含水量（0~10cm）和土壤含水量（10~30cm）显著正相关，这一结果与之前在高寒湿地生态系统的研究结果相反，但与干旱-半干旱生态系统的研究结果相一致。其主要原因可能是干旱区种间竞争较小，湿润区强烈的种间竞争导致物种多样性降低（Wu Y et al., 2014）。

（2）降水梯度下土壤性质的变化

随降水的变化，土壤含水量（0~10cm）、土壤含水量（10~30cm）、土壤含水量（30~50cm）、土壤容重、土壤总氮、土壤总碳、土壤碳氮比、土壤有效磷、土壤有效钾、土壤 pH 和土壤电导率在各样地间均具有显著差异。土壤含水量（0~10cm）和土壤含水量（10~30cm）随降水增加呈显著直线上升趋势，而土壤含水量（30~50cm）随降水增加无显著变化。土壤容重和土壤 pH 随降水增加保持相对稳定。土壤总碳和土壤总氮随降水增加呈显著直线上升趋势，土壤有效钾随降水增加呈显著下降趋势，土壤碳氮比、土壤有效磷和土壤电导率随降水增加无显著趋势性变化（图4-33）。

降水可以直接和间接影响土壤性质。降水可以调节植物的生产和分解，进而影响土壤总碳和土壤总氮。有研究表明，土壤总碳和土壤总氮随降水增加而增加（Zhou et al.,

2002),这与本研究土壤总氮和土壤总碳随降水增加显著增加的结果一致。在干旱区,若降水减少,土壤水分的流失会加快有机物质的分解,影响净氮矿化,导致土壤总碳和土壤总氮损失。

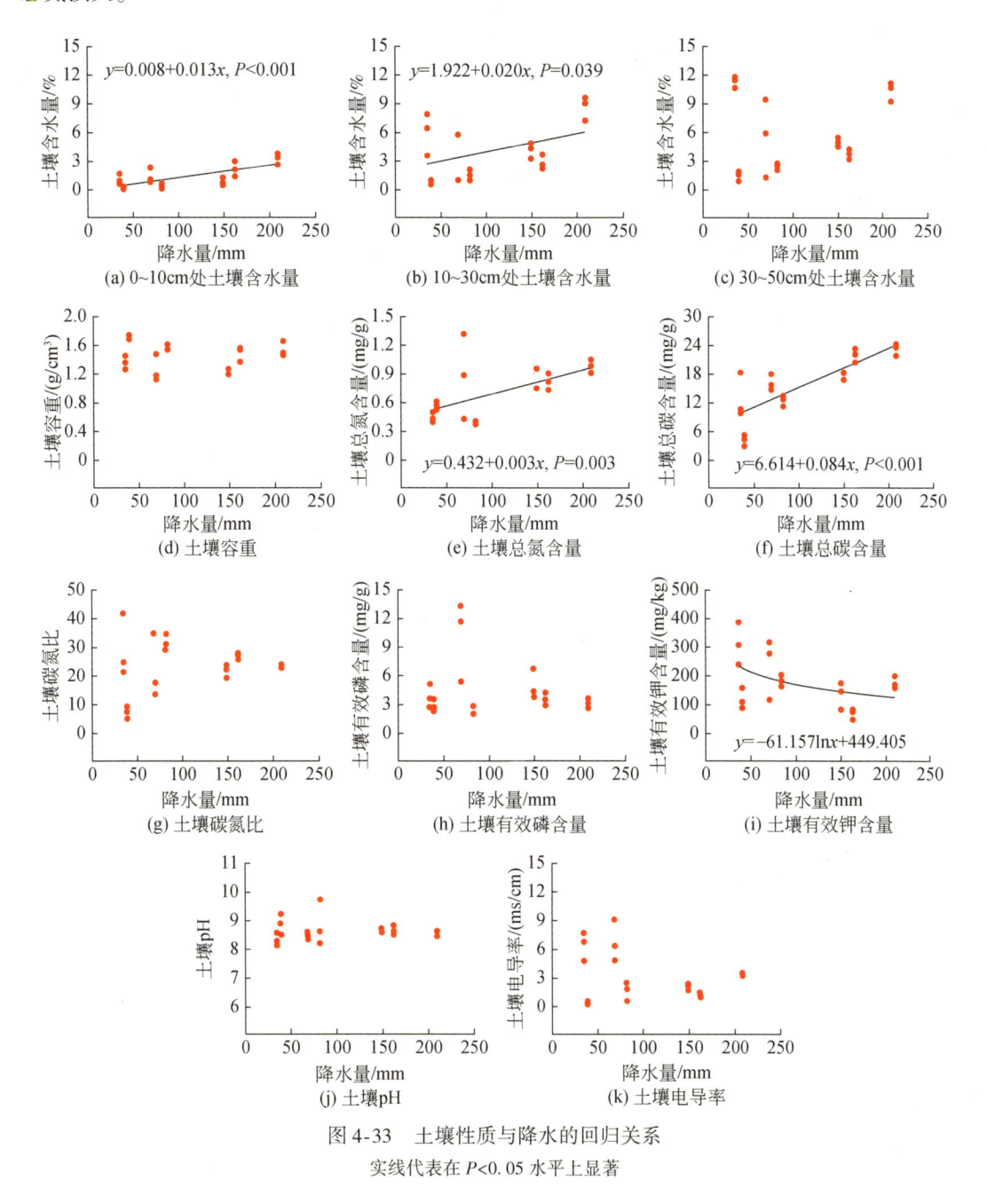

图 4-33 土壤性质与降水的回归关系

实线代表在 $P<0.05$ 水平上显著

(3) 植物群落特征与土壤性质的关系

除群落盖度和土壤含水量(10~30cm)的关系外,物种丰富度、地上生物量、群落盖度、叶片投影盖度和叶面积指数均随土壤含水量（0~10cm）和土壤含水量（10~30cm）增加呈显著增加趋势。物种丰富度、地上生物量、群落盖度、叶片投影盖度和叶面积指数随土壤总碳和土壤总氮增加呈显著增加趋势，群落高度随土壤总氮增加呈显著降低趋势。

（4）降水梯度下植物群落特征及其分布的环境解释

利用前向选择法对环境因子进行逐步筛选，蒙特卡罗检验结果显示，降水、土壤碳氮比、土壤含水量（30~50cm）、土壤总氮和土壤有效磷通过蒙特卡罗检验（$P<0.05$）。方差分解分析结果显示，降水和土壤性质共同解释植被变化的76.9%，其中降水在解释率中所占比例最大（34.1%），其次是土壤性质（24.3%），降水和土壤性质交互影响在解释率中占18.5%。

降水在调节荒漠植物群落结构和组成中起着重要作用，对生态系统功能有着重要影响。降水是影响植物群落最重要的环境因子，研究区降水（>75%）集中发生在7~8月，在夏季，灌木可以依靠降水和表层土壤水生存（Fu et al., 2014）。随降水增加，较好的水分条件能够大大提高群落地上生物量、群落盖度和叶面积指数。在研究区域内，草本植物根系主要分布在0~30cm土层（Fu et al., 2014），随降水增加，浅层土壤水分得到一定补给，草本植物的出现大大提高了群落盖度、叶片投影盖度和物种丰富度。群落高度随降水增加呈显著线性下降趋势，可能原因是在荒漠戈壁地区植物群落以单（寡）种灌木组成为主，群落种间竞争较弱，具有较高高度的荒漠植物更能支持其庞大复杂的根系，高度比较低的植物更易吸收深层土壤水分。

3. 荒漠植被的多尺度适应策略

黑河流域荒漠植被格局随环境梯度呈现多尺度生态适应策略（图4-34）。以红砂荒漠为例，可以发现植物水分利用来源在中游以降水为主，而在下游以地下水为主，并通过调节自身结构功能及空间分布和借助灵活的水分利用策略适应中下游的干旱环境。随中游至

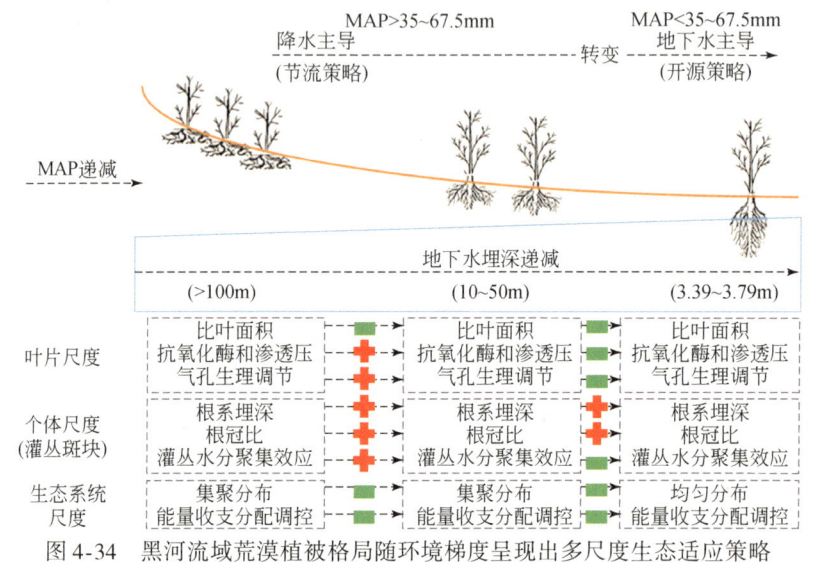

图4-34 黑河流域荒漠植被格局随环境梯度呈现出多尺度生态适应策略

下游 MAP 的递减，红砂荒漠的用水策略发生变化，其来源由浅层土壤水逐渐向深层土壤水及地下水转变。同时实验结果分析表明，红砂荒漠具有多尺度的水分利用策略。例如，在分子尺度上，红砂荒漠会通过增加抗氧化酶并提高渗透调节能力以应对增加的干旱环境；在叶片尺度上，随着干旱程度的增加，红砂荒漠会逐渐降低比叶面积，并调节气孔导度对水势响应的敏感性，在个体尺度，红砂荒漠根系埋深，根冠比随着干旱程度的增加逐渐增加；在生态系统尺度上，随着干旱程度的增加，荒漠植被群落多样性、红砂斑块集聚度逐渐降低。以上实验结果表明，随着干旱程度的增加，红砂荒漠从多尺度来适应干旱环境，整体上提高其水分利用效率，形成由被动节流到主动开源的生态适应策略。

4.4　黑河流域河岸林植被生态水文适应特征

荒漠河岸林是黑河下游荒漠绿洲的主要组成部分，也是极端干旱区的重要生态防线。荒漠河岸林植被的空间分布格局和时间变化是不同环境因子在时空上长期适应的结果。探究荒漠河岸林植被的适应性能够有效认识和理解荒漠河岸林生态恢复的过程和植被变化的内在机制，为变化背景下的生态恢复提供有效支撑。

4.4.1　不同荒漠河岸林群落物种的适应性分异特征

基于野外试验数据和水文年鉴数据，主要从环境因子的时空变化特征和不同荒漠河岸林植被群落物种的适应性分异特征两个方面来探讨黑河下游荒漠河岸林植被变化的影响因素及适应机制。

1. 研究方法

本节所采用的方法同 3.4.1 节所描述的生态水文参数获取方法。

2. 研究结果

（1）环境因子的时空变化特征

环境因子的时空变化是植被格局形成的主要原因。环境因子随环境梯度的水平变化能够表征各环境梯度下的生境状况，而环境因子在时间序列上的变化则能够表现出生态恢复过程中立地环境条件的恢复效果，能够为评价已有生态恢复的成效提供支撑。

1）水平变化特征。基于野外采样获取了距河岸不同距离梯度上荒漠河岸林样地的土壤水分和土壤性质数据。土壤水分和土壤性质随河岸距离变化明显。其中土壤水分是荒漠河岸林植被的直接水分来源，土壤水分的水平变化规律反映了荒漠河岸林立地的水分状况在空间上的分布格局（图 4-35）。0~30cm 深度的土壤水分（SWC1）、30~100cm 深度的土壤水分（SWC2）、100~200cm 深度的土壤水分（SWC3）分别对应草本、灌木、乔木物种的主要土壤水分利用层（尹力等，2012）。其中 0~30cm 深度的土壤水分（SWC1）和 30~100cm 深度的土壤水分（SWC2）是草本和灌木层物种的主要水分来源。二者主要受灌草植被利用和土壤蒸发的影响，在距河岸距离 500~1000m 以及 2500m 处达到最大，与群落盖度和多样性的峰值一致。而 100~200cm 深度的土壤水分（SWC3）主要受地下水波动的影响，在距河岸距离 1000m 处达到最大后持续下降，在距河岸距离 3000m 处降至 0.014g/g。

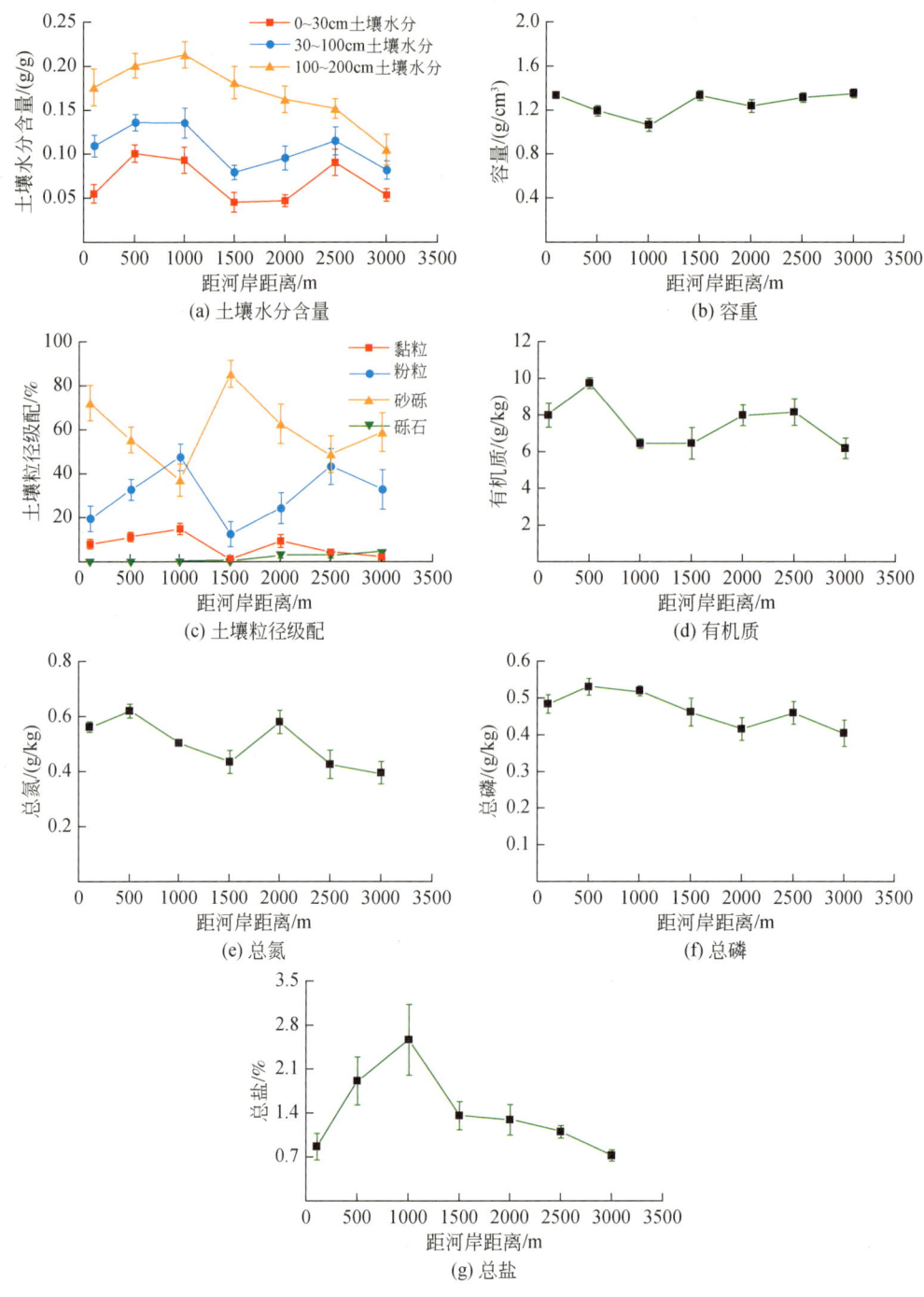

图 4-35 环境因子随距河岸距离的变化

土壤的物理性质，如土壤容重和土壤粒径组成，决定着土壤的物理结构，并影响着土壤水分的入渗和微生物分解过程（Stirzaker et al.，1996）。在近河岸地区（距河岸距离100m的梯度），土壤主要由砂粒组成，土壤容重较高。随着距河岸距离的增加，土壤中细粒成分（如黏粒和粉粒）含量增加，在植被生长状况较好的距河岸距离1000m梯度上，土壤容重达到最低（1.07g/cm³）。而在距河岸最远处（距河岸距离3000m），土壤主要由砂粒（58.90%）和砾石（4.52%）组成，立地土壤容重较大，达1.36g/cm³。

土壤有机质、总氮、总磷等是极端干旱区植被的主要养分来源，三者随环境梯度的变化规律与群落盖度变化一致。随着距河岸距离的增加，土壤养分总体上呈下降趋势，并在距河岸距离500m和2000~2500m的梯度上达到最大值。此外在极端干旱区，土壤盐分也是影响植被特征的主要理化性质（贡璐等，2015）。在距河岸距离1000m处，由于该梯度水分条件较好，地下水位埋深较浅，深根系的乔灌物种对地下水和深层土壤水分的吸收利用较大，土壤发生表层聚盐现象。超过距河岸距离1000m后，土壤盐分随着距河岸距离的增大而迅速下降，在距河岸距离3000m处达到最低。

2）垂直变化特征。植被在空间上的分布格局与环境因子的空间分异有关，而植被在立地上的生长状况则与土壤和水分因子的垂直分布密切相关。土壤和水分因子的垂直分布特征能够体现出不同环境梯度下立地条件的差异，同时也反映不同深度根系系统的荒漠河岸林植被对资源的利用状况。

基于野外试验数据，本书对距河岸不同距离梯度下荒漠河岸林立地的土壤水分和土壤化学性质的垂直变化特征进行了探究（图4-36和图4-37）。不同环境梯度下，荒漠河岸林土壤水分的垂直分布具有较为一致的总体变化特征，根据土壤水分随土壤深度的变化趋势，本书将200cm土壤深度划分为三层（图4-36）。Ⅰ：0~60cm；在该层中，土壤水分含量随土壤深度的增加而迅速增加，并在60cm的土壤深度处达到峰值。在该层中，土壤表层由于受强烈的蒸发影响，大多数立地的表层土壤水分低于0.05g/g。随着土层深度的增加，土壤蒸发量减小，土壤含水量随土层深度的增加而迅速增加。同时由于距河岸不同距离的立地土壤和植被覆盖条件不同，各梯度的土壤水分在该层中的变化差异较大。Ⅱ：60~120cm；在该层中，土壤水分总体上呈现继续增加的趋势，其中部分梯度（距河岸距离100m和1500m梯度）呈现出迅速增加的趋势，大部分梯度土壤水分在60~70cm深度出现下降趋势，在70~120cm深度土壤水分随深度增加而缓慢增加。这主要是由于60~120cm是河岸林优势物种柽柳和胡杨吸水根的主要分布层（尹力等，2012）。尽管该层受土壤蒸发的影响进一步减少，但是由于深根系优势物种对土壤水分的吸收利用，该层土壤水分在下降之后呈现缓慢增加的趋势。同时各梯度土壤水分在该层的变化差异减小，这主要是由于该层土壤水分受表层土壤蒸发和地下水补充的影响均较小，土壤水分变化主要取决于立地的植被组成，因此各梯度间的差异减小。Ⅲ：120~200cm；在该层中，土壤水分含量进一步提高。由于荒漠河岸林地区地下水埋深较浅，该层土壤水分主要受地下水补给的影响，从而导致深层土壤水分迅速增加，但是不同环境梯度下立地土壤水分增加的幅度有明显差异，这主要与各梯度下地下水埋深和深层土壤持水能力有关。

土壤化学性质的垂直变化特征较为一致（图4-37）。随着土壤深度的加深，各环境梯度下立地的土壤有机质以及土壤总氮含量均呈现出逐渐减少的趋势。除了随土壤深度的增加略有波动以外，土壤总磷含量大体上随土壤深度增加保持不变。土壤总盐含量在表层（0~40cm）迅速下降，尤其是表层聚盐较高的梯度（如距河岸距离500m和1000m处），而在40cm深度以下，土壤总盐含量缓慢减小，至100cm深度各环境梯度间土壤总盐含量接近一致。

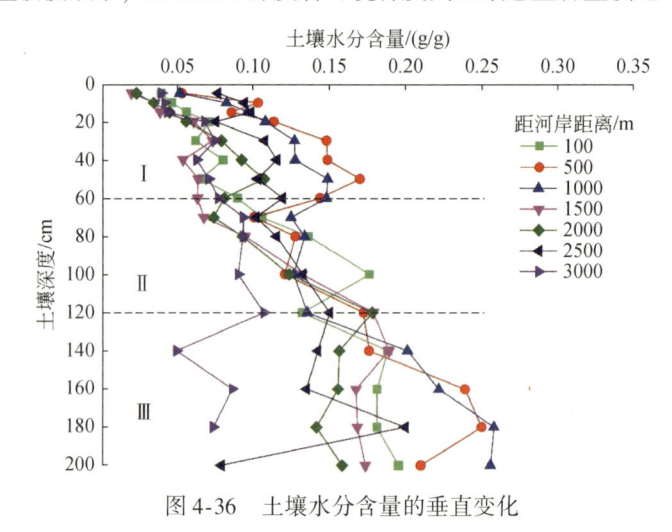

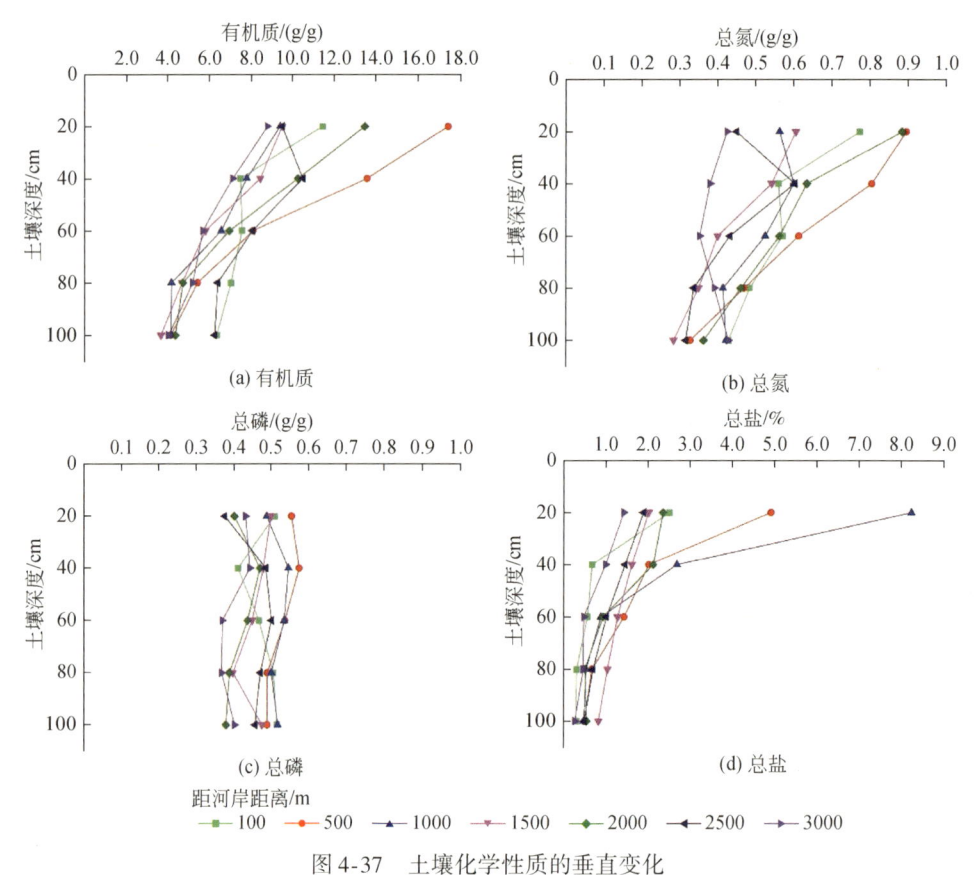

图 4-36　土壤水分含量的垂直变化

(a) 有机质

(b) 总氮

(c) 总磷

(d) 总盐

图 4-37　土壤化学性质的垂直变化

3）时间变化特征。自2000年生态输水以来，黑河下游年径流量的增加使得荒漠河岸林立地的水分状况得到了提升，进而促进了荒漠河岸林植被的生态恢复（司建华等，2005）。相比于水分因子，土壤因子（如土壤的物理性质、化学性质）在短时间的生态恢复过程中没有显著的变化，因此基于遥感反演数据，本书主要分析了生态恢复期间水分因子的时间变化特征（图4-38）。

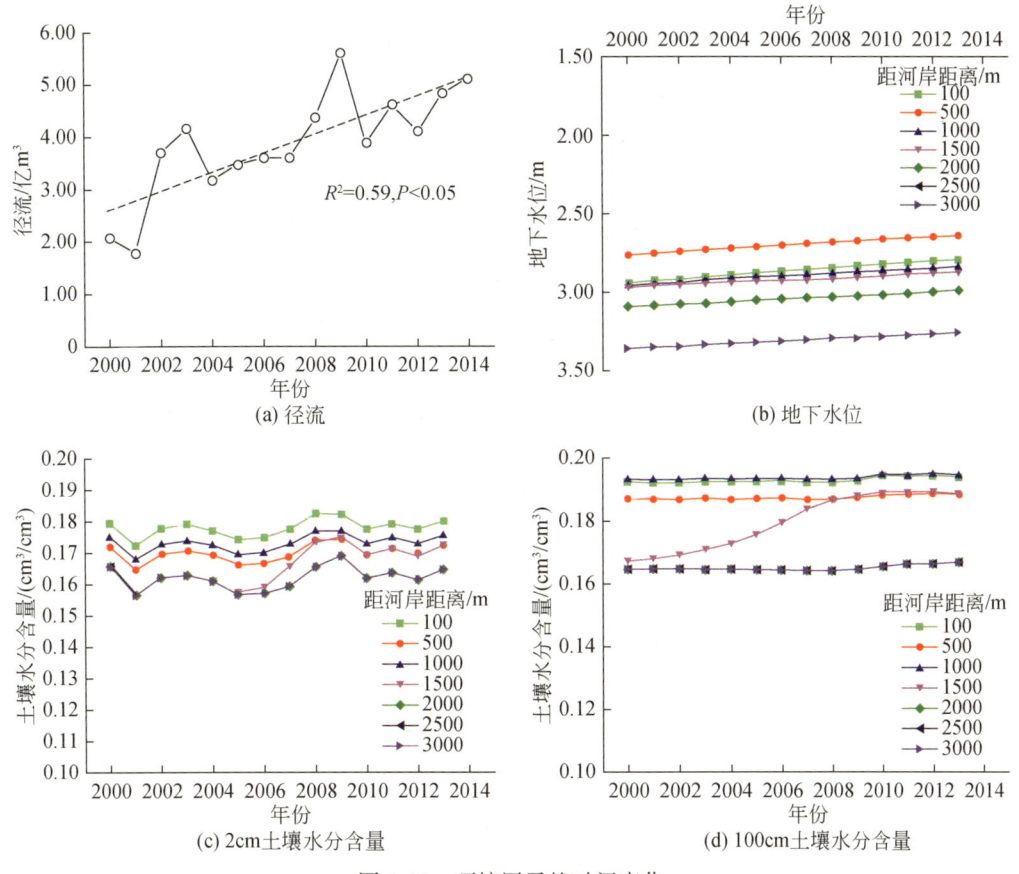

图4-38 环境因子的时间变化

本书对2000~2014年东河径流量、立地土壤水分和地下水的变化进行了分析。东河是黑河下游额济纳绿洲用水的主要来源，同时也是土壤水分和地下水的重要补给源。2000年以来，东河径流呈波动上升趋势。随着生态恢复的推进，黑河下游生态输水的力度加大，径流量在生态恢复时期内增加了近1.5倍，从2000年的2.07亿m^3增加至2014年的5.11亿m^3。地下水是荒漠河岸林植被的重要水分来源，在生态恢复过程中各环境梯度立地的地下水深度随生态恢复时间呈线性上升趋势，表明在生态恢复过程中，荒漠河岸林植被的地下水状况显著改善。土壤水分是植被生长的直接来源，2cm土壤水分含量和100cm土壤水分含量在生态恢复过程中略有增加但是幅度不大。受表层蒸发的影响，2cm土壤水分含量的年际波动较大，而100cm土壤水分含量受表层蒸发和地下水补给作用均较小，因此年际变化较为稳定。

（2）不同荒漠河岸林群落物种的适应性分异特征

植被与环境因子之间的相互作用形成了植被分布的生境，生境特征不仅影响着植被的分布格局，而且指示着植被分布的范围。本研究基于野外试验的群落调查数据利用 RDA 排序方法，对荒漠河岸林主要物种的分布生境进行了分析（图 4-39）。图 4-39 中每个三角形代表一个物种，每一个箭头代表一个环境因素。物种和环境因子之间的角度越小，物种就越倾向于在环境因子附近的栖息地生长。胡杨是荒漠河岸林群落中唯一的林层物种，主要分布在排序图的右上角，与 SOM（土壤有机质）、SWC1（0~30cm 土壤水分）分布较近。这表明胡杨主要分布在河岸附近浅层土壤水分含量较高和有机质含量较高的生境中，这与塔里木河和黑河相关研究结果一致（何志斌和赵文智，2003）。尽管胡杨以地下水为主要水分来源，但是胡杨种子和根系的萌发需要充足的土壤水分，因此胡杨主要分布在河岸带地区。同时胡杨林相对较高的生产力导致林下枯落物聚集较多，土壤的有机质含量较高。因此胡杨主要生长在浅层土壤水分和有机质含量较高的生境内。柽柳是荒漠河岸林群落灌木层的优势种，它主要分布在排序图的右下角，与 SWC2（30~100cm 土壤水分）关系较近。这表明柽柳主要分布在 30~100cm 土壤水分较高的生境中。柽柳的吸水根系主要分布在 50~150cm 土壤中，并且其主要使用 40~60cm 土壤水分。30~100cm 土壤水分是柽柳主要的水分利用来源，因此柽柳主要分布在 SWC2 较高的生境中。此外，已有研究表明柽柳具有广泛的生态幅（郑丹等，2005）。在本研究中，柽柳主要分布在距河岸距离 0~3000m 的范围内，并在所有的荒漠河岸林群落类型（群落 I 到群落 V）中均有出现。柽柳在不同生境中的强适应性是其与其他环境因子关系较弱的主要原因。草本物种主要分

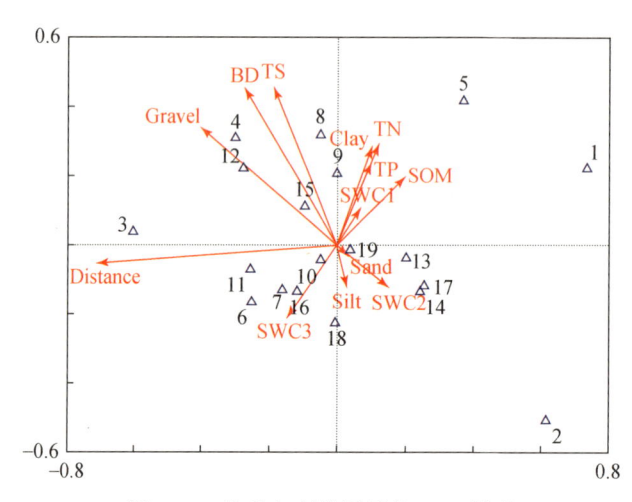

图 4-39 物种与环境因子的 RDA 排序

1. 胡杨；2. 柽柳；3. 黑果枸杞；4. 红砂；5. 苦豆子；6. 花花柴；7. 骆驼刺；8. 黄花蒿；9. 盐角草；10. 黄花棘豆；11. 芦苇；12. 碱蓬；13. 骆驼蓬；14. 骆驼蹄瓣；15. 蒲公英；16. 蒙古鸦葱；17. 地肤；18. 羊角子草；19. 赖草；SWC1 为 0~30cm 土壤水分；SWC2 为 30~100cm 土壤水分；SWC3 为 100~200cm 土壤水分；BD 为容重；Clay 为黏粒；Silt 为粉粒；Sand 为砂粒；Gravel 为砾石；SOM 为土壤有机质；TN 为总氮；TP 为总磷；TS 为总盐；Distance 为距河岸距离

布在距河岸0~3000m的范围内，并且随着河岸距离的增加，草本物种由水生草本逐渐向旱生草本过渡。荒漠河岸林的草本可以根据排序图上的分布分为四组：①苦豆子（物种编号为5），是荒漠河岸林优势草本，与土壤养分（TN、TP、SOM）、表层土壤水分（SWC1）及黏粒分布较近，其主要分布在养分和水分含量较高的生境中，主要生长在近河岸地区。②骆驼蓬、骆驼蹄瓣、地肤、赖草（物种编号分别为13、14、17、19）主要分布在30~100cm深度土壤水分含量以及粉粒含量较高的生境中。③花花柴、骆驼刺、黄花棘豆、芦苇、蒙古鸦葱、羊角子草（物种编号分别为6、7、10、11、16、18）主要分布在深层土壤水分（SWC3，100~200cm）含量较高的地区。④黄花蒿、盐角草、碱蓬、蒲公英（物种编号分别为8、9、12、15）则主要分布在土壤容重、土壤盐分较高的区域。

4.4.2 多枝柽柳与胡杨的干旱适应性分异规律

1. 研究方法与材料

(1) 稳定同位素样品采集

项目组于2016年6~9月，在每月进行叶片水分生理实验的当天，进行土壤、植物茎干、地下水样品采集，用于植物水分利用来源实验分析。为了避免同位素分馏对实验结果的影响，每次采样保证在上午7:00~10:00完成。

1) 土壤样品。使用手动土钻（$\Phi=7.5$cm）在每个标准株冠层下方分层取土壤样品，分层方式从地面向下：0~10cm、10~20cm、20~30cm、30~50cm、50~70cm、70~100cm、100~120cm、120~150cm、150~200cm、200cm，取3组重复。将每层土壤样品分成两份，一份用于实验室烘干法测定土壤含水量；另一份快速装入15mL的取样瓶，用Parafilm®膜密封瓶口，装入便携式冰箱，带回实验室-10℃冷冻保存，直至抽提用于土壤水氢氧同位素测定。

2) 植物木质部样品。分别选取胡杨和多枝柽柳木栓化、成熟的枝条，直径为0.3~0.5cm，长度约为10cm，迅速除去外皮和韧皮部，剩余木质部装入取样瓶，用Parafilm®膜密封，-10℃冷冻保存。

3) 地下水样品。取自每个样地的地下水监测井，放入塑料取样瓶密封，水样在2℃下冷藏保存。于2016年6~9月底，采集植物叶片稳定碳同位素样品，间隔约15天。在胡杨疏林生态系统和多枝柽柳灌丛生态系统内，采集阳生、健康的胡杨和多枝柽柳成熟叶片，每种植物采集4~6个不同个体。将样品带回实验室，用蒸馏水冲洗干净表面，105℃杀青20min，然后65℃烘至恒重，使用样品磨（CT193，FOSS，苏州，中国）研磨，过40目筛，用于碳同位素测定。

(2) 稳定同位素测定与分析

1) 低温真空抽提。本研究采用低温真空蒸馏法抽提植物木质部水分和土壤水分。所使用的真空抽提装置由北京理加联合科技有限公司生产的自动式水抽提系统（LI-2000）。该仪器由超低压系统、加热系统、冷凝系统以及控制系统组成。测定时将样品放置在加热系统中,在超低压(真空)环境中加热蒸馏,水汽经两系统间的软管到达冷凝系统,在低温条件下冷凝收集。整个过程在真空条件下完成,实现无分馏提取水分。考虑到植物和土壤样品含水量不同,土壤样品抽提不少于120min,植物样品抽提不少于240min。抽提过程仪器误差在±3%以内。

2)氢氧稳定同位素测定。使用美国LGR公司生产的液态水红外光谱稳定同位素分析仪DLT-100(LWIA, DLT-100, Los Gatos Research, Mountain View, CA, USA)测定真空抽提的土壤和植物水样品以及地下水样品氢氧同位素比值,δ^2H和$\delta^{18}O$测试的误差分别为≤1.2‰和≤0.3‰。研究表明真空抽提过程中,样品中的甲醇和乙醇会随蒸馏过程进入水样,而这些有机物与水分子具有相近的光谱吸收峰,导致测量值并不是水样品中真实的同位素组成。为消除干扰,对所有测定结果采用光谱污染矫正软件(LWIA-SCI)进行诊断,采用污染校正曲线进行校正。矫正后的结果与质谱仪测定结果进行比对,能较好地消除有机物污染的影响。

3)碳稳定同位素测定。植物叶片样品使用样品磨(CT193, FOSS, 苏州, 中国)研磨,过40目筛,采用稳定同位素质谱分析仪DELTA V Advantage(Thermo Fisher Scientific, Inc., USA)进行测定。样品在元素分析仪中高温燃烧生成CO_2,后经质谱仪检测CO_2中^{13}C与^{12}C的比率,并与国际标准物比对计算得到样品$\delta^{13}C$,分析精度为±0.1‰。

上述实验中,植物、土壤水样品的抽提,以及氢氧稳定同位素的测定在北京师范大学地理科学学部同位素分析实验室完成。所有样品测量同位素比率均相对于标准物比率计算得到:

$$\delta X_{\text{sample}} = \left(\frac{R_{\text{sample}}}{R_{\text{standard}}} - 1\right) \times 1000‰ \tag{4-37}$$

式中,R_{sample}为样品中同位素比率;R_{standard}为标准样品中同位素比率。其中δ^2H和$\delta^{18}O$均相对于国际维也纳标准样品(Vienna standard mean ocean water, V-SMOW)为参照,$\delta^{13}C$以PDB为参照。

(3) 植物水分利用来源计算

基于氢氧同位素技术定量确定植物水分利用来源的基本原理是质量守恒,植物茎干中水同位素是各潜在水源均匀混合的结果。植物各潜在水源的同位素值信号具有显著差异的前提下,可采用多元线性模型计算植物体内水分来自各潜在水源的相对比例。模型的表达式如下:

$$\delta X_p = \sum_{i=1}^{n} f_i X_i \tag{4-38}$$

$$1 = \sum_{i=1}^{n} f_i \tag{4-39}$$

式中,δX_p为植物木质部水同位素值;δX_i为各潜在水源的稳定同位素值,都由实测得到;f_i为植物利用某一潜在水源的相对比例。

本书采用Iso-Source模型(Phillips and Gregg, 2003)计算潜在水源对河岸带胡杨和多枝柽柳的相对贡献率,基本原理是基于同位素质量守恒的多元线性混合模型,利用迭代的方法计算潜在水源的贡献比例,适用于存在3个及以上潜在可利用水源的情况。在软件中设置增量为0.1,质量平衡公差设置为0.2。由Iso-Source模型输出结果可知,植物体内的水分来自各潜在水源的相对比例。

(4)叶片光合作用与叶水势测定

在黑河下游四道桥胡杨疏林生态系统和多枝柽柳生态系统进行胡杨和多枝柽柳光合作用日变化的测定,以探讨两种植物气体交换特征对地下水埋深季节变化的响应。在两个生态系统内分别选择3~5株长势健康、大小相当的个体为标准株。选择晴朗无云的天气,利用LI-6400XT便携式光合测定系统(Li-Cor, Lincoln, Nebraska, USA)测定自然条件下胡杨和多枝柽柳标准株的光合作用日变化过程。观测时间为8:00~20:00,间隔为2h,观测日期为2016年6月8日、6月28日、7月22日、8月11日和9月16日(DOY 160、180、204、224、260)。

光合作用观测采用荧光叶室,面积为$2cm^2$,测定的主要指标包括净光合速率[P_n, $\mu mol/(m^2 \cdot s)$]、蒸腾速率[T_r, $mmol/(m^2 \cdot s)$]、气孔导度[g_s, $mol/(m^2 \cdot s)$]和胞间CO_2浓度(C_i, $\mu mol/mol$)等。同步测定微气象变量,包括光合有效辐射[PAR, $\mu mol/(m^2 \cdot s)$]、空气温度(T_a, ℃)、叶片温度(T_l, ℃)、空气相对湿度(RH, %)、大气压(P, kPa)和大气CO_2浓度(C_a, $\mu mol/mol$)。对于胡杨,选择每株标准株树冠中部向阳一侧健康叶片,离体快速测定。多枝柽柳由于叶片形状不规则,测定时尽量将叶片平铺在叶室内,避免重叠遮挡。每个物种选取3~5株个体,每株个体选取6~9个叶片进行重复测定,待仪器读数稳定后记录参数值。测定后将叶片取下,计算叶面积进行校正。

1)光响应曲线和日最大光合生理参数测定。在样带上不同地下水埋深样地开展了胡杨和多枝柽柳光响应曲线的测定,以探讨两种植物碳同化过程对地下水埋深空间变化响应。2017年7月,选择晴朗的天气,分别确定3株长势健康、大小相当的个体作为测定对象,测定时间是上午8:00~11:00。测定过程中,叶室内的温湿度为环境温湿度,气体流速控制在$500\mu mol/s$,模拟光强梯度为0、$5\mu mol/(m^2 \cdot s)$、$10\mu mol/(m^2 \cdot s)$、$20\mu mol/(m^2 \cdot s)$、$50\mu mol/(m^2 \cdot s)$、$100\mu mol/(m^2 \cdot s)$、$300\mu mol/(m^2 \cdot s)$、$500\mu mol/(m^2 \cdot s)$、$700\mu mol/(m^2 \cdot s)$、$900\mu mol/(m^2 \cdot s)$、$1100\mu mol/(m^2 \cdot s)$、$1300\mu mol/(m^2 \cdot s)$、$1500\mu mol/(m^2 \cdot s)$、$1700\mu mol/(m^2 \cdot s)$、$1900\mu mol/(m^2 \cdot s)$、$2100\mu mol/(m^2 \cdot s)$、$2300\mu mol/(m^2 \cdot s)$、$2500\mu mol/(m^2 \cdot s)$,每个光照强度平衡60~120s后开始测定。利用光合仪同步获得蒸腾速率、气孔导度和胞间CO_2浓度等参数。采用直角双曲线修正模型进行光响应曲线的拟合。此外,根据两种植物光合作用日变化的规律,在上午8:30~9:30通过实测获得胡杨和多枝柽柳的日最大光合生理参数值。

2)叶水势测定。叶水势(Ψ)采用压力室PMS model 1515D(Instrument Company, Albany, NY, USA)进行测定。对于胡杨,随机选择树冠上部向阳一侧生长良好的枝条上部叶片进行测定,多枝柽柳叶片呈鳞片状,无法准确测定单叶水势,因此选取末端小枝代替叶水势。将带叶柄的胡杨叶片或多枝柽柳小枝切口修整平滑后立即置于仪器中,拧紧确保密封,然后缓慢增加腔室的压力,至切口处刚刚有液体冒出时立即停止加压,记录此刻压力表的数值,该读数的负值即为叶水势。测定日期为光合参数测定的当日,黎明前水势

（Ψ_{pd}）测定时间为 4：00～5：00，正午水势（Ψ_{md}）测定时间为 12：00～13：00。每个物种选择 3 株，每株 3 个重复。

2. 结果与讨论

（1）基于 Iso-Source 模型的植物水分利用比例计算

采用 Iso-Source 模型对胡杨和多枝柽柳潜在水源的吸收比例进行估算，结果如图 4-40 所示。模型计算结果显示，黑河下游荒漠河岸地带的胡杨和多枝柽柳水分利用来源以及变化特点具有差异性。从整个生长季来看，胡杨利用较高比例的 0～200cm 土壤水，平均比例达到 68.50%，生长季内直接利用地下水的比例平均约为 31.50%；多枝柽柳在生长季初期和生长季末期利用不同层土壤水和地下水的比例相当，而生长季中期（DOY 180、204、224）主要直接利用地下水和深层土壤水，其中直接利用地下水的平均比例为 64.03%。生长季内随着地下水埋深的增加，两个物种的水分来源呈现季节变化。胡杨在生长季初期（DOY 160），利用各层土壤水和地下水的比例相当，对浅层、中层、深层以及地下水的利用比例分别为 29.00%、23.70%、23.10% 和 24.20%，随着地下水埋深的增加以及土壤水分的消耗，胡杨吸收浅层和中层土壤水的比例逐渐降低，而吸收深层土壤水的比例逐渐增加，最高达 50.80%（DOY 224）（图 4-40）。多枝柽柳生长季初期水分来源结构与胡杨类似，而在生长季中期（DOY 180、204、224），多枝柽柳对浅层和中层土壤水的利用比例迅速降低至不足 10%，而对深层土壤水和地下水的吸收比例升高，分别可达到 34.70%（DOY 180）和 71.10%（DOY 224）；到生长季末期，多枝柽柳的水分来源结构与生长季初期类似。

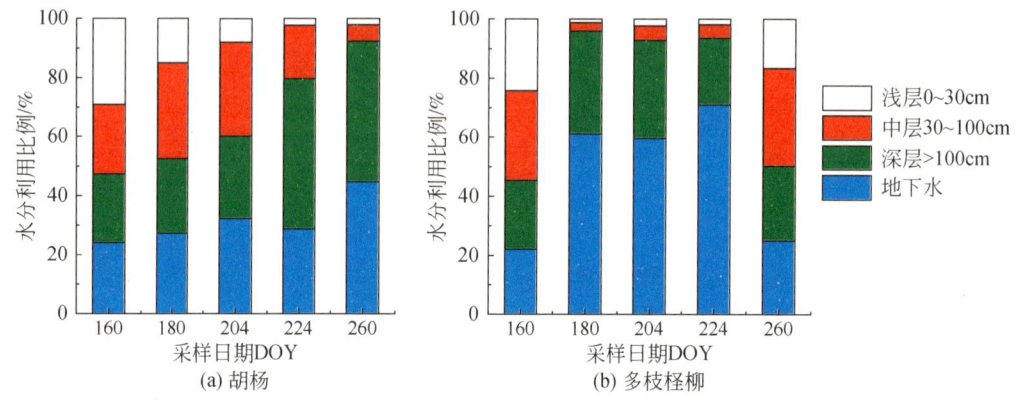

图 4-40 河岸林植被对潜在水源利用比例的季节变化

（2）胡杨和多枝柽柳对地下水埋深季节变化的生理生态响应分异特征

胡杨和多枝柽柳气体交换日变化过程对地下水埋深季节变化的响应特征如图 4-41 所示，生长季初期和末期（DOY 160、224 和 260）胡杨净光合速率峰值分别出现在 8：00 和 16：00，最低值出现在 14：00，这可能是由于午后高温胁迫，叶肉细胞光合能力降低。生长季中期（DOY 180）净光合速率表现为单峰形，峰值出现在 10：00 前后，之后快速下降，午后有小幅度回升。多枝柽柳净光合速率在取样阶段日变化特点基本一致，生长季初期和生长季中期（DOY 160、180、204、224）净光合速率在 8:00 出现第一个峰值，之后迅速下降，至 14:00 达到最低，随后在 16:00 出现小幅度回升，出现第二个峰值，之后由于温度降低和光合有效辐射的减弱而迅速降低。生长季末期（DOY 260），净光合速率清晨峰值推后，出现在 10:00，这主要是由生长季末期温度降低所致。生长季内，胡杨叶片蒸腾速率日变化呈不明显的双峰趋势。生长季初期和后期（DOY 160、224、260），蒸腾速率在正午 12:00 达到最大，16:00 左右出现第二个峰值。生长季中期（DOY 180）峰值出现在 10:00 和14:00。多枝柽柳叶片蒸腾速率日变化呈单峰曲线，且日变化幅度比胡杨平缓。生长季初期和后期（DOY 160、224、260），峰值都出现在 14:00。两植物生长季内蒸腾速率日均值变化特征存在不同，胡杨呈现先增加后减小的趋势，分别为 5.74mmol/（m²·s）、8.19mmol/（m²·s）、9.65mmol/（m²·s）、5.77mmol/（m²·s）。多枝柽柳蒸腾速率日均值生长季前期变化不大，生长季后期明显下降，分别为 6.79mmol/（m²·s）、7.02mmol/（m²·s）、7.11mmol/（m²·s）和 4.50mmol/（m²·s）。

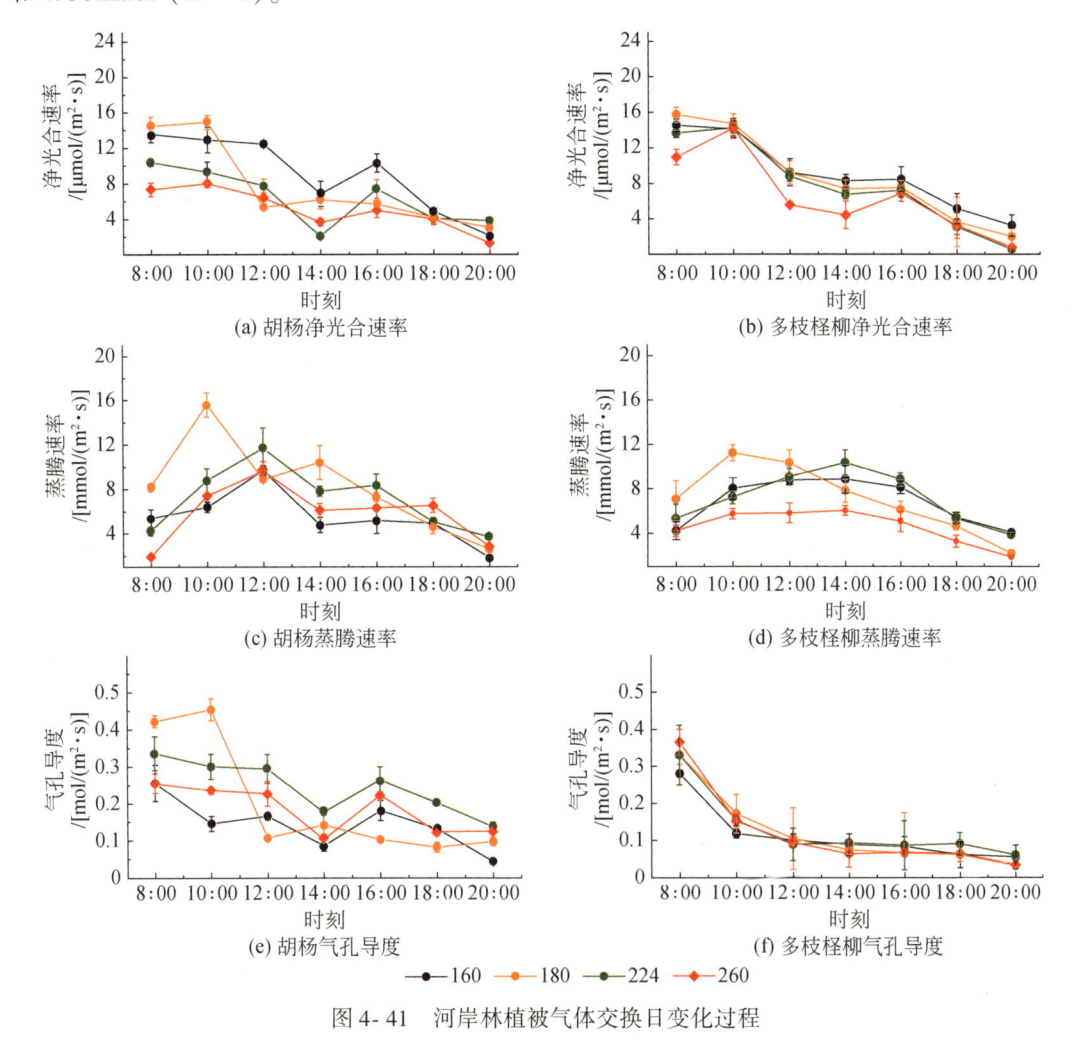

图 4-41 河岸林植被气体交换日变化过程

胡杨气孔导度与净光合速率日变化趋势类似，且出现峰值的时间段与净光合速率基本一致。多枝柽柳气孔导度日变化较为特殊，最大值都出现在8:00，平均约为0.33mmol/(m²·s)，之后迅速下降到约0.1mmol/(m²·s)，多枝柽柳气孔导度日过程在生长季各阶段的变化不明显。

图4-42为四道桥河岸生态系统胡杨和多枝柽柳日最大气体交换参数（日最大净光合速率P_{nmax}和日最大气孔导度g_{smax}）随地下水埋深的变化情况。随着地下水埋深的增加，胡杨日最大净光合速率呈现显著下降的趋势（$P<0.05$），生长季末期降至生长季最大值的54%，日最大气孔导度生长季前期升高，之后显著下降，生长季末期降至生长季最大值的56%。生长季内多枝柽柳日最大净光合速率变化不显著（$P>0.05$），平均约为14.63 μmol/(m²·s)，生长季日最大气孔导度平均约为0.35mmol/(m²·s)，有升高的趋势，但变化不显著（$P>0.05$）。

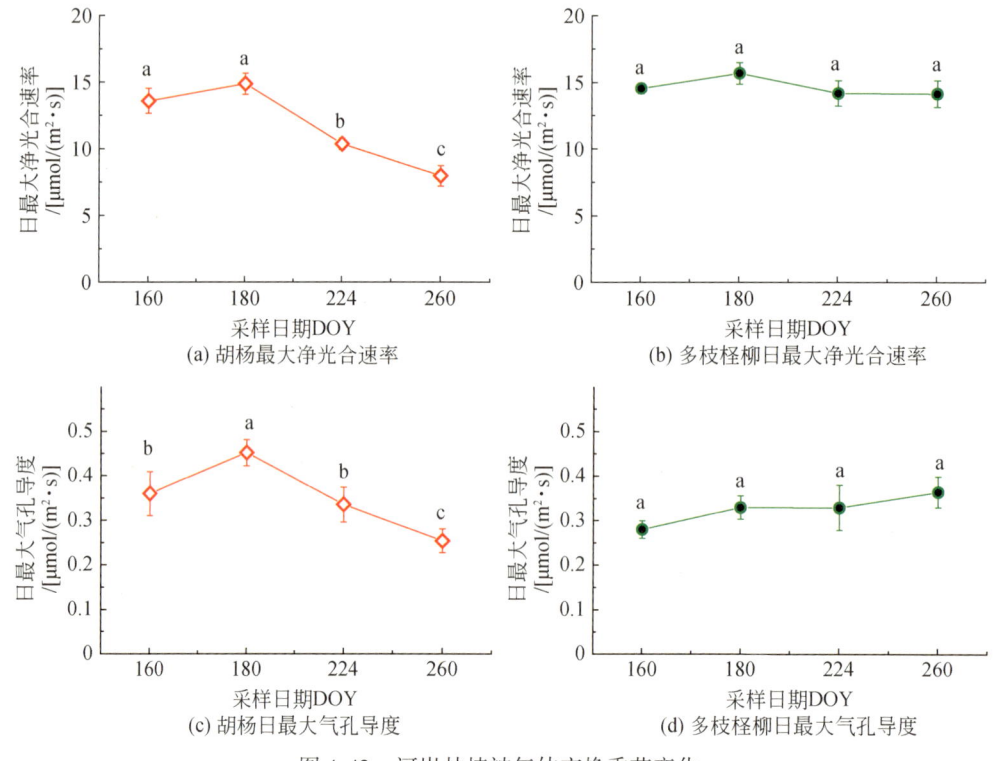

图4-42 河岸林植被气体交换季节变化

胡杨和多枝柽柳黎明前水势（Ψ_{pd}）和正午水势（Ψ_{md}）对地下水埋深季节变化的响应如图4-43所示。胡杨平均黎明前水势显著高于多枝柽柳（$P<0.001$），二者的黎明前水势季节平均分别为-0.64±0.03MPa和-2.02±0.08MPa。胡杨正午水势季节平均也显著高于多枝柽柳（$P<0.001$），分别为-2.50±0.12MPa和-3.81±0.17MPa。同等环境条件下，多枝柽柳叶水势低于胡杨是西北干旱区普遍现象（司建华等，2005），这主要是由两种植物叶片结构性状差异导致的，胡杨叶片具有"进化异型叶"的生物学特点，成熟的胡杨叶片

多以肾形和阔叶为主，而多枝柽柳叶片呈鳞片状，茎叶愈合。

生长季内，胡杨和多枝柽柳 Ψ_{md} 都随着地下水埋深的增加显著下降，其中胡杨 Ψ_{md} 从 -2.12 MPa 下降至 -2.83 MPa（$P<0.001$）；多枝柽柳 Ψ_{md} 从 -3.30 MPa 下降至 -4.36 MPa（$P<0.001$）。胡杨和多枝柽柳 Ψ_{pd} 都没有表现出显著的季节变化。

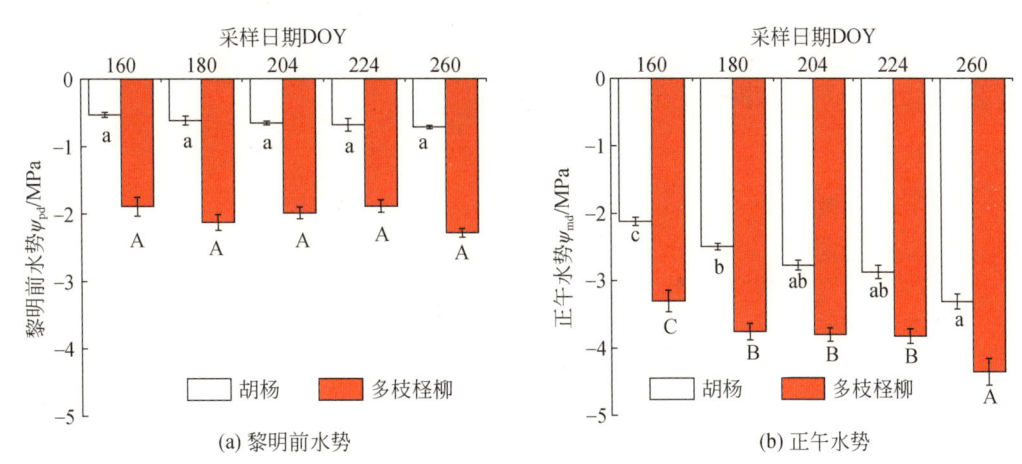

图 4-43 黎明前水势和正午水势的季节变化

图中小写英文字母表示同一物种各个采样日期之间的差异性状水平（$P<0.05$）；大写英文字母表示同一时段多枝柽柳和胡杨之间的差异显著性水平（$P<0.05$）

特殊的气孔行为和气孔敏感度是荒漠植物适应干旱的关键策略之一。图 4-44 显示荒漠河岸带胡杨和多枝柽柳正午水势与日最大气孔导度的关系，可以看出，胡杨 Ψ_{md} 与 g_{smax} 呈显著的正相关关系（$P<0.05$），即水势越低气孔导度也越低，而多枝柽柳 Ψ_{md} 与 g_{smax} 没有表现出明显的相关关系。该结果表明两种植物气孔行为及其对水分变化的敏感度存在差异。McDowell 等（2008）根据植物叶水势与气孔导度的变化关系，将气孔行为归纳为等水（isohydry）行为和异水（anisohydry）行为。等水植物具有较强的气孔控制能力，土壤水分含量降低时，降低气孔导度，减少水分散失，维持相对稳定的叶水势，但气孔导度的降低同时限制了光合作用固碳，因此这类植物在长期干旱环境中容易因碳饥饿而衰亡；异水植物则与之相反，能够忍耐较低的水势，并维持气孔开放，保持气体交换和固碳能力，但代价是水分的蒸腾散失和水势降低，极端干旱时，此类植物具有较高的耐碳饥饿能力，但容易因水力失衡而死亡。异水行为更有利于气体交换，维持植物碳平衡，因此在干旱环境中具有更强的生存优势（Shackel and Hall, 1983；Turner et al., 1985），也更为常见。而实际上等水和异水是气孔行为的两个极端，二者没有明显的划分界限，自然界中多数植物介于二者之间。

本研究中，根据胡杨水势和气孔导度的关系（$y=0.14x+0.64$），推断胡杨气孔导度为 0 时对应的叶水势约为 -4.6 MPa；而多枝柽柳气孔导度对水分条件变化的敏感度相对较弱。二者相比较，胡杨气孔行为更倾向于等水-异水谱中的等水一端，而多枝柽柳更倾向于异水一端。胡杨的这种用水策略被称为"节水型"或"保守型"策略，即地下水埋深增加导致干旱加剧时，通过灵活的调节气孔导度，减少蒸腾水分散失，与此同时气孔的关闭也

限制了 CO_2 进入细胞，导致其光合速率随地下水埋深增加而显著下降，这也是胡杨容易发生长势衰败，并多有"顶枯"现象的原因之一。多枝柽柳在干旱胁迫增加时，仍保持较高气孔导度，这势必导致水分的大量散失，这种水分利用方式被称为"挥霍型"或"投机型"策略。胡杨和多枝柽柳用水策略的差异也是导致二者在黑河下游的分布具有明显差异的原因之一。对土壤水有较强依赖性、气孔敏感、耐旱性差的胡杨多分布于水分条件较好的河岸两侧绿洲地带，而更多的直接利用地下水、根系生长快、气孔敏感性差、耐旱能力强的多枝柽柳则具有从绿洲到荒漠的广泛分布范围。

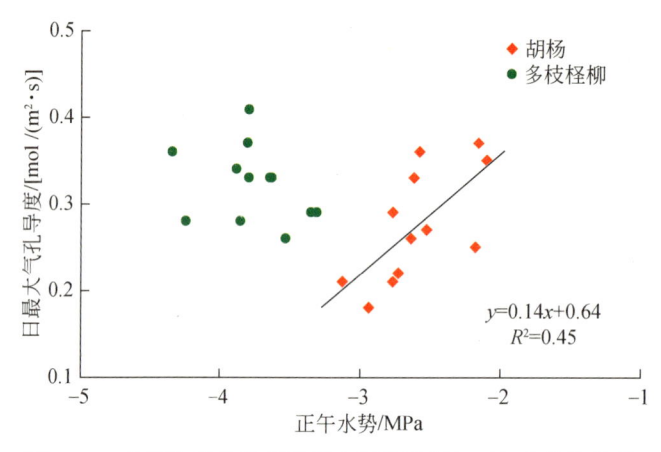

图 4-44　胡杨和多枝柽柳日最大气孔导度与正午水势的关系

（3）胡杨和多枝柽柳适应性差异及对荒漠河岸生态系统的潜在影响

水分条件是影响干旱区生态系统结构和功能的关键因素。荒漠河岸生态系统水文环境具有强烈的波动性（Newman et al., 2006），能够保持稳定的生理生态特征的植物具有更强的竞争力。当地下水埋深增加，土壤水分亏缺加剧时，植物一方面通过水分来源的转换以获取更加稳定的水源补给，另一方面通过气孔调节以减少水分的蒸腾散失，避免栓塞风险导致的水力失衡。实际上水分来源的转换与气孔行为的调整是植物干旱适应策略的两个不同方面，二者是相互权衡的关系。毫无疑问，水分来源的转换有利于植物维持较稳定的水分状态（如稳定的水势），但是研究表明，对于部分气孔敏感度高的植物，水源的转换并不能完全抵消干旱对其气体交换特征的影响，因此水分来源的适应性转变并不能增加植物对干旱的抵抗能力（Grossiord et al., 2017）。

基于本研究的实验结果，预测河岸带地下水埋深的快速变化将对胡杨生理生态特征产生的影响大于多枝柽柳，这是由于水分来源的转换并不能抵消干旱胁迫对胡杨气体交换特征的影响。图 4-45 显示了胡杨和多枝柽柳茎干 $\delta^{18}O$ 值与气体交换参数的关系，胡杨茎干 $\delta^{18}O$ 值与 P_{nmax} 以及 g_{smax} 都呈显著的正相关关系，而多枝柽柳茎干 $\delta^{18}O$ 值与 P_{nmax} 以及 g_{smax} 没有显著的相关关系。茎干 $\delta^{18}O$ 值反映植物主要吸水来源的同位素特征，其值越小，表示胡杨吸收越高比例的深层土壤水和地下水。显著的正相关关系意味着随着更高比例的深层土壤水及地下水的吸收，胡杨光合固碳能力减弱。这是由于随着地下水埋深的季节性增加，土壤水分亏缺程度加剧，胡杨的等水调节方式保持了相对稳定的黎明前水势，但与此同时，气孔导度降低导致了生长季内光合速率的显著降低，故而提高了光合固碳限制的风险。多枝柽柳茎干 $\delta^{18}O$ 值与 P_{nmax} 以及 g_{smax} 没有显著的相关关系，主要是由于多枝柽柳更倾向于采取异水气孔调节方式，气孔导度随干旱胁迫的变化不大，保证了气体交换过程的持续稳定；同时河岸带多枝柽柳更倾向于直接吸收地下水，充足的水源保证了多枝柽柳生理生态过程的稳定。

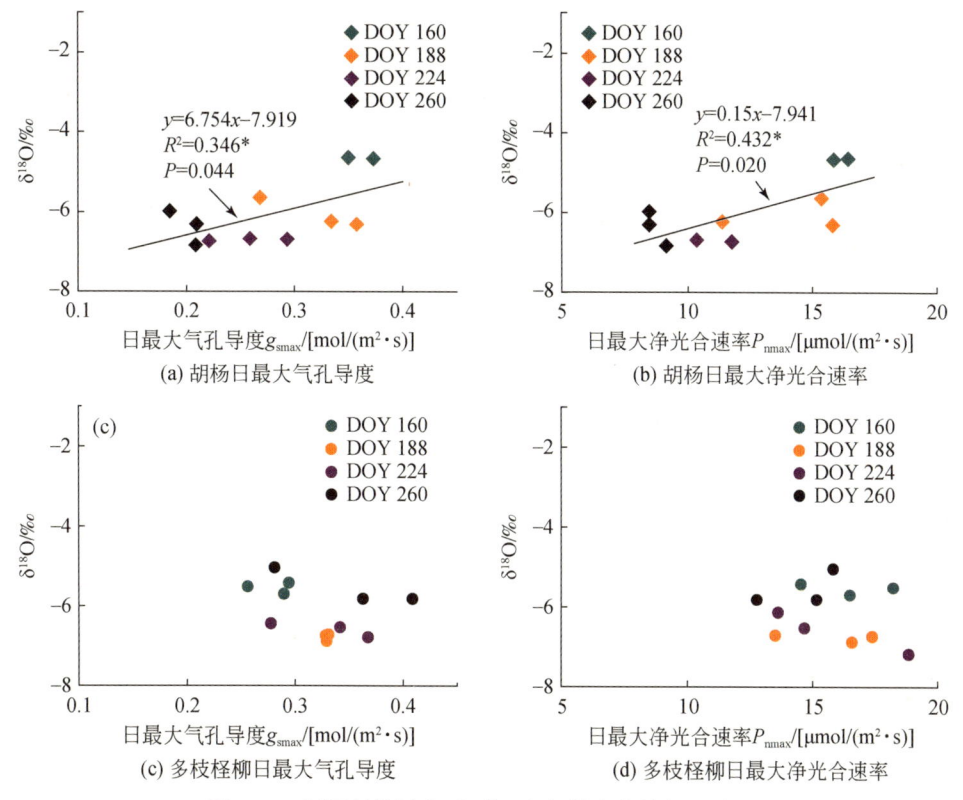

图 4-45 河岸林植被茎干 $\delta^{18}O$ 与气体交换特征的关系

在实施生态输水工程的背景下，黑河下游河岸带地下水埋深的季节性变化演变为长期存在的特殊水文节律。地下水埋深的波动通过改变植物水分来源、气体交换等生理生态过程及其关系，影响荒漠河岸生态系统植被动态特征，进而改变生态系统结构。胡杨和多枝柽柳水分来源及气孔行为对干旱胁迫的响应方式及其权衡关系存在差异，导致地下水埋深的变化对胡杨和多枝柽柳生理生态特征的影响程度不同。短期内，河岸带植物的总体生长状况变化可能并不明显，长此以往，多枝柽柳生长状况会逐渐优于胡杨，将会改变河岸生态系统物种分布格局。类似的现象在干旱区是普遍存在的，Otieno 等（2006）发现，欧洲栓皮栎（*Quercus suber*）在干旱季节利用深层土壤水，保持了稳定的水势，但在这一时段内并没有监测到植物的生长。另一个典型的案例是美国西南部洛斯阿拉莫斯生存-死亡率（Los Alamos Survival-Mortality，SUMO）实验基地的松树和刺柏混合林分，等水植物松树和异水植物刺柏被证实都在干旱加剧时利用一定比例深层土壤水（Williams and Ehleringer,

2000; Grossiord et al., 2017),但在 2002~2007 年的干旱事件后,松树大量死亡,而刺柏幸存(Dickman et al., 2015),其中一个重要原因就是水分来源的变化并不能完全抵消干旱对于松树气体交换的影响(Grossiord et al., 2017)。

柽柳属植物具有很强的耐盐碱和耐旱性,且繁殖能力强,在美国西南部的许多河岸生态系统中,柽柳属植物作为入侵种逐渐取代了杨属或柳属植物而成为建群种,导致和河岸生态系统生物多样性的急剧降低(Busch and Smith, 1995)。在中国西北地区,柽柳属植物作为本地种,是维持荒漠生态系统的关键物种,没有入侵风险,但不可否认的是,荒漠河岸生态系统中,多枝柽柳比胡杨具有较高的生存优势。基于本研究的结果,河岸带胡杨生理生态过程更容易受到地下水埋深变化的影响,而多枝柽柳相对稳定。因此未来河岸生态系统的管理,不仅需要保证适宜的地下水埋深,还应尽量避免地下水埋深的剧烈、快速波动,以减少对胡杨生长状况的影响。

4.4.3 河岸林植被对干旱环境的生态适应特征

黑河下游主要为河岸生态系统,是典型的依赖地下水的生态系统,河流与地下水相互作用共同决定着河岸生态系统的结构和功能。

1. 研究方法

(1) 实验设计和群落调查

荒漠河岸林是额济纳绿洲主要组成部分,受地形的异质性和河流补给地下水的影响,河岸带空间分布范围难以精确圈定。在额济纳乌兰图格嘎查,荒漠河岸林主要分布在 0~3200m,调查样地基本覆盖河岸林分布范围。野外调查在 2015 年 7 月底进行,群落特征和土壤性质调查采样同时进行。由于下游极其干旱的气候,野外观察期间未发生有效降水。在黑河下游乌兰图格嘎查垂直于河岸布设调查样地 11 个(记为 S1~S11),距离河岸分别为 300m、800m、1300m、2200m、2450m、2700m、2950m、3200m、3700m、4000m 和 4500m,其中胡杨样地(S0)被水淹没,故未计算在内。

采用随机取样法进行样方调查,在每个调查样地各设置 3 个重复样方。样方大小分别为:乔木 20m×20m、灌木 5m×5m。此外,在每个乔木和灌木样地四角布设草本植物调查样方,样方大小为 1m×1m。在乔木层主要记录植物种类、名称、株数、植株高度、冠幅、胸径、基径等特征;在灌木、草本层主要记录种类名称、株(丛)数、高度、冠幅(灌木)、基径和盖度等群落特征。同时记录样地基本状况,包括样地坡度、生境、地貌和土壤等属性。在灌木和草本植物样地还测定叶面积指数(LAI)、地上生物量、叶片投影盖度(FPC)等数据。使用 FPC 测量装置测定叶片投影盖度,在样地设置一条 30m 长的样线,沿样线以 0.5m 为间隔设置观测点,通过 FPC 测量装置记录绿叶出现次数,计算 FPC(姜联合等,2004)。与群落盖度相比,叶片投影盖度仅记录绿叶覆盖度,每个样地 3 个重复。采用 LAI-2200 (LI-COR, Lincoln, NE, USA) 植物冠层分析仪测定样地叶面积指数,在日落时分进行测定。

(2) 土壤调查

在与植物群落相对应的样地内,测定土壤理化性质,取样深度为 50cm,分 0~10cm、10~20cm、20~30cm、30~40cm 和 40~50cm 5 个层次取样。土壤理化性质主要包括土壤含水量(0~30cm)、土壤含水量(30~50cm)、土壤容重、土壤总氮、土壤总碳、土壤碳氮比、土壤有效磷、土壤有效钾、土壤 pH 和土壤电导率。

(3) 地下水埋深数据

地下水埋深数据下载自寒区旱区科学数据中心。于 2010 年在额济纳乌兰图格嘎查建立七口地下水监测井(7.62~9.66m 深),监测井分别位于垂直于河岸且距河岸距离 50m、300m、1700m、2200m、2700m、3200m 和 4300m 处,每个井安装 HOBO 地下水埋深自动监测设备 1 台,监测地下水埋深数据。由于生长季节(7~9 月)地下水埋深相对稳定,且直接影响植物生长,本研究使用 2010~2014 年生长季节地下水埋深数据。除样地 S1、S4、S6、S8 和 S9 直接从附近监测井中获取地下水埋深数据,样地 S2、S3、S5、S7、S10、S11 地下水埋深数据通过协同克里格(Cokriging)插值获得。

(4) 数据分析

采用 SPSS 20.0 进行数据统计分析,用单因素方差分析和 Tukey 检验法对不同样地群落特征数据和土壤性质数据进行差异显著性检验($P<0.05$)。为满足方差齐性和正态分布,统计数据经过 lg 10 转换。建立回归方程分析植物群落特征、土壤性质和降水之间的回归关系。回归方程的确定主要取决于显著性水平和 R^2 大小。为研究环境因子对群落特征的影响,采用冗余分析法确定主要影响因子。为避免冗余变量的影响,先用前向选择法,通过蒙特卡罗检验确定各环境变量的边际效应及条件效应,其中边际影响值表示环境变量对群落特征影响的大小,条件影响值表示通过采用前向选择法消除了部分变量影响后,环境变量对群落属性影响的大小。采用蒙特卡罗检验(9999 次置换)检测环境变量和植物群落特征是否存在显著相关关系,排除影响不显著的变量($P>0.05$),剔除冗余变量获取关键影响因子。同时,在冗余分析的基础上,用方差分解法对关键环境因子进行分析,将关键因子分为降水变量和土壤变量两组,两组数据进入模型分析,最终模型中包括各因子独立解释率和各因子之间交互作用的解释率。前向选择法、蒙特卡罗检验、冗余分析和方差分解法在 CANOCO 5.0 软件中完成(Ter Braak and Smilauer,2012)。

2. 研究结果

(1) 土壤水分和盐碱梯度下的植被变化

1)垂直于河岸的地下水埋深变化。在距河岸由近及远的梯度下,地下水埋深在 2.25~3.26m 变化,地下水埋深随距河岸距离的增加发生显著变化($F = 2.365$,$P = 0.028$)。随距河岸距离的增加,地下水埋深呈现明显的线性增加趋势($y = 0.0002x + 2.176$,$R^2 = 0.963$,$P<0.001$),在距河岸距离 4.5km 处达到最大值。

2)地下水埋深梯度下植物群落特征的变化。垂直于河岸的地下水埋深梯度下,植被由以胡杨、多枝柽柳为优势种的荒漠河岸林向以红砂为优势种的荒漠灌丛转变。随地下水埋深的变化,物种丰富度、地上生物量、群落盖度、群落高度、叶片投影盖度和叶面积指数在不同地下水埋深样地间均具有显著差异。物种丰富度随地下水埋深的增加呈显著线性下降趋势，地上生物量和群落高度随地下水埋深的增加呈显著幂指数下降趋势，群落盖度、叶片投影盖度和叶面积指数均呈显著线性下降趋势。物种丰富度、群落盖度和叶片投影盖度最大值未出现在地下水埋深最浅处（图4-46）。

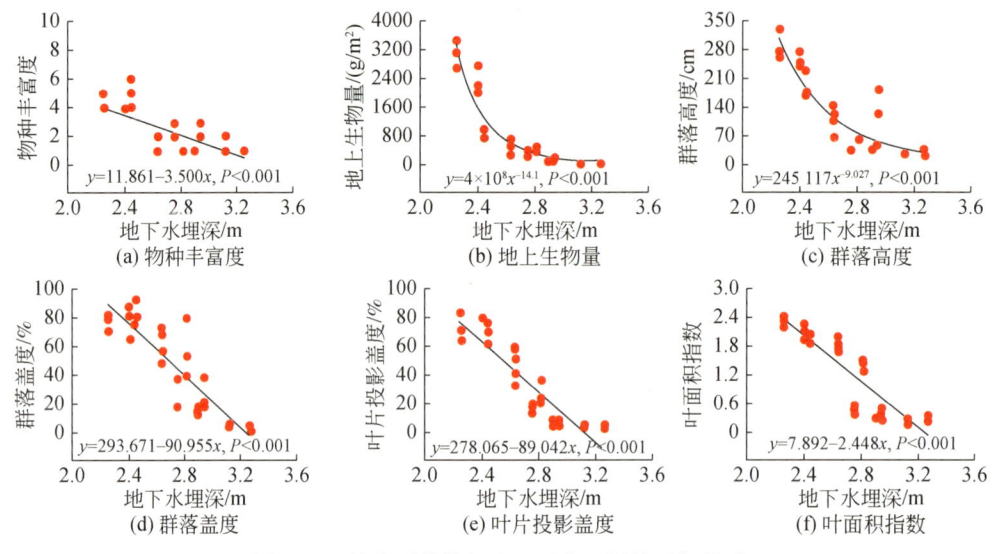

图4-46 植物群落特征和地下水埋深的回归关系

干旱区内陆河流域物种多样性的减少主要是由草本植物锐减造成的，且物种多样性最丰富的地点不出现在地下水埋深最浅的区域（Hao et al., 2010）。干旱区草本植物一般属于浅根系植物，对增加植物群落盖度和物种多样性贡献较大。Hao 等（2010）发现在塔里木河荒漠河岸林中，草本植物主要受高含盐量的限制，即使水分条件较好，草本植物仍难以较好定居。本研究的物种丰富度、物种盖度和叶片投影盖度最大值均不出现在地下水埋深最浅的样地，这主要受限于较高的土壤pH，物种丰富度最大值出现在土壤pH和电导率均相对适宜的S3样地。Palpurina 等（2017）认为高pH引起的生理胁迫抑制了植物物种多样性，使其保持相对合适的种群数量。黑河流域下游沿河荒漠河岸林草本植物对于物种丰富度、群落盖度和叶片投影盖度贡献较大，受土壤盐碱影响，这些群落特征在地下水埋深最浅的样地未达到最大值。但地上生物量、群落高度和叶面积指数三者最大值出现在地下水埋深最浅的样地，这是由于多枝柽柳决定着地上生物量、群落高度和叶面积指数，多枝柽柳为深根系植物，根系可以穿过盐碱层延伸到盐碱相对较低的土层，表明影响多枝柽柳群落的因子主要是地下水埋深而不是土壤盐碱（Li et al., 2013）。

草本植物，如苦豆子、花花柴和骆驼蓬根系分布在 0~30cm，主要依赖浅层土壤水正常生长（Fu et al., 2014）。但黑河下游极其干旱，在垂直于河岸的地下水梯度下，地下水埋深均在2m以上，尤其是 S7~S9 样地地下水埋深可达 2.75~2.94m，草本植物可以在河岸林下层较好地生长。深根系植物的水分提升作用可以解释荒漠河岸林下草本植物较好生长的原因。多枝柽柳通过根系从土壤和地下水吸收水分，并将体内多余的水分释放到草本植物根系所在的浅层土壤（0~20cm），保证了浅根系草本植物的生长。Fu 等（2014）发现深根系植物和浅根系草植物所组成的群落是该区荒漠河岸植被恢复最佳的植物组合。在极其干旱的区域，荒漠河岸林主要分布在地下水埋深在 3m 左右的区域，表明黑河下游地下水埋深保持在 2~3m，这对荒漠河岸植被恢复起着积极作用。

3）地下水埋深梯度下土壤性质的变化。随地下水埋深的变化，土壤含水量（10~30cm）、土壤含水量（30~50cm）、土壤容重、土壤总氮、土壤总碳、土壤碳氮比、土壤有效磷、土壤有效钾、土壤pH和土壤电导率在不同地下水埋深样地间均具有显著差异。土壤含水量（10~30cm）和土壤含水量（30~50cm）随地下水埋深增加呈显著幂指数下降趋势，而土壤容重和土壤碳氮比随地下水埋深增加呈显著线性上升趋势。土壤总氮、土壤总碳、土壤有效磷和土壤有效钾随地下水埋深增加呈显著幂指数下降趋势。土壤电导率随地下水埋深增加呈明显单峰形变化趋势，而土壤 pH 随地下水埋深增加与土壤电导率呈相反变化趋势（图4-47）。

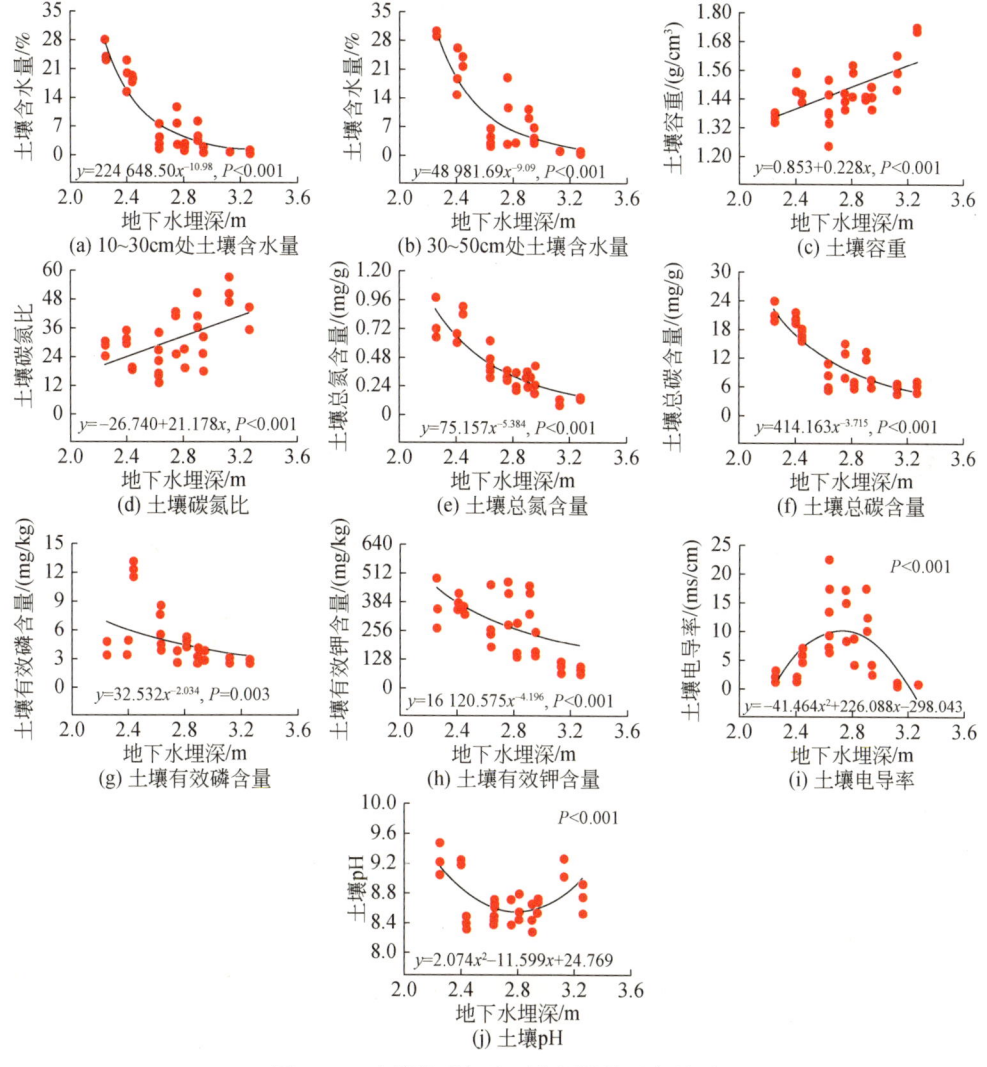

图 4-47　土壤性质与地下水埋深的回归关系

干旱区内陆河流域的土壤理化性质受地下水埋深的强烈影响。地下水波动引起的土壤含水量变化是决定生态系统动态的最重要的驱动因子。由于干旱区小的降水事件和强烈的蒸发,土壤含水量主要受地下水控制,尤其是深层土壤含水量(Fu et al., 2014)。本研究结果显示,土壤含水量(0~50cm)随地下水埋深增加呈显著下降趋势,这一研究结论与在塔里木河流域荒漠河岸林的研究结论一致(Hao et al., 2010)。地下水也会影响土壤容重,本研究结果显示,土壤容重随地下水埋深增加呈显著增加趋势,这主要是由于随地下水埋深增加,植被发育较差,有机质输入减少,促使土壤容重增加。较高的土壤容重往往导致土壤保水能力降低,可能加剧干旱区表层土壤的干旱程度。

土壤化学性质受到与地下水相关的生物和非生物因子共同作用的影响。土壤总碳、土壤总氮、土壤有效磷和土壤有效钾均随地下水埋深增加呈下降趋势,这主要是由于随地下水埋深增加,植物群落物种丰富度、生物量和高度等群落特征变差,土壤碳含量和土壤氮含量降低。土壤碳可以促进氮元素和磷元素的供应,较好的土壤结构有利于植物生长,较低的土壤碳含量会降低土壤中有效磷的含量。土壤水分的降低会增加有机质的分解,影响土壤净氮矿化,导致干旱区土壤碳含量和土壤氮含量的损失。

土壤电导率随地下水埋深变化呈单峰形变化趋势,在地下水埋深2.6m处达到最大值,然后随地下水埋深增加迅速下降。与土壤电导率不同,土壤pH随地下水埋深变化趋势与电导率变化趋势相反。较低的植被盖度和强烈的土壤蒸发加剧了盐分在土壤表层的集聚,这可能是导致样地S4、S5、S6、S7和S8土壤电导率较高的主要原因。在靠近河道的样地,如样地S1、S2和S3,植物群落发育较好,植被盖度可达75%以上,地表蒸发的降低大大减少了土壤表层盐分的积累。此外,脱盐交换作用和藜科植物的碱化作用可能降低样地土壤电导率,提高土壤pH。随地下水埋深增加,裸露地表蒸发量未降低,如样地S10和S11,但土壤电导率急剧下降,土壤pH有所升高,这可能是由于土壤主要为沙土,地下水埋深在3m以上,很难到达表层土壤,减少了盐分在土壤表层的积累,且土壤母质促进了碱化土的形成,也表明土壤电导率和土壤pH可能受生物和非生物因素的共同影响。

4)植物群落特征与土壤性质的关系。物种丰富度、地上生物量、群落盖度、群落高度、叶片投影盖度和叶面积指数随土壤含水量、土壤总氮、土壤总碳、土壤有效磷和土壤有效钾增加呈显著增加趋势,而物种丰富度、地上生物量、群落盖度、群落高度、叶片投影盖度和叶面积指数随土壤容重与土壤碳氮比的增加呈显著下降趋势,其中物种丰富度和土壤容重、物种丰富度和土壤碳氮比除外。

(2)植物群落特征变化的环境解释

利用前向选择法对环境因子进行逐步筛选,蒙特卡罗检验结果显示,地下水埋深、土壤容重、土壤pH和土壤含水量(30~50cm)通过蒙特卡罗检验($P<0.05$)。方差分解分析结果显示,地下水埋深、土壤容重和土壤pH共同解释群落特征变化的85.8%,地下水埋深在解释率中所占比例最大(58.2%),其次是地下水埋深和土壤容重的交互作用(27.9%),地下水和土壤pH交互作用(1.6%),而土壤容重和土壤pH的解释率相对较低(图4-48)。

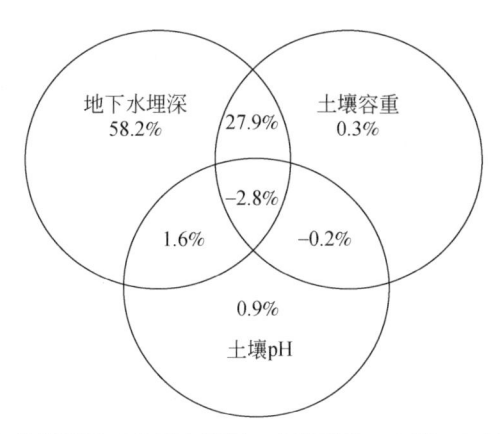

图 4-48　植物群落与关键因子（地下水埋深、土壤容重、土壤 pH 交互作用）的方差分解

图中数字表示单独变量的解释百分比及其交互作用的解释百分比

地下水在调控黑河流域下游植物群落组成和结构方面起着至关重要的作用。地下水埋深是影响植物群落分布的最主要驱动因子，地下水埋深和土壤（土壤容重和土壤 pH）共同解释植物群落特征变化的 85.9%。地下水作为极端干旱区最主要的水源直接影响植被的生长和发育，而且通过影响土壤含水量和土壤营养元素等环境因子间接影响植被。不同土层土壤水分是影响植物生长和发展的重要因素。研究区大部分草本植物吸水根系分布在 0~30cm 土层，使得表层（0~30cm）土壤水分成为草本植物的主要水分来源。水力提升作用的影响可能是极端干旱区浅根系草本植物生长的主要因素。本研究研究表明，黑河下游距河岸距离 3km 以内 1.8m 深度以上的土壤以壤土为主（刘蔚等，2008），地下水可能通过土壤毛孔吸力上升 1m 左右，而在沙土中，地下水仅能通过土壤毛孔吸力上升 73cm 左右。在距河岸距离 3km 以内，随着地下水埋深的增加（2.25~3.26m），多枝柽柳群落获取水分难度增加，进而逐渐过渡到更耐旱的荒漠灌丛（Fu et al.，2014），如样地 S10 和 S11，土壤成分以沙土为主，地下水埋深为 3.12~3.26m，地下水很难通过土壤毛孔吸力上升到表层土壤，植被由荒漠河岸林转变为更耐旱的荒漠。此外，本研究结果表明，土壤性质（如土壤盐碱）主要影响草本植物的生长和分布，进而影响群落的物种多样性和群落盖度。地下水和土壤性质会影响植物群落分布和结构，植物通过地上和地下部分的作用影响地下水的分配，以及土壤营养成分和有效可利用水分的流动与分布。

在研究植物群落特征和环境因子关系时，并不是环境因子越多解释率就越高，环境因子之间往往存在着复杂的共线性关系，环境因子太多反而会影响分析结果的准确性。本研究采用前向选择法和冗余分析法可以很好地避免环境因子的共线性问题，其中具有强相关的环境因子（$R>0.70$）均被排除。从影响群落特征的环境因子来看，地下水埋深贡献率最大，方差分解也表明地下水埋深是贡献率最大的环境因子，其他环境因子对群落特征的影响相对较弱。由于黑河下游荒漠河岸林剧烈的地表蒸发和极少的降水，植物群落的维持主要依靠河流补给的地下水，草本植物对群落盖度和物种丰富度的贡献较大，土壤容重和土壤盐碱直接影响草本植物的数量和种类（刘蔚等，2008），地下水埋深、土壤容重和土壤 pH 为影响河岸植物群落的关键因子。

近年来，固定输水工程使河水径流增加，荒漠河岸林得到一定恢复。在黑河下游，地下水补给主要受河流输水工程、地下水超量开采和不合理农业开发等因素影响。当输水工程停止或者输水量锐减时，沿岸地下水埋深会迅速增加，土壤和河岸植被会随之退化。为保持黑河下游河岸生态系统的稳定性和可持续发展，进行长期调水，增加地表径流，恢复适当的地下水埋深（2~3m）是十分必要的。

4.5 小　　结

流域植被对环境的多尺度生态适应性分析表明：黑河上游植被主要表现为对水热环境梯度的适应，而黑河下游荒漠河岸植被为对地下水和土壤盐碱的适应，黑河荒漠植被结构环境梯度（降水、地下水的梯度变化）呈现出多尺度生态适应策略。

根据叶性状分析同一物种及不同物种之间叶性状与多种环境因子之间的关系以及不同性状之间的关系，可以了解植物群落的形成机制。通过主成分分析形成虚拟环境轴，环境轴上的环境由低海拔干热荒漠环境逐渐过渡到适宜云杉生长的有利环境，再转变成湿冷的亚高山环境。综合环境指数不仅能区分适宜生长的环境和不适宜生长的环境，而且相比其他气候指数，能更加有效区别干热环境和湿冷环境。在垂直于黑河下游河道的地下水埋深梯度下，植物群落结构和特征主要受地下水埋深的影响。物种多样性、地上生物量、群落盖度、群落高度、叶片投影盖度和叶面积指数在不同地下水埋深样地间均具有显著差异。随地下水埋深增加，物种丰富度、地上生物量、群落高度、群落盖度、叶片投影盖度和叶面积指数均呈显著下降趋势，物种丰富度、群落盖度和叶片投影盖度最大值未出现在地下水埋深最浅处。荒漠植物群落物种多样性、地上生物量、群落高度、群落盖度、叶片投影盖度和叶面积指数在不同降水样地间均具有显著差异。随区域降水增加，物种丰富度、地上生物量、群落盖度、叶片投影盖度和叶面积指数呈显著增加趋势，群落高度呈显著下降趋势，受样地 P7 群落优势种尖叶盐爪爪影响，物种丰富度和地上生物量最大值未出现在降水量最大的样地。降水也可以通过影响土壤间接影响植物群落，降水、土壤碳氮比、土壤含水量（30~50cm）、土壤总氮和土壤有效磷是影响植物群落特征的关键因子，降水和土壤性质共同解释群落变化的 76.9%。中下游的荒漠植被观测表明：随降水量的减少，红砂个体特征（灌丛、株高和灌丛面积）增强，而群落特征（密度、间距和物种多样性）逐渐弱化；空间格局由集聚性向随机性分布过渡；荒漠植被（泡泡刺、盐爪爪、红砂、珍珠）的光合及蒸散呈单峰日变化曲线；光合速率在 8:00~9:00 最大，在 13:00 左右最小，而后趋于稳定。而蒸腾在 13:00~14:00 达到最大值。基于同位素示踪及生理生态观测结果一致表明：泡泡刺和红砂荒漠植被的吸水行为随环境梯度而发生变化；二者在湿润区吸水行为较为相似。依据水势、气孔导度以及碳同位素，泡泡刺较红砂对夏季降水更加敏感。不同的河岸林植被适应性策略各异，地下水埋深和土壤性质共同影响河岸植物群落特征，地下水埋深、土壤容重、土壤 pH 和土壤含水量（30~50cm）是影响植物群落特征的关键环境因子，地下水埋深、土壤容重和土壤 pH 解释变化的 85.9%。

第 5 章 植被格局驱动因素与未来情景

黑河上游植被结构变化受气候驱动和放牧活动影响显著，而中游景观格局、下游天然绿洲的动态变化，不仅受气候变化影响，更与上游产水、中游输水过程密不可分。因此，构建未来气候变化与人类活动可能引起的生态情景，成为理解和运用土地利用措施调控流域生态水文系统急需的科学课题（程国栋等，2014）。本章分析了近 30 年来植被格局变化与气候、放牧等驱动因子的时空耦合关系，并以 1:10 万植被图为基图，改善优化动态植被模型，分析上游气候变化和人类活动共同作用下流域植被的分布格局及其结构与功能的动态响应特征与规律。

5.1 研究方法

5.1.1 MC2 植被动态模型校准与参数化

（1）模型简介

MC2 模型是 MC1 模型的 C++语言版本（Bachelet et al., 2015），可以用来模拟气候变化和野火对潜在植被分布以及生态系统结构和功能的影响。该模型由三个相互连接的子模型构成，包括 MAPSS 模型（Neilson，1995）、改进的 CENTURY 模型（Parton et al., 1993）和 MCFIRE 模型（Lenihan et al., 1998）。MAPSS 模型可以模拟潜在植被类型，CENTURY 模型可以模拟生物地球化学循环（如碳循环、氮循环、水循环），MCFIRE 模型可以模拟火灾发生、特征及其影响。MC2 模型利用土壤数据和逐月气象数据，在每一个格网上独立运行（即不考虑格网之间的交互作用）。每一个格网的植被又被进一步划分为树木和草本两个部分。MC2 模型以及它的早期版本（MC1）被广泛地用于模拟从国家公园到全球不同空间尺度潜在植被变化、碳收支以及火灾的变化规律（Creutzburg et al., 2015；Bachelet et al., 2016）。更多关于 MC2 模型的描述可参见 Bachelet 等（2015）。

（2）模型模拟

MC2 模型的运行可划分为 4 个连续的阶段。第一个阶段是平衡态模拟（equilibrium，EQ），EQ 又可以划分为两步：①MAPSS 模型利用多年平均气候（本研究采用 1961~1990 年的平均值代替）预测潜在植被分布；②CENTURY 模型通过迭代运算（最多运行 3000 年）获取稳定的土壤碳库储量（年际碳储量变化小于 1%）。第二阶段是启动阶段（SPINUP），模型以去趋势后的历史气候数据为输入，通过多次运行（2000 次）不断调整在野火和气候变率影响下的植被类型和碳库。去趋势后的气候数据保留了历史气候数据的季节和年际变化信息，剔除了长期的气候变化趋势。本章利用30年滑动平均法对1961~1990年的气候数据进行去趋势处理。具体而言，首先将每月原始气象观测数据减去该月30年平均值，然后加上1961~1975年的平均值。第三阶段和第四阶段分别是历史阶段和未来模拟阶段，此时模型以瞬时气象数据为输入数据，模拟植被对过去及未来气候变化的响应特征。

（3）模型输入

模型输入数据包括格网尺度的逐月气候数据（最低温度、最高温度、降水量和水汽压）、土壤数据（土壤深度、土壤容重、岩石比例和土壤质地）和海拔，以及非格网尺度的逐年大气CO_2浓度数据。

1）1961~2012年的历史气候数据（空间分辨率为1km）通过整合基于气象和雨量观测站插值数据（Yang et al., 2015）以及基于高空间分辨率的区域气候模式（RIEMS 2.0）模拟数据（Xiong and Yan, 2013）获得。整个方法主要考虑降水量、海拔以及地形效应，具体方法参见Wang等（2016）和Ruan等（2017）。

2）RCP4.5排放情景下2006~2080年的未来气候数据（空间分辨率为3km）通过区域气候模式RIEMS 2.0获得。为了保证和历史数据一致，通过差值法或距平法将数据分辨率降到1km。首先，利用二次线性插值法将未来气候数据重采样为1km分辨率；其次，以历史和未来重叠时期（2006~2012年）内的气候数据为基础，计算每月每个格网历史与未来气候数据的差值或比值；最后，将第一步插值的数据加上第二步计算的差值或乘以第二步计算得到的比值，获取1km分辨率未来气候数据。该数据既包括长期的气候变化趋势，也包括历史气候数据的高空间分辨率信息。降水量和水汽压主要采用比值法，温度主要采用距平法。

3）空间分辨率约为90m的土壤数据来源于Song等（2016）和Yang等（2016）生产的黑河流域数字土壤制图产品，该数据基于548个土壤剖面数据，结合土壤景观模型生成，能较好地反映黑河上游土壤属性的空间分布特征。

4）空间分辨率90m的高程数据来源于ASTER GDEM（Tachikawa et al., 2011）。为保证和气候数据一致，土壤和高程数据均重采样为1km分辨率。

5）RCP4.5情景下全球平均CO_2浓度。来源于IPCC第五次评估报告（Meinshausen et al., 2011）。

（4）模型输出与验证

模型输出包括潜在植被类型、年最大叶面积指数（leaf area index, LAI）、净初级生产力（net primary production, NPP）、异氧呼吸（heterotrophic respiration, RH）、净生态系统生产力（net ecosystem production, NEP）、生物量、土壤有机碳（soil organic carbon, SOC）、总碳（生物量和SOC之和）、蒸散（evapotranspiration, ET）和径流。本研究将NEP定义为NPP与RH之差。由于缺乏系统的野外观测数据用于模型验证，本研究首先基于2008~2011年阿柔冻融观测站数据验证高山高寒草甸的NEP和ET。然后采用多种遥感数据产品从区域尺度评估模型模拟效果。将2000~2012年模型模拟的NPP、LAI和ET分别与最新版本MODIS（moderate resolution imaging spectroradiometer）NPP产品（空间分辨率500m）（Running and Zhao，2015）、第三代GLASS LAI产品（1km分辨率）（Xiao et al.，2016）和基于改进后的ETWatch模型估算的ET产品进行对比分析。在全球范围内的验证结果表明，最新版本的MODIS NPP产品（MOD17A2H）的误差小于9.0%（Xiao et al.，2016）。基于MODIS地表反射率数据提取的GLASS LAI数据（http://glass-product.bnu.edu.cn/）相比于第一代Geoland2（GEOV1）LAI产品以及MODIS LAI产品（MOD15），精度明显提高（Xiao et al.，2016）。ETWatch模型在整合改进后的ET算法后，能准确估算半干旱区的ET，其精度大于90.7%（Wu et al.，2016）。由于MC2模型模拟的是气候变化情景下潜在植被动态变化，上述对比分析主要针对受人类干扰（放牧）相对较小的林地。另外，本研究还对比了潜在植被图与中国科学院植物研究所获取的实际植被分布图的差异（Zhang et al.，2016）。

5.1.2 放牧影响分析

检测放牧影响的主要步骤：①基于遥感影像分析植被LAI变化，找到放牧基准点；②在确认基准点的基础上，量化区域尺度上的长期放牧影响；③计算放牧时长与放牧密度，分离放牧和气候影响。

（1）确定放牧基准点

基于Bastin等（2012）提出的动态参考覆被法，本研究提出放牧基准点确定方案，将在干旱期间仍能持久存在的覆被所在像元定义为基准点，表示在干旱期间受放牧影响相对较小的像元，这些基准点通常具有更强的复原能力、低侵蚀、高景观功能。持久覆被更容易在干旱期间找到，而且在干旱期间每个实际像元与参考像元之间差异更大，测量结果更为可靠，具体方法如下。

1）对于每一个像元，计算1983~2013年逐年旱季LAI平均值，再求取此时段内逐个像元LAI的最小值，记为LAI_{min}。黑河上游降水主要集中在6~9月，占整年降水量的大部分，故将6~9月定义为雨季，10月至次年5月定义为旱季。

2）取LAI_{min}中高值分布区（前10%）像元点，此区域植被LAI在干旱期仍保持高值，即认为是基准点（图5-1）。研究区受放牧影响的主要植被类型有高寒草甸、高寒草原和灌丛，所以重点确定以上三种植被类型的基准点。

（2）放牧影响检测

假定研究区植被LAI的变化主要受气候变化和放牧影响，基于Bastin等（2012）提出的动态参考覆被法，定量识别研究区放牧对植被LAI的影响。首先比较研究时段逐年雨季的相对降水量值（降水量与最大降水量的比值，P/P_{max}），选出降水量低于中位数的年份，定义为相对干旱年（图5-2）。对某个干旱年t，分植被类型计算基准点LAI平均值和实际LAI空间平均值，即得到该年份区域尺度上的实际与基准LAI值差异：

$$dLAI(t) = LAI(t) - LAI(t)_{BAS} \qquad (5-1)$$

式中，$LAI(t)_{BAS}$为某个干旱年t基准LAI的平均值；$LAI(t)$为某个干旱年t实际LAI的平均值。

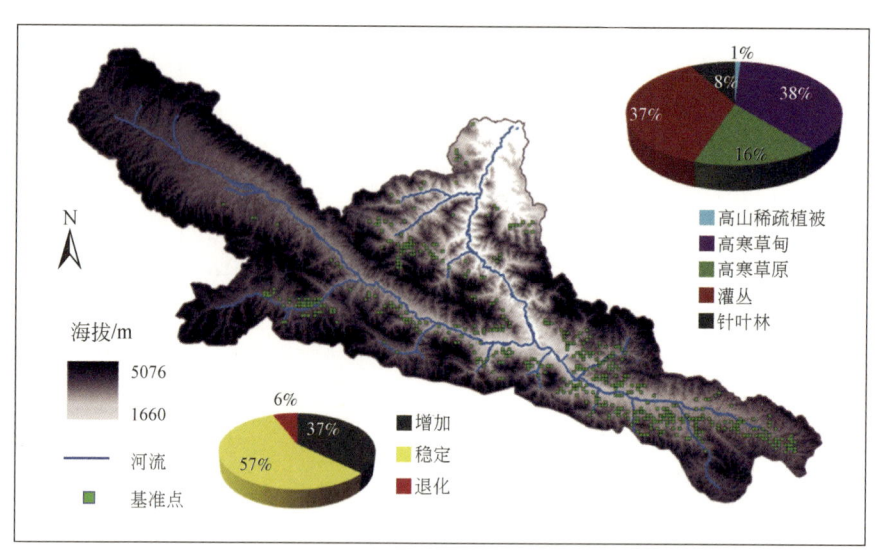

图 5-1 2001~2010 年放牧基准点空间分布及比例
(左下) 基准点所属 LAI 趋势区的比例;(右上) 基准点所属植被类型的比例

在两个连续干旱年 t_1 和 t_2 之间,区域尺度上的实际与基准 LAI 值差异(dLAI)的变化如下:

$$\Delta dLAI(t_1, t_2) = dLAI(t_2) - dLAI(t_1) \tag{5-2}$$

式中,dLAI 为某个特定干旱年植被 LAI 在区域尺度上受季节更替影响产生的变化。ΔdLAI 为两个干旱年间的放牧影响,ΔdLAI<0 时,放牧导致 LAI 减少,为负效应;ΔdLAI>0 时,放牧导致 LAI 增加,为正效应。ΔdLAI 的计算过程正是放牧和气候(主要指降水)对植被 LAI 影响的分离过程。

图 5-2 1983~2013 年叶面积指数及雨季(6~9 月)相对降水量

(3) 放牧时长与放牧密度

在识别像元某个时间段内是否为放牧点的基础上,计算放牧时长和放牧密度(Wang

et al., 2016)。GLASS LAI 数据用于放牧参数的计算。选用 2001~2010 年 LAI 数据，时间分辨率为 8d，空间分辨率为 1km。在自然条件下，植被 LAI 年际变化接近抛物线，使用 Savitzky-Golay（S-G）滤波器对非放牧基准点的植被 LAI 年际分布曲线做平滑处理。经过 S-G 滤波器平滑处理后的非放牧基准点植被 LAI 时间序列曲线（虚线）与放牧区域 LAI 曲线（实线）存在差异（图 5-3）。为获取研究区放牧参数的时空变化情况，借助非放牧区域植被 LAI 时间序列与遥感图像中逐个像元 LAI 进行比较。

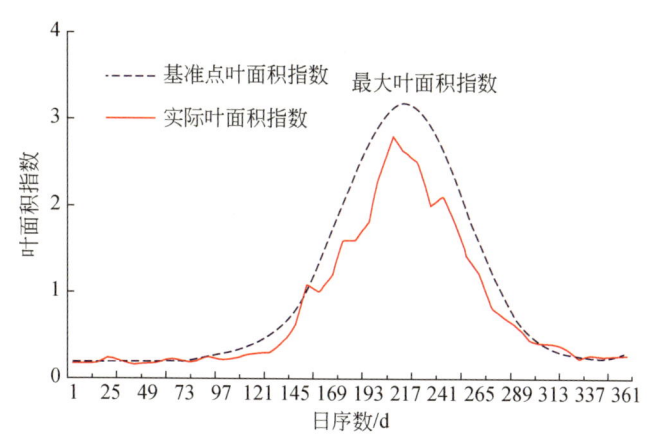

图 5-3 非放牧基准点叶面积指数与实际叶面积指数的差异

在计算放牧参数之前，首先要确定像元是否存在放牧现象。G_{LAI} 和 $G_{\Delta LAI}$ 指标同时用于判定某像元是否存在放牧现象。

$$G_{LAI} = \frac{LAI_j}{LAI_{Nj}} \tag{5-3}$$

$$G_{\Delta LAI} = \frac{\Delta LAI_j}{\Delta LAI_N} = \frac{LAI_j - LAI_i}{LAI_{Nj} - LAI_{Ni}} \quad (j>i \geq 1;\ j=i+1) \tag{5-4}$$

式中，LAI_i 和 LAI_j 分别代表在时间 i 和时间 j 上，遥感图像中将要被判定是否存在放牧像元的 LAI 值；LAI_{Ni} 和 LAI_{Nj} 分别代表非放牧基准点在时间 i 和时间 j 上的 LAI 值。若植被 LAI 在到达最大值之前，$G_{LAI}<1$ 且 $G_{\Delta LAI}<1$，认为格点 j 放牧，赋值 8，非放牧点赋值 0；若植被 LAI 在到达最大值之后，$G_{LAI}<1$ 且 $G_{\Delta LAI}>1$，认为格点 j 放牧，赋值 8，非放牧点赋值 0。

像元 $i \sim j$ 时段内的放牧密度计算公式如下：

$$GP = \frac{|dLAI_G - dLAI_N|}{\sum |dLAI_G - dLAI_N|} \times LS \tag{5-5}$$

其中，

$$dLAI_G = LAI_{Gj} - LAI_{Gi} \tag{5-6}$$

$$dLAI_N = LAI_{Nj} - LAI_{Ni} \tag{5-7}$$

式中，LAI_{Gi}和LAI_{Gj}分别为放牧像元在时间i和j上的LAI值；LS（SU[①]/hm^2）为每个乡镇的年总牲畜头数，各牲畜品种都需按家畜单位当量转换为羊单位。

放牧时长定义为一年中草场的放牧总天数，通过累加像元上一年放牧期来计算放牧时长。基于放牧密度计算方法的第一步，确定像元在时间j是否为放牧点后，放牧点赋值8，数值8代表像元在时间i~j存在放牧，时长为8d；类似的，非放牧点赋值0。以2001年为例，从2001年1月1日至12月31日，每8d一景植被LAI图像，一年46景LAI图像可获取45景放牧密度图（第1景除外）。假设某个像元在第9天被认为存在放牧现象，那么该像元在第1~第9天期间，放牧周期为8d，如不存在放牧现象，则放牧周期为0，该像元放牧时长为一年45景图像数值之和。由于研究区东西跨度大，且不同植被类型LAI数值存在较大差异，在确定非放牧基准点后，进一步将其精细划分到每种植被类型，再进行第一、第二步的计算，以保证结果的可靠性。

（4）分离放牧与气候对植被LAI变化影响的贡献率

2001~2010年放牧及气候对植被LAI的影响基于每个格点进行计算，其时间尺度与放牧参数相同，为8d/景。植被在外界条件的影响下，有一个内部变化的过程，如植被在生长季会快速增长，草木在严寒的冬季会凋零，但这种变化并不会造成植被的激增或者退化。研究区植被LAI的变化，即同一格点某个时间段LAI的两次差值（记为ΔLAI），它能消除这个内部变化过程带来的干扰，假设ΔLAI主要由放牧影响变化（ΔLAI_G）和气候影响变化（ΔLAI_C）导致：

$$\Delta LAI = \Delta LAI_C + \Delta LAI_G \tag{5-8}$$

其中，

$$\Delta LAI_G = \Delta(dLAI_G - dLAI_N) \tag{5-9}$$

式中，ΔLAI_G为像元上由时间i~j放牧影响导致的LAI变化，$\Delta LAI_G<0$时，放牧影响导致LAI下降；ΔLAI_C为像元上由时间i~j气候影响导致的LAI变化，计算公式如下：

$$\Delta LAI_C = \Delta LAI - \Delta LAI_G \tag{5-10}$$

某个指定时段的放牧影响贡献率（RG）计算公式如下：

$$RG = \frac{\Delta LAI_G}{\Delta LAI} \times 100\% \quad (\Delta LAI \neq 0) \tag{5-11}$$

由于放牧影响变化和LAI变化有正有负，RG将会出现以下几种情况。

1) 当某个像元上LAI增加（ΔLAI>0），放牧导致LAI减少（$\Delta LAI_G<0$）时，RG<0，表示放牧对LAI为负贡献。

2) 当某个像元上LAI增加（ΔLAI>0），放牧促使LAI增加（$\Delta LAI_G>0$）时，RG>0，表示放牧对LAI为正贡献。

3) 当某个像元上LAI减少（ΔLAI<0），放牧促使LAI减少（$\Delta LAI_G<0$）时，RG>0，

[①] SU为羊单位，按照中华人民共和国农业行业标准——《天然草地合理载畜量的计算》（NY/T 635—2002）（该标准已作废，但因研究时段为2010年之前，故采用原标准中的算法进行计算），各牲畜单位统一换算成羊单位进行计算，1匹马=6个绵羊单位；1头牛=5个绵羊单位；1只山羊=0.8个绵羊单位。

表示放牧对 LAI 为负贡献。

4）当某个像元上 LAI 减少（ΔLAI<0），放牧促使 LAI 增加（ΔLAI$_G$>0）时，RG<0，表示放牧对 LAI 为正贡献。

5）当 LAI 的变化极小，如 ΔLAI＝0 时，放牧与气候的影响相互抵消，RG 用 50% 表示。若 ΔLAI$_G$>0，RG 为正贡献；若 ΔLAI$_G$<0，RG 为负贡献。

6）当 ΔLAI$_G$＝0 时，RG＝0，表示放牧对 LAI 的变化无贡献。

某个指定时段的气候影响贡献率（RC）计算公式如下：

$$RC = 1 - RG \tag{5-12}$$

5.1.3 数据来源

（1）植被叶面积产品

详见 3.2.1 节介绍。

（2）气象数据

1）托勒、野牛沟、张掖和祁连四个台站年均温与年均降水量观测数据来源于中国地面气候资料日值数据集（V3.0），由中国气象数据网提供，时间范围为 1983~2010 年。

2）1km 空间分辨率格点气象数据来自于寒区旱区科学数据中心，包括温度、降水量数据。基于黑河上游及周边气象站点数据和水文站点观测数据插值而成（Yang et al., 2015），时间范围为 1961~2012 年，时间分辨率为日尺度。

3）用于计算干湿指数（AI）的气候数据和未来情景气候数据集来源于寒区旱区科学数据中心，是区域集成环境系统模式（RIEMS 2.0）降尺度模拟数据。气候模拟数据的时间范围为 1980~2010 年，水平分辨率为 3km（Xiong and Yan, 2013）。未来气候情景数据集源于黑河流域 1980~2080 年 3km、6h 模拟气象强迫数据。黑河流域 2006~2080 年 6h 气候数据由 EC-EARTH 全球模式在 RCP4.5 情景下模拟得到，水平分辨率为 3km。RIEMS 2.0 是中国科学院大气物理研究所东亚区域气候-环境重点实验室研究开发的区域环境集成系统模式，以美国国家大气研究中心和美国宾夕法尼亚大学发展的中尺度模式（MM5）为非静力动力框架，耦合了一些研究气候所需的物理过程，采用黑河流域观测和遥感数据对该模式中的重要参数进行重新率定，并利用植被资料和黑河流域数据清单中 2000 年土地利用数据和黑河流域 30m DEM 数据，建立适合黑河流域生态-水文过程研究的区域气候模式（Xiong and Yan, 2013）。

（3）植被类型图

使用黑河上游 1:10 万植被类型图（Zhang et al., 2016）作为现状植被分布图，植被大类包括高寒草甸、高山稀疏植被、灌丛、高寒草原、针叶林、荒漠植被、作物和冰川融雪，在 ArcGIS 中由矢量图转化为分辨率 1km 的栅格图像，并定义投影为 UTM Zone 46N。

（4）放牧数据

祁连 2001~2010 年放牧数据来源于《祁连年鉴》和相关文献。肃南 2001~2010 年放牧数据均来源于甘肃经济信息网，其中 2004 年、2006 年、2010 年数据缺失，年总载畜量通过线性插值的方法补充获得。载畜量指牲畜存栏数和出栏数总和，按照中华人民共和国农业部（2003）行业标准——《天然草地合理载畜量的计算》，各牲畜单位统一换算成羊单位进行计算，1 匹马 = 6 个绵羊单位、1 头牛 = 5 个绵羊单位、1 只山羊 = 0.8 个绵羊单位。小反刍动物放牧密度分布来源于 FAO，空间分辨率为 0.05°。

5.2 研究结果

5.2.1 气候变化对植被结构与格局的影响

在全球气候变化的大背景下，由于降水稀少、水资源匮乏、生态环境严重脆弱，中国西北干旱区受到的影响尤为突出。干旱、半干旱区是近 100 年来温度增加最显著的地区，特别是半干旱区，对全球陆地变暖的贡献达到 44%。由于全球显著变暖和水循环加快，中国西部地区气候出现了由暖干向暖湿转型的强劲信号（施雅风等，2003），并对这些区域的植被分布和结构产生了影响。

1. 暖干气候向暖湿转型的特征

黑河上游地区的气温与降水量空间分异明显（图 5-4）。1980~2010 年，黑河上游流域的年均温在 -9.2~7.2℃，温度高值区集中出现在流域上游中部、北部。温度低值区集中出现在流域西部野牛沟乡，本区地形复杂、地势高峻，平均海拔偏高。总体来看，温度呈现由东向西、由北向南递减的分布特征。降水分布特征更加复杂，1980~2010 年，年均降水量在 143~408mm。温度高值区出现在野牛沟乡中部、阿柔乡大部分区域。降水总体呈现由东向西、由北向南递增的趋势，与温度地域特征变化相反。

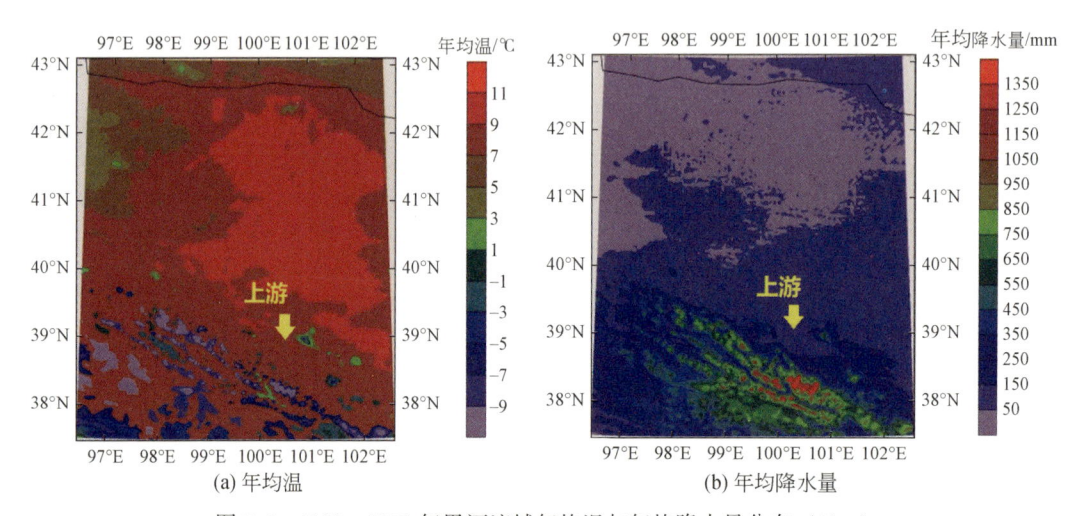

图 5-4　1980~2010 年黑河流域年均温与年均降水量分布（3km）

气象站观测数据表明，1983~2010年，托勒、张掖、祁连站年均温距平负值年份大多数出现在1998年之前，之后的年均温距平基本为正值（图5-5）。可见1998年之前，四个气象站点的年均温前期偏低。1998年之后偏高，虽然各年份年均温距平值呈现出一定的波动，但上升趋势显著（$P<0.001$）。1998年之前的大多年份中，托勒、野牛沟站前期降水量高于年均降水量。1998年之后反之。位于流域偏东部的张掖、祁连两个站点并未出现明显的转折年份，降水量距平百分数呈现不显著增加的趋势（$P>0.1$）。西部较为干旱的区域对降水变化的响应较东部偏湿润区域更大。

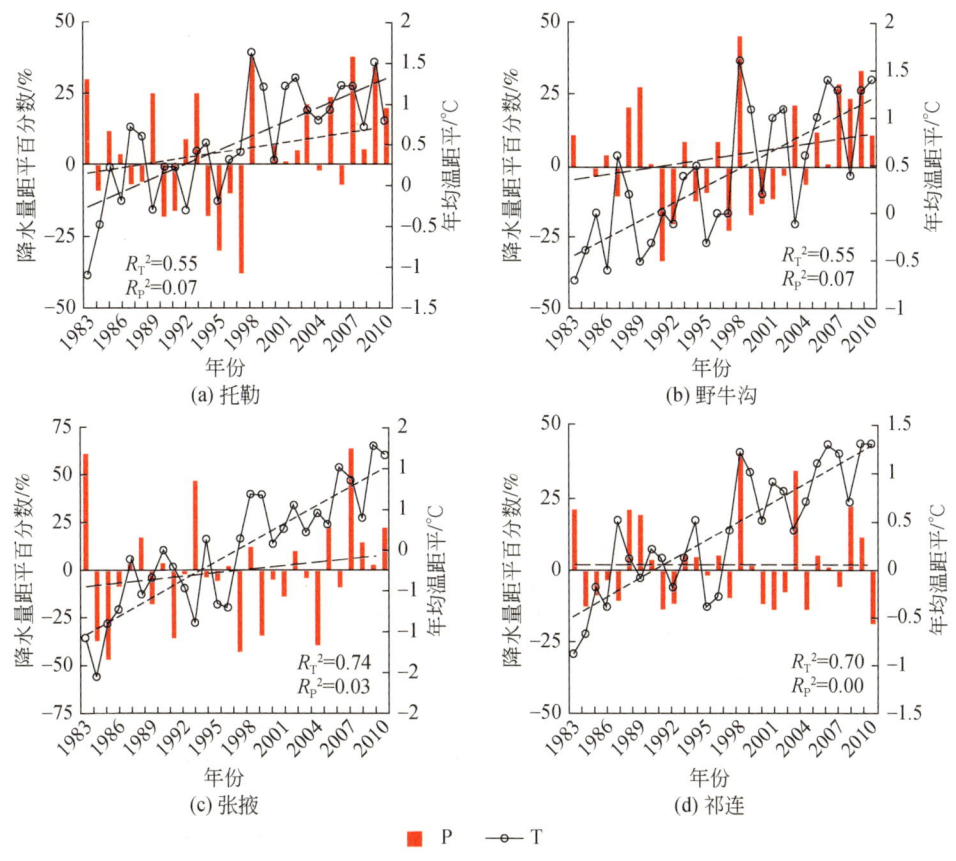

图5-5　1983~2010年气象站点年均温距平及降水量距平百分数

黑色实线T表示年均温距平；红色柱状P表示降水量距平百分数

2. 暖湿化气候对上游植被结构与格局的影响

(1) 不同植被变化趋势区植被分布特征（2001~2012年）

2001~2012年，在相同的气温下，LAI高值区主要分布在改善区，并且这些区域的降水量普遍小于450mm。退化区的LAI值对应的气温的区间很大，气温随着海拔的线性递减趋势十分显著（图5-6）。在退化区，降水量均高于400mm，气温低于12℃，海拔高于3000m。在改善区，高寒草甸的面积占比最大，为42%；其次为灌丛，占比为16%，高山稀疏植被和针叶林均占14%。在稳定区，高寒草甸的面积占比最大，为45%；其次为高山稀疏植被，占比为21%，针叶林仅占5%。占比分别为34%、31%的高寒草甸和高山稀疏植被是退化区的最主要植被类型（图5-7）。

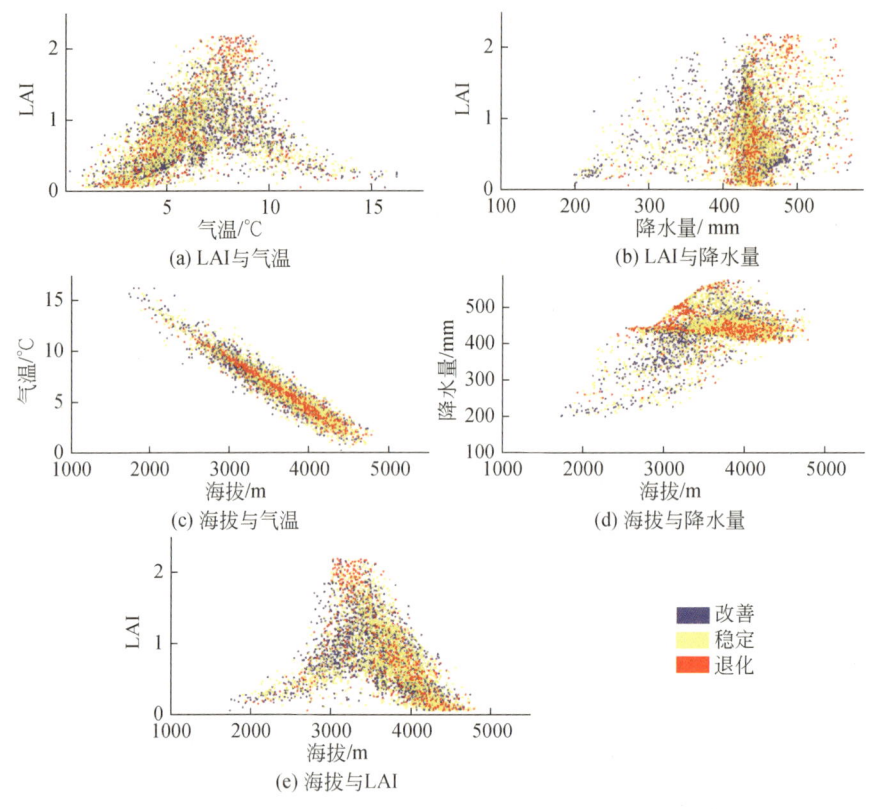

图 5-6 2001～2012年不同植被变化趋势下多年平均生长季LAI、气温、降水量与海拔的关系

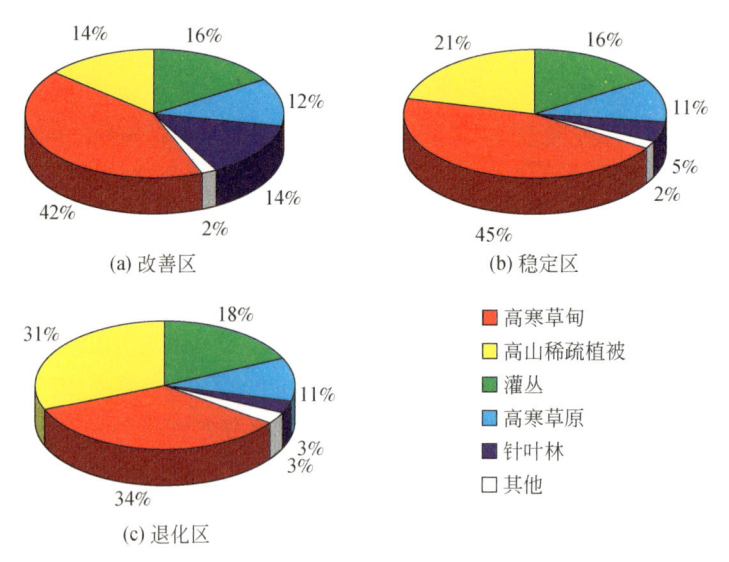

图 5-7 2001～2012年各植被类型在不同植被变化趋势区的分布情况

（2）气候与植被 LAI 年际相关性分析

2001~2012 年，在退化区，灌丛、高寒草甸和高寒草原的生长季 LAI 值要高于在改善区和稳定区生长的同类植被。在改善区，针叶林的改善程度是最快的，在 2008 年之后，其平均 LAI 要高于其他各类植被 LAI。高山稀疏植被与其他各类植被相比，LAI 值是最低的，且在三个植被变化趋势区中，年际波动均是最小的。生长季气温在三个植被变化趋势区中年际波动变化相似且其显著上升的趋势也十分一致。然而在退化区，高寒草原比在其他区域的气温要低近 1℃，而灌丛比在其他区域要高约 0.5℃。在改善区和稳定区，高寒草原和针叶林的降水量变化趋势相似，然而在退化区高寒草原的降水年际变化波动年际变化波动振幅要远高于针叶林。在三个植被变化趋势区中，高寒草甸的降水量年际变化波动都比其他植被类型要高（图 5-8）。

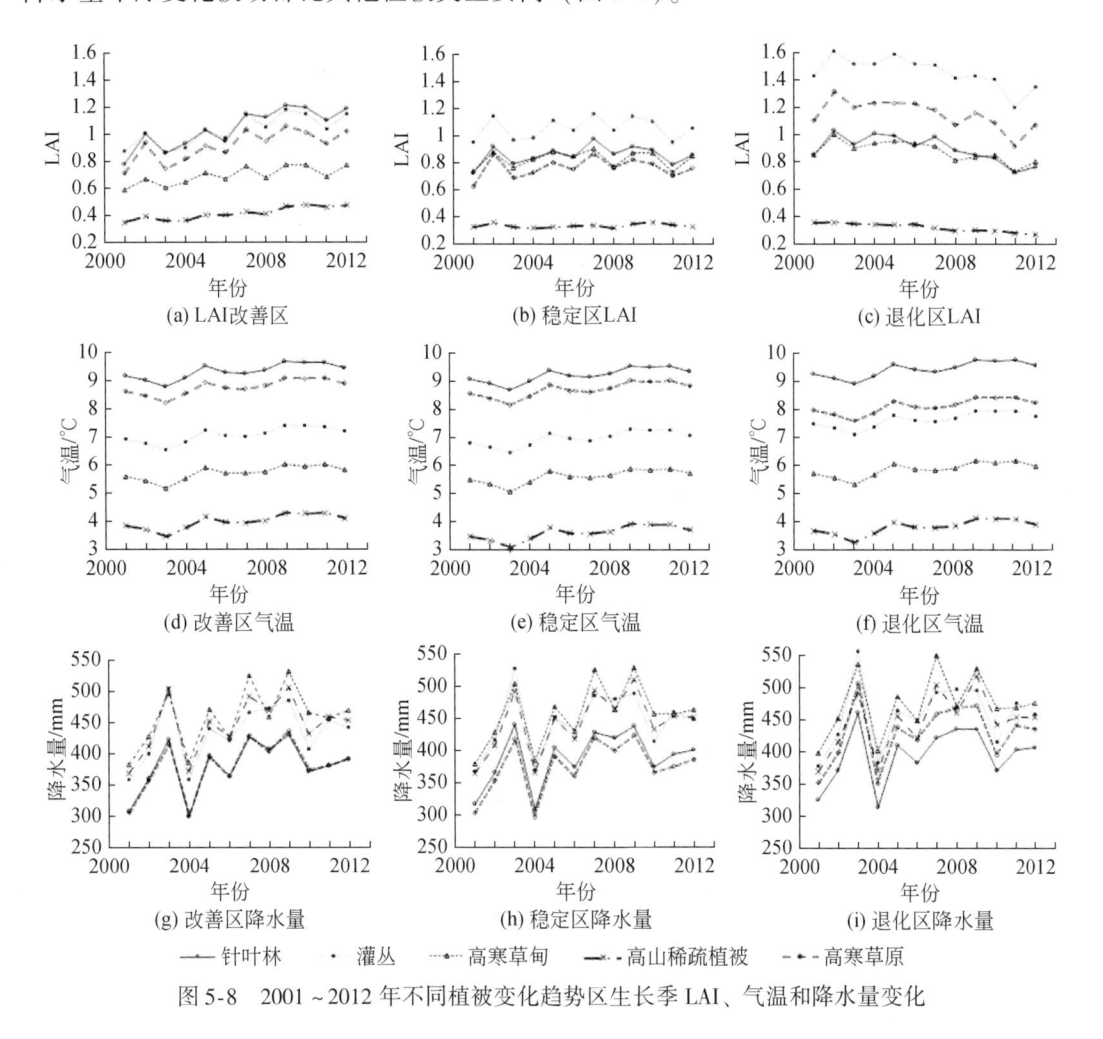

图 5-8 2001~2012 年不同植被变化趋势区生长季 LAI、气温和降水量变化

极端气候对植被生长季 LAI 的年际变化也有影响。生长季 LAI 在 2003 年急剧下降，因为 2003 年是一个相对来说较冷、较湿的年份。2003 年的降水明显比其他年份高，低温是该

年份 LAI 急剧下降的主要原因。本研究也发现 2011 年大部分植被类型的生长季 LAI 都发生突然下降的现象，即使 2011 年并不是一个极端干旱年。急剧下降的 LAI 看似源于 2010～2011 年，然而 LAI 下降趋势从 2009 年就已经发生了。本研究认为 2009～2010 年降水量的急剧减少和气温的降低（即干旱和低温）对 2010～2011 年的影响是持续性的（图 5-9）。

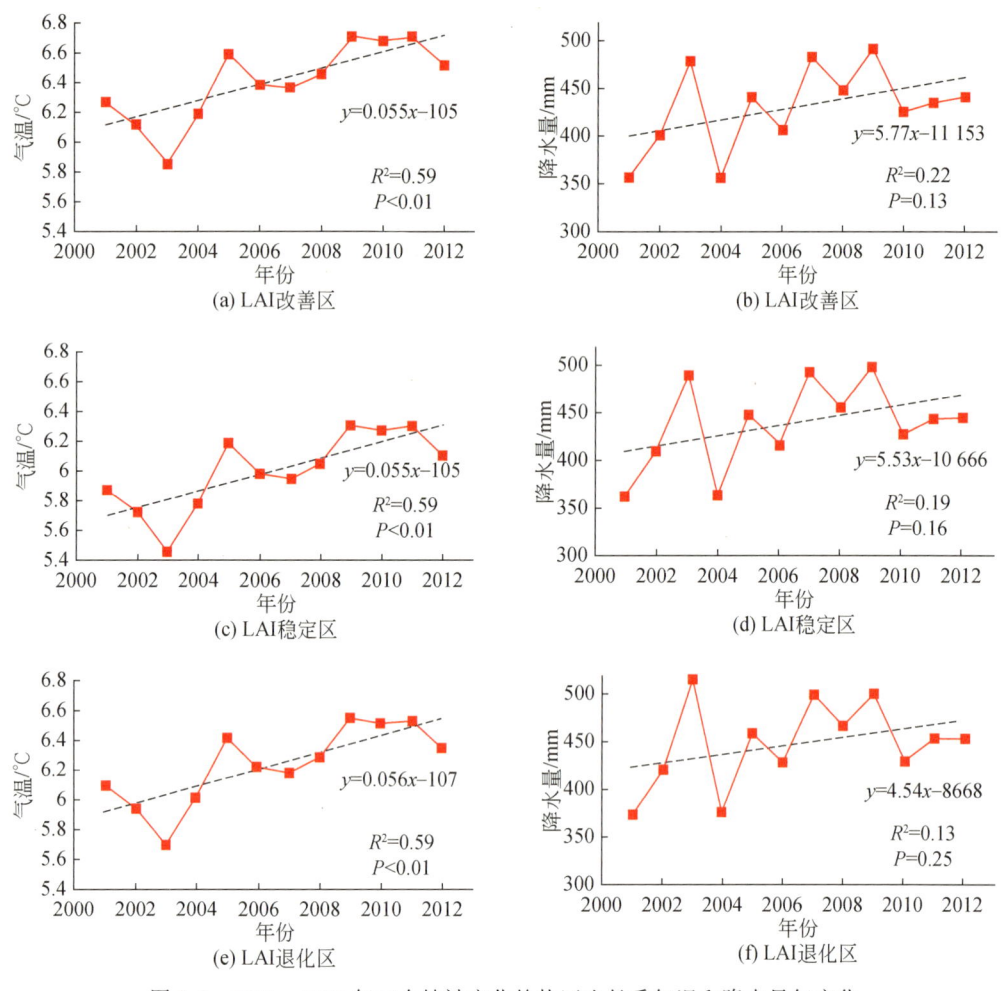

图 5-9 2001～2012 年三个植被变化趋势区生长季气温和降水量年变化

改善区、稳定区和退化区的逐年平均生长季 LAI 和对应的生长季气温、降水的关系表明，在改善区和稳定区，生长季 LAI 随气温的升高而显著增大，然而在退化区却截然相反，生长季 LAI 随气温的升高而显著减小。类似地，在改善区，生长季 LAI 随降水增大而增大，针叶林、高寒草原和高寒草甸尤为显著，然而在稳定区和退化区，生长季 LAI 随降水量变化的趋势并不显著（图 5-10）。

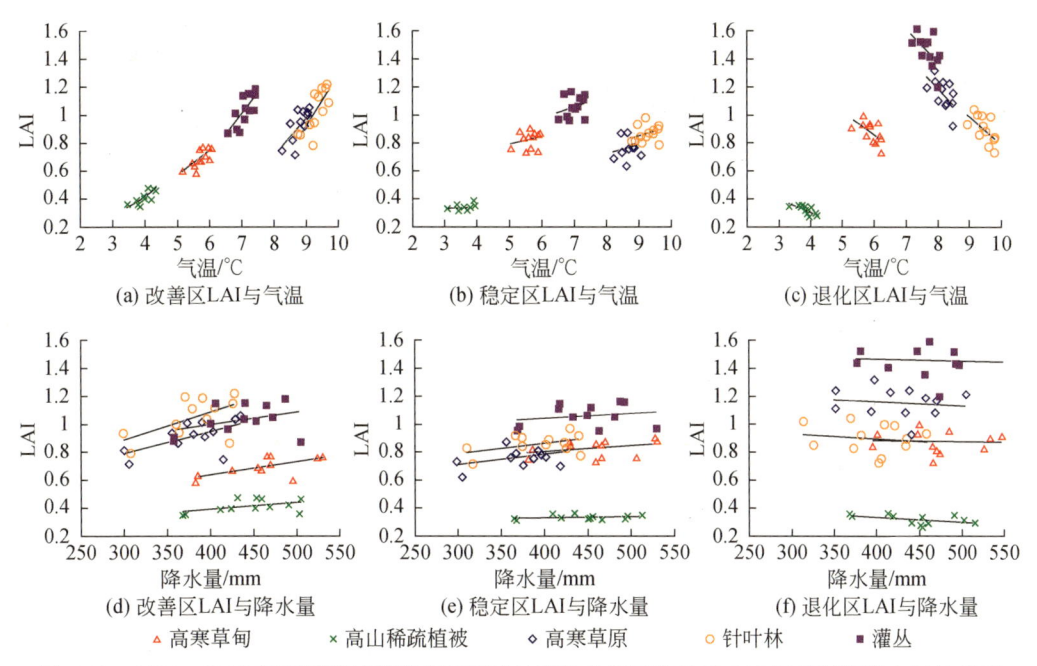

图 5-10 2001~2012 年不同植被类型在不同植被变化趋势区生长季 LAI 与气温和降水量的关系

在改善区，各植被类型生长季 LAI 与气温均呈显著正相关关系，显著性最强的是高山稀疏植被，其相关系数高达 0.81，显著性最差的是高寒草原，其相关系数也高达 0.67；高寒草甸、高寒草原和针叶林的生长季 LAI 与降水都有较显著的正相关关系，其相关系数分别为 0.63、0.62 和 0.58，而高山稀疏植被和灌丛的生长季 LAI 与降水的关系并不显著，且相关程度不高，相关系数只有 0.46 和 0.38。考虑到改善区生长季 LAI 与气温和降水有如此显著的相关关系，认为气候是影响改善区植被 LAI 的首要因子，人类活动对生态系统的影响并不严重，甚至有修复生态系统的趋势。在稳定区，各植被类型生长季 LAI 与气温和降水都未表现出显著的相关关系，而且相关系数都比较低，与气温相关程度最高的是高山稀疏植被，其相关系数仅为 0.37；与降水相关程度最高的是高寒草原，其相关系数仅为 0.47。在退化区，所有植被类型的生长季 LAI 与气温和降水均呈负相关关系，认为人类活动严重影响该区域生态系统平衡（表 5-1）。

表 5-1 2001~2012 年改善区、稳定区和退化区各植被生长季 LAI 与气温、降水量的相关系数

植被类型	改善区 气温	改善区 降水量	稳定区 气温	稳定区 降水量	退化区 气温	退化区 降水量
高寒草甸	0.70*	0.63*	0.22	0.33	-0.56	-0.06
高山稀疏植被	0.81**	0.46	0.37	0.18	-0.69*	-0.47
灌丛	0.74**	0.38	0.28	0.21	-0.58*	-0.07

续表

植被类型	改善区		稳定区		退化区	
	气温	降水量	气温	降水量	气温	降水量
高寒草原	0.67*	0.62*	0.21	0.47	−0.59*	−0.13
针叶林	0.72**	0.58*	0.23	0.44	−0.62*	−0.07

** 在 0.01 水平显著；* 在 0.05 水平显著

（3）气候与植被 LAI 空间相关性分析

通过比较不同植被类型在不同植被生长季 LAI 与气温和降水量的关系（图 5-4）以及生长季 LAI 与气温和降水量的相关系数空间分布（图 5-11），2001～2012 年在改善区，气候因子（气温、降水）对大约 63% 区域的 LAI 有显著的影响作用，剩余的 37% 区域与 LAI 并无显著相关关系。同时在这 37% 区域中，高寒草甸生长区域占 45% 左右，而针叶林仅占 7%，本研究认为人类对植被的有效管理是影响该区域 LAI 上升的主要因子。然而，在退化区，各植被类型的 LAI 随气候因子的变化并不显著。其中，高寒草甸面积占整个退化区的 38%，而针叶林面积仅占 3% 左右。LAI 和降水的相关系数 $R>0.4$ 的区域主要分布在稳定区的北部。而近 80% 的稳定区生长季 LAI 与气温和降水的相关关系均不显著。

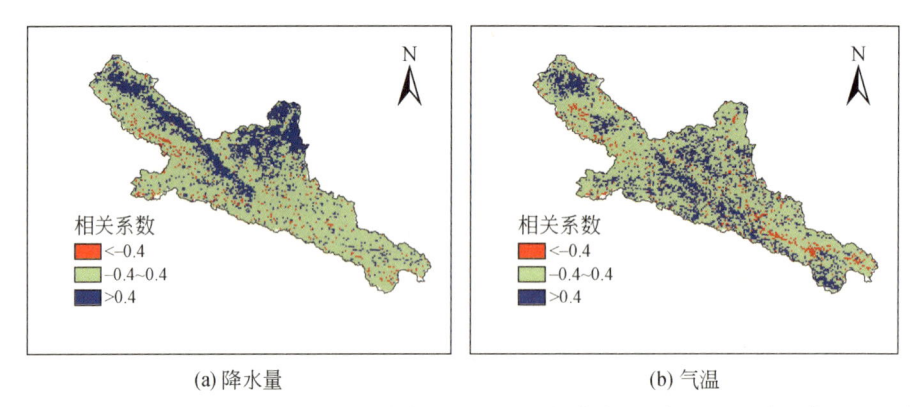

(a) 降水量　　　　　　　　　　　　　　(b) 气温

图 5-11　2001～2012 年黑河上游植被多年生长季 LAI 与降水量和气温的相关系数空间分布

虽然气候变化（如气温）和变率（如降水量）的趋势在黑河上游都十分相似，但是不同植被类型的 LAI 对其响应不同。例如，针叶林受气温和降水量共同影响的面积在上游仅占 6%。高寒草原和高寒草甸在干旱半干旱区受降水量的影响十分显著，特别是在上游出水口莺落峡附近（肃南和野牛沟东北部）。然而，高山稀疏植被和灌丛并不像其他植被类型那样对降水量响应敏感。与本研究结果相似，Myerssmith 等（2015）也认为灌丛植被对夏季气温的敏感程度要高于降水。与降水量相比，温度对改善区生长季 LAI 的影响更深。在这片区域中，植被生长随气候变暖而长势变好。然而在退化区，生长季植被 LAI 与气温却呈现负相关关系。可见，在干旱区，降水量是限制生长季 LAI 年际变化的主导因子。

5.2.2 未来气候情景下黑河上游植被动态模拟

1. 模型验证

(1) 气候情景

1961~2010 年黑河上游年平均气温显著增加（$P<0.01$），历史变化率达 0.036℃/a。在 RCP4.5 情景下，预测未来气温将进一步增加，但增长速率相对于历史时期降低了 28%。水汽压在整个研究时段也呈明显增加趋势，且未来变化速率相对较低。对比之下，降水量在过去呈显著上升趋势（3.52mm/a），在未来则表现为微弱的递减趋势（-0.65mm/a）。大气 CO_2 浓度在整个研究时段内呈持续增加趋势，未来增加速率（2.22ppm[①]/a）明显高于历史时期（1.48ppm/a）（图5-12）。

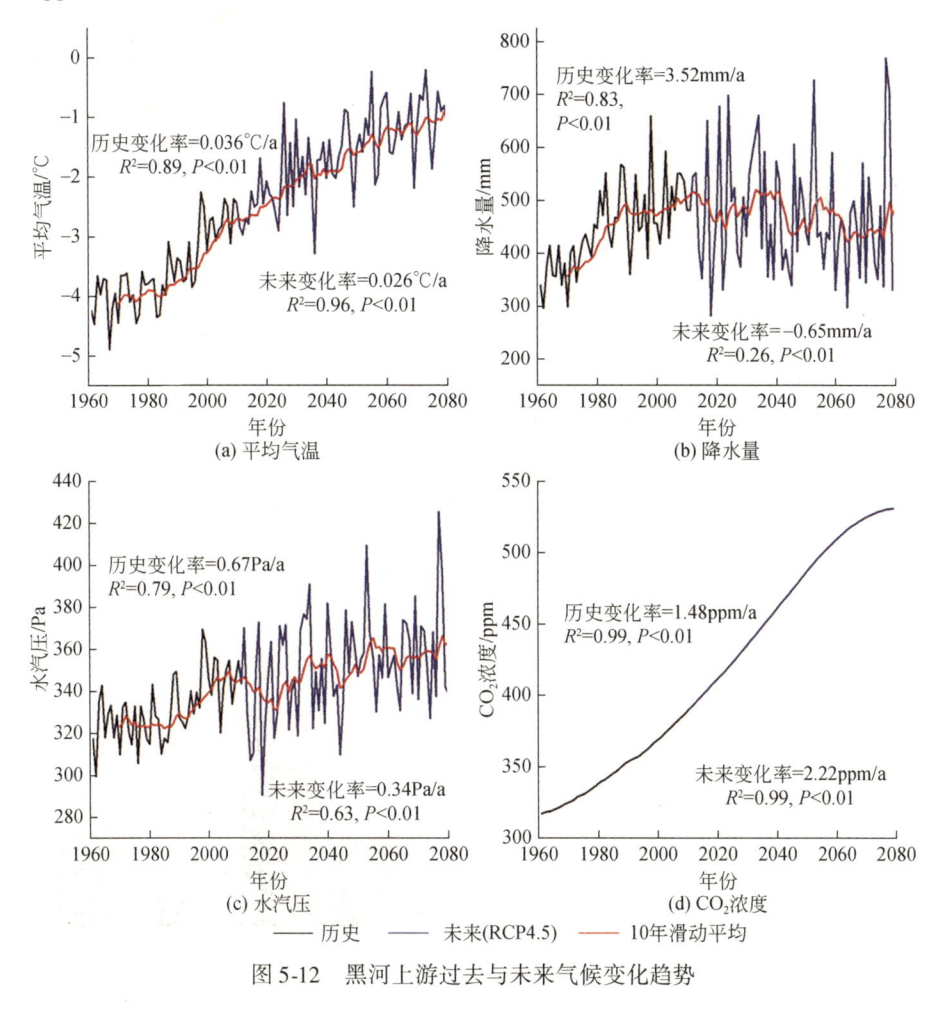

图 5-12 黑河上游过去与未来气候变化趋势

---

① 1ppm = 10^{-6} kg/kg。

(2) MC2 模型验证

如图 5-13 所示，MC2 模型能较为准确的模拟高寒草甸草原的 NEP 和 ET（蒸散），相关系数分别达到 0.77 和 0.84。同时 MC2 模型模拟的林地 NPP 与 MODIS NPP 在年际变化趋势上高度一致（$R=0.86$，$P<0.01$）。2000~2012 年 MC2 模型估算的年平均 NPP [(364.4 ± 29.9) gC/(m²·a)] 及树木 NPP [(208.2 ± 29.9) gC/(m²·a)] 分别高于和低于 MODIS NPP [(272.5 ± 18.0) gC/(m²·a)]。通过对比模型模拟 LAI 与 GLASS LAI，发现类似结果。另外，发现 MC2 模型估算的 ET 高于 ETWatch 估算的值。上述差异主要是由于模型模拟忽略了人类活动（放牧）的影响，进而导致模拟值高于遥感观测值。另外，通过与实际植被对比分析，发现 MC2 模型能够较好地捕获植被的整体分布特征，匹配精度

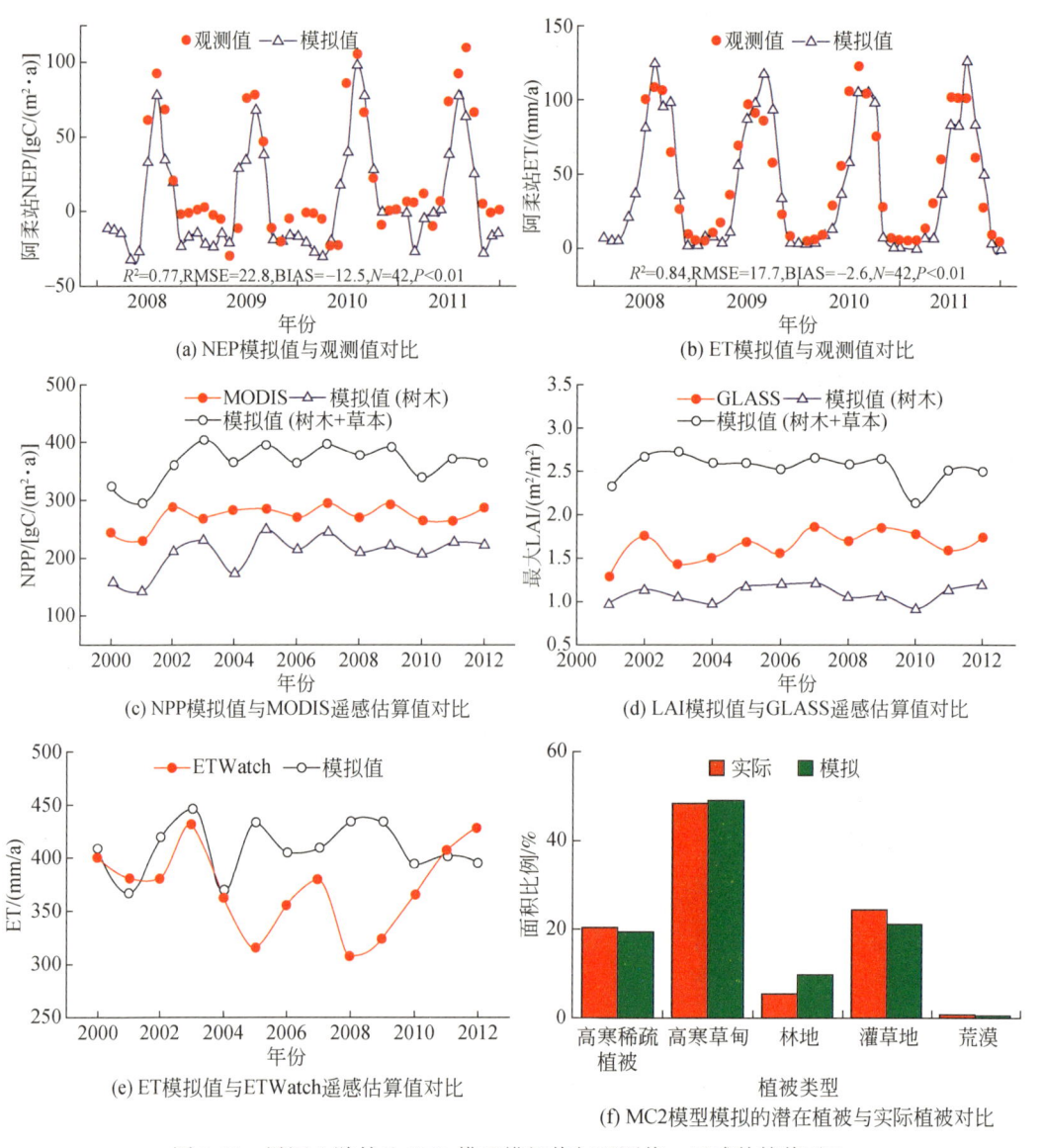

图 5-13 黑河上游林地 MC2 模型模拟值与观测值、遥感估算值对比

达60%。然而，中山带林地和灌草地分布区域模拟植被类型与实际植被类型差异较大。这种差异可归因于两个方面：一方面模型模拟的潜在植被与实际植被本身存在极大差异；另一方面数据的局限性。例如，1km分辨率的气候数据无法反映气候随坡度、坡向的变化趋势（图5-13），已有研究表明坡度、坡向能显著影响黑河上游的气候条件，进而影响植被分布（Zhao et al.，2006）。

2. 气候变化对植被分布的影响

（1）潜在植被分布

气候变化显著改变了黑河上游的植被分布（图5-14）。20世纪60年代，黑河上游主要植被类型为高寒草甸和高寒稀疏植被，面积分别占总面积的35.3%和35.7%。80年代前，高寒草甸面积变化较小，随后显著增加，2001～2010年面积达到总面积的48.9%。高寒草甸的增加趋势将持续到2021～2030年，面积达到总面积的56.1%，随后缓慢降低。气候变化导致高寒稀疏植被持续降低，2071～2080年面积比例仅1.9%。对比之下，灌草地面积从20世纪60年代的15.0%增加到2071～2080年的26.7%，其中1991～2060年变化趋势不显著。1961～2000年林地面积从12.8%缩减到8.9%，随后持续增加，2071～2080年面积占总面积的19.5%。荒漠整体呈下降趋势，面积不到总面积的1.1%。植被分布及其变化最为明显的是高寒稀疏植被转换为高寒草甸。与此同时，高寒草甸向灌草地的转换也较明显，特别是在未来时段（分别占2071～2080年灌草地面积的56.6%）。整体上，1961～2010年黑河上游约26.4%植被类型发生了转变，至2071～2080年，60.2%的植被类型将发生改变（图5-15）。

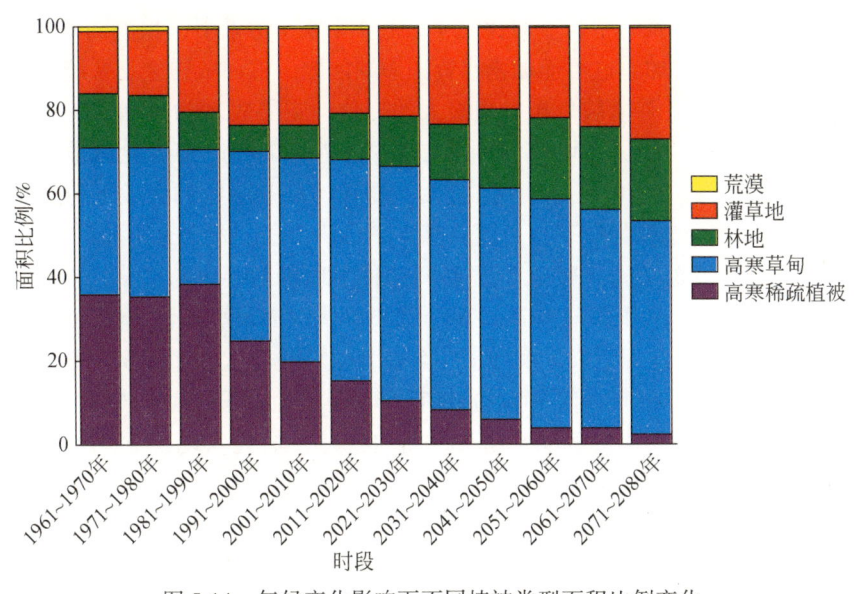

图5-14 气候变化影响下不同植被类型面积比例变化

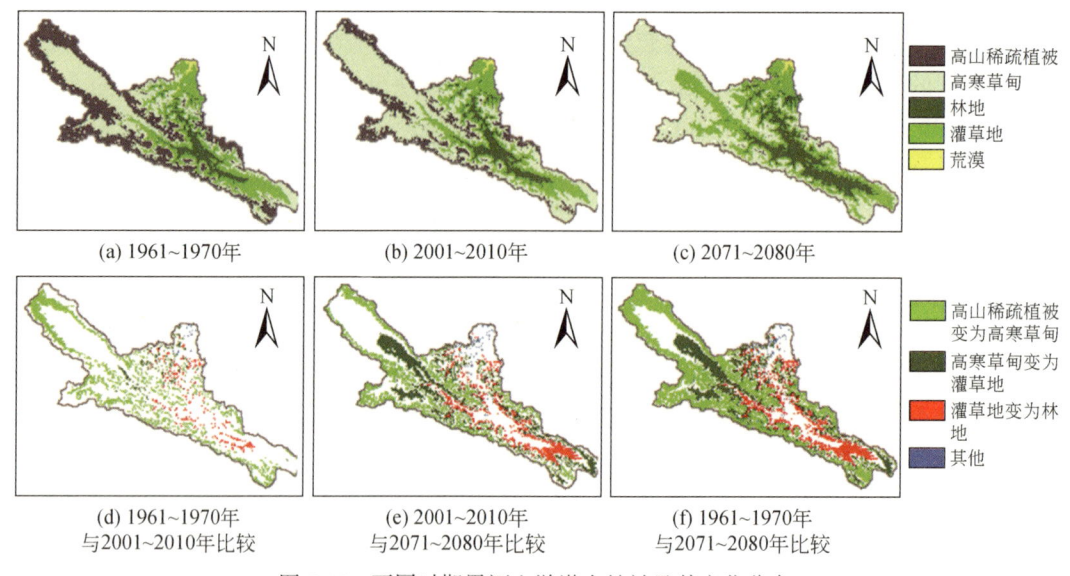

图 5-15　不同时期黑河上游潜在植被及其变化分布

（2）气候变化对植被分布的影响

黑河上游气候变化显著，温度变化率达 0.036℃/a，是同期全球平均水平的 2 倍，比中国平均增暖速率高 56.5%。黑河上游温度变化趋势与已有的认识高度一致，且大量研究表明，高纬度和高海拔地区通常增温速率较快。与此同时，历史时期研究区内降水量呈显著增加趋势，该结果与我国干旱半干旱区所观测到的暖湿趋势高度一致。气候和温度的变化将极大地促进黑河上游植被的生长。对比之下，在 RCP4.5 情景下，预测的未来降水量将有所降低，而温度将持续增加，这可能加剧水资源短缺问题，进而威胁生态系统的功能。

气候变化导致黑河上游植被分布发生极大的变化，主要表现为高寒草甸增加、高山稀疏植被减少、林地和灌草地适度增加（图 5-15）。这些结果和过去研究山地植被对气候变化响应的结果高度一致。理论上，气候通过改变物种特有的温度和有效水分生理阈值来决定物种的分布。在全球变暖背景下，更适应高温条件下生长的植被将增加，而耐寒性植被将减少，该过程通常被定义为"暖化"现象。这种生理机制导致高寒草甸能够在高山稀疏植被区生长，同时导致林地和灌草地向高寒草甸扩张。MC2 模型预测，到 2080 年，黑河上游的高山稀疏植被几乎将全部消失。实际上，全球其他一些山区，如阿尔卑斯山已经观测到类似现象。整体上，2071~2080 年黑河上游将有 60.2% 土地面积的植被类型发生转变，这个变化幅度与欧洲预测结果相当。例如，Hickler 等（2012）研究发现，至 2085 年，欧洲土地面积的 31%~42% 将被不同植被类型替代，且主要发生在北极和高寒生态系统。

意外的是，MC2 模型模拟结果表明，黑河上游东南部大面积的林地早期转换为灌草地，在未来又转回林地（图 5-15）。导致这种现象的原因尚不明确，但可能与水胁迫和模型结构有关。一方面，日益增加的温度将降低有效水分（通过增加蒸散耗水量）和增加极端气候事件（特别是干旱）（Hao et al., 2016），进而可能导致林地被灌草地替代（Hickler et al., 2012）。另一方面，MC2 模型通过硬性的临界值区分不同植被类型，这就可能导致植被交错带区域的植被类型模拟结果随气候波动变化较大（Zhou et al., 2019）。

3. 气候变化对植被结构和功能的影响

(1) 叶面积指数变化

20世纪80年代中期前，最大LAI变化趋势不显著，随后快速增加（图5-16）。在RCP4.5情景下，最大LAI将持续增加，但增长速率显著降低（从0.013 m²/m²减少到0.004 m²/m²）。最大LAI变化趋势随空间变化极大，主要表现为高山带（高山稀疏植被和高寒草甸）和低山带（荒漠和灌草地）显著增加，中山带（林地和灌草地）显著降低。就平均而言，相对于历史时期（1961~1990年），未来时期（2051~2080年）年最大LAI将增加44%（从1.72增加到2.48）（图5-17）。

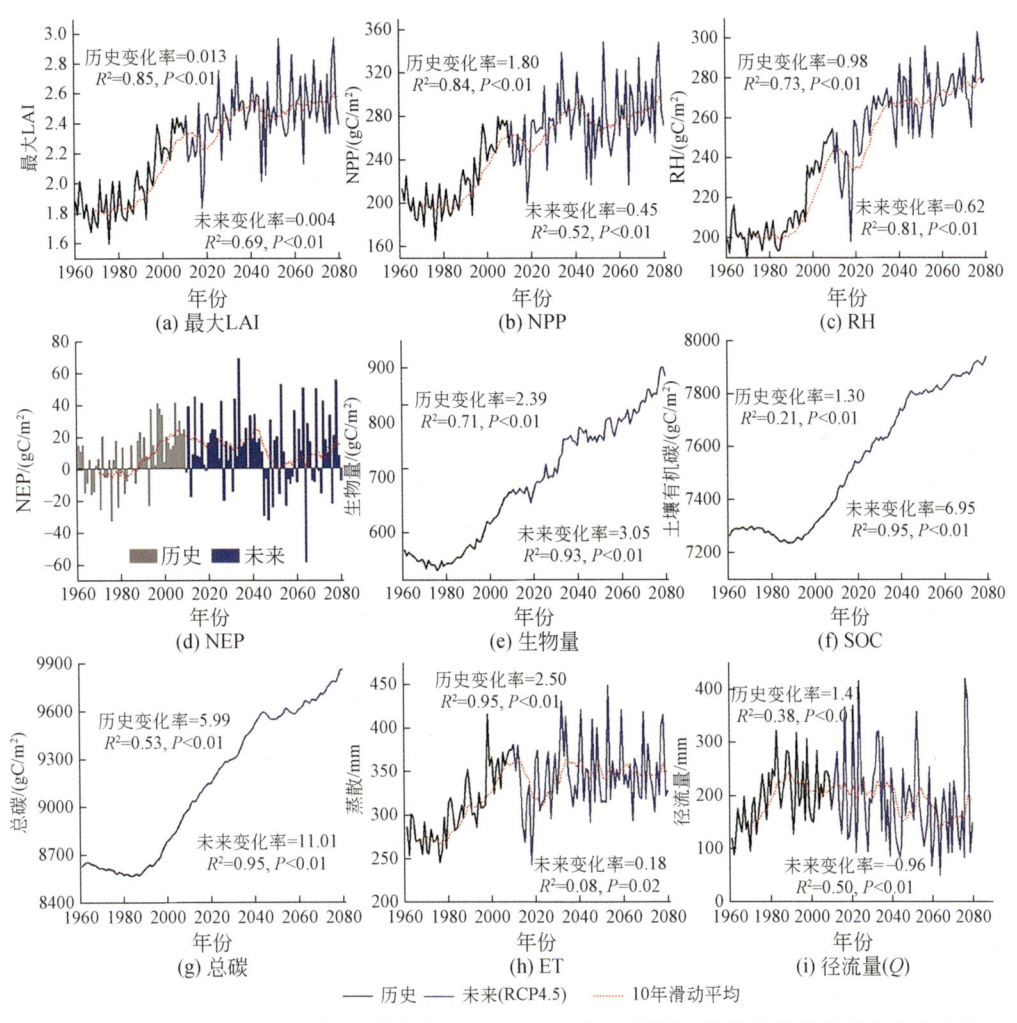

图5-16 历史（1961~1990年）及未来（2051~2080年）黑河上游植被结构及碳水收支变化

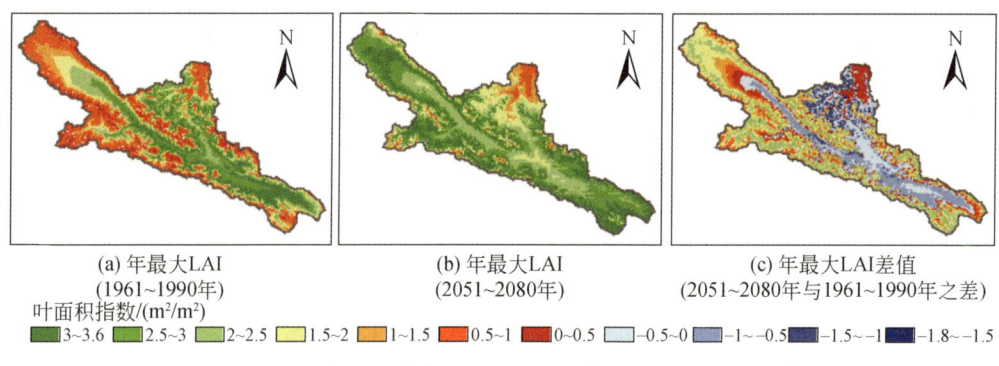

(a) 年最大LAI　　　　　　　　　(b) 年最大LAI　　　　　　　　　(c) 年最大LAI差值
(1961~1990年)　　　　　　　(2051~2080年)　　　　　(2051~2080年与1961~1990年之差)

叶面积指数/(m²/m²)
3~3.6　2.5~3　2~2.5　1.5~2　1~1.5　0.5~1　0~0.5　-0.5~0　-1~-0.5　-1.5~-1　-1.8~-1.5

图5-17　历史（1961~1990年）及未来（2051~2080年）年最大LAI及其变化的空间分布

（2）碳收支变化

气候变化显著改变了黑河上游碳通量与碳储量。1960~2010年区域NPP整体呈显著上升态势，年变化率为1.80gC/(m²·a)。在未来，NPP将继续增加，但变化率降低到0.45gC/(m²·a)。异氧呼吸的变化趋势与NPP类似，历史时期的变化率明显低于NPP，但未来的变化率略高于NPP。结果导致黑河上游在1985~2040年整体表现为一个碳汇，而在其他时段内的碳源或碳汇特征不明显。就平均而言，黑河上游表现为净碳汇，且未来的碳汇能力明显高于历史时期。整个研究时段累计碳汇为1212.25gC/m²。

生态系统碳库（包括生物量、土壤有机碳和总碳）在1985年前呈缓慢下降趋势，随后持续增加。整体上未来碳库增加速度明显高于历史时期，特别是土壤有机碳。例如，未来土壤有机碳增加率为6.95gC/(m²·a)，为历史时期的5.3倍。

黑河上游碳库、碳通量及其变化的时空异质性极大（图5-18）。中山带NPP和RH相对较大，结果导致中山带整体表现为微弱的碳汇[<25gC/(m²·a)]。低山带也表现为微弱的碳汇，尽管其NPP相对较低。具体而言，林地、灌草地和荒漠表现为碳汇，而高山稀疏植被和高寒草甸表现为碳源（图5-19）。另外，预测未来碳通量变化随地理位置变化特征明显。高山带碳通量明显增加，而低山带明显降低。整体上，未来NPP和RH相对历史时期分别增加了84.85gC/(m²·a)和74.74gC/(m²·a)，进而导致NEP净增加10.11gC/(m²·a)。特别是林地从碳汇转换为碳源，而高山稀疏植被则从碳源转换为明显的碳汇（图5-19），碳库的空间分布与碳通量整体类似。植被生物量占总碳的6.4%，预测未来将增加50.8%。与此同时，土壤有机碳将增加12.5%，净增加1073.34gC/m²（Zhou et al.，2019）。

（3）水量平衡要素变化

图5-16描述了黑河上游ET和径流在气候变化影响下的动态变化。ET在20世纪80年代后呈显著增加趋势。未来ET将继续增加，但增长率极小（0.18mm/a）。对比之下，20世纪80年代中期后，径流量缓慢降低。预测未来径流将继续降低，递减率达0.96mm/a。从空间分布来看，中山带植被生产力和降水量均较高，导致ET较高。在RCP4.5情景下，未来高山带ET将显著增加，而中山带部分地区显著降低。整体上，未来上游ET将增加21.8%（从286.6mm增加到349.1mm），径流减少8.4%（从190.9mm降低到174.9mm）。

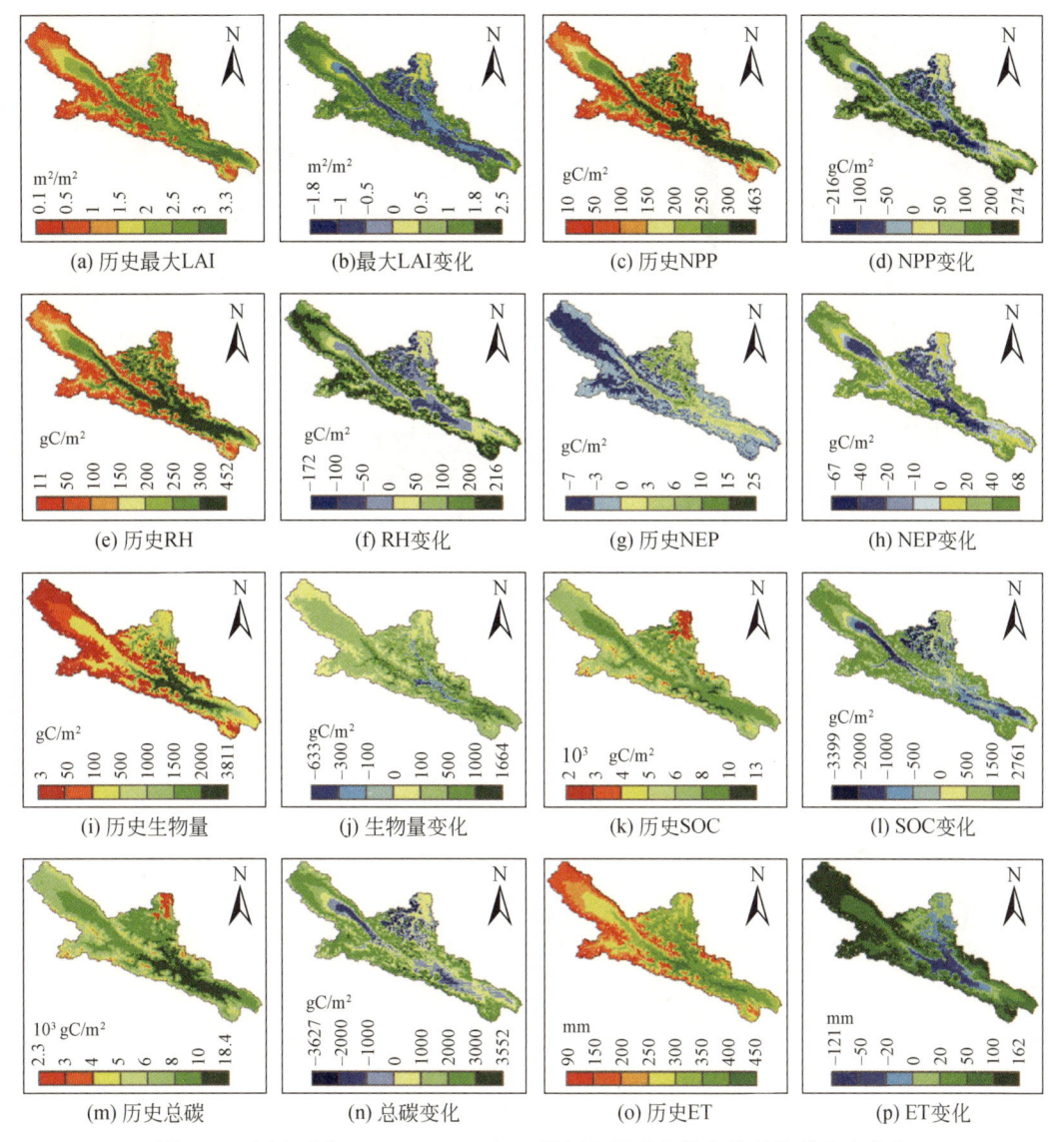

图 5-18　历史时期（1961~1990 年）黑河上游碳水收支状况及其未来变化
（2051~2080 年与 1961~1990 年之差）的空间分布

（4）气候变化对植被结构和功能的影响

本研究利用最大 LAI 反映生态系统的结构，研究结果发现气候变化显著改变了黑河上游的植被结构（图 5-16 和图 5-17），但在不同时期主要驱动机制不同（表 5-2）。在历史时期，最大 LAI 主要受温度控制，偏相关系数（r）达 0.82（$P<0.01$），独立解释率高达 74.5%。大量事实表明，温度是高海拔地区植被动态的主控因子，本研究结果与已有研究高度一致。对比之下，在未来气候变化情景下，降水成为 LAI 变化的主控因子（$r=0.64$，$P<0.01$），尽管温度也显著影响最大 LAI（$r=0.48$，$P<0.01$）。整体上，气候对历史时期

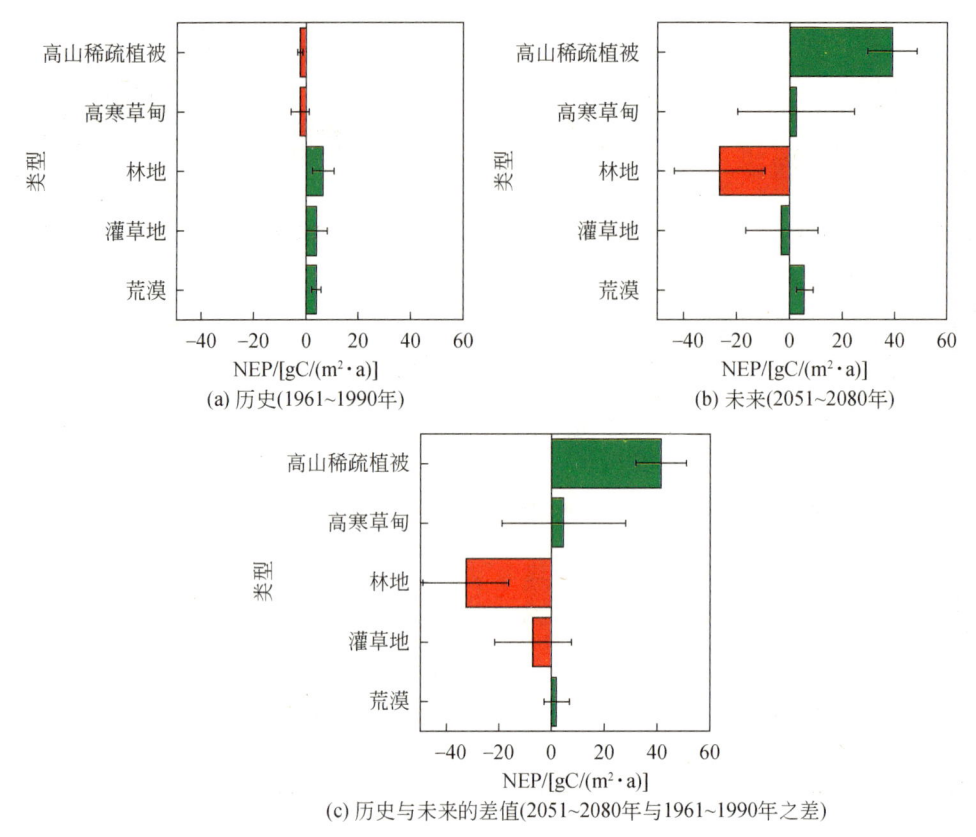

图 5-19 不同植被类型不同时期 NEP 及变化

植被类型以 20 世纪 60 年代潜在植被图为准

LAI 变化的解释率明显高于未来时段，说明气候变化导致未来植被动态的变化过程日趋复杂。另外，研究发现 LAI 未来变化趋势具有极大的空间异质性。高山带植被生长加快，导致 LAI 显著增加，而中山带由于受水分影响相对较大，未来水分胁迫加剧导致其 LAI 整体呈下降趋势。

表 5-2　温度（T）/降水量（P）与生态系统动态变化的偏相关系数，以及基于逐步线性回归法估算温度或降水的独立解释率

指标		历史（$N=50$ 年）			未来（$N=70$ 年）		
		T	P	$T \times P$	T	P	$T \times P$
最大叶面积指数（LAI）	偏相关系数	0.82[a]	0.24		0.48[a]	0.64[a]	
	独立解释率/%	74.9[a]	1.4	76.3	15.9[a]	31.3[a]	47.2
净初级生产力（NPP）	偏相关系数	0.81[a]	0.12		0.43[a]	0.60[a]	
	独立解释率/%	72.6[a]	0.4	73.0	13.0[a]	28.6[a]	41.6
异氧呼吸（RH）	偏相关系数	0.78[a]	0.29[b]		0.65[a]	0.51[a]	
	独立解释率/%	70.6[a]	2.5[b]	73.0	31.6[a]	17.9[a]	49.5

续表

指标		历史（N=50年）			未来（N=70年）		
		T	P	T×P	T	P	T×P
净生态系统生产力（NEP）	偏相关系数	0.55[a]	-0.07		-0.02	0.42[a]	
	独立解释率/%	33.9[a]	0.3	34.2		18.2[a]	18.2
蒸散（ET）	偏相关系数	0.78[a]	0.64[a]		0.42[a]	0.78[a]	
	独立解释率/%	68.4[a]	13.0[a]	81.5	8.0[a]	54.0[a]	62.0
径流（Q）	偏相关系数	-0.75[a]	0.96[a]		-0.23	0.96[a]	
	独立解释率/%	9.5[a]	83.0[a]	92.5	0.4	91.7[a]	91.9

注：a 表示 0.01 水平上显著；b 表示 0.05 水平上显著

伴随着生态系统结构的变化，生态系统的功能也发生了极大的改变，预测未来将发生更大变化。MC2 模型模拟结果表明，区域 NPP 自 20 世纪 80 年代中期开始呈显著增加趋势。黑河上游的温度通常低于植被生长的最优温度，因此温度成为历史时期 NPP 变化的主控因子。大量研究证实，在水分条件充足的条件下，温度增加通过延长生长季和提高光合作用速率，进而提高植被生产力和生物量（Piao et al., 2011）。与此同时，CO_2 浓度增加也可直接（增加光合作用速率）和间接（通过降低气孔导度减少水分损失）影响植被生长，该过程通常被定义为 CO_2 的"施肥效应"。尽管如此，伴随温度的增加，土壤水分损失增加，进而可能降低温度增加对植被生长的正面效应，这可能是未来 NPP 增加缓慢的主要原因。事实上，相关分析表明降水量可能成为未来 NPP 变化的主控因子。

增温加速生物代谢过程，导致更多土壤封存的温室气体释放到大气中，进而导致黑河上游生态系统异氧呼吸（RH）整体呈上升趋势。RH 与温度呈正相关关系可充分表明气候变化对 RH 的影响机制。特别是在历史时期 NPP 变化率高于 RH，而在未来时期 RH 高于 NPP。NPP 与 RH 变化速率差异导致黑河上游在历史时期从碳平衡状态转变微弱的碳汇。本研究还发现，黑河上游的碳吸收能力（即 NEP）在 2040 年达到峰值。整体上，黑河上游在 1961~2010 年的碳汇为 $7.3 gC/(m^2 \cdot a)$，明显低于我国陆地生态系统的平均水平 [23.3~$31.9 gC/(m^2 \cdot a)$]（Piao et al., 2009）。

由于不同因子对碳循环过程交互影响，生态系统碳动态随地理位置变化极大。我们发现中山带由于更好的气候条件，其 NPP、RH 和 NEP 相对较高。在未来暖干气候变化趋势影响下，由于不同地区主控因子的不同，高山带的碳通量将显著增加，中山带碳通量明显下降。具体而言，高山带主要受温度控制，在水分不受限的情况下，日益增加的温度将增加植被生产力和土壤呼吸。特别是高山稀疏植被区，在研究初期表现为微弱的碳源，在未来气候变化影响下转换为明显的碳汇。对比之下，中山带受温度和降水的共同控制，日益增加的温度加之降水的减少将加剧中山带的水分胁迫，进而降低植被活动强度。例如，研究发现林地在气候变化影响下从碳汇变为碳源。

由于生态系统水平衡与植被相互耦合，气候变化也将显著影响生态系统水平衡过程。研究结果表明，除了 20 世纪 80 年代前的缓慢下降趋势外，由于植被活动的增加，模型模拟的蒸散量在历史时期整体呈上升趋势，但在未来由于降水量的减少，蒸散变化趋势十分缓慢。与 NPP 类似，黑河上游的蒸散在历史时期主要受温度控制，而在未来时期主要受降水控制。从空间上来看，中山带蒸散量较高，说明林地和灌草地对流域产水的贡献较小。对比之下，模型估算的径流量自 20 世纪 80 年代开始，呈显著下降趋势，而且主要受降水的控制。这些结果与前期关于干旱区山地流域水动态变化机制的认识高度一致。整体上，本研究预测，未来研究区径流量将减少 8.4%，表明未来研究区将面临更严重的水资源短缺问题。

4. 不确定性分析

受数据和方法的限制，关于山区植被的长期动态变化趋势的研究十分薄弱。本研究利用 MC2 模型，系统评估了过去及未来气候变化对黑河上游植被分布及其生态系统结构和功能的影响。不仅可以提高对全球大气与生物圈交互作用的认识，还可以为当地生态系统的可持续管理提供决策支持（Cheng et al., 2014）。例如，本研究预测黑河上游在气候变化影响下植被分布、生态系统结构和功能将发生极大的变化，进而可能影响生态系统服务的提供和当地居民的生活。特别是未来径流量的减少将加剧中下游地区水资源短缺，这就对未来流域水资源管理提出更高的要求。然而，模型结构、参数化和输入数据的不确定必然导致模拟结果的不确定性。

首先，数据质量是黑河上游生态系统模拟最主要的不确定性因素（Yang et al., 2015）。尽管本研究采用的气候数据被证实高度可靠（Ruan et al., 2017），但由于缺乏足够的验证数据，气候数据的精度有待进一步验证。特别是 1km 分辨率的气候数据无法完全刻画研究区景观的高度异质性（如坡度）。对于未来气候情景，IPCC 并未给出具体可能发生的概率。模型输入的土壤数据也可能导致结果的不确定性。例如，MC2 模型输入仅将土壤划分为三层，可能影响蒸散和径流估算的精度。

其次，模型本身也是不确定性的重要来源。本研究仅考虑了气候变化对植被的影响，尚未考虑植被变化对气候的反馈。研究证实气候和植被间的反馈机制可能显著影响植被的生长。例如，Betts 等（2001）研究发现当林地北移后，地表反照率和碳排放将增加，进而影响气候；Schaphoff 等（2006）认为当模型考虑气候植被间的反馈机制后，所估算的碳储量与不考虑反馈机制的估算结果差异显著。因此，未来动态植被模型需要与大气环流模式耦合，进而提高模拟精度。另外，土壤的冻融过程也可能导致模拟结果的不确定性，MC2 模型尚不能有效地描述土壤的冻融过程。

最后，人类活动对生态系统的影响尚不明确。本研究仅模拟了不受人类活动干扰下潜在植被的动态变化特征。然而人类活动，如土地利用可显著影响生态系统的动态变化（Piao et al., 2009）。土地利用可通过砍伐等直接影响碳排放，也可通过改变地表反照率影响生态系统碳水循环。黑河上游地区砍伐、过度放牧和草地开垦等活动自 20 世纪 50 年代开始，已导致研究区植被明显退化，草地载蓄能力和水土保持能力显著降低（Cheng et al., 2014）。MC2 模型仅描述了潜在植被的变化，未来研究需要考虑人类活动等其他因子对生态系统结构和功能的影响。

总之，本研究结果尚存在较大的不确定性，未来研究应重点加强实验观测（用以模型校准与验证)、模型改进(考虑大气与植被的反馈机制和人类活动影响等)以及不同模型和气候变化情景下的对比等方面的工作。

5.2.3　放牧对植被结构与格局的影响

1. 黑河上游放牧特点及放牧强度变化

(1) 黑河上游放牧特点

放牧既是黑河上游人民的重要生产活动,也是草地自然生态系统的主要干扰源。祁连山区主要草地类型包括高寒草原、高寒草甸、灌草以及疏林草地,年载畜量为 0.73 ~ 1.08SU/hm^2(表5-3)。1982 ~ 2006 年黑河流域上游肃南地区的牲畜数量呈下降趋势,而 1983 ~ 2010 年野牛沟的牲畜数量呈上升趋势(图5-20)。祁连山区无论是夏秋牧场还是冬春牧场,均超载严重,其中冬春牧场超载更为严重(图5-21)。

表 5-3　祁连山区主要草地类型载畜量

草地类型	年载畜量/(SU/hm^2)	年鲜草产量/(kg/hm^2)
高寒草原	0.73	1388
高寒草甸	1.27	2224
灌草	1.33	2164
疏林草地	1.08	1761

资料来源:俞锡章(1983)

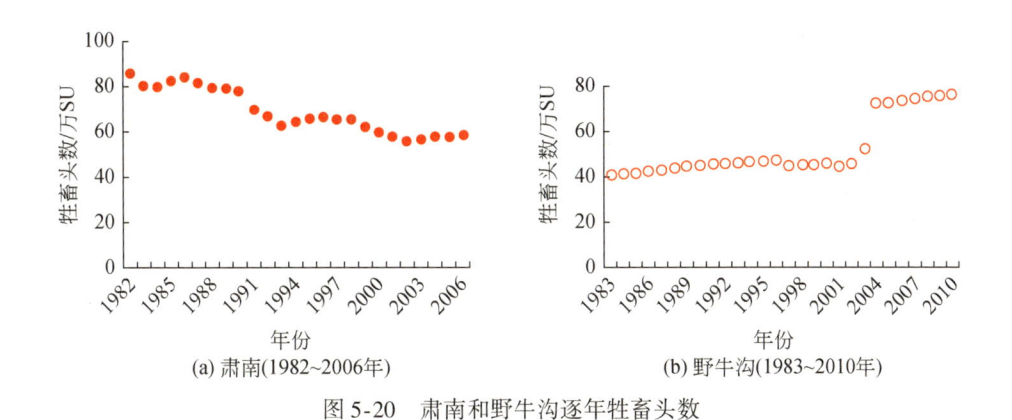

(a) 肃南(1982~2006年)　　(b) 野牛沟(1983~2010年)

图 5-20　肃南和野牛沟逐年牲畜头数

(2) 放牧时长变化

放牧时长和放牧密度两个参数的空间分布可以较好地反映放牧实况。本研究利用遥感影像提取每种参数,一年共45景图,年均放牧参数由45景图在格点上求平均得到,十年平均则是逐年放牧参数逐个格点求平均得到。由于放牧参数的计算基于LAI数据,2001 ~ 2010 年空间分辨率高于 1983 ~ 2000 年,前者能获取到更为精细的非放牧基准点信息,所

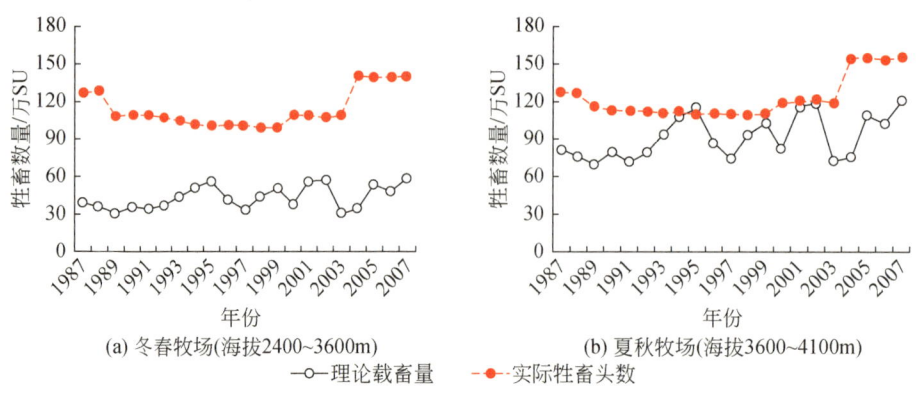

图 5-21 祁连山区理论载畜量和实际牲畜头数

资料来源：洒文君（2012）

以本研究只计算了 2001~2010 年的放牧参数。

根据已有文献，本研究给出了黑河上游放牧空间型的粗略划分，可分为 4 个主要综合农牧业片区：①东北部多山、滩地，可利用草场面积大，灌木地集中，包括峨堡、阿柔；②东南部多山丘、滩地，牧草质量好、产量较高，包括默勒；③中北部为峡谷山地水源涵养林区，多灌木和林地，黑河上游耕地集中分布于此，包括八宝、扎麻什和肃南；④西部多峡谷山滩地，草场面积最大，草畜之间基本平衡，包括野牛沟。

2001~2010 年黑河流域上游年均放牧时长的空间分布（图 5-22）显示，流域整体放牧时长约为 158d，东、西部放牧时长存在较大差异，由西向东递减；从植被类型来看，高寒草甸年均放牧时长约为 173d，高寒草原约为 148d，灌丛约为 123d。整个流域西部为放牧时长高值区，高寒草甸为植被主体，优势种牧草多为小嵩草、薹草、针茅等，耐牧性强，而且牲畜喜采食。流域西部可再细分为三个放牧片：北部为冬春牧场，中南部冬春牧场、夏秋牧场参半，西部海拔偏高为夏秋牧场，放牧时长最多 5 个月。

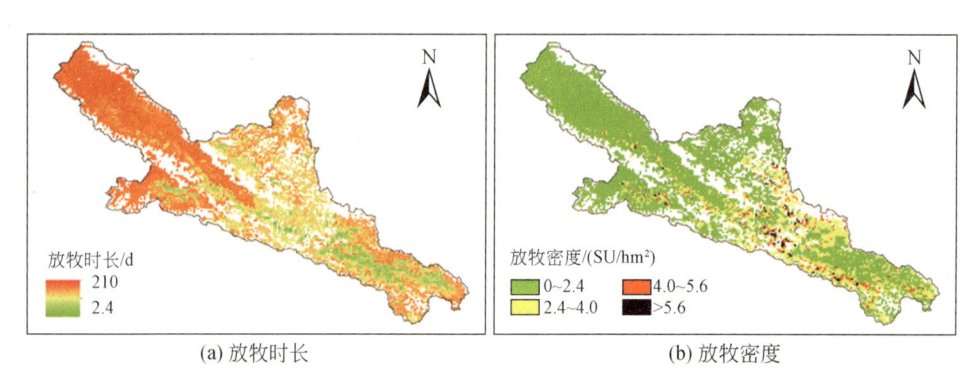

图 5-22 2001~2010 年黑河流域上游年均放牧时长和放牧密度的空间分布

由于黑河上游的西部地区自然水热条件比较严苛，牧草的生长季短且产草量不高，草场状态劣于东部，但此地作为主要牧区，要保证牲畜采食量，只能增加放牧时长。为减轻冬春牧场压力，牧民会选择延长夏秋季牧场的放牧时长，这可能是流域西部整体放牧时长偏高的主要原因之一。同时，牦牛为野牛沟地区的优势牧种之一，它常年散牧于高海拔地区，牲畜头数增加后，整体放牧时长也随之增加。低值区多出现在东北部灌丛处，原因可能是灌木林地的放牧方式区别于草地，更多是以发展人工草场、饲草饲料基地为主，管理更加集中、利用效率高，放牧时间短，但也导致了超载过牧现象的发生。另外，此地矿产资源丰富，矿业的发展也会影响畜牧业。由于计算方法中需要依据非放牧基准点与实际值的差值来确定是否存在放牧现象，这会导致植被状况原本偏差的地方（西部）被误认为存在放牧活动，而植被状况好的地方（东部）放牧现象又不容易被识别出来，为了尽量减小这个误差，将非放牧基准点分乡镇、分植被类型进行分析。

如图5-23所示，2001～2010年黑河流域上游放牧时长稳定区所占比例最大（78%），呈增加趋势的区域集中在流域北部和东部（16%），只有中部、东北部少数区域减少（6%）。约31%的高寒草原放牧时长呈现增加趋势（$P<0.1$），远高于高寒草甸（6%）和灌丛（11%），灌丛放牧时长减少趋势是三种植被类型中比例最大的（13%）。

（3）放牧密度变化

放牧密度指单位草地面积上，在同一时间内放牧牲畜的头数。正常密度时，放牧牲畜移动不拥挤，能充分利用草地，管理方便；密度过大时，牲畜拥挤，互相干扰，影响采食；密度过小时，牲畜游走时间多，消耗体力大，牧草采食率降低。草地生产力和牲畜种类会影响放牧密度，如生产力高、植被茂密的草地放牧密度较大，羊的放牧密度比牛、马大。

本研究将黑河流域上游放牧密度划分为四个等级（表5-4）。2001～2010年黑河流域上游年均放牧密度的空间分布（图5-22）显示，高寒草甸和高寒草原大部分属于轻度放牧等级，灌丛在流域北部地区为轻度放牧，而在流域东部的西北和南部地区放牧密度等级都在轻度以上。放牧密度变化趋势（图5-23）显示，整个流域都呈现出放牧密度显著增加的趋势，其中，高寒草甸和高寒草原呈增加趋势的面积都过半，分别为62%和58%，灌丛略小，为39%。

表5-4 放牧密度等级划分 （单位：SU/hm^2）

等级	区间	等级	区间
轻度	0～2.4	重度	4～5.6
中度	2.4～4	极重度	>5.6

2. 不同放牧强度对上游植被结构与格局的影响

（1）不同时期放牧管理对LAI的影响

不同牧草类型受放牧影响程度不同，高寒草原和灌丛受放牧影响最大，在1985～1991年和1997～2004年最为突出。封育和轮牧等管理政策在牧场逐步实施，有利于植被LAI的改善，这也在部分区域抵消了由过牧产生的负效应（图5-24）。

(a) 放牧时长趋势

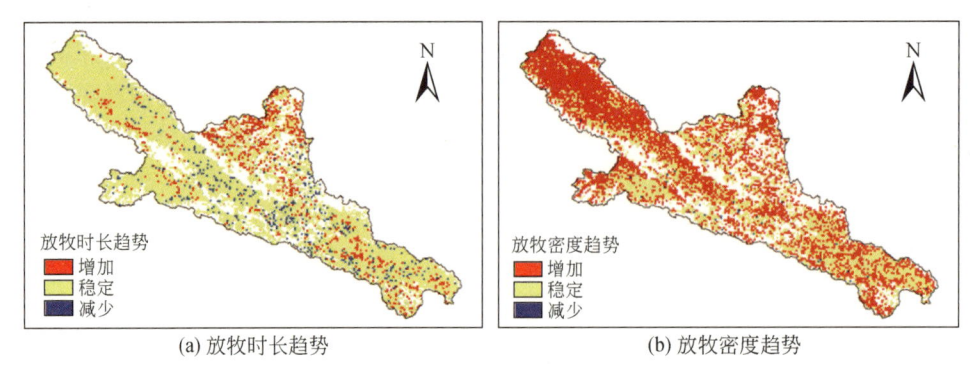

(b) 放牧密度趋势

图 5-23　2001~2010 年放牧时长和放牧密度趋势

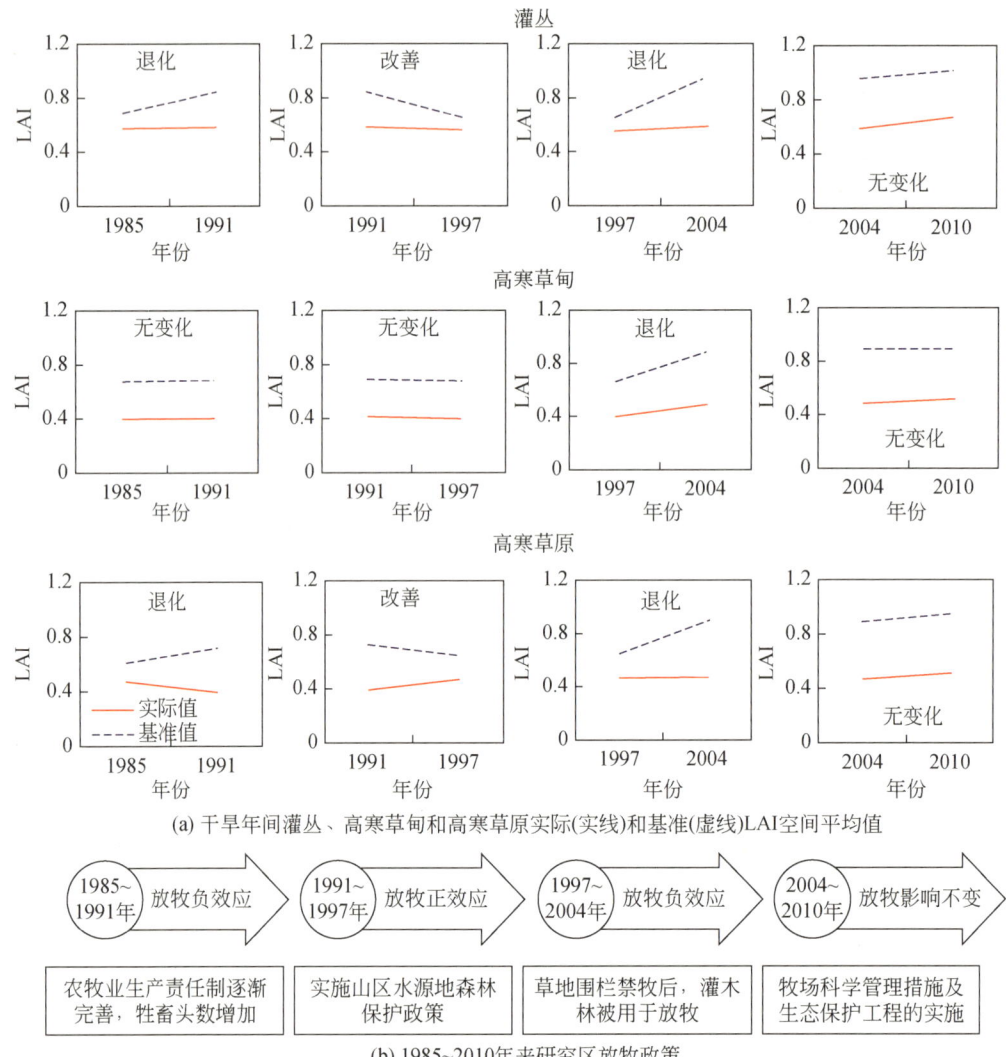

(a) 干旱年间灌丛、高寒草甸和高寒草原实际(实线)和基准(虚线)LAI空间平均值

1985~1991年　放牧负效应　→　1991~1997年　放牧正效应　→　1997~2004年　放牧负效应　→　2004~2010年　放牧影响不变

农牧业生产责任制逐渐完善，牲畜头数增加 ｜ 实施山区水源地森林保护政策 ｜ 草地围栏禁牧后，灌木林被用于放牧 ｜ 牧场科学管理措施及生态保护工程的实施

(b) 1985~2010年来研究区放牧政策

(c) 年总牲畜头数

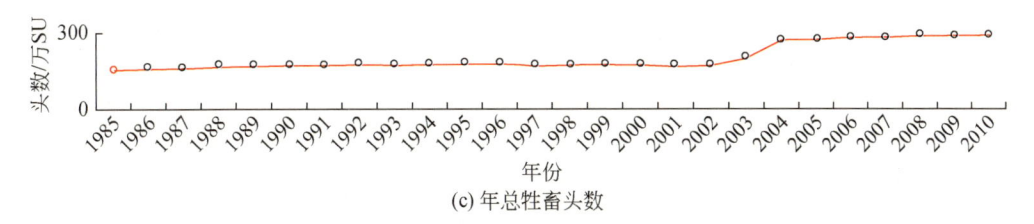

图 5-24　干旱年间放牧对不同放牧植被类型、放牧政策和总牲畜头数的影响

某干旱年中实线和虚线的距离（dLAI）表示由放牧导致的 LAI 变化，而两个连续干旱年间实际与基准 LAI 值差异的变化（ΔdLAI）则代表此期间放牧影响趋势（加重或减轻）。对比实线和虚线的斜率，若虚线斜率大于实线，代表放牧影响在此期间加重，因为实际状态下植被 LAI 并没有只受气候影响条件下增长得快，反之代表放牧减少或者实施了合理的放牧管理政策；当两条线斜率相等（平行）时，表示两个干旱年间放牧影响保持现状

政府对一些草地退化区域实行禁牧，但封育林区偷牧的现象却很常见，林下灌木植被牧民用于散牧。因此，放牧区已经扩展到林区，导致灌丛 LAI 在 1985~1991 年和 1997~2004 年急剧下降（图 5-24）。结果还显示，2001~2010 年流域东部灌丛放牧密度最大（图 5-22），此结果与 20 世纪 90 年代祁连山自然保护区观察到的植被退化严重程度一致，主要为灌木和草地。有研究指出，过牧导致放牧扩大到灌木丛和稀疏林地地区。祁连山东部约有 30% 的灌木林退化。灌木林地在水土保持和河流径流调节方面扮演着重要角色，因此在祁连山林区草原生态系统中发挥着独特的作用。祁连山灌丛面积广阔，为云杉林的 2.3 倍。因此，灌木林退化对祁连山生态环境会产生负反馈作用。

(2) 放牧参数与 LAI 的空间相关性

为进一步分析放牧因子与各植被类型 LAI 动态的空间分布关系，我们逐像元计算了 LAI 分别与放牧时长和放牧密度的相关系数（图 5-25）。2001~2010 年，逐像元中用于计算相关系数的样本数为 10 个，临界相关系数显著性检验显示：置信度为 95% 的相关系数为 0.632。图 5-25（a）中，放牧时长对 LAI 有显著的影响，正相关区域极少，零散分布于流域北部肃南地区和流域最西部；负相关区域集中分布于流域东部、中南及西北部。图 5-25（b）中，放牧密度与植被 LAI 相关系数正负分布区域相对集中，显著正相关区域多位于流域东部、野牛沟东南部；流域东部呈显著负相关。显著正相关区域放牧密度基本

(a) LAI 与放牧时长　　(b) LAI 与放牧密度

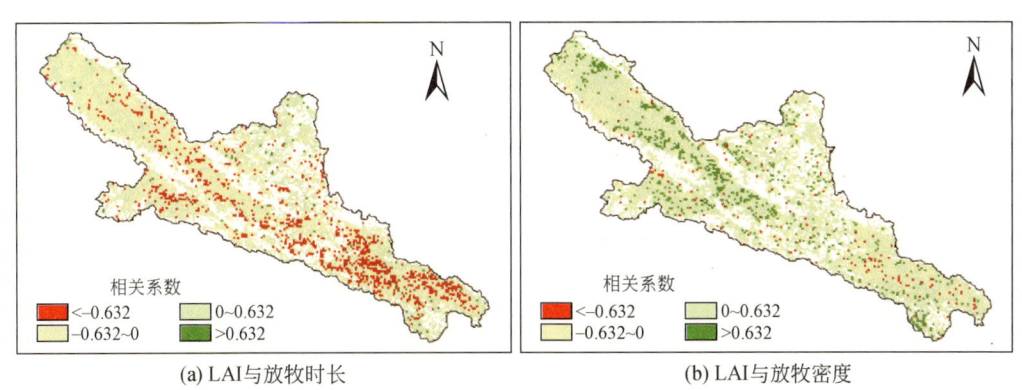

图 5-25　LAI 与放牧相关系数空间分布

为轻度放牧等级，中度放牧等级少，之前的研究显示轻度放牧有助于牧草的生长，但流域东部轻度放牧区呈负相关，这可能受放牧密度和其他因素（如气候、放牧时长增加）的共同影响。

3. 上游植被结构与格局变化的主导因子及其贡献率

为进一步分析气候和放牧活动如何影响植被 LAI 变化，本研究计算了气候和放牧影响的动态变化。2001~2010 年，年平均影响变化由 44 张 8 天一景的变化图逐个格点求平均得到，10 年年际变化由年平均变化逐个格点求平均得到。使用 M-K 方法将趋势[图 5-26（a）]划分为稳定、增加、减少。本研究中定义使植被 LAI 数值增加的效应为正效应，使之减少的效应为负效应。

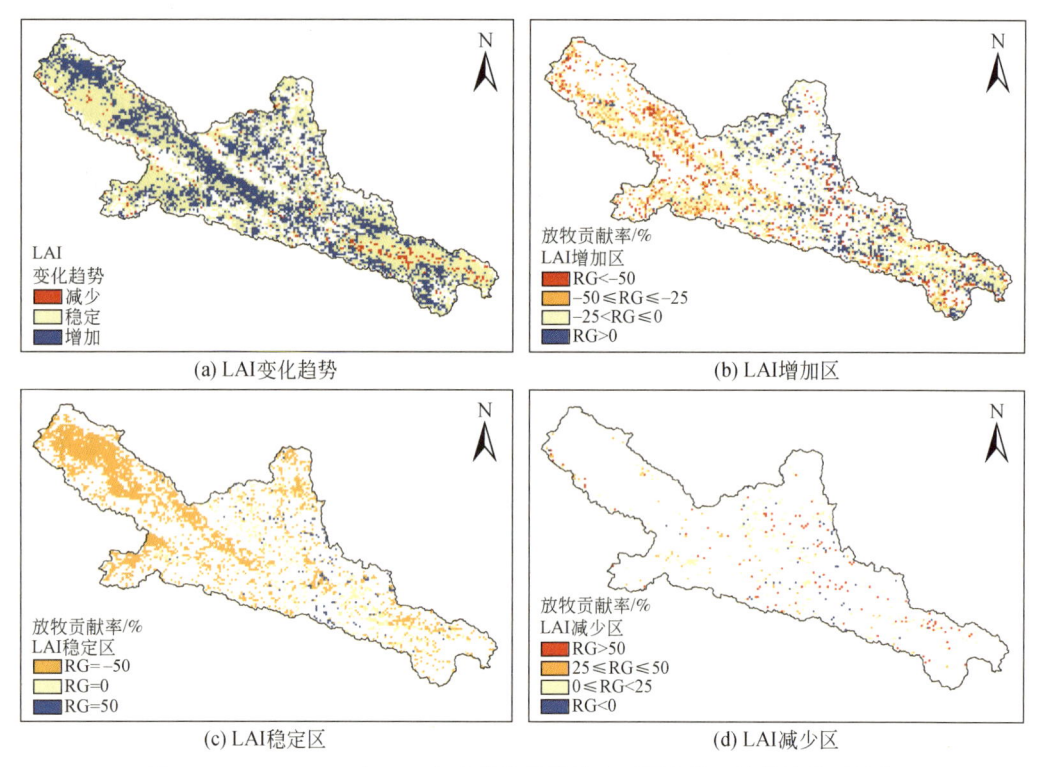

图 5-26　2001~2010 年 LAI 年变化趋势及其在不同变化区域的放牧贡献率

RG 指放牧贡献率

在高寒草甸、高寒草原和灌丛三种植被类型的 LAI 年变化趋势中，稳定区约 57%，增加区和减少区所占比例分别为 40%、3%。其中减少区比例很小，主要分布于流域东部峨堡、阿柔等地。

放牧活动对整个流域大部分区域植被 LAI 变化存在负效应，少量正效应分布于流域北部及中东部；气候变化对整个流域大部分区域植被 LAI 存在正效应，少量负效应分布于流域北部、中部及东部地区。也就是说，无论是放牧活动还是气候变化，对黑河流域上游的植被 LAI 影响都不是单一的，有正有负，LAI 的变化是由放牧干扰和气候变化共同作用决定的。对于 LAI 增加的地区，流域西部的负放牧贡献最大（≤-25%），这意味着放牧导致该地区植被 LAI 的减少最明显。正放牧贡献分布在流域的北部和东部，这意味着放牧导致这些地区的植被 LAI 增加［图 5-26（b）］。对于 LAI 处于稳定的地区，放牧对西部和北部大部分地区呈负贡献，正放牧贡献区较为集中地分布于八宝乡［图 5-26（c）］。LAI 变化处于减少的面积较少，呈负放牧贡献的像元零散分布，北部和东部大部分地区呈负放牧效应（≥50%）［图 5-26（d）］。放牧对研究区 2001~2010 年 LAI 年平均变化的贡献表明，气候对整个流域的正贡献远大于放牧的负贡献，主导了 LAI 的变化。

气候贡献的增加趋势［图 5-27（a）］与植被 LAI 的增加趋势基本一致［图 5-26（a）］，表明植被 LAI 在 2001~2010 年的变化主要是气候变化导致的。2001~2010 年，负放牧的负效应在流域西部和北部逐渐加强［图 5-27（b）］，而气候在流域西部和中部的正效应也逐渐加强，但东部地区存在一块明显的气候正效应减弱区，集中分布于流域东部峨堡、阿柔等地［图 5-27（a）］，这一区域正是植被 LAI 呈下降趋势的地区［图 5-26（a）］，表明东部植被 LAI 减少区是负气候效应和负放牧效应综合作用的结果，放牧的负效应可能加剧了东部地区 LAI 降低。而对于流域西部和中部地区，放牧的负效应部分抵消了气候变暖和湿润对 LAI 的增加作用，因而考虑到长期放牧负效应，暖湿化的气候变化趋势对植被的正效应可能被低估了。

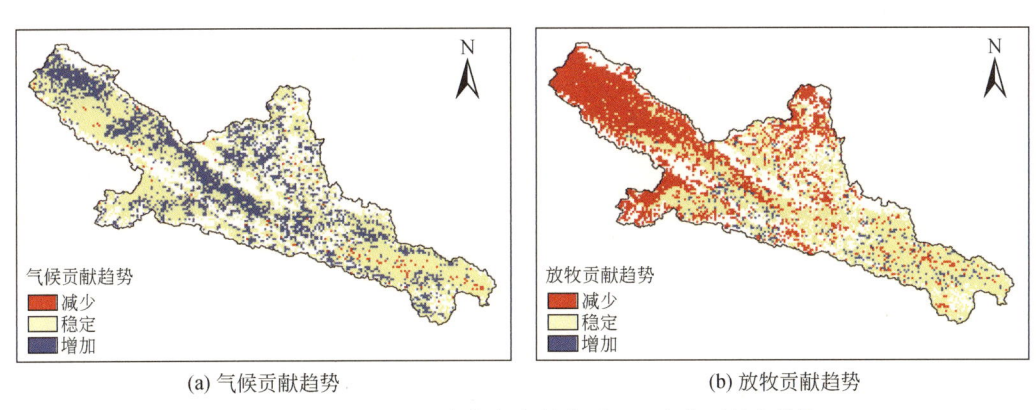

(a) 气候贡献趋势　　　　　　　　　(b) 放牧贡献趋势

图 5-27　2001~2010 年气候与放牧对 LAI 变化贡献率趋势

5.3　小　　结

本章通过分析黑河上游流域 1983~2010 年植被格局变化与气候、放牧等驱动因子的时空耦合关系，结合 MC2 模型，阐明了气候变化和人类活动共同作用下流域植被的分布格局及其结构与功能的动态响应特征和规律，给出了上游包括现状、潜在及不同气候变化情景下的植被分布格局。具体结果如下。

1）上游植被结构与类型分布变化。过去（1961~2010 年）及未来（2011~2080 年）RCP4.5 气候变化情景下植被结构的动态模拟表明，自 20 世纪 80 年代中期，黑河上游暖湿化气候导致植被最大 LAI 持续显著增加。与过去 50 年（1961~2010 年）[0.013m²/(m²·a)，P<0.01] 相比，由于未来 70 年（2011~2080 年）气候呈现暖干化，最大 LAI 增加幅度放缓，但仍达到 0.004m²/(m²·a)（P<0.01）。与 20 世纪 60 年代相比，2071~2080 年植被类型的分布及其面积变化显著，其中高寒草甸、林地和灌草地的面积将分别增加 16.1%、6.3% 和 11.7%，稀疏植被面积将减少 33.8%。

2）生态系统功能变化。过去及现在的气候暖湿化在一定程度上掩盖了放牧对植被的负面影响，而在未来暖干化气候情景下，流域植被生产力增加态势明显减缓，其中高寒草甸分布区的碳吸收能力将明显增强，而中山带森林覆盖区将由微弱碳汇变为碳源。在这种情况下，超载过牧的负面影响逐渐显现，二者叠加作用将加重流域植被生态系统风险，流域植被生产力增加态势明显减缓，进而导致黑河上游生态系统结构与功能发生改变，这将对依赖上游河川径流和地下水补给进行灌溉与生态用水的中游绿洲农业区和下游荒漠绿洲区构成严重威胁，同时也对未来黑河流域水资源可持续利用与管理提出了更高要求。

3）过度放牧与放牧管理的影响。1983~2010 年暖湿化气候和植树造林是植被 LAI 改善的首要因子；超载过牧是 LAI 退化的首要因子。超载过牧的负效应局部抵消了气候暖湿化的增加和植树造林的正效应，但暖湿化和植树造林大于放牧效应，使得 LAI 在流域尺度上出现净增加。在西部区域，由气候暖湿化导致的高寒草甸 LAI 潜在增加趋势因过牧而被掩盖；在东部区域，植被集中退化是局部暖干化与超载过牧共同作用的结果。草地禁牧后，灌木林被当作牧场过度放牧，退化严重，"草畜矛盾"转化为"林畜矛盾"。同时，灌木林由于冠层枝叶表面积大且镶嵌分布紧密，截留降水量大，其大幅度减少将对流域生态水文环境产生负反馈作用。

第6章 黑河中下游生态系统变化特征与未来情景

基于上游产水、中游耗水和输水、下游生态需水的生态水文过程机理,考虑中下游生态情景的主要影响因素(中游:水资源约束和社会经济发展;下游:输水条件和湖泊水量损失),基于历史变化分析,确定影响中下游生态系统特征的关键因素并建立定量关系。通过水量配置将上游、中游、下游未来情景有机联系起来,将上游出山径流与下游生态需水的差值作为中游可用水量约束,同时上游、中游、下游采用同样的未来气候情景(RCP4.5),综合采用数据集成、统计分析、空间制图和模型模拟等手段制订中下游生态情景。中游情景用较高分辨率的土地利用图展示,下游荒漠绿洲情景用较高分辨率的植被覆盖和土地利用图展示,尾闾湖情景主要用湖泊面积和库容量体现。

6.1 研究方法

6.1.1 数据来源与处理

中下游的土地利用数据(1990年、2000年、2010年)基于Landsat遥感影像,采用分层分类算法所得,分辨率为30m×30m,总体精度达86%,来源于黑河计划数据管理中心(http://www.heihedata.org)(Zhong et al., 2015)。土地利用数据包括6个一级类(林地、草地、湿地、耕地、人工表面及未利用地),38个二级类。中下游2000~2015年的月NDVI采用MODIS数据,来自NASA(http://ladsweb.nascom.nasa.gov),主要用于植被盖度变化分析。中游的绿洲、荒漠绿洲过渡带与荒漠等景观信息提取采用Landsat遥感影像,数据来自地理空间数据云(http://www.gscloud.cn/),详细信息见表6-1。由于2015年植被生长季的Ladsat-8 OLI影像含云量大,故采用2016年的数据来替代2015年的影像。数据时相以7月、8月为主,个别选择6月。影像的预处理包括辐射定标、大气校正、镶嵌和裁剪等。经过预处理的Landsat影像在ENVI中计算NDVI,得到1990~2015年共6期30m×30m分辨率的NDVI数据。

表6-1 黑河中游Landsat影像数据信息

数据源类型	遥感影像轨道号与获取时间		
	[134, 32]	[133, 33]	[134, 33]
Landsat-5 TM	1990-8-30	1990-6-20	1990-8-30

续表

数据源类型	遥感影像轨道号与获取时间		
	[134, 32]	[133, 33]	[134, 33]
Landsat-5 TM	1995-7-11	1995-8-21	1995-8-28
Landsat-7 ETM（SLC-on）	2000-6-14	2000-8-10	2000-6-14
Landsat-5 TM	2005-7-22	2005-7-15	2005-7-22
Landsat-5 TM	2010-8-5	2010-8-14	2010-8-5
Landsat-8 OLI	2016-7-4	2016-7-29	2016-7-4

下游 Landsat 数据来自美国地质调查局地球资源观测和科学中心（US Geological Survey Earth Resources Observation and Science Center），数据段为 2014~2015 年，主要用于 SEBS 模型参数反演，影像获取时间为 2014-1-4、2014-1-20、2014-3-9、2014-4-10、2014-4-26、2014-5-28、2014-6-29、2014-7-15、2014-7-31、2014-8-16、2014-9-1、2014-9-17、2014-10-3、2014-10-19、2014-11-4、2014-12-22、2015-2-8、2015-2-24、2015-3-28、2015-4-13、2015-5-15、2015-5-31、2015-7-18、2015-8-3、2015-8-19、2015-9-4、2015-9-20、2015-10-6、2015-10-22、2015-12-9、2015-12-25。

黑河中游及周边共 10 个站点和下游 3 个站点的气温、降水等气象数据（1990~2015 年），来自中国气象数据网。下游超级站气象数据（2014~2015 年），包括大气温度、相对湿度、风速、太阳辐射、降水量等来自黑河计划数据管理中心。下游涡度相关站点数据（2014~2015 年），包括林地（胡杨林）、灌木林地（柽柳林）、混合林地（胡杨和柽柳）等数据，来自黑河计划数据管理中心。东居延海 E601 水面蒸发数据（2014~2015 年）来自 Liu 等（2016）。1990~2015 年河道流量数据，包括莺落峡、正义峡、狼心山、东河、东干渠、西河、东居延海等水文站点数据来自水利部黄河水利委员会黑河流域管理局。1990~2010 年中游 26 个监测井的月地下水位数据来自黑河计划数据管理中心。下游东、西河两岸及额济纳绿洲分布的 14 口观测井的地下水埋深数据（1988~2010 年）来自额济纳旗水务局。地理数据，包括水文站点、河流和湖泊等分布数据来自黑河计划数据管理中心。社会经济数据包括 1990~2015 年的人口和 GDP，来自 1990~2016 年甘肃省统计年鉴。中游 2009 年的居民点、河网渠系数据来自黑河计划数据管理中心。

6.1.2 景观动态与驱动因素分析方法

（1）景观分类与精度评价

绿洲在土地利用上表现为耕地、湿地、居民点和工业用地等，荒漠绿洲过渡带为绿洲与荒漠之间的生态交错带，主要包括低覆盖草地和稀疏灌丛等，荒漠则主要包括沙漠、裸岩等。荒漠绿洲过渡带的 NDVI 比绿洲区低，比荒漠区高。因此，利用绿洲、荒漠绿洲过渡带及荒漠区的 NDVI 差异来区分绿洲、荒漠绿洲过渡带以及荒漠，并借助土地利用数据进行修正（Xiao et al., 2019）。

在 ENVI 软件中利用决策树分类算法，结合目视解译进行绿洲等信息的提取（图 6-1）。参考 Google Earth 高清影像及 NDVI 分布直方图，确定划分绿洲、荒漠绿洲过渡带和荒漠的 NDVI 阈值。由于中国西北干旱区农作物候的影响，存在较多歇/轮耕地没有完全划分到绿洲中，居民点（包括城镇）基本都分布于绿洲内部，加入土地利用数据进行区分。此外，对于未划分到绿洲、荒漠绿洲过渡带及荒漠的区域，暂记为其他，分类结果再通过目视解译进一步对错分类型进行更正，对其他类型进行目视解译。精度的验证则通过 Google Earth 高清影像和野外调查数据实现。其中，2010 年和 2015 年通过 Google Earth 高清遥感影像和野外调查数据验证，而其他年份的 Google Earth 影像精度较低，故通过野外调查数据验证。黑河中游景观分类的平均精度为 87.8%，可以用来研究景观结构的时空变化特征。

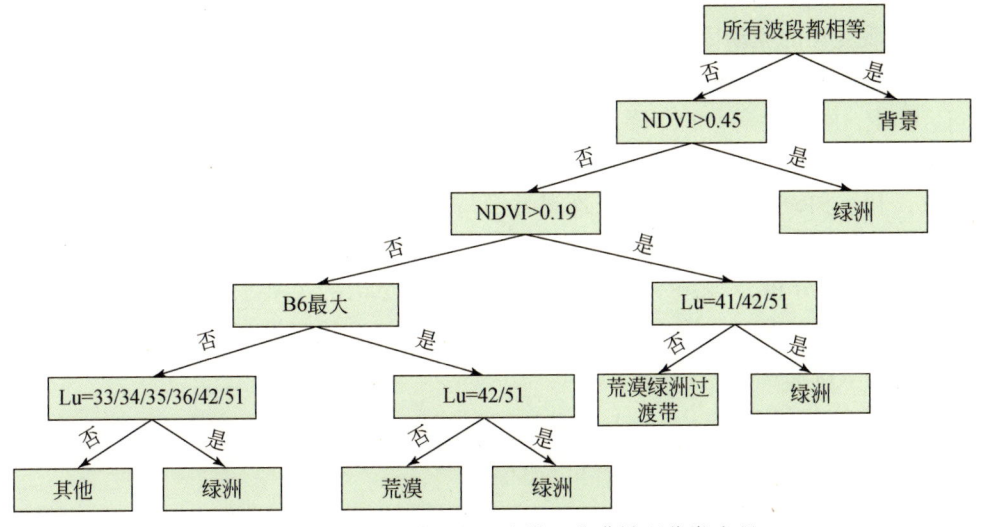

图 6-1 绿洲、荒漠绿洲过渡带和荒漠景观分类流程

B6 指 Landsat OLI 影像的 band 6；Lu 指土地利用数据，33/34/35/36/41/42 以及 51 为土地利用类型的二级代码，分别指草本湿地、湖泊、水库/坑塘、河流、水田、旱地和居住地

（2）景观动态分析方法

1）景观变化的状态和趋势指数。景观变化的过程和趋势可以用净变化、总变化、净变化率、状态、方向和趋势指数表征。选择净变化（N_c）、状态、方向和趋势指数（P_s）来表征绿洲、荒漠绿洲过渡带和荒漠在 1990~2015 年的面积变化特征。计算公式如下（Luo et al.，2008）

$$N_c = \frac{U_b - U_a}{U_a} \times 100\% = \frac{\Delta U_{in} - \Delta U_{out}}{U_a} \times 100\% \qquad (6\text{-}1)$$

$$P_s = \frac{\Delta U_{in} - \Delta U_{out}}{\Delta U_{in} + \Delta U_{out}} \quad (\Delta U_{out} + \Delta U_{in} \neq 0, \ -1 \leq P_s \leq 1) \qquad (6\text{-}2)$$

式中，N_c为净变化，指特定景观在研究时段内转入量和转出量之间的差异；P_s为每种景观类型的状态、方向和趋势指数；U_a 和 U_b 分别为每种景观在研究时段初期和末期的面积；ΔU_{in} 和 ΔU_{out} 分别为每种景观在特定时段内的转入量和转出量。

2) 景观类型的转移矩阵。转移矩阵可以描述每种景观类型在研究时段初期和末期间的转换关系。采用转移矩阵模型分析了 1990~2000 年、2000~2015 年和 1990~2015 年绿洲、荒漠绿洲过渡带和荒漠之间的相互转化及其空间分异。

3) 景观格局变化分析。景观指数能够反映景观要素的组成和空间布局特征，目前已有大量景观指数。参考前人研究及研究区的特点，选取斑块个数（NP）、斑块密度（PD）、斑块类型百分比（PLAND）、景观形状指数（LSI）、面积加权平均的分形维数指数（FRAC_AM）和景观分区指数（DIVISION），并采用景观指数计算软件 Fragstats 4.2 计算上述指数（McGarigal et al., 2012）。

(3) 景观变化的驱动因素分析

黑河中游景观的变化受人类活动、气候和水文因素的综合影响。选择社会经济要素中的人口、GDP，气候要素中的年降水量和年平均气温，水文要素中的径流和地下水位研究景观变化的驱动机制。其中，径流数据为莺落峡和正义峡水文站的径流数据以及两者之间的径流差。利用 SPSS 21.0 软件计算景观类型与各驱动因素之间的 Pearson 相关系数并进行单侧显著性检验，以此来判断相关性的方向、程度和显著性。此外，基于 R3.4.3 和 vegan 包进行冗余分析及变差分解，从而确定景观变化的主要解释因子并计算贡献率（Lepš and Šmilauer, 2003; Oksanen et al., 2017）。通过上述定量分析评价人类活动、气候和水文要素对景观变化的影响。

6.1.3 植被盖度变化的归因分析方法

人类活动主要集中在绿洲区，而荒漠区植被主要受气候变化的影响，通过绿洲区和荒漠区的分离可以实现气候变化及人类活动对植被盖度变化贡献的定量区分（王彦芳，2014）。由于绿洲区的 NDVI 比荒漠区高，根据绿洲区和荒漠区 NDVI 的差异，运用 Ostu 阈值法得到绿洲和荒漠的具体分布区域。每年植被生长状况的差异，导致区分绿洲区和荒漠区的 NDVI 阈值不统一，最终得到 2000~2015 年区分黑河中游荒漠区和绿洲区的 NDVI 阈值分布范围为 0.16~0.18（Shen et al., 2018）。区域每年生长季整体植被盖度由绿洲区及荒漠区的植被盖度与各自的面积比例决定，用 NDVI 代表植被盖度信息，即

$$\overline{\mathrm{NDVI}} = \frac{A_o \times \mathrm{NDVI}_o + A_d \times \mathrm{NDVI}_d}{A_o + A_d} \tag{6-3}$$

式中，$\overline{\mathrm{NDVI}}$ 为区域整体 NDVI，NDVI_o 和 NDVI_d 分别为绿洲区和荒漠区 NDVI；A_o 和 A_d 分别为绿洲区和荒漠区面积。

根据差分法，得到区域 $\mathrm{d}\overline{\mathrm{NDVI}}$

$$\begin{aligned}\mathrm{d}\overline{\mathrm{NDVI}} &= \frac{\frac{\partial \overline{\mathrm{NDVI}}}{\partial \mathrm{NDVI}_\mathrm{o}}\times \mathrm{d\,NDVI_o}+\frac{\partial \overline{\mathrm{NDVI}}}{\partial A_\mathrm{o}}\times \mathrm{d}A_\mathrm{o}+\frac{\partial \overline{\mathrm{NDVI}}}{\partial \mathrm{NDVI}_\mathrm{d}}\times \mathrm{d\,NDVI_d}+\frac{\partial \overline{\mathrm{NDVI}}}{\partial A_\mathrm{d}}\times \mathrm{d}A_\mathrm{d}}{A_\mathrm{o}+A_\mathrm{d}}\\ &= \frac{A_\mathrm{o}\times \mathrm{d\,NDVI_o}+\mathrm{NDVI_o}\times \mathrm{d}A_\mathrm{o}+A_\mathrm{d}\times \mathrm{d\,NDVI_d}+\mathrm{NDVI_d}\times \mathrm{d}A_\mathrm{d}}{A_\mathrm{o}+A_\mathrm{d}}\end{aligned} \quad (6\text{-}4)$$

则区域 $\mathrm{d}\overline{\mathrm{NDVI}}$ 的相对变化为

$$\begin{aligned}\frac{\mathrm{d}\overline{\mathrm{NDVI}}}{\overline{\mathrm{NDVI}}} &= \frac{A_\mathrm{o}}{A_\mathrm{o}+A_\mathrm{d}}\times \frac{\mathrm{NDVI_o}}{\overline{\mathrm{NDVI}}}\times \frac{\mathrm{d\,NDVI_o}}{\mathrm{NDVI_o}}+\frac{\mathrm{NDVI_o}}{\overline{\mathrm{NDVI}}}\times \frac{\mathrm{d}A_\mathrm{o}}{A_\mathrm{o}+A_\mathrm{d}}\\ &+\frac{A_\mathrm{d}}{A_\mathrm{o}+A_\mathrm{d}}\times \frac{\mathrm{NDVI_d}}{\overline{\mathrm{NDVI}}}\times \frac{\mathrm{d\,NDVI_d}}{\mathrm{NDVI_d}}+\frac{\mathrm{NDVI_d}}{\overline{\mathrm{NDVI}}}\times \frac{\mathrm{d}A_\mathrm{d}}{A_\mathrm{o}+A_\mathrm{d}}\end{aligned} \quad (6\text{-}5)$$

将绿洲区和荒漠区面积比例代入，则绿洲区面积比例 (f_{A_o}) 为 $f_{A_\mathrm{o}}=\frac{A_\mathrm{o}}{A_\mathrm{o}+A_\mathrm{d}}$，荒漠区面积比例 ($f_{A_\mathrm{d}}$) 为 $f_{A_\mathrm{d}}=\frac{A_\mathrm{d}}{A_\mathrm{o}+A_\mathrm{d}}$。式（6-5）可以表达为

$$\begin{aligned}\frac{\mathrm{d}\overline{\mathrm{NDVI}}}{\overline{\mathrm{NDVI}}} &= \frac{f_{A_\mathrm{o}}\times \mathrm{NDVI_o}}{\overline{\mathrm{NDVI}}}\times \frac{\mathrm{d\,NDVI_o}}{\mathrm{NDVI_o}}+\frac{\mathrm{NDVI_o}}{\overline{\mathrm{NDVI}}}\times \mathrm{d}f_{A_\mathrm{o}}\\ &+\frac{f_{A_\mathrm{d}}\times \mathrm{NDVI_d}}{\overline{\mathrm{NDVI}}}\times \frac{\mathrm{d\,NDVI_d}}{\mathrm{NDVI_d}}+\frac{\mathrm{NDVI_d}}{\overline{\mathrm{NDVI}}}\times \mathrm{d}f_{A_\mathrm{d}}\\ &= a\times \frac{\mathrm{d\,NDVI_o}}{\mathrm{NDVI_o}}+b\times \mathrm{d}f_{A_\mathrm{o}}+c\times \frac{\mathrm{d\,NDVI_d}}{\mathrm{NDVI_d}}+d\times \mathrm{d}f_{A_\mathrm{d}}\\ &= X_{\mathrm{NDVI_o}}+X_{A_\mathrm{o}}+X_{\mathrm{NDVI_d}}+X_{A_\mathrm{d}}\end{aligned} \quad (6\text{-}6)$$

式中，系数 a、b、c 和 d 分别为区域植被盖度对 $\mathrm{NDVI_o}$、$\mathrm{NDVI_d}$、A_o 和 A_d 的敏感性；$X_{\mathrm{NDVI_o}}$、$X_{\mathrm{NDVI_d}}$、X_{A_o} 和 X_{A_d} 分别为 $\mathrm{NDVI_o}$、$\mathrm{NDVI_d}$、A_o 和 A_d 对区域植被盖度的相对影响。根据 $X_{\mathrm{NDVI_o}}$、$X_{\mathrm{NDVI_d}}$、X_{A_o} 和 X_{A_d} 在区域植被盖度相对变化中所占比例，则可以得到 $\mathrm{NDVI_o}$、$\mathrm{NDVI_d}$、A_o 和 A_d 对区域植被盖度变化的贡献率。

为了进一步量化水文气候及社会经济要素对区域植被盖度的贡献，通过相关分析辨识影响 $\mathrm{NDVI_o}$、$\mathrm{NDVI_d}$、A_o 和 A_d 变化的关键因子，根据逐步回归建立 $\mathrm{NDVI_o}$、$\mathrm{NDVI_d}$、A_o 和 A_d 与各因子的关系式。结合式（6-6），将影响因子代入式中，得到各因子在区域植被盖度中的贡献。为了消除各因子量纲造成的差异，将所有因子进行归一化处理。

6.1.4 生态需水量计算方法

荒漠绿洲生态需水量包括自然植被和水体需水量。将下游荒漠绿洲区划分为东河、西河、额济纳绿洲和东居延海 4 个区域，分别计算各区域的生态需水量。计算公式如下（Gao et al., 2018）

$$W_{\mathrm{NO}}=W_{\mathrm{ER}}+W_{\mathrm{WR}}+W_{\mathrm{EO}}+W_{\mathrm{EJL}} \quad (6\text{-}7)$$

$$\begin{cases} W_{\mathrm{ER}} = \mathrm{ET}_{\mathrm{ER}} + E_{\mathrm{ER}} + kA_{\mathrm{ER}} \\ W_{\mathrm{WR}} = \mathrm{ET}_{\mathrm{WR}} + E_{\mathrm{WR}} + kA_{\mathrm{WR}} \\ W_{\mathrm{EO}} = \mathrm{ET}_{\mathrm{EO}} + E_{\mathrm{EO}} + kA_{\mathrm{EO}} \\ W_{\mathrm{EJL}} = E_{\mathrm{EJL}} + kA_{\mathrm{EJL}} \end{cases} \quad (6\text{-}8)$$

式中，W_{NO}、W_{ER}、W_{WR}、W_{EO} 和 W_{EJL} 分别为研究区自然绿洲生态需水量、东河需水量、西河需水量、额济纳绿洲需水量和东居延海需水量（mm）；$\mathrm{ET}_{\mathrm{ER}}$、$\mathrm{ET}_{\mathrm{WR}}$、$\mathrm{ET}_{\mathrm{EO}}$ 和 E_{EJL} 分别为东河、西河、额济纳绿洲和东居延海的植被蒸散发量（mm）；E_{ER}、E_{WR}、E_{EO} 和 E_{EJL} 分别是东河、西河、额济纳绿洲和东居延海的水体蒸发量（mm）；A_{ER}、A_{WR}、A_{EO} 和 A_{EJL} 分别为东河、西河、额济纳绿洲和东居延海的水体面积，km^2；k 为湖泊隔水岩层（亚黏土层）渗漏系数，经验值为 0.01mm/d（张华等，2014）。

生态需水量计算的关键是植被蒸散发量和水体蒸发量的计算，采用 SEBS 模型模拟得到。Su（2002）发展起来的 SEBS 模型是根据地表能量平衡估算不同尺度的地表大气湍流通量，从而估算地表相对蒸散发量的算法，它基于卫星对地观测的可见光、近红外和热红外信息，结合地面同步观测的气象数据或大气模式的输出数据。其计算过程包括：①通过遥感影像反演的一系列地表物理参数；②建立热传导粗糙度模型；③根据总体相似理论（bulk atmospheric similarity，BAS）得到摩擦风速、Obukhov 稳定度和感热通量；④确定蒸散比，根据像元极端干湿情况下的潜热和感热，推导一般情况下潜热与感热的比，确定逐个像元的能量分配。模型中需要输入的数据有：①遥感反演得到的地表反照率、比辐射率、地表温度和植被盖度等，通过 Landsat 数据得到（Wang et al.，2015）；②参考高度处的气象数据，包括风速、相对湿度、大气温度、大气压、向下太阳辐射和日照时数等，通过超级气象站获取。

6.1.5 生态情景制订流程与方法

（1）中游土地利用和下游荒漠绿洲生态情景制订依据

通过设置不同的可利用水量约束、社会经济发展和气候情景，建立了中游土地利用情景集。其中，上游不同来水条件下中游农田适宜规模采用"黑河计划"集成项目"黑河流域绿洲农业水转化多过程耦合与高效用水调控"的研究结果。社会经济发展主要考虑不同的发展速度对建设用地的影响，设置三种情景：建设用地保持 2010 年规模、建设用地增长速度保持 2000~2010 年的变化趋势、建设用地增长速度为 2000~2010 年变化趋势的 2 倍。采用 Dyna-CLUE（dynamic conversion of land-use and its effects model）模型进行中游土地利用情景模拟（Verburg and Overmars，2009），并从两个方面对 Dyna-CLUE 模型进行改进：①通过空间富集度考虑各栅格的空间自相关，采用 Logistics 回归方法量化富集度对土地利用类型的影响；②全面考虑各种自然和人文因子对土地利用变化的驱动作用。

黑河下游荒漠绿洲的植被盖度主要受径流、社会经济和气象因子的影响，其中径流起到了决定性作用（Shen et al.，2017）。情景制订的具体步骤是：在分析过去 30 年植被盖度、径流、气象和社会经济因子变化规律的基础上，在栅格尺度建立植被盖度与径流气象因子的回归关系式；确定不同的来水条件（丰水年、平水年和枯水年），采用 RCP4.5 未来气候情景，预测不同来水条件下的植被盖度空间分布；采用 SEBS 模型计算各种情景的生态需水量，并考虑不同的社会经济耗水情景，根据水量平衡确定各种情景对应的适宜农田规模和地下水开采量，最终确定土地利用和植被盖度空间分布。

（2）尾闾湖面积情景制订依据与流程

干旱区湖泊，特别是内陆河流域的尾闾湖，由于受到人类活动的干扰，将湖泊恢复到其初始状态通常是不现实的（Bennion et al., 2010）。自 2000 年国家开始实施生态输水工程以来，每年向东居延海下放水量约 0.6 亿 m^3，湖泊面积不断扩大，2010 年以后已超过 20 世纪 80 年代的规模（Zhang et al., 2018）。与生态价值相比，东居延海在区域发展和生态恢复方面具有更大的经济价值，这使得当地管理者面临着增加湖泊面积以支持旅游经济、维持湿地生态，减少水损失以提高湖泊储水量和减少下放水量之间的权衡，需要确定适宜的湖泊恢复面积来实现各种目标的最优化。

目前东居延海的入湖水量及其年内变化规律皆由分水调度方案控制，由东干渠直接补水，不再反映自然水文过程，基本失去了指示下游生态系统状况的功能，体现更多的是社会效应，提供更多的是旅游功能（Zhang et al., 2019）。在本研究中，将尾闾湖面积情景分成三类，即稳定、历史最大和最优情景。稳定和历史最大情景通过分析尾闾湖 2005 年以来的动态变化确定。对于最优情景，从水管理效率角度确定适宜的湖泊恢复规模，来满足管理（下方水量尽可能小）、社会（湖面面积尽可能大）和生态（湖泊库容量尽可能大）三方面诉求。湖泊水量和面积变化对入湖流量的动态响应是制订最优情景的关键。为此，首先建立水量平衡模型用于模拟不同来水情景下东居延海面积的变化。在此基础上提出湖泊水损失率（年湖泊总蒸发量与年均库容量比值）指标，水损失率<1 表示湖泊具有较高的储水效率，蒸发损失水量相对较低，而水资源管理比较高效（Wong et al., 2017）。最后分析增加单位湖泊面积水损失率变化的边际效应，建立水损失率与湖泊面积的定量关系，确定适宜的湖泊面积以确保较低的湖泊水损失率（Zhang et al., 2019）。

根据水量平衡原理，湖泊储水量变化（ΔS）为

$$\Delta S = I + PA_1 - EA_1 \tag{6-9}$$

式中，I 为入湖径流量；P 为日降水量；A_1 为初始湖泊面积；E 为湖面日蒸发量。由于渗漏对湖泊储水量变化的贡献较小，在水量平衡方程中忽略了湖泊渗漏。在式（6-9）中，蒸发量（E）通过 Penman 方程估算，只计算了 2005~2015 年生长季（3~11 月）的湖面日蒸发量，冬季（12 月至翌年 2 月）由于湖面结冰，蒸发量很小，可忽略不计。

时段末的湖泊储水量（S_2）

$$S_2 = S_1 + \Delta S \tag{6-10}$$

式中，S_1 为初始湖泊储水量。

基于上述湖泊水量平衡模型，对生态分水工程实施后东居延海的储水量进行模拟，并根据湖泊面积-储水量曲线来分析湖泊面积变化。模拟中以 2004 年 12 月 31 日的湖泊面积 36.8 km^2 作为初始湖泊面积进行模型的初始化，以 2005~2015 年的气象数据、入湖径流量

作为输入数据驱动模型运转。通过比较模拟的湖泊面积和实际观测的历史湖泊面积来评估模型效果,采用三个统计指标计算模拟精度,分别是相对均方根误差(RRMSE)、符合指数(D)和相关系数(R^2)。

在验证水量平衡模型的效果和重建东居延海历史面积变化后,采用水量平衡模型来模拟湖泊面积对入湖径流的响应。根据年平均入湖径流的不同比例来设定未来入湖径流量情景。东居延海多年平均入流量为 0.54 亿 m³,按照 0.2、0.4、0.6、0.8、1 和 1.2 的比例,设定 6 种不同的来水量情景。同时,按照 5km²、10km²、20km²、30km²、40km² 和 50km² 设定湖泊初始面积情景。在不同的来水量和湖泊初始面积情景下,采用 RCP4.5 未来气候情景,利用水量平衡模型分析东居延海面积和湖泊水损失率的变化。

6.2 中游土地利用和景观结构变化特征与驱动因素

6.2.1 土地利用的时空变化特征

黑河中游超过 70% 的土地是以稀疏草地、裸岩、沙漠/沙地和裸土为主的荒漠,耕地面积占到了 15% 以上,其次是草地和建筑用地,分别占到了 3% 以上和 2% 以上(图 6-2)。耕地在 1990~2010 年明显增加(+25.97%),草地和荒漠明显减少(−19.51% 和 −4.83%),且三者在 1990~2000 年的变化均尤为明显(+24.02%、−17.07%、−4.05%),而 2000~2010 年变化不大(+1.57%、−2.94%、−0.82%)。建筑用地在 1990~2010 年持续增加(+31.82%),水体在 1990~2000 年明显减少(−55.56%),2000 年之后略有增加(+25%)。

按照变化的方向,土地利用变化可以划分为转入和转出两种类型。1990~2010 年黑河中游的土地利用一级类型内部之间的变化剧烈,尤其是 1990~2000 年,见表 6-2。统计结果表明,1990~2000 年,黑河中游土地利用一级类型变化的面积为 1032.06km²,未变化的面积为 9572.51km²。除人工表面外,各土地利用类型向耕地转移的面积(耕地的转入量)明显大于由耕地转为其他类型的面积(耕地的转出量)。其中,由其他类型转为耕地的变化中,未利用地转为耕地的面积最大,为 394.49km²,占耕地转入量的 74.30%,其次是人工表面(55.76km²)和草地(50.70km²),分别占耕地转入量的 10.50% 和 9.55%。在由耕地转为其他类型的变化中,耕地转为人工表面的面积最大,为 66.13km²,占耕地转出量的 50.18%,其次是未利用地(41.13km²)、草地(12.39km²)和林地(9.84km²),分别占耕地转出量的 31.21%、9.40% 和 7.47%。此外,未利用地转为草地和湿地的面积明显小于草地和湿地转为未利用地的面积,未利用地转为人工表面的面积明显大于人工表面转为未利用地的面积。

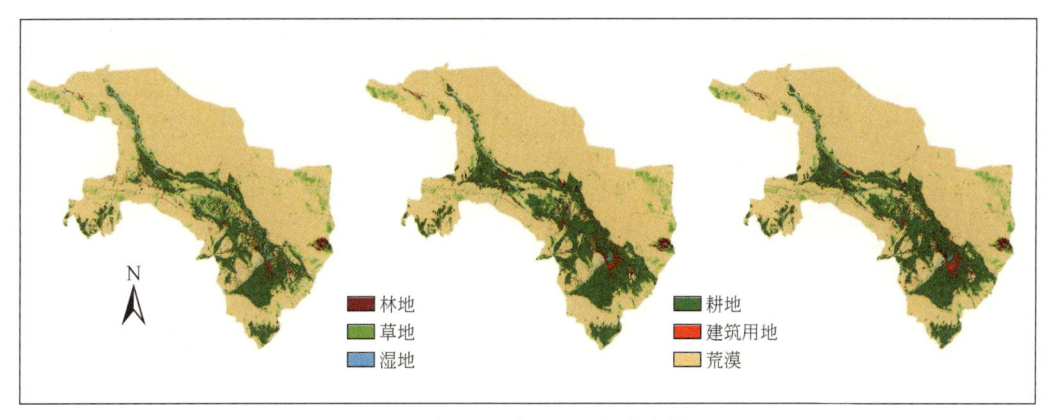

第 6 章 | 黑河中下游生态系统变化特征与未来情景

(a) 1990年、2000年和2010年土地利用

(b) 1990~2000年

(c) 2000~2010年

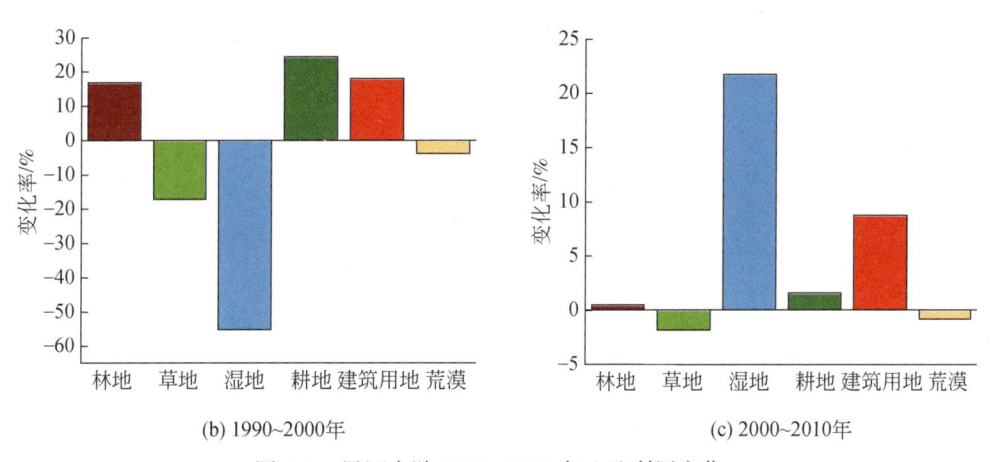

图 6-2 黑河中游 1990～2010 年土地利用变化

表 6-2 黑河中游 1990～2010 年土地利用类型转移矩阵　（单位：km²）

时间	土地利用类型	林地	草地	湿地	耕地	人工表面	未利用地
1990~2000 年	林地	64.86	3.71	0.87	10.04	1.74	6.19
	草地	6.60	249.85	3.54	50.70	4.81	119.69
	湿地	7.15	4.01	27.69	19.94	1.62	39.80
	耕地	9.84	12.39	2.30	1498.80	66.13	41.13
	人工表面	1.15	0.80	0.28	55.76	160.09	14.94
	未利用地	12.41	88.24	10.26	394.49	41.53	7571.22
2000~2010 年	林地	78.17	3.62	1.56	10.54	1.78	6.34
	草地	3.91	278.20	1.68	15.52	1.43	58.25
	湿地	1.61	1.25	31.32	1.76	0.51	8.49
	耕地	9.99	14.02	2.19	1888.48	73.34	41.71
	人工表面	1.91	1.12	0.66	61.53	193.81	16.88
	未利用地	6.79	54.63	20.25	85.09	30.83	7595.38

续表

时间	土地利用类型	林地	草地	湿地	耕地	人工表面	未利用地
1990~2010年	林地	81.91	0.11	0.31	3.20	0.21	1.71
	草地	3.00	300.27	2.52	47.31	3.34	78.90
	湿地	6.71	3.94	38.34	18.32	1.27	31.62
	耕地	4.05	4.39	2.20	1573.49	30.66	15.80
	人工表面	0.00	0.00	0.00	0.01	232.75	0.28
	未利用地	6.73	44.29	14.31	420.60	33.48	7600.66

2000~2010年，黑河中游土地利用一级类型变化的面积为539.19km², 未变化的面积为10 065.36km²。除人工表面和湿地外，其他土地利用类型向耕地转移的面积明显大于由耕地转为其他类型的面积。其中，由其他类型转为耕地的变化中，未利用地转为耕地的面积最大，为85.09km²，占耕地转入量的48.78%，其次是人工表面（61.53km²）、草地（15.52km²）和林地（10.54km²），分别占耕地转入量的35.27%、8.90%和6.04%。在由耕地转为其他类型的变化中，耕地转为人工表面的面积最大，为73.34km²，占耕地转出量的51.92%，其次是未利用地（41.71km²）、草地（14.02km²）和林地（9.99km²），分别占耕地转出量的29.53%、9.93%和7.07%。此外，未利用地转为湿地和人工表面的面积明显大于湿地和人工表面转为未利用地的面积。

在整个研究时段（1990~2010年），黑河中游土地利用一级类型变化的面积为779.27km²，未变化的面积为9827.42km²。由耕地转为林地和人工表面的面积明显大于由两者转为耕地的面积，而由耕地转为草地、湿地和未利用地的面积明显小于由三者转为耕地的面积。未利用地转为耕地的面积占到了耕地转入量的85.93%，其次是草地，占到了耕地转入量的9.67%；而耕地转出量中，人工表面占到了53.70%，其次是未利用地、草地和林地。此外，未利用地转为草地和湿地的面积明显小于两者转为未利用地的面积，而未利用地转为人工表面的面积则远远大于人工表面转为未利用地的面积。

6.2.2 景观结构的时空变化特征

图6-3为1990~2015年黑河中游绿洲、荒漠绿洲过渡带和荒漠三类景观的空间分布。黑河中游绿洲、荒漠绿洲过渡带和荒漠的平均面积分别为2419.29km²、459.10km²和7777.67km²，分别占研究区的22.70%、4.31%和72.99%。由图6-3可知，绿洲主要沿黑河干流分布，且分布集中、规模大、连片性好。荒漠绿洲过渡带分布于绿洲边缘，临泽县分布较多。此外，与绿洲和荒漠相比，荒漠绿洲过渡带的景观破碎化程度最严重。

图6-4为1990~2015年黑河中游绿洲、荒漠绿洲过渡带和荒漠面积年际变化图。1990~2015年黑河中游的绿洲面积呈稳定增加趋势，面积由1990年的2028.2km²增加到2015年的2782.83km²，平均每年增加30.19km²。荒漠绿洲过渡带面积呈波动减少趋势，面积由1990年的494.24km²减少到2015年的431.30km²，平均每年减少2.52km²。荒漠呈持续减

(a) 1990年

(b) 1995年

(c) 2000年

(d) 2005年

(e) 2010年

(f) 2015年

图例 　绿洲　　荒漠绿洲过渡带　　荒漠

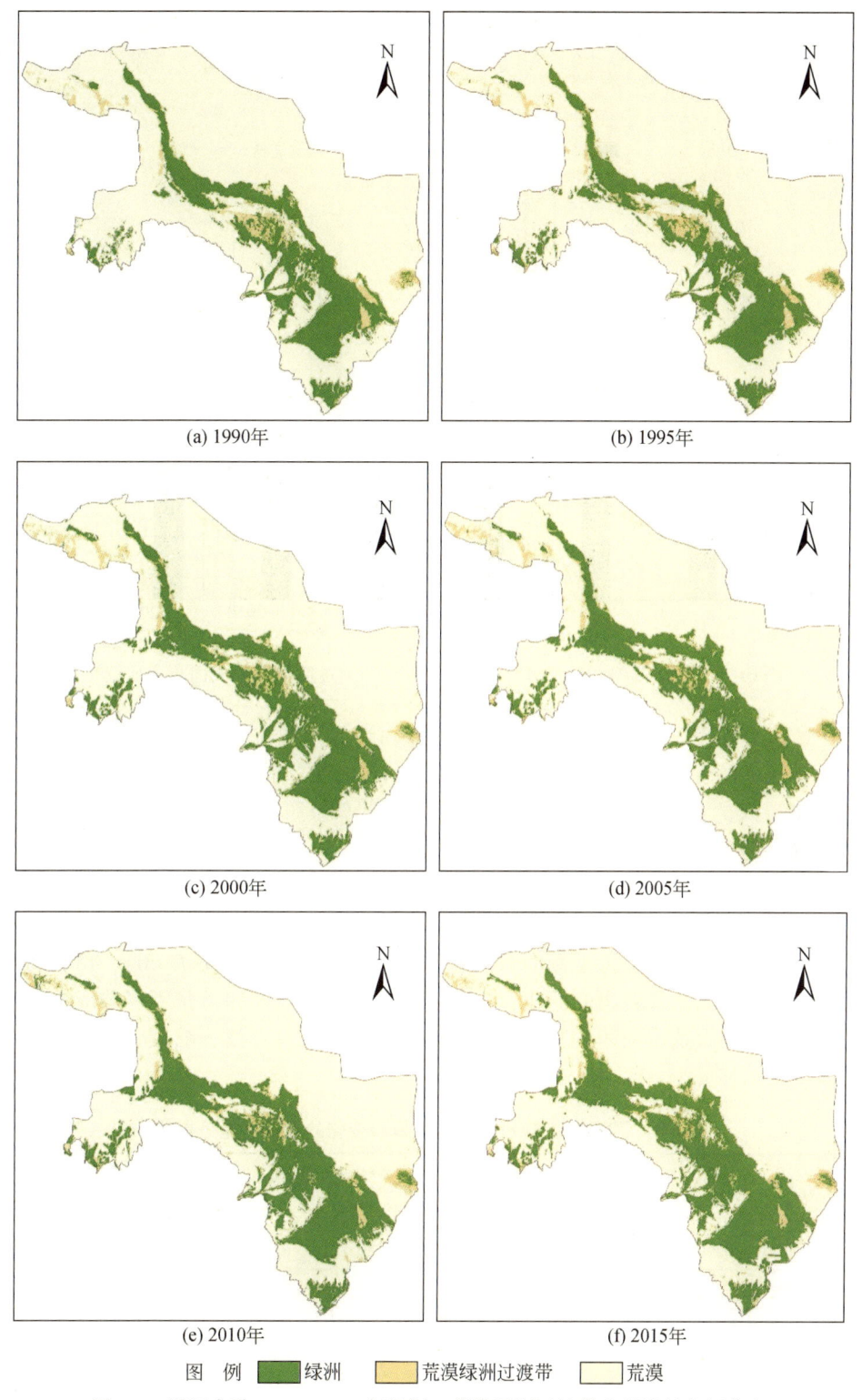

图 6-3　黑河中游 1990~2015 年绿洲、荒漠绿洲过渡带和荒漠的空间分布

少趋势，面积由 1990 年的 8133.63km² 减少到 2015 年的 7441.92km²，平均每年减少 27.67km²。

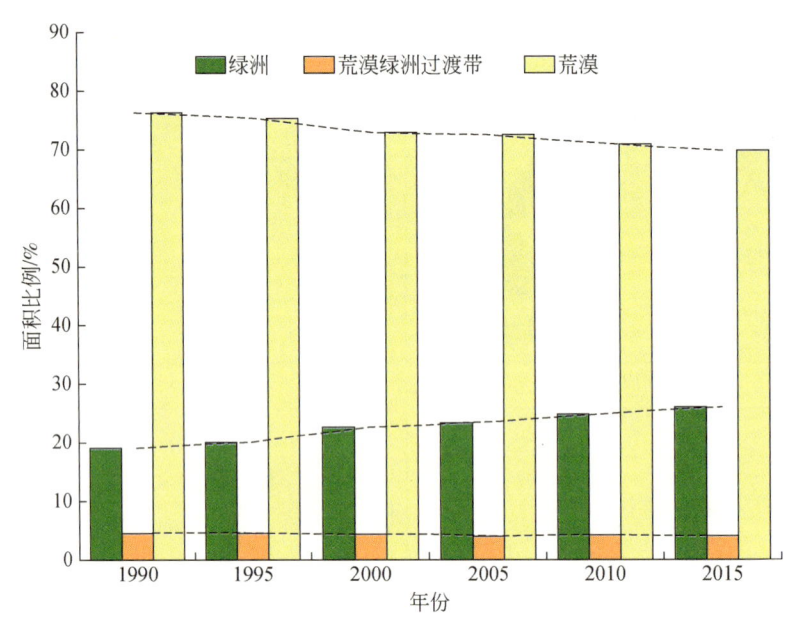

图 6-4 黑河中游 1990～2015 年绿洲、荒漠绿洲过渡带和荒漠面积占比变化

不同景观类型净变化（N_c）及状态、方向和趋势指数（P_s）计算结果见表 6-3。在各时段内，绿洲的 N_c 和 P_s 均大于 0，而荒漠绿洲过渡带、荒漠的 N_c 和 P_s 小于 0，说明各时段内绿洲转入的面积均大于转出的面积，而荒漠绿洲过渡带和荒漠则相反。1990～2000 年，绿洲处于单向主导的极不平衡状态（$N_c>0$，$P_s>0.75$）。2000～2015 年，绿洲处于单向主导的非平衡状态（$N_c>0$，$0.50<P_s<0.75$）。这表明绿洲化过程远超过荒漠化过程，且 2000 年之后的绿洲化过程相对 2000 年之前较弱。此外，荒漠绿洲过渡带面积在各时段均有所减少，且处于趋近平衡的双向转移状态（$N_c<0$，$-0.15<P_s<0$），即转为荒漠绿洲过渡带的面积虽大于其转出的面积，但两者相差很小。绿洲的扩张不仅造成荒漠绿洲过渡带的缩减，也导致荒漠面积的减少。在各时段内，荒漠一直处于缩减状态，属于不平衡的单向缩减型转移（$N_c<0$，$-0.80<P_s<-0.50$）。

表 6-3 黑河中游 1990～2015 年景观变化的状态和趋势指数

类型	1990～2000 年		2000～2015 年		1990～2015 年	
	N_c/%	P_s	N_c/%	P_s	N_c/%	P_s
绿洲	18.98	0.76	15.32	0.66	37.21	0.85
荒漠绿洲过渡带	-5.64	-0.06	-7.52	-0.08	-12.73	-0.11
荒漠	-4.39	-0.65	-4.30	-0.53	-8.50	-0.78

1990~2015年，黑河中游的景观变化具有明显的阶段性和空间差异。图6-5和图6-6分别为1990~2015年黑河中游景观类型相互转移的面积和空间分布。1990~2000年，由荒漠转为绿洲的面积最大，为268.18km²，主要连片分布于高台县的中南部[图6-6(a)]，其次为荒漠转为荒漠绿洲过渡带的面积（183.01km²）和荒漠绿洲过渡带转为绿洲的面积（177.27km²）。由绿洲转为荒漠的面积最小（25.95km²）。2000~2015年，由荒漠转为绿洲的面积最大，为355.40km²，主要分布在甘州区的东部[图6-6(b)]，其次是由荒漠转为荒漠绿洲过渡带的面积（139.92km²）和由荒漠绿洲过渡带转为荒漠的面积（144.97km²），由绿洲转为荒漠的面积最小（25.74km²）。1990~2015年黑河中游的绿洲、荒漠以及荒漠绿洲过渡带变化明显，且转为绿洲的面积最大，为821.62km²，占到了研究区总面积的7.71%，是转为荒漠绿洲过渡带面积的3.37倍，是转为荒漠面积的8.43倍。由荒漠转为绿洲的面积达593.88km²，占转为绿洲面积的72.28%。总体而言，黑河中游在1990~2015年以绿洲扩张、荒漠绿洲过渡带和荒漠的萎缩为主，且主要分布于绿洲外围。

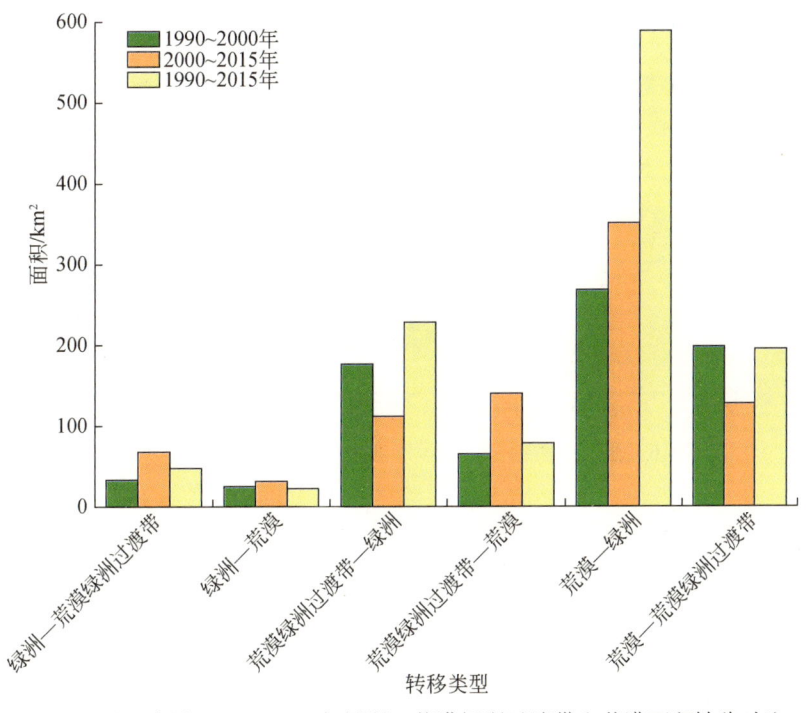

图6-5 黑河中游1990~2015年绿洲、荒漠绿洲过渡带和荒漠面积转移对比

1990~2015年黑河中游绿洲、荒漠绿洲过渡带和荒漠的景观指数变化如图6-7所示。绿洲的NP和PD波动下降，PLAND持续稳定上升，LSI和DIVISION明显下降，可见绿洲的破碎化程度下降，面积比例持续增加，结构趋于简单，斑块形状不规则度下降。荒漠绿洲过渡带的NP和PD先下降后上升，PLAND略有下降，LSI波动下降，DIVISION数值较大但无明显变化，可见荒漠绿洲过渡带的破碎化程度先下降后上升，面积比例略有下降，

(a) 1990~2015年　　(b) 2000~2015年

(c) 1990~2015年

图例
- 绿洲—荒漠绿洲过渡带
- 绿洲—荒漠
- 荒漠绿洲过渡带—绿洲
- 荒漠绿洲过渡带—荒漠
- 未变化
- 荒漠—绿洲
- 荒漠—荒漠绿洲过渡带

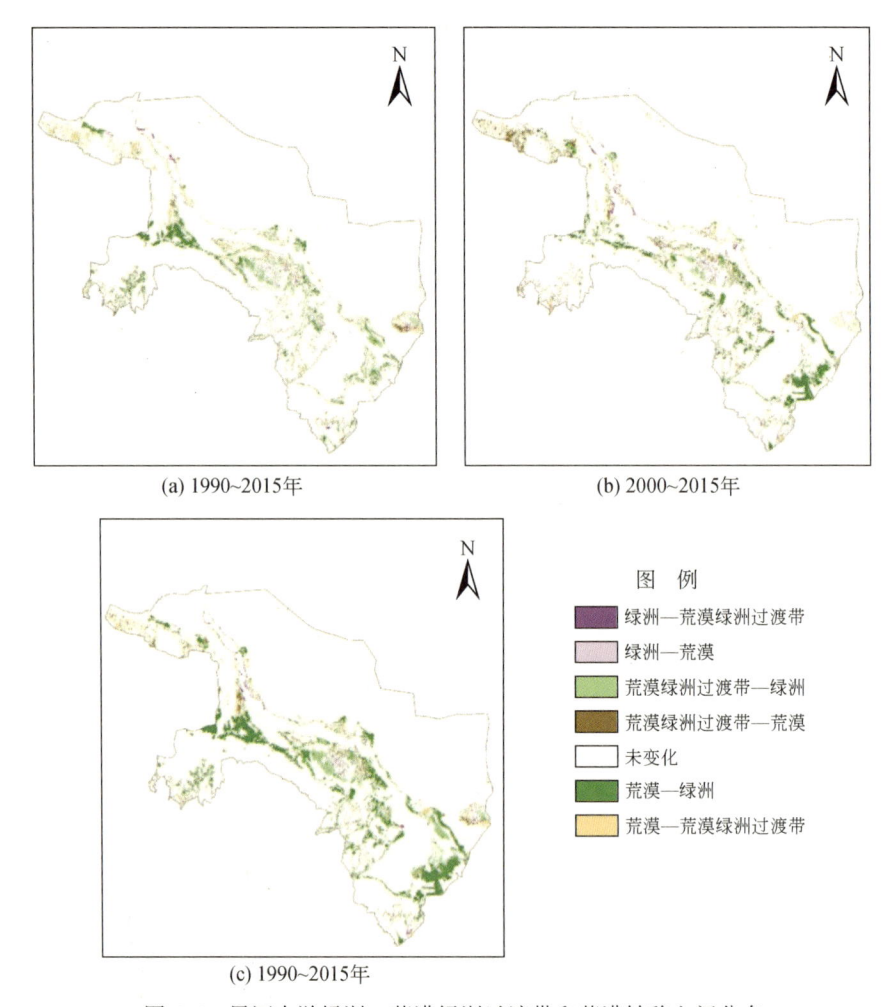

图 6-6　黑河中游绿洲、荒漠绿洲过渡带和荒漠转移空间分布

景观组成和结构较为复杂但无明显变化趋势。荒漠的斑块个数较少，PD 小于等于 0.06，PLAND 持续稳定降低，LSI 略有下降，DIVISION 波动下降，可见荒漠的破碎化程度低，面积比例呈持续下降趋势，景观结构趋于简单。所有类型的 FRAC_AM 值在 1990~2015 年呈波动变化，且值都很低，小于 1.30，可见各景观类型的分维值低，进而说明人类活动对景观类型的影响较大，且人类活动对绿洲的影响最大。对比各个类型的景观指数发现，荒漠绿洲过渡带的 NP、PD、LSI 以及 DIVISION 大于绿洲和荒漠，而 PLAND 则是荒漠绿洲过渡带小于绿洲和荒漠，可见荒漠绿洲过渡带的破碎化程度最高，斑块类型最为稀少，组成结构最复杂，其次是绿洲，而荒漠的破碎化程度最低，占景观总面积的比例最大，组成和结构最简单、最稳定。在景观水平上，景观指数的变化趋势与绿洲相似，即研究区 1990~2015 年的景观破碎化程度降低，景观的组成和结构趋于简单，斑块形状不规则度下降。

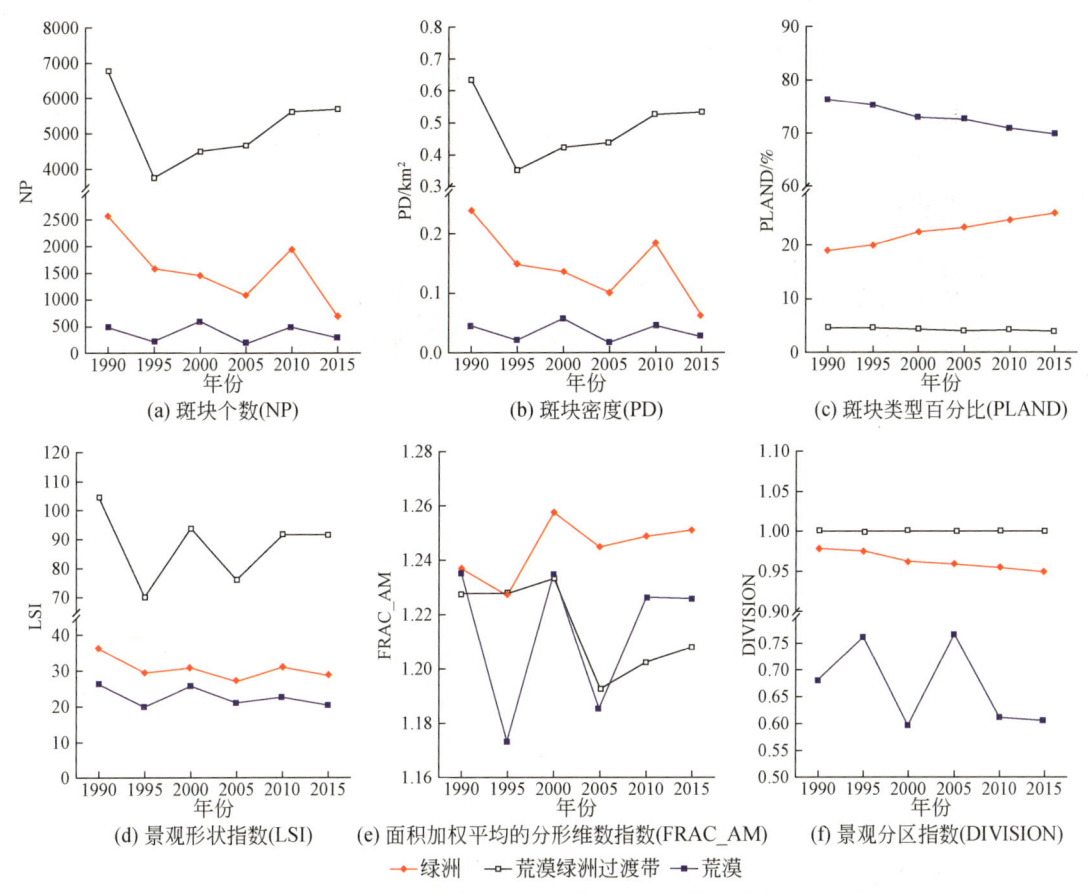

图 6-7　黑河中游 1990~2015 年绿洲、荒漠绿洲过渡带和荒漠的景观指数变化

6.2.3　土地利用和景观结构变化的驱动因素

（1）绿洲农田扩张的驱动因素

土地利用变化分析结果表明，耕地的扩张面积较大，且主要增长方式是对荒漠的开垦。农作物的种植与劳动力和水资源密切相关，尤其是对于干旱半干旱地区，水资源尤为重要，因此耕地的扩张会受到资源约束的影响。如图 6-8 所示，耕地面积随与居民点的距离增大呈现先增加后减小的趋势，3 个年份（1990 年、2000 年和 2010 年）耕地面积的最大值均出现在距居民点 400m 处。耕地面积随与河道距离增加而逐渐减小。距居民点或河道相同距离处的耕地面积随时间均有不同程度的增加。

图 6-9 为 1990~2000 年和 2000~2010 年增加的耕地面积随与居民点和河道距离的变化，可以发现两个时期内耕地开垦过程表现出相似性，开垦的耕地主要集中在距居民点和河道 3km 范围内，随与居民点距离增加先增加后降低，随与河道距离增加持续降低。1990~2000 年，在居民点附近 200~1200m，开垦的耕地面积占 73%，最大值出现在 400~600m。2000~

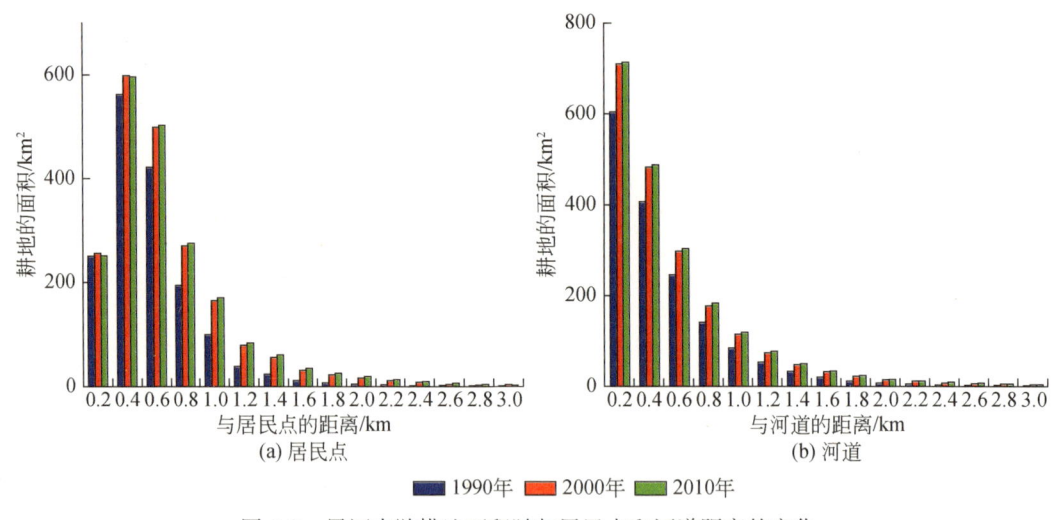

图 6-8　黑河中游耕地面积随与居民点和河道距离的变化

2010年，新增耕地面积最大值出现在居民点附近600~800m，距离居民点200~1200m的开垦面积约占总量的58%（图6-9）。1990~2000年和2000~2010年，距离河道1km以内的新开垦耕地的面积约占总开垦面积的80%，大于2km的范围仅占开垦面积的5%。因此，距离居民点200~1400m和距离河道1km是耕地开垦的适宜范围（图6-8）。

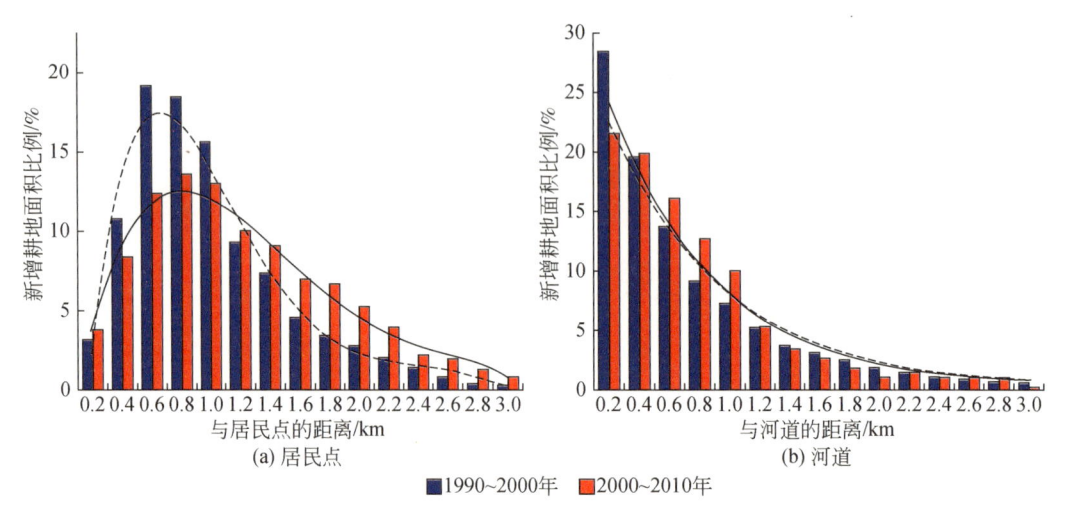

图 6-9　黑河中游新增耕地面积随与居民点和河道距离的变化

（2）景观结构变化的驱动因素

表6-4为黑河中游景观类型面积与社会经济、水文和气候因素之间的相关系数。由表可知，绿洲面积与年平均气温（$P<0.05$）、人口（$P<0.01$）、GDP（$P<0.01$）和莺落峡径流量（$P<0.05$）之间具有显著的正相关关系，而荒漠绿洲过渡带和荒漠面积与它们呈显著的负相关关系（$P<0.05$）。荒漠绿洲过渡带面积与地下水位呈显著正相关（$P<0.05$），而绿洲和荒漠面积与地下水位的关系不显著（$P>0.05$）。年降水量和径流差对各景观类型

面积无显著影响。

表 6-4 黑河中游景观面积与社会经济、水文和气候因素的 Pearson 相关系数及单侧显著性检验

类型	指标	年降水量	年平均气温	人口	GDP	莺落峡径流量	莺落峡正义峡径流差	地下水位
绿洲	r	0.219	0.869*	0.957**	0.901**	0.763*	0.565	−0.788
	P	0.339	0.012	0.001	0.007	0.039	0.121	0.057
荒漠绿洲过渡带	r	−0.192	−0.733*	−0.891**	−0.730*	−0.794*	−0.278	0.867*
	P	0.358	0.049	0.009	0.050	0.030	0.297	0.028
荒漠	r	−0.219	−0.872*	−0.950**	−0.907**	−0.749*	−0.589	0.762
	P	0.339	0.012	0.002	0.006	0.043	0.109	0.067

** 和 * 分别指在 0.01 和 0.05 水平上显著相关。

根据冗余分析结果，所选变量间的方差能够100%地被前两个排序轴解释（图6-10）。除莺落峡径流量和莺落峡和正义峡之间的径流差外，第一排序轴与其他因子之间均具有较高的相关性（|r|>0.6）。就单独贡献率而言，人口对景观变化的贡献率高达83.83%，其次是GDP（65.29%）、年平均气温（60.49%）及莺落峡径流量（48.90%）。当选定人口作为解释变量后，GDP和莺落峡径流量分别能够增加5.3%和6.3%的贡献量。因此，人口、GDP以及莺落峡径流量是黑河中游景观变化的主要驱动因素。

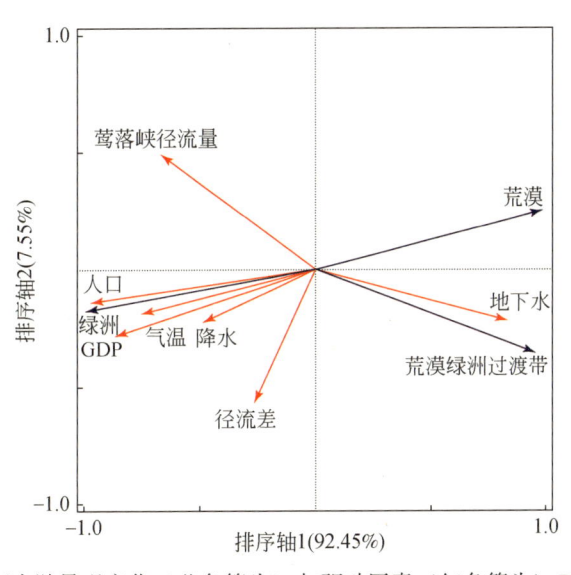

图 6-10 黑河中游景观变化（蓝色箭头）与驱动因素（红色箭头）RDA 二维排序

为了进一步定量解析各解释变量对景观变化的影响，以人口作为解释变量，以 GDP 和莺落峡径流量作为协变量进行方差分解（图6-11）。结果表明，人口、GDP 以及莺落峡径流量对景观变化共同解释率为 57.40%，人口单独解释率为 35.99%，莺落峡径流量解释率为 9.01%，而 GDP 解释了 7.68%。三者的累积贡献率达 96.64%，即 3.36% 不能被人口、GDP 和莺落峡径流量解释。

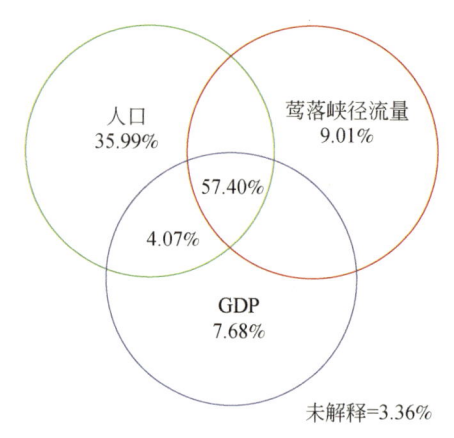

图 6-11 人口（绿色框）、GDP（蓝色框）和莺落峡径流量（红色框）对黑河中游景观变化的方差分解

6.3 中游植被盖度变化特征与归因分析

6.3.1 中游植被盖度的时空变化特征

图 6-12 为黑河中游绿洲区、荒漠区面积比例以及对应生长季 NDVI 年动态变化趋势。2000~2015 年，绿洲区面积由 2429.27km^2 增加到 2921.51km^2，对应绿洲区面积比例由 22.93% 增加到 27.69%［图 6-12（a）］。荒漠区面积由 8165.75km^2 降低到 7627.52km^2，对应荒漠区面积比例由 77.07% 降低到 72.31%［图 6-12（b）］。研究区域生长季平均 NDVI 为 0.20，其中，绿洲区和荒漠区生长季平均 NDVI 分别为 0.45 和 0.11。总体而言，平均 NDVI 均呈显著增加趋势（$P<0.05$），研究区、绿洲区和荒漠区 NDVI 值增加率分别为 0.003/a、0.003/a 和 0.002/a。图 6-13 为研究区 NDVI 空间变化趋势。结果表明，整个研

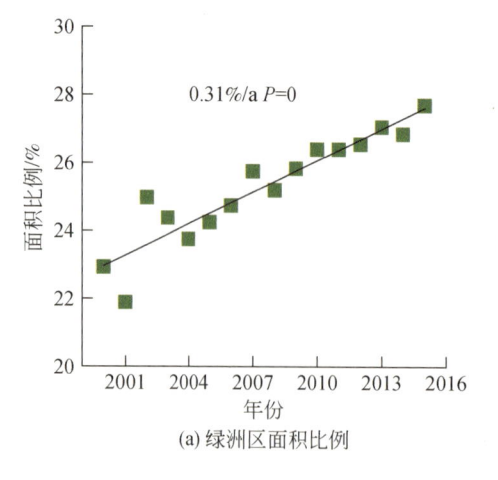

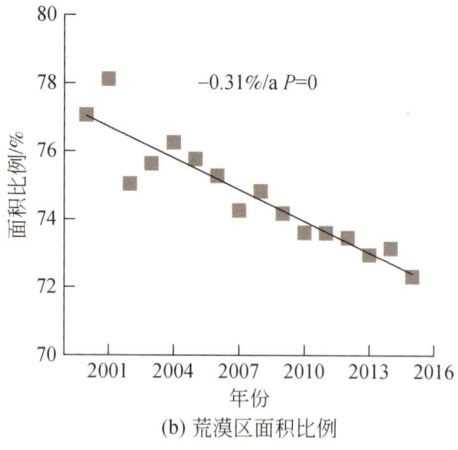

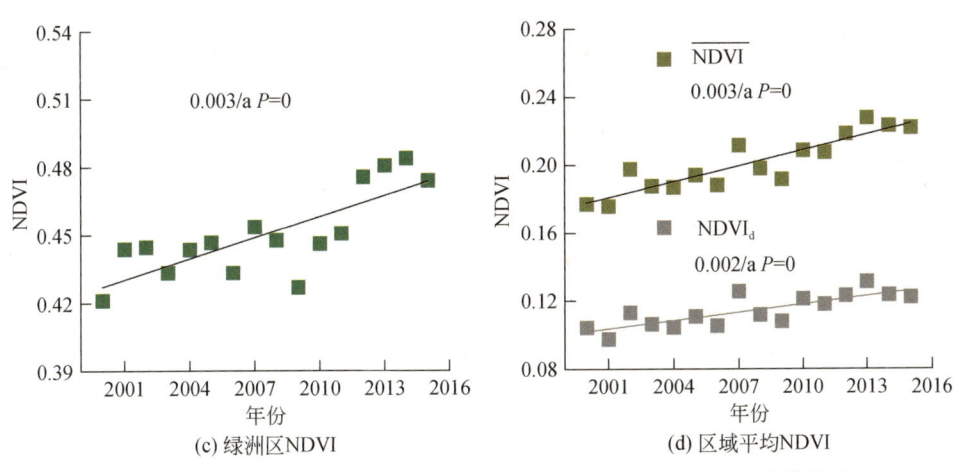

(c) 绿洲区NDVI　　　　　　(d) 区域平均NDVI

图 6-12　2000~2015 年黑河中游绿洲区与荒漠区以及区域 NDVI 变化趋势

究区，NDVI 呈明显的增加趋势，但仍有部分区域 NDVI 出现降低退化趋势。其中，NDVI 呈显著增加和降低的区域分别达到 5505.19km^2 和 214.06km^2，分别占到研究区的 52.02% 和 2.03%［图 6-13（a）］。NDVI 变化率显著增加和显著降低的均值分别为 0.004/a 和 -0.001/a，对应的变化范围分别为 0.0002~0.0653/a 和 -0.0341~-0.0004/a［图 6-13（b）］。

(a) NDVI变化趋势　　　　　　(b) NDVI年变化率

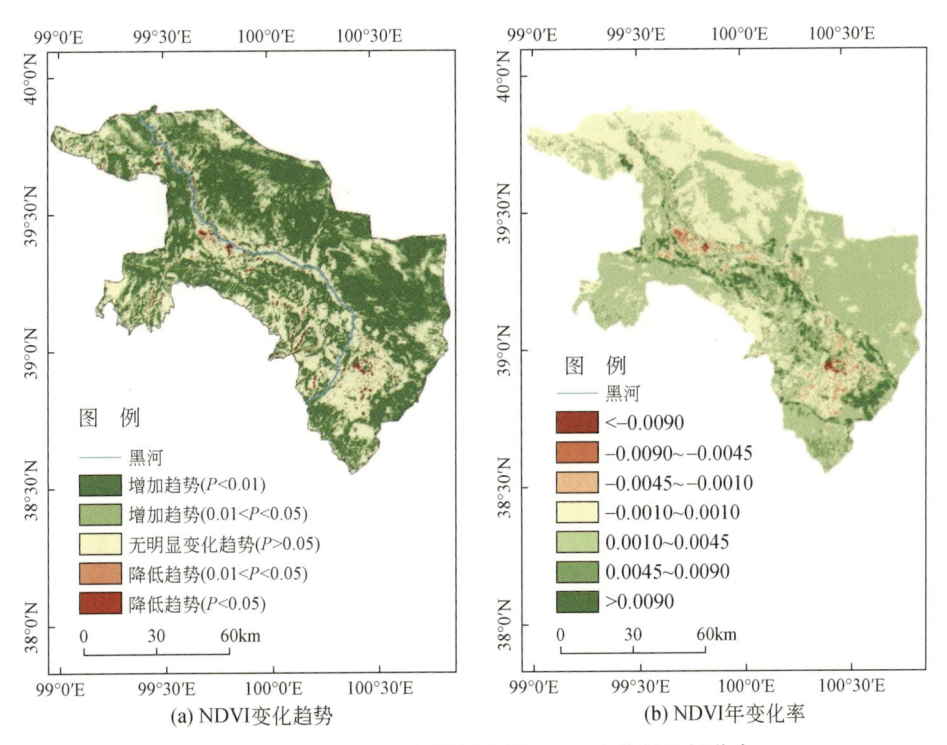

图 6-13　2000~2015 年黑河中游 NDVI 变化的空间分布

6.3.2 气候变化和人类活动对植被盖度变化的定量贡献

表 6-5 为绿洲区和荒漠区生长季 NDVI、面积比例与水文气象因子以及 GDP 的关系。结果表明，温度和径流与 NDVI 均没有显著的关系，其中，荒漠区 NDVI 与年降水量和地下水位关系显著（$P<0.01$），而绿洲区 NDVI 与其他因子均没有显著的相关关系。绿洲区和荒漠区面积比例均与年降水量、地下水位和 GDP 关系显著（$P<0.05$）（图 6-14）。将荒漠区 NDVI、绿洲区和荒漠区面积比例与各因子建立逐步回归关系式（表 6-6）。具体表现为年降水量可以很好地预测荒漠区 NDVI，R^2 达到 0.84。绿洲区和荒漠区面积比例可以由 GDP 和地下水位预测，R^2 分别达到 0.92 和 0.97。

表 6-5 黑河中游植被盖度与水文气象和 GDP 的相关性

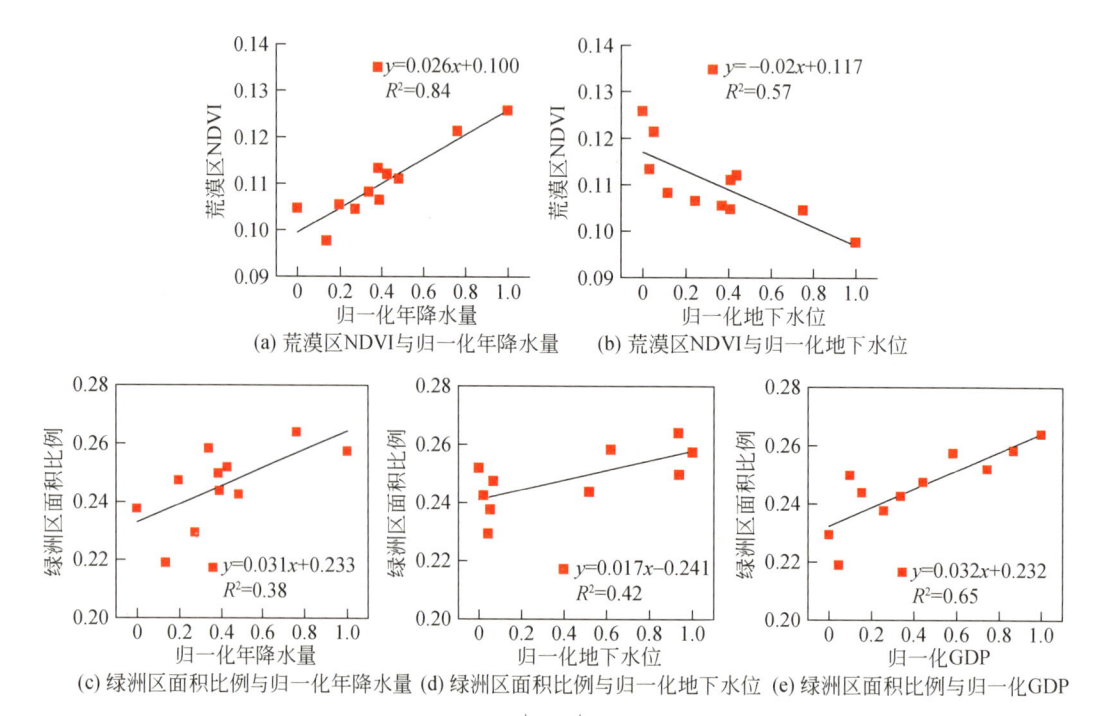

植被盖度		年降水量	温度	地下水位	径流	GDP
绿洲区 NDVI（$NDVI_o$）	r	0.471	0.083	0.139	−0.253	0.223
	P	0.143	0.808	0.684	0.453	0.510
荒漠区 NDVI（$NDVI_d$）	r	0.925**	0.359	−0.783**	0.415	0.595
	P	0.000	0.278	0.004	0.204	0.053
绿洲区面积比例（f_{A_o}）	r	0.668*	0.529	0.832**	0.439	0.829**
	P	0.025	0.094	0.001	0.177	0.002
荒漠区面积比例（f_{A_d}）	r	−0.728*	−0.629	0.909**	−0.439	−0.829**
	P	0.020	0.084	0.000	0.177	0.002

*和**分别代表在 0.05 和 0.01 水平上显著相关

(a) 荒漠区NDVI与归一化年降水量 $y=0.026x+0.100$, $R^2=0.84$
(b) 荒漠区NDVI与归一化地下水位 $y=-0.02x+0.117$, $R^2=0.57$
(c) 绿洲区面积比例与归一化年降水量 $y=0.031x+0.233$, $R^2=0.38$
(d) 绿洲区面积比例与归一化地下水位 $y=0.017x-0.241$, $R^2=0.42$
(e) 绿洲区面积比例与归一化GDP $y=0.032x+0.232$, $R^2=0.65$

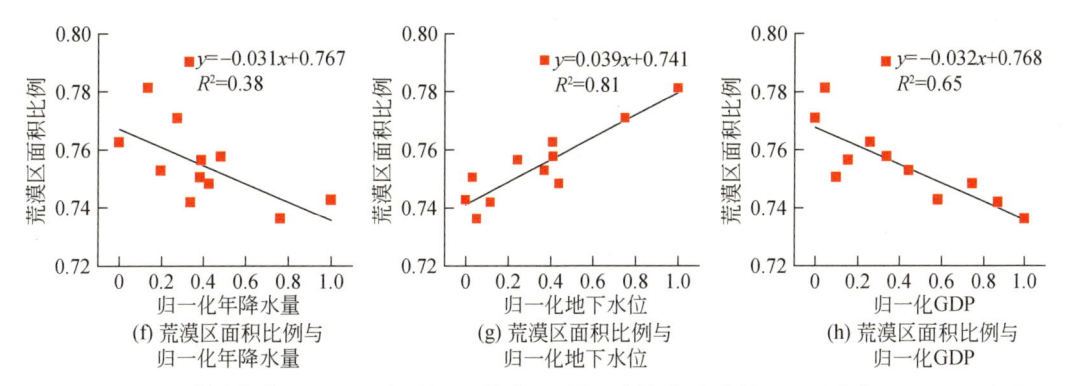

(f) 荒漠区面积比例与归一化年降水量　　(g) 荒漠区面积比例与归一化地下水位　　(h) 荒漠区面积比例与归一化GDP

图 6-14　黑河中游荒漠区 NDVI、绿洲区和荒漠区面积比例与年降水量、地下水位和 GDP 的关系

表 6-6　黑河中游植被覆盖和关键影响因子之间的逐步回归关系式

植被覆盖	回归方程	R^2	P
绿洲区 NDVI（NDVI_o）	—		
荒漠区 NDVI（NDVI_d）	$\text{NDVI}_\text{d}=0.026P+0.100$	0.84	0.000
绿洲区面积比例（f_{A_o}）	$f_{A_\text{o}}=0.022\text{GDP}+0.012\text{WT}+0.234$	0.92	0.000
荒漠区面积比例（f_{A_d}）	$f_{A_\text{d}}=-0.018\text{GDP}+0.028\text{WT}+0.752$	0.97	0.000

注：式中，P 为年降水量；GDP 为国内生产总值；WT 为地下水位

根据多年变化趋势，得到式（6-6）中的 a、b、c 和 d，即绿洲区 NDVI 和面积比例以及荒漠区 NDVI 和面积比例对区域植被覆盖变化的敏感系数分别为 0.56、2.29、0.43 和 0.57。则区域 NDVI 相对变化可以表达为 $\dfrac{\text{d}\overline{\text{NDVI}}}{\overline{\text{NDVI}}}=0.56\dfrac{\text{d NDVI}_\text{o}}{\text{NDVI}_\text{o}}+2.29\text{d}f_{A_\text{o}}+0.43\dfrac{\text{d NDVI}_\text{d}}{\text{NDVI}_\text{d}}+0.57\text{d}f_{A_\text{d}}$。区域 NDVI 相对变化对绿洲面积比例最敏感。绿洲区面积比例和荒漠区 NDVI 对区域 NDVI 相对变化的贡献最大，分别为 50.50% 和 42.08%，绿洲区 NDVI 和荒漠面积比例对区域 NDVI 相对变化的贡献比较小。因此，最终保留绿洲区面积比例和荒漠区 NDVI 分析水文气象及社会经济因子对区域 NDVI 相对变化的影响。则式（6-5）可以表达为 $\dfrac{\text{d}\overline{\text{NDVI}}}{\overline{\text{NDVI}}}\approx\dfrac{\text{NDVI}_\text{o}}{\overline{\text{NDVI}}}\times\text{d}f_{A_\text{o}}+\dfrac{f_{A_\text{d}}}{\overline{\text{NDVI}}}\times\text{d NDVI}_\text{d}$。将表 6-6 中的回归关系式代入式（6-6），可以得到 $\dfrac{\text{d}\overline{\text{NDVI}}}{\overline{\text{NDVI}}}\approx\dfrac{\text{NDVI}_\text{o}}{\overline{\text{NDVI}}}(\alpha\cdot\text{dGDP}+\beta\cdot\text{dWT})+\dfrac{f_{A_\text{d}}}{\overline{\text{NDVI}}}\cdot\gamma\cdot\text{d}P$。其中，$\alpha$、$\beta$ 和 γ 分别为表 6-6 中各关系式中因子的系数，对应值分别为 0.022、0.012 和 0.026。根据回归关系式，最终得到区域 NDVI 相对变化表达式为 $\dfrac{\text{d}\overline{\text{NDVI}}}{\overline{\text{NDVI}}}\approx 0.021\dfrac{\text{dGDP}}{\text{GDP}}+0.012\dfrac{\text{dWT}}{\text{WT}}+0.041\dfrac{\text{d}P}{P}$。即区域 NDVI 相对变化可以由 GDP、地下水位和年降水量决定，且区域 NDVI 相对变化对年降水量最敏感，其次是 GDP 和地下水位。GDP、年降水量和地下水位对区域 NDVI 相对变化的

贡献率分别为 40.2%、40.3% 和 19.5%。整体而言，绿洲区 GDP 变化和荒漠区年降水量对区域植被覆盖变化发挥着重要作用。

6.4 下游植被覆盖变化特征与生态需水

6.4.1 下游植被覆盖的时空变化特征

图 6-15 为黑河下游 1990 年、2000 年和 2010 年土地利用情况。如图 6-15 所示，林地主要分布在额济纳绿洲，草地主要沿东、西河道分布，耕地、建筑用地等分布在额济纳绿洲。水体主要分布在东居延海，2000 年，东居延海水体消失，2010 年又恢复。图 6-16 为 1990~2010 年研究区不同土地利用类型面积变化。以 2000 年为例，林地、草地、水体、耕地、建筑用地和未利用地的面积分别为 719.17km^2、793.05km^2、23.19km^2、107.98km^2、20.13km^2 和 8512.7km^2。1990~2000 年，林地、草地和水体的面积分别降低了 5.41%、13.11% 和 63.57%，而耕地、建筑用地和未利用地分别增加了 2.04%、119.30% 和 2.26%。2000~2010 年，未利用地降低了 1.31%，林地、草地、水体、耕地和建筑用地分别增加了 1.37%、1.15%、308.26%、4.46% 和 80.92%。

(a) 1990年　　(b) 2000年　　(c) 2010年

■林地　■草地　■水体　■耕地　■建筑用地　■未利用地

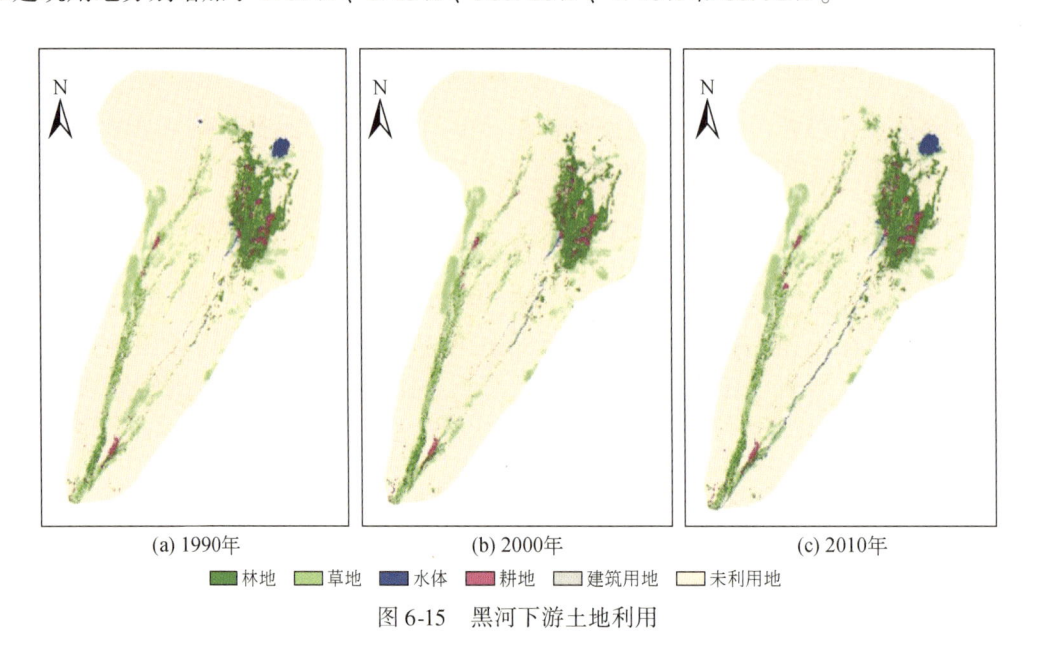

图 6-15　黑河下游土地利用

图 6-17 为 2000~2015 年黑河下游年 NDVI 的动态变化趋势。年最大 NDVI 和年平均 NDVI 均呈逐年增加趋势，且增加显著（$P<0.01$）。年平均 NDVI 由 0.075 增加到 0.088，NDVI 的年变化率为 0.0007，多年平均值为 0.080。年最大 NDVI 的年变化率为 0.0010，多年平均值为 0.094。图 6-18 显示了 NDVI 的空间变化趋势。NDVI 沿着东河上游和下游，西

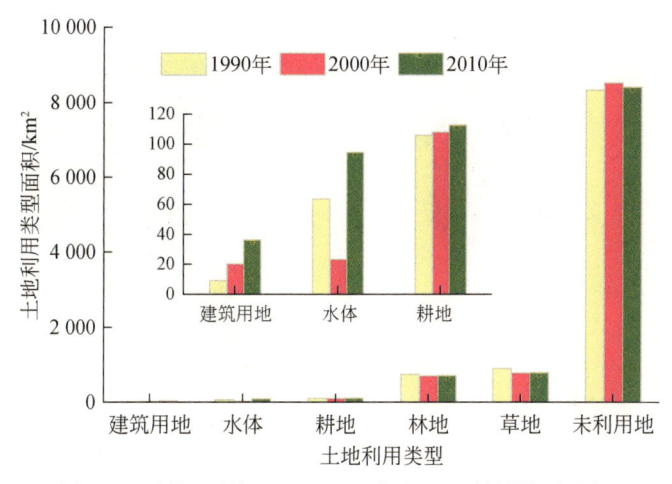

图 6-16　黑河下游 1990～2010 年各土地利用类型面积

河中游及额济纳绿洲呈增加趋势。显著增加区域面积为 2596km², 显著降低区域面积为 290km², 分别占总面积的 25.6% 和 2.9% [图 6-18（a）]。NDVI 的年变化率基本大于 0, 即 NDVI 基本呈增加趋势。NDVI 年变化率增加显著的区域值范围为 0.0002～0.0505/a, 平均值为 0.003/a。降低显著的区域值为 -0.0157～-0.0002/a, 平均值为 -0.002/a [图 6-18（b）]。

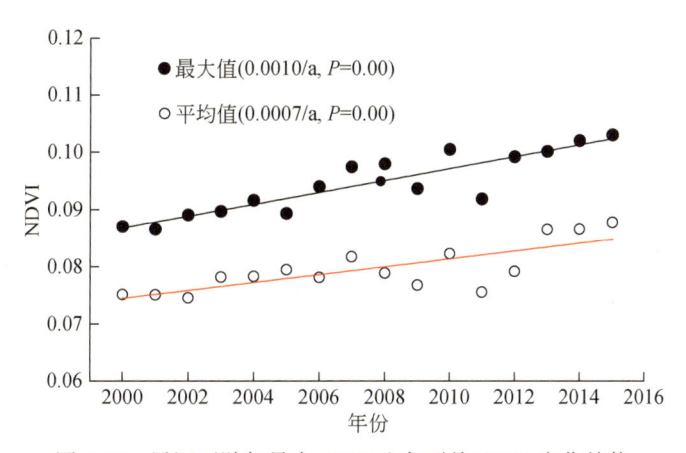

图 6-17　黑河下游年最大 NDVI 和年平均 NDVI 变化趋势

6.4.2　植被覆盖变化与水文气象因子关系

NDVI 与水文气象因子（降水量、温度和径流）的关系见表 6-7。考虑到降水量、温度和径流对 NDVI 影响的滞后效应, 本文将滞后分为无滞后、1 年滞后、2 年滞后和 3 年滞后, 分别分析了 NDVI 与它们的相关性。NDVI 与降水量和温度的关系都不显著, NDVI 与前 1 年径流相关性显著, 相关性达到 0.75。

(a) NDVI变化趋势　　　　　　(b) NDVI年变化率

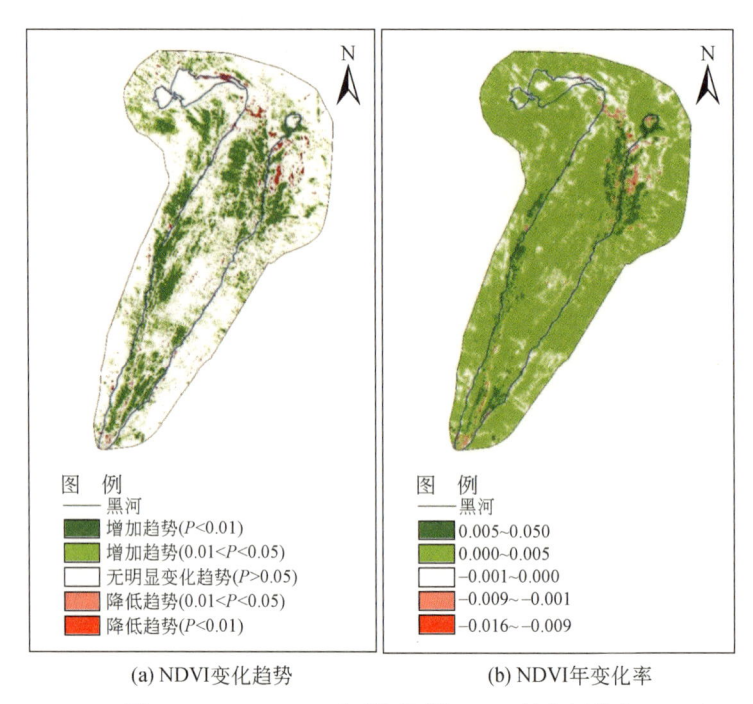

图 6-18　1990~2010 年黑河下游 NDVI 的空间分布

表 6-7　黑河下游生长季 NDVI 与气象水文因子的关系

NDVI 与气象水文因子关系		无滞后	1 年滞后	2 年滞后	3 年滞后
NDVI-降水量	r	0.14	-0.20	-0.05	-0.31
	P	0.63	0.46	0.85	0.24
NDVI-温度	r	0.29	0.19	-0.05	-0.36
	P	0.30	0.49	0.85	0.17
NDVI-径流	r	0.39	0.75	0.32	0.37
	P	0.15	0.00**	0.23	0.16

**表示在 0.01 水平上显著相关

将 NDVI 与前 1 年径流进行线性拟合发现，额济纳绿洲和东居延海 NDVI 与径流的线性关系显著（$P<0.05$），R^2 分别为 0.52 和 0.30（图 6-19）。NDVI 受前 1 年径流影响比较大。

6.4.3　天然绿洲生态需水的时空分布特征

SEBS 模拟的 R_n、H、λE 和 ET 与涡度相关观测值比较如图 6-20 所示。图 6-20 中不同用地类型的 R_n、H、λE 和 ET 分布在 1∶1 线附近，模拟值与实测值拟合效果比较好，R^2 分别达到 0.80、0.53、0.60 和 0.90。ET 模拟结果表明 RMSE 值低于 1.0mm/d，其中乔木

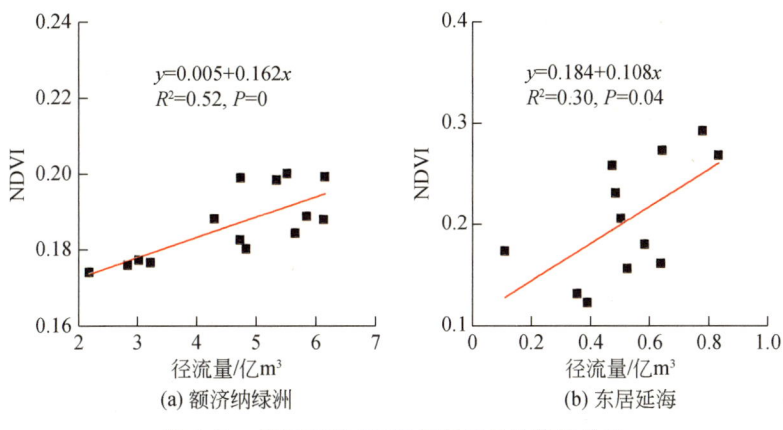

图 6-19　黑河下游 NDVI 与径流量的线性关系

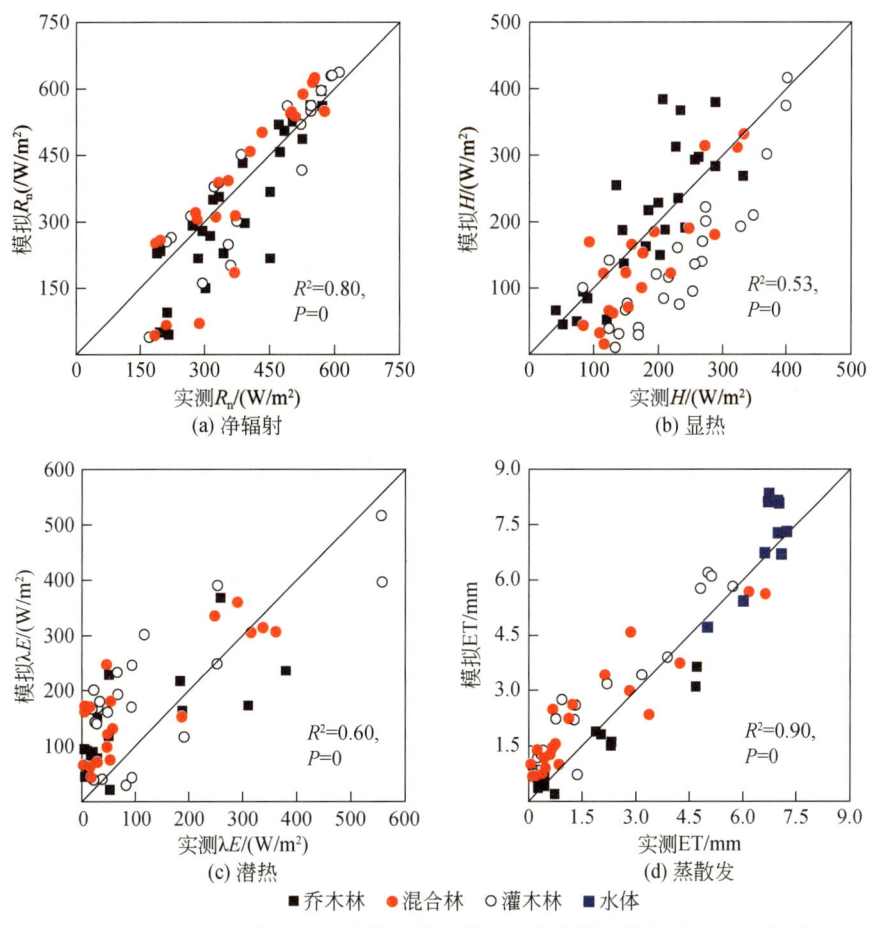

图 6-20　黑河下游乔木林、混合林、灌木林和水体蒸散发模拟值与实测值对比

林 RMSE 值为 0.7mm/d，灌木、混合林和水体 RMSE 值为 0.9mm/d。从图 6-20 中可以看出，ET 模拟值与实测值有一定的偏差，其中，乔木林 ET 模拟值会低于实测值，而灌木林 ET 高于实测值，对于混合林，当 ET 观测值低于 4.0mm 时，模拟值高于观测值，当 ET 模拟值高于 4.0mm 时，则出现低估观测值的现象。水体蒸散发模拟效果较好，除了 6 月和 7 月高估外，其他都分布在 1∶1 线上。居延海水面蒸发模拟结果可以看出，当湖面面积为 50km^2 时，东居延海的模拟值误差低于 0.04 亿 m^3。

图 6-21 为黑河下游荒漠绿洲 2014 年和 2015 年生态需水量的空间分布。生态需水高值区主要分布在河道附近、额济纳绿洲以及东居延海水面。由于地处内陆干旱区，水体蒸发强度最大，东居延海水体蒸发量可以达到 1472.1mm（2014 年）和 1463.6mm（2015 年）。同时，由于植被集中分布在东河、西河及额济纳绿洲，蒸散强度也相对较大。2 年（2014 年、2015 年）单位面积上水体、林地、灌木和草地平均生态需水量分别为 1467.9mm、918.1mm、567.8mm 和 411.3mm。

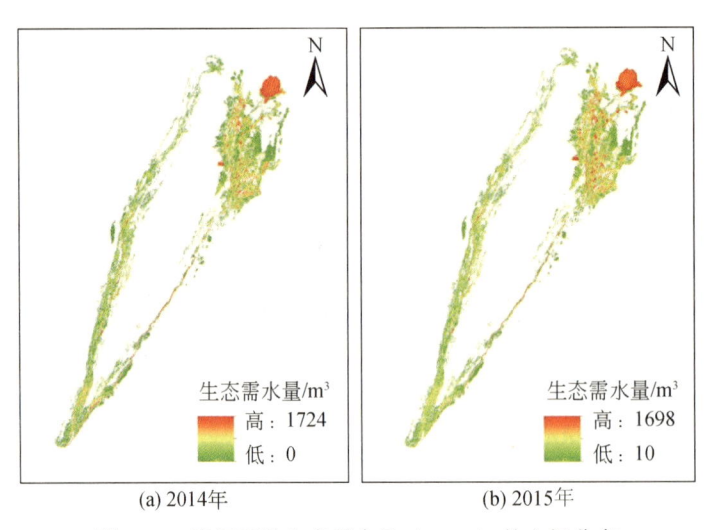

图 6-21 黑河下游生态需水量（EWR）的空间分布

2014 年和 2015 年，研究区总生态需水量分别为 6.54 亿 m^3 和 7.56 亿 m^3（表 6-8）。其中，2014 年乔木林、灌木林、草地和水体的生态需水量分别为 1.63 亿 m^3、2.26 亿 m^3、1.44 亿 m^3 和 1.20 亿 m^3，分别占到总生态需水量的 25.0%、34.6%、22.1% 和 18.4%。2015 年乔木林、灌木林、草地和水体的生态需水量分别为 1.79 亿 m^3、2.72 亿 m^3、1.87 亿 m^3 和 1.18 亿 m^3，分别占到总生态需水量的 23.7%、36.0%、24.7% 和 15.6%。

表 6-8 黑河下游不同土地利用类型生态需水量 （单位：亿 m^3）

年份	乔木林	灌木林	草地	水体	总量
2014 年	1.63	2.26	1.44	1.20	6.53
2015 年	1.79	2.72	1.87	1.18	7.56

图 6-22 为不同土地利用类型与东、西河不同距离的生态需水量分布特征。采用 4.5km 影响范围，每隔 0.25km 计算生态需水量，得到与河道不同距离的生态需水量。可以看出，生态需水量空间分布均呈指数分布（$R^2>0.98$），即随着距离的增加，生态需水量增加并逐渐趋于稳定。东河区域距河道 1.25km、3.00km 和 3.75km 范围内生态需水量分别占到区域总量的 50%、80% 和 90%。西河区域距河道 1.00km、2.00km 和 2.75km 范围内生态需水分别占到区域总量的 50%、80% 和 90%。

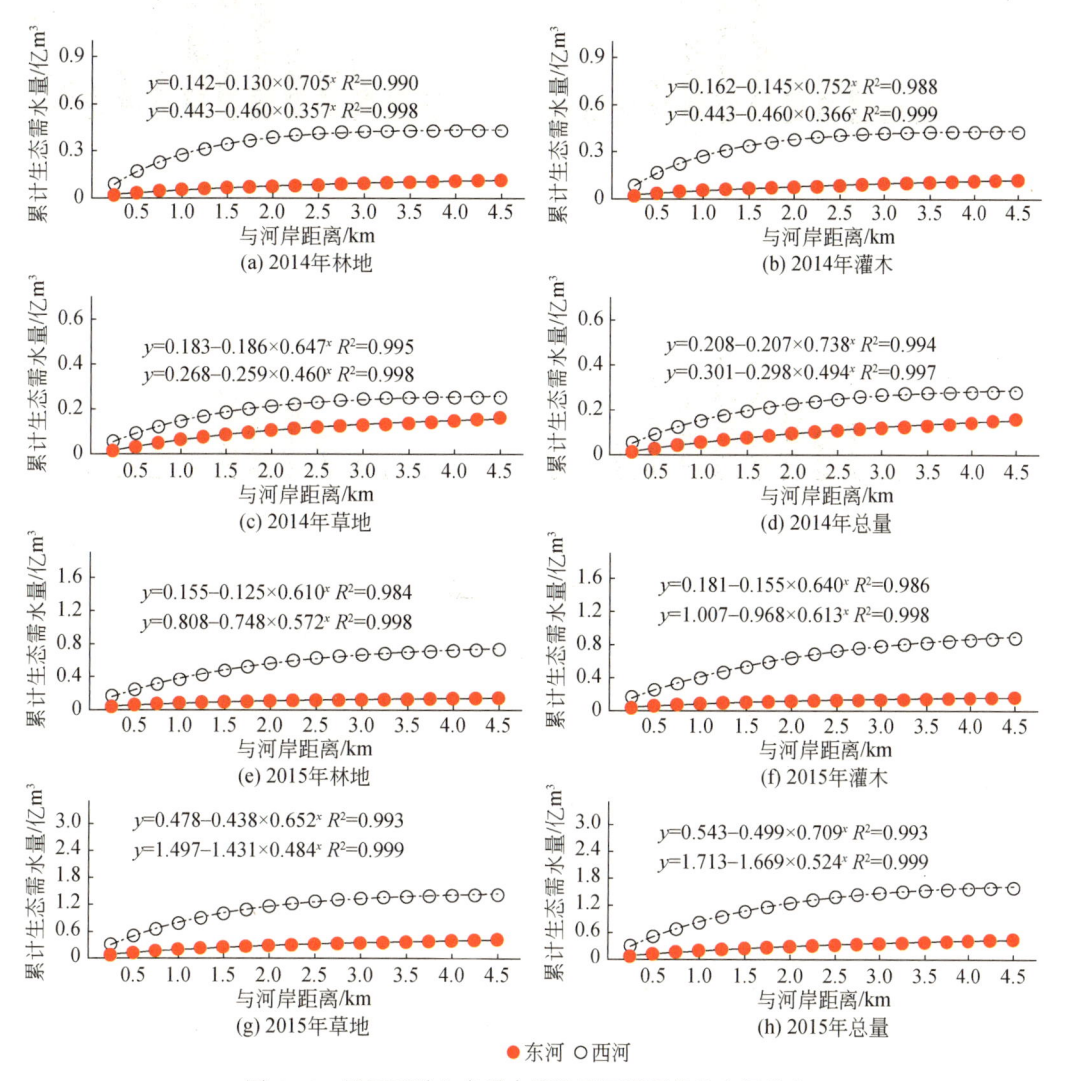

图 6-22 黑河下游生态需水量沿到河岸距离的空间分布

图 6-23 显示了不同土地利用类型的生态需水量月动态变化趋势。乔木林、灌木林、草地和水体生态需水量月分布均呈现单峰曲线，6 月、7 月达到最大值。2014 年，乔木林、灌木林、草地和水体 6 月和 7 月生态需水量分别为 0.74 亿 m³、0.97 亿 m³、0.60 亿 m³ 和 0.44 亿 m³，占全年总量的 45.4%、43.1%、41.4% 和 37.0%。2015 年，乔木林、灌木林、

草地和水体 6 月和 7 月生态需水量分别为 0.73 亿 m³、0.96 亿 m³、0.59 亿 m³ 和 0.45 亿 m³，占全年总量的 41.1%、35.4%、31.8% 和 38.3%。

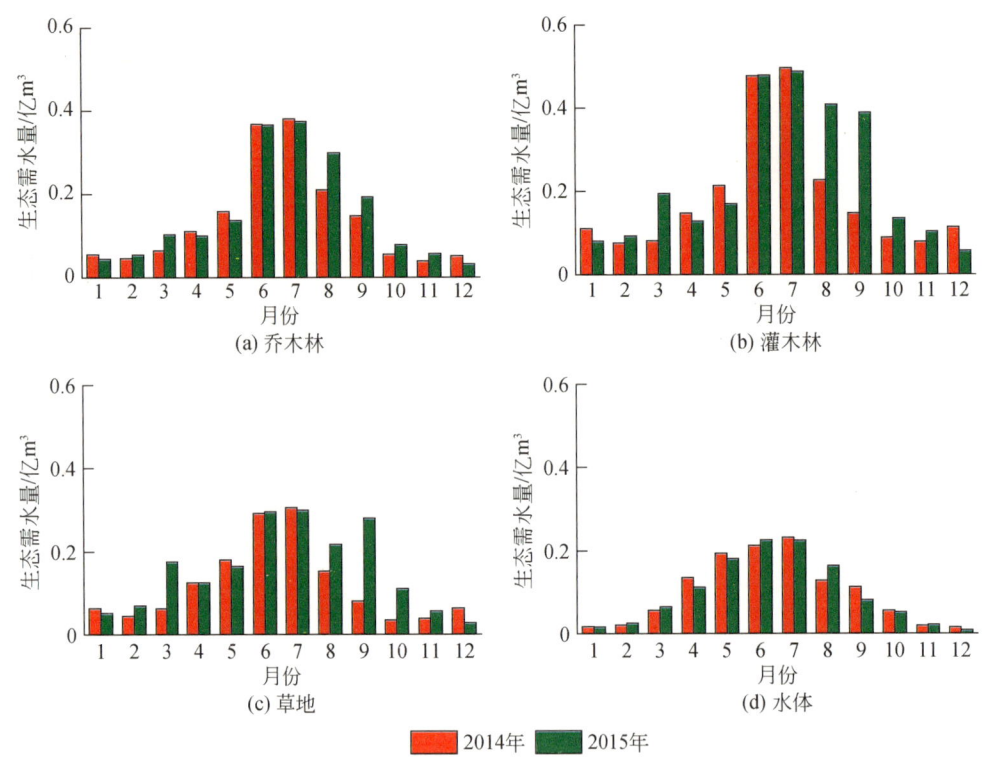

图 6-23 黑河下游不同土地利用类型的生态需水量月分布

表 6-9 为不同区域生态需水量的月动态变化。2014 年，东河、西河、额济纳绿洲和东居延海的总生态需水量分别为 0.74 亿 m³、1.76 亿 m³、3.19 亿 m³ 和 0.84 亿 m³，其中生长季 4~10 月生态需水量分别占到总量的 86.3%、83.4%、80.6% 和 89.6%。2015 年，东河、西河、额济纳绿洲和东居延海的总生态需水量分别为 0.77 亿 m³、2.14 亿 m³、3.80 亿 m³ 和 0.86 亿 m³，其中生长季 4~10 月生态需水量分别占到总量的 83.4%、81.1%、81.8% 和 88.9%。整个研究区，2014 年和 2015 年生长季生态需水量分别为 5.44 亿 m³ 和 6.25 亿 m³，占到总量的 83.2% 和 82.6%。

表 6-9 黑河下游不同区域生态需水月动态分布规律 （单位：亿 m³）

时间	东河	西河	额济纳绿洲	东居延海	总量
1 月	0.02/0.02	0.07/0.06	0.14/0.10	0.01/0.01	0.24/0.19
2 月	0.02/0.03	0.05/0.07	0.10/0.12	0.01/0.02	0.18/0.24
3 月	0.03/0.06	0.07/0.18	0.12/0.25	0.04/0.04	0.26/0.53
4 月	0.07/0.05	0.14/0.13	0.21/0.21	0.09/0.08	0.51/0.46
5 月	0.10/0.07	0.20/0.17	0.31/0.28	0.13/0.13	0.74/0.65
6 月	0.15/0.15	0.38/0.38	0.67/0.67	0.15/0.16	1.35/1.36

续表

时间	东河	西河	额济纳绿洲	东居延海	总量
7月	0.16/0.15	0.39/0.39	0.70/0.68	0.16/0.16	1.41/1.38
8月	0.07/0.08	0.23/0.27	0.32/0.60	0.09/0.14	0.71/1.08
9月	0.06/0.10	0.11/0.29	0.22/0.49	0.09/0.06	0.48/0.94
10月	0.03/0.04	0.02/0.12	0.14/0.17	0.04/0.04	0.23/0.37
11月	0.02/0.01	0.03/0.07	0.11/0.14	0.01/0.02	0.17/0.23
12月	0.02/0.01	0.07/0.03	0.15/0.08	0.01/0.01	0.24/0.12
总量	0.74/0.77	1.76/2.14	3.19/3.80	0.84/0.86	6.54/7.56

注：2014年生态需水/2015年生态需水

6.5 中游土地利用情景模拟

Dyna-CLUE 模型考虑土地类型之间竞争关系，是一个能够定量描述土地利用变化空间分布的空间多尺度土地利用变化模型。相比于之前的版本（CLUE、CLUE-S），它能够考虑邻域土地类型对土地利用变化的影响，并且所以对土地动态模拟机制进行更详细的设计。从两个方面对 Dyna-CLUE 模型进行改进：①通过空间富集度考虑各栅格的空间自相关，采用 Logistics 回归方法量化富集度对土地利用类型的影响；②全面考虑各种自然和人文因子对土地利用变化的驱动作用，包括 DEM、坡度、坡向、土壤类型、到公路的距离、到铁路的距离、到河流的距离、到水库的距离、到居民点的距离、地下水位、地均 GDP、人均 GDP 和人口密度共 13 个自变量。以 2000 年的土地利用图为基础，采用改进的 Dyna-CLUE 模型模拟 2005 年和 2010 年的土地利用，模拟精度均超过 0.90，可以用来开展土地利用和景观格局的情景模拟（图 6-24）。

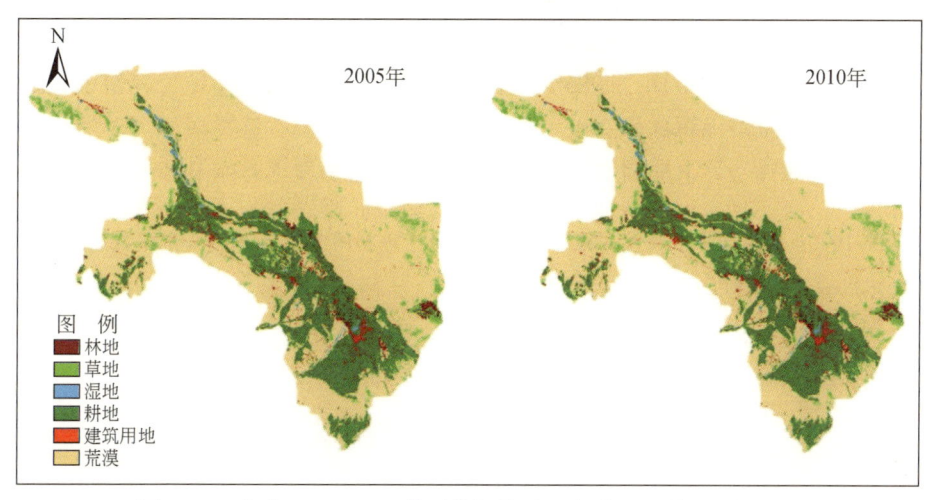

图 6-24 改进 Dyna-CLUE 模型模拟的黑河中游土地利用空间分布

中游土地情景考虑三个方面的影响因素：水量约束、社会经济发展和气候情景。上游不同来水条件下农田适宜规模采用"黑河计划"集成项目"黑河流域绿洲农业水转化多过程耦合与高效用水调控"的研究结果,丰水年、平水年和枯水年等上游三种来水条件下的适宜农田面积分别为 2337km^2、2004km^2 和 1878km^2。社会经济发展主要考虑不同的发展速度对建设用地的影响,设置三种情景,建设用地保持 2010 年规模,建设用地增长速度保持 2000~2010 年的变化趋势,建设用地增长速度为 2000~2010 年变化趋势的 2 倍。气候情景采用 RCP4.5。利用 Dyna-CLUE 模型开展各情景组合的土地利用模拟,模拟的 2020 年土地利用结果如图 6-25 所示。未来土地利用相比 2000 年的变化见表 6-10。

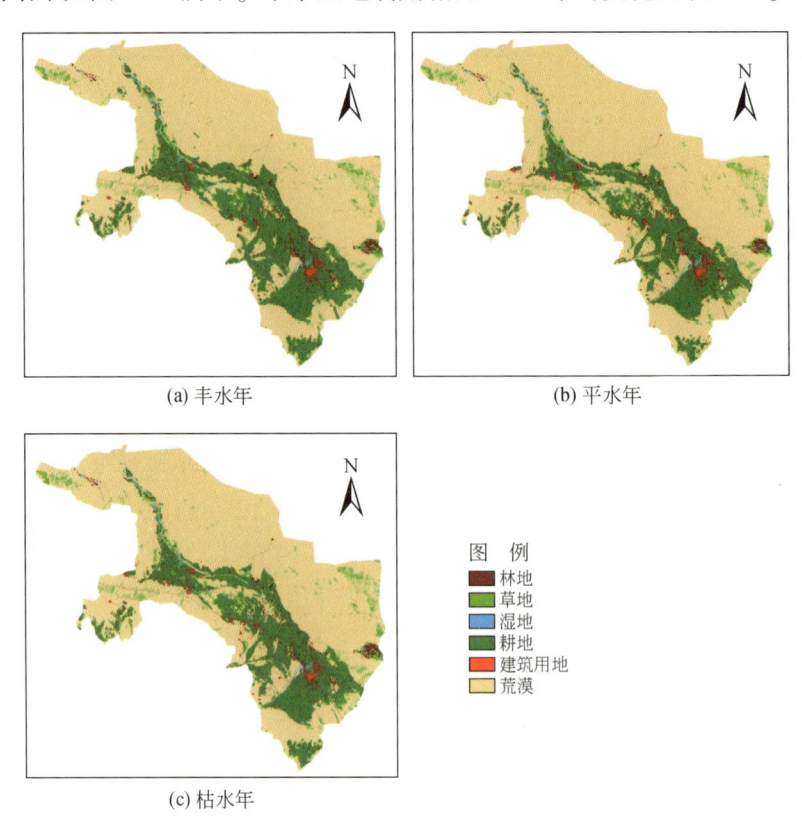

图 6-25 上游不同来水条件下的黑河中游 2020 年土地利用情景

表 6-10 上游不同来水条件下黑河中游 2020 年土地利用情景与 2010 年的面积变化量

(单位:km^2)

土地利用类型	上游来水(丰水年)	上游来水(平水年)	上游来水(枯水年)
林地	1.54(1.50%)	0.95(0.93%)	0.8(0.78%)
草地	6.09(1.73%)	-0.33(-0.09%)	-0.57(-0.16%)
耕地	276.98(13.44%)	-56.03(-2.72%)	-181.93(-8.83%)
水体	1.22(2.12%)	0.28(0.49%)	0.28(0.49%)
建设用地	25.47(8.42%)	25.51(8.43%)	25.34(8.37%)
未利用地	-311.3(-1.68%)	29.62(0.38%)	156.08(2.02%)

注:括号内为面积变化率

6.6 下游荒漠绿洲生态情景

黑河下游荒漠绿洲的植被覆盖主要受径流、社会经济和气象因子的影响,其中径流起了决定性作用,植被覆盖与当年和前几年径流量呈显著的线性关系(图6-26)。根据Z指数,确定上游丰水年、平水年和枯水年条件下东河径流量分别为5.20亿m^3、3.99亿m^3和2.64亿m^3,西河径流量为2.27亿m^3、1.48亿m^3和0.59亿m^3。利用植被覆盖的回归关系式,得到不同来水条件下游植被盖度的空间分布(图6-27)。丰水年整个区域、东河、西河和额济纳旗的平均植被盖度分别为0.10、0.07、0.07和0.18。平水年整个区域、东河、西河和额济纳旗的平均植被盖度分别为0.09、0.06、0.07和0.16。枯水年整个区域、东河、西河和额济纳旗的平均植被盖度分别为0.08、0.04、0.06和0.14。东河植被在丰水年、平水年和枯水年分布的平均距离分别为712.28m、641.80m和568.61m,最远距离分别为4397.19m、4276.97m和4246.40m。西河植被在丰水年、平水年和枯水年分布的平均距离分别为1492.15m、1286.37m和1281.32m,最远距离分别为4240.52m、4108.28m和3856.23m。计算得到各种情景的生态需水量如图6-28和表6-11所示。丰水年、平水年和枯水年总的生态需水量分别为6.665亿m^3、5.148亿m^3和3.449亿m^3,其中尾闾湖的生态需水量为保持适宜规模(42km^2)所需的下放水量。

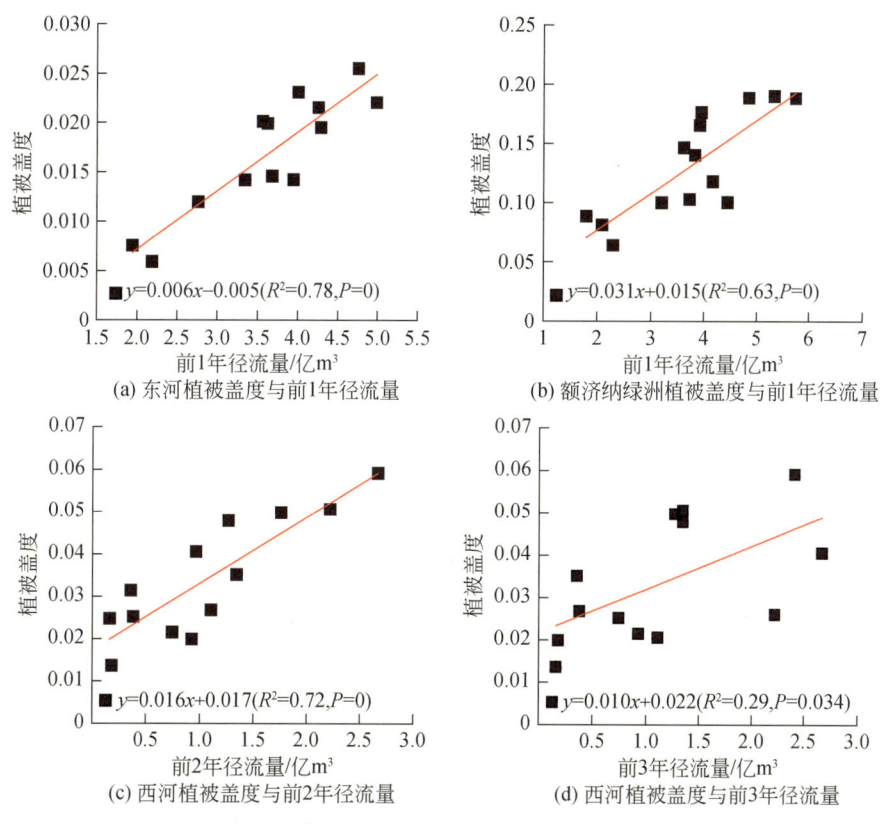

图6-26 黑河下游荒漠绿洲植被盖度与狼心山水文站径流量的定量关系

(a) 丰水年　　　　　　　　(b) 平水年　　　　　　　　(c) 枯水年

图例 —— 自然河道 —— 人工水渠　植被盖度 ■ 0~0.2 ■ 0.2~0.4 ■ 0.4~0.6 ■ 0.6~0.8 ■ 0.8~1.0

图 6-27　上游不同来水条件下黑河下游植被盖度空间分布

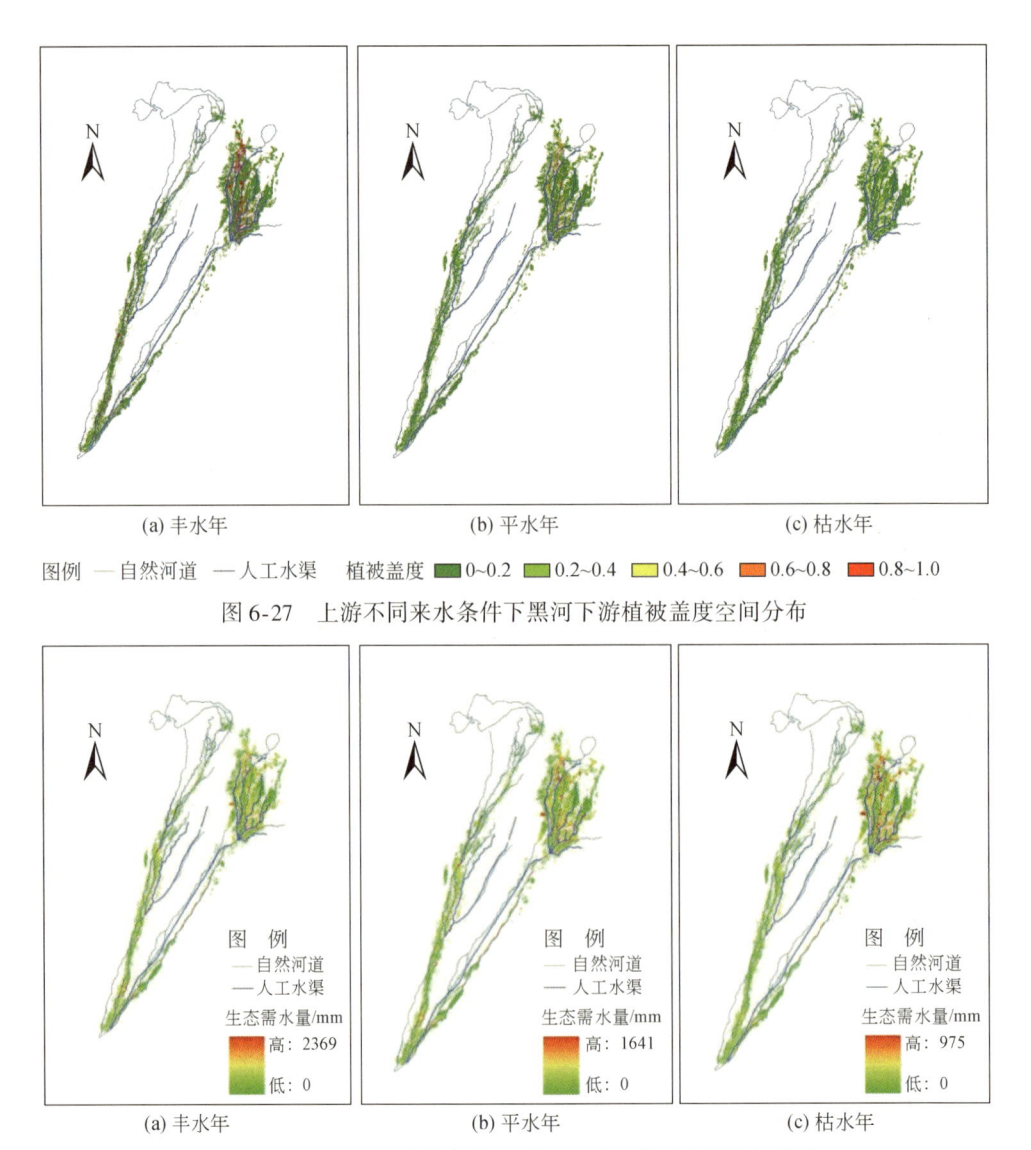

(a) 丰水年　　　　　　　　(b) 平水年　　　　　　　　(c) 枯水年

图 6-28　上游不同来水条件下黑河下游生态需水量空间分布

表 6-11　上游不同来水条件下黑河下游生态需水量　　　　　（单位：亿 m³）

上游来水条件	狼心山径流量	东河生态需水量	西河生态需水量	额济纳旗生态需水量	荒漠绿洲总需水量	尾闾湖需水量	生态需水量
丰水年	7.628	0.783	2.189	3.083	6.055	0.61	6.665
平水年	5.628	0.577	1.517	2.444	4.538	0.61	5.148
枯水年	3.388	0.347	0.760	1.732	2.839	0.61	3.449

根据水量平衡原理，河道径流量在满足生态需水后，剩余水量用于社会经济发展和农业耗水。根据 2016 年统计年鉴，黑河下游当前的社会经济耗水量为 0.1 亿 m³，考虑未来发展水平，确定未来社会经济耗水量的 3 种情景：增加 25%（0.125 亿 m³）、保持不变

(0.100亿m³)和减少25%(0.075亿m³)。农业耗水定额为900mm。计算得到上游不同来水条件下的黑河下游农田适宜规模和地下水开采量,见表6-12,其中在枯水年,河道径流量不能满足农业用水,必须开采一定量的地下水才能在保证生态需水的同时保持与平水年一样的农田规模。基于上游不同来水条件下的植被覆盖空间分布和适宜农田规模,以2015年的土地利用图为底图,确定黑河下游土地利用情景。基本原则是:根据植被生长规律,自然植被(林地、灌木林和草地)类型很难发生变化,但其生长状况可以改变,即正常覆盖到稀疏覆盖的转化;与现状年相比减少的农田分布在远离渠道和河道的区域,并转化为未利用地;建设用地基本不变,尾闾湖面积保持适宜规模。根据上述原则,得到上游不同来水条件下黑河下游的土地利用情景,如图6-29所示,各类型面积见表6-13。

表6-12 上游不同来水条件下黑河下游农田适宜规模和地下水开采量

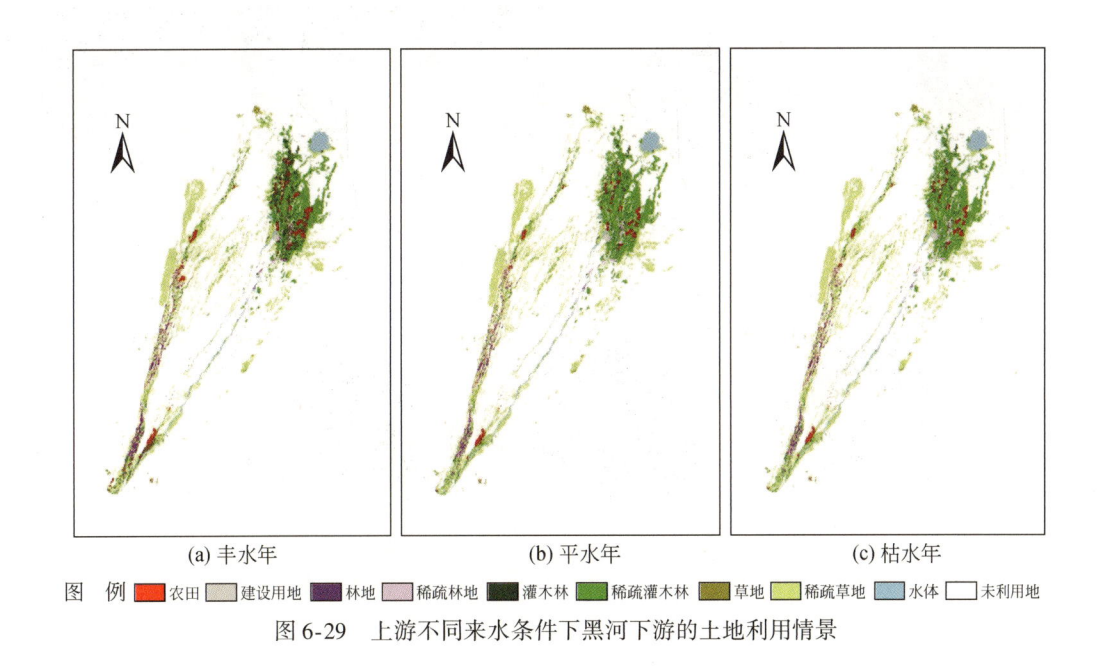

上游来水条件	社会经济耗水量/亿m³	农田适宜规模/hm²	地下水抽取量/亿m³	备注
丰水年	0.125	9322	—	不开采地下水
	0.100	9600	—	
	0.075	9877	—	
平水年	0.125	3944	—	不开采地下水
	0.100	4222	—	
	0.075	4500	—	
枯水年	0.125	3944	0.542	农田规模与平水年一致
	0.100	4222	0.542	
	0.075	4500	0.542	

(a) 丰水年　　　　　(b) 平水年　　　　　(c) 枯水年

图 例　■农田　□建设用地　■林地　■稀疏林地　■灌木林　■稀疏灌木林　■草地　■稀疏草地　■水体　□未利用地

图6-29 上游不同来水条件下黑河下游的土地利用情景

表 6-13　上游不同来水条件下黑河下游各土地利用类型面积　　（单位：km²）

上游来水条件	农田	建设用地	林地	稀疏林地	灌木林	稀疏灌木林	草地	稀疏草地	水体	未利用地
丰水年	96.00	36.37	76.72	25.06	144.49	482.63	35.59	767.32	94.58	8344.08
平水年	42.22	36.37	62.52	39.26	76.58	550.53	25.43	777.48	94.58	8397.86
枯水年	42.22	36.37	75.46	26.32	107.72	519.40	28.07	774.84	94.58	8397.86

6.7　尾闾湖生态情景

6.7.1　尾闾湖面积的稳定和最大情景

图 6-30 为东居延海 1975~2015 年演变动态。2000 年后东居延海得到河水补给，湖泊面积不断恢复、扩张，2010 年的年内最大面积已超 50km²，随后趋于稳定，目前湖泊面积和湖泊生态状况已恢复到 20 世纪 90 年代的水平。湖泊湿地植被时间序列变化表明，2004~2016 年，植被面积呈 S 形增长，在 2015 年达到面积的最大值，且植被面积与湖泊库容量显著线性正相关（图 6-31）。综合尾闾湖近十年来的变化，确定尾闾湖的稳定情景（近五年）的水面面积约为 37km²，库容约为 4500m³。历史最大情景（2010 年）的水面面积约为 43km²，库容约为 0.8 亿 m³。

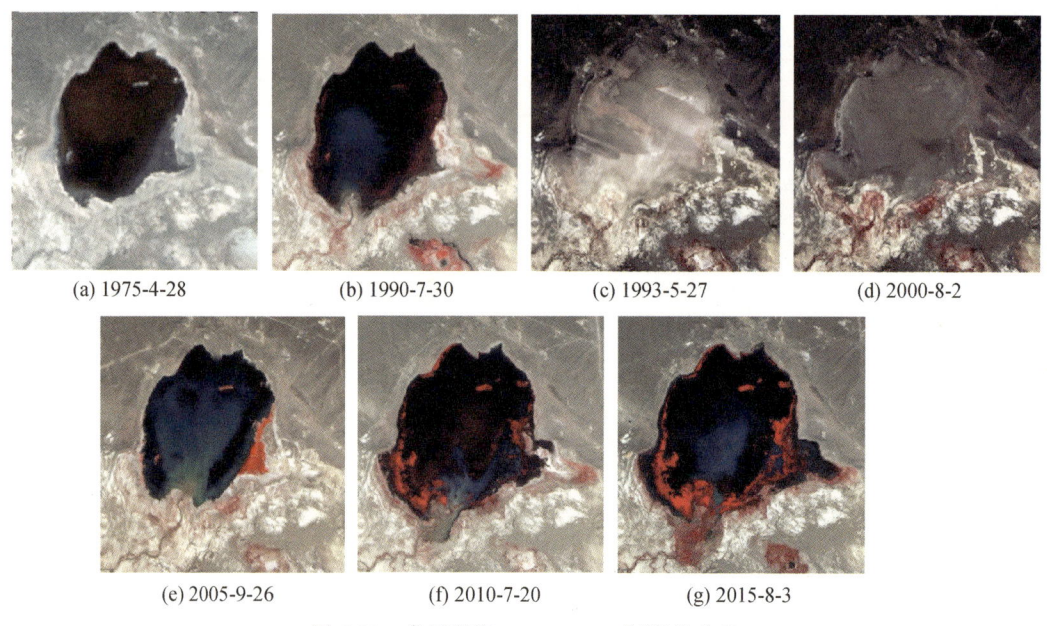

(a) 1975-4-28　　(b) 1990-7-30　　(c) 1993-5-27　　(d) 2000-8-2

(e) 2005-9-26　　(f) 2010-7-20　　(g) 2015-8-3

图 6-30　东居延海 1975~2015 年演变动态

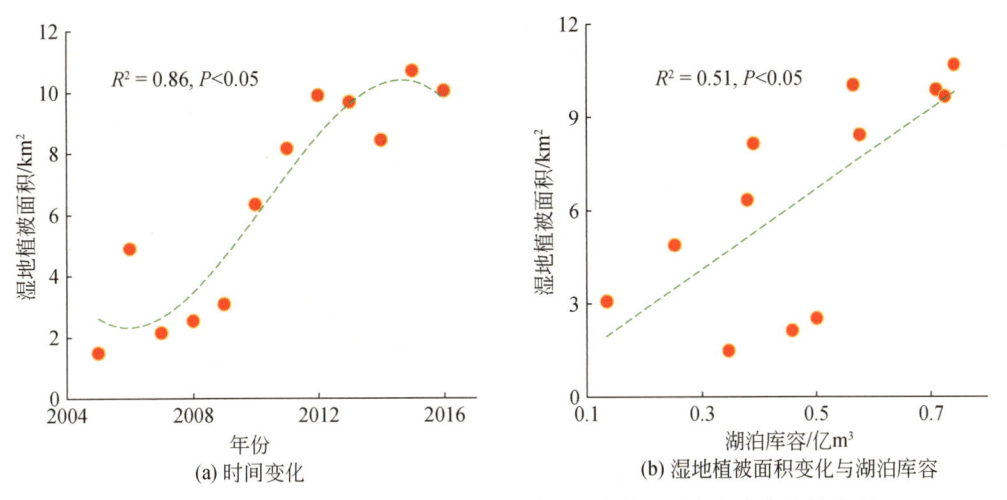

图 6-31　2004~2015 年东居延海湿地植被面积变化以及与湖泊库容的关系

6.7.2　尾闾湖面积的最优情景

图 6-32 对比了水量平衡方程模拟的东居延海面积与观测面积。可以看出，水量平衡模型能够较好地捕捉到湖泊面积的变化趋势，模拟的湖泊面积仅在年内的变化幅度大于观测值。模拟结果的 RRMSE 值为 13.52%，R^2 值为 0.77，模拟与观测结果的季节变化趋势和年际变化趋势相一致。另外，模型很好地捕捉到了湖泊面积在长期范围内随着输入和输出变化不断调整的特征，解释了湖泊面积中 81% 的变化（符合指数 $D=0.81$）。

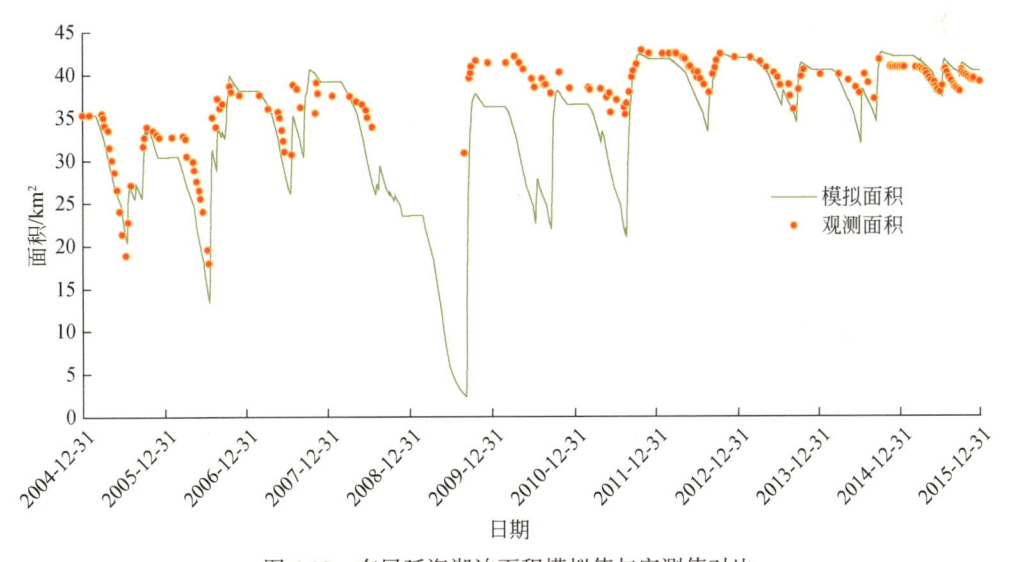

图 6-32　东居延海湖泊面积模拟值与实测值对比

入湖水量和湖泊蒸发是影响东居延海库容变化的最大驱动因素，量化入湖水量与湖泊体积（面积）之间的关系可以全面理解来水量对东居延海湖面的恢复作用。模拟结果表明，湖面面积的变化受到初始面积、来水量的影响，但是湖泊最终的稳定面积与初始面积无关。图 6-33 表明，东居延海的稳定面积与入湖径流量之间存在显著的线性正相关（$R^2 = 0.99$，$P<0.05$）。

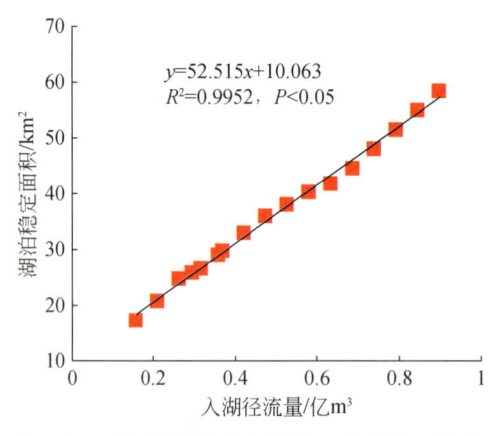

图 6-33 东居延海稳定面积与入湖径流量关系

基于以上不同情景湖泊面积变化的模拟结果，分析湖泊水损失率随湖泊规模变化的特征。如图 6-34 所示，湖泊水损失率与湖泊面积间存在非线性的关系，水损失率随着面积增加而不断减少，变化率在湖泊面积为 35km^2 时开始显著增加，但是湖泊面积大于 42km^2 时，水损失率<1，此时湖泊的水储存效率最高，这表明水管理效率更高。虽然湖泊面积的持续增加将大大降低水损失率，但这也意味着需要更多的径流量。由于水资源稀缺，东居延海的适宜面积为 42km^2。根据湖泊稳定面积与下放水量的关系，如想要维持湖面面积为 42km^2，需要每年下放水量 0.61 亿 m^3。

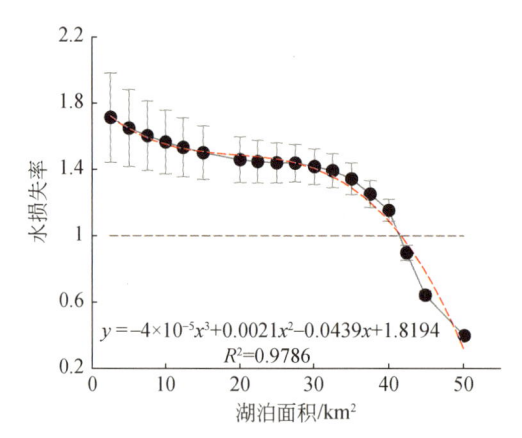

图 6-34 东居延海湖泊水损失率与湖泊面积的关系

6.8 小　　结

1）黑河中游绿洲扩展受水资源和人类活动约束的共同作用，其适宜的分布区域在距离居民聚集区 1400m 和距离渠系河网 1000m 以内。过去 30 年黑河中游景观破碎化程度降低，景观的组成和结构趋于简单，人口、GDP 和莺落峡径流量是黑河中游景观变化的主要驱动因素，对景观变化的共同解释量为 57.40%，累计贡献率为 96.64%。中游植被覆盖增加主要由于绿洲区面积增加和荒漠区 NDVI 增加，中游 NDVI 变化主要受 GDP、年降水量和地下水位影响，三者对植被覆盖增加的贡献率分别为 40.2%、40.2% 和 19.5%。

2）分水以来，黑河下游植被恢复明显，但近年来由于人类活动（如生产用水过度使用、渠道衬砌等水利工程建设等）的强烈干扰，局部区域植被覆盖出现一定程度的退化。影响下游植被覆盖和自然植被范围的主要自然因子是径流，且存在 1~2 年的滞后期，解释量可达 50% 以上。黑河下游荒漠绿洲 2014 年和 2015 年的生态需水量分别为 6.59 亿 m^3 和 7.65 亿 m^3，其中额济纳绿洲的生态需水量约占 50%，生态需水在 6 月和 7 月达到峰值，两月生态需水量约占全年总值的 40%。

3）全面考虑 GDP、年降水量和地下水位等各种自然和人文因子对土地利用的驱动作用，并考虑各栅格的空间自相关所建立的改进的 Dyna-CLUE 模型模拟精度可达 90% 以上，可以用来预测土地利用情景。丰水、平水和枯水等上游来水条件下下游荒漠绿洲总的生态需水量分别为 6.665 亿 m^3、5.148 亿 m^3 和 3.439 亿 m^3，丰水和平水来水条件下游农田适宜规模分别为 9600hm^2 和 4200hm^2，枯水条件时需要开采 0.5 亿 m^3 地下水才能在保证生态需水的同时保持与平水年一样的农田规模。东居延海的适宜面积为 42km^2，需要每年持续下放水量约 0.61 亿 m^3。

第 7 章　流域水资源适应性管理

7.1　黑河流域水资源管理历程

7.1.1　流域水资源管理理念的发展

流域是社会和生态协同演化形成的复杂适应系统。水资源管理是对社会系统和生态系统的水量平衡进行分配与调整，将会直接决定流域的生态系统结构与功能。水资源管理方式是流域特定社会文化、经济水平和政治体制的综合体现。社会系统直接作用于水资源管理过程，进而对流域自然生态系统产生影响，形成社会与生态耦合的流域演化机制；流域生态系统作为具有多种稳态的动态平衡系统，会对外部扰动（包括社会与自然扰动）产生响应，表现为长时间尺度下流域不同平衡态之间的转化。然而长期以来，流域水资源管理理念是对社会生态系统的快变量（如水文、经济、工程）进行调控，以期在短时间内提高水的利用效益，获取更高的经济产出。这种管理理念对决定系统平衡态变迁的社会与生态慢变量缺乏敏感性。近年来流域水资源管理需要将社会和生态慢变量（如生态与社会文化）纳入研究范畴，考虑流域社会生态系统状态的长期演变，揭示其对生态和社会慢变量积累变迁的反馈机制。

1. 以经济目标为导向的水资源管理理念

水资源配置研究是在 20 世纪 60 年代通过水利工程规划与水库优化调度逐渐开展的。最初源于水库优化调度问题，Shafer 和 Labadie（1978）在水资源系统模拟框架下提出了水资源配置和管理方案，并建立了相应的流域管理模型。世界银行于 1995 年对各种水资源配置方法及其在不同地区的应用进行了归纳，以经济目标为导向，对水资源用户和各方利益相关者的边际成本和效益进行了深入分析，在此基础上提出了水资源的配置机制。

我国的水资源分配研究也开始于 20 世纪 60 年代的水库优化调度。80 年代中期，区域水资源优化配置成为水资源学科研究的热点之一，相关研究以多目标规划模型和系统优化技术为基础，通过水资源优化配置模型确定优化配置方案，在水资源规划理论、决策方法、量化手段等方面均取得了进展。90 年代以来，在水资源短缺日益加剧，生态环境普遍恶化的背景下，水资源配置研究开始注重兼顾资源开发利用与生态系统演变相互关系，开始将水资源配置拓展到水-社会经济-生态环境复合系统，建立了流域水资源二元演化模型，并提出了可操作的生态需水计算方法。进入 21 世纪，水资源系统的结构和内部关系由于跨流域调水的实施变得十分复杂，综合采用系统模拟、系统仿真、多目标规划等多种技术进行集成研究，成为水资源配置研究的新方向，河流健康、水循环机理、水资源实时调度、水资源管理制度等在水资源优化配置研究中不断得到加强。

总体来说，水资源配置理念大致可以总结为三个阶段：①第一阶段是以供水量最大化为目标的水资源配置。该阶段水资源配置以工程和技术手段为主，通过修建水利工程提高供水能力来满足不断增加的用水需求，只进行水资源的时空调配，以需定供，是一种粗放式的水资源配置。②第二阶段是以经济效益最大化为目标的水资源配置。水资源短缺和用水竞争加剧，水资源配置开始强调综合利用的效益最大化，配置的范围扩大到流域以及跨流域范围，开始兼顾需水端和供水端的协同管理，有利于促进区域经济与资源利用的协调发展。③第三阶段是以可持续发展为目标的水资源配置。在保证经济效益的同时，开始将公平和持续性原则纳入运行框架，力图实现水资源的经济、社会和生态环境综合效益最大化。

2. 生态与水文耦合的生态水文理念

1992年，生态水文学概念在都柏林国际水与环境大会上正式提出，以应对人类面临淡水资源短缺、水质恶化和生物多样性锐减等全球性环境危机。生态水文学是生态学与水文学的交叉学科，其主要目的是揭示生态系统中生态格局和生态过程背后的水文学机制，即植被在水分胁迫条件下的协同进化和自组织过程（Rodriguez，2000；赵文智和程国栋，2001a）。生态水文学旨在寻求对环境有利、经济可行的、多维有效的流域水资源管理方式，通过研究不同时空尺度下水文过程与生物动力过程的耦合机制与规律，提升水资源的可持续管理水平（严登华等，2001）。

生态水文学通过在流域不同尺度上揭示生态和水文的耦合关系，为流域生态系统保护和受损生态系统修复（如墨累-达令河流域、塔里木河、黑河和石羊河等流域综合治理）提供重要参考，为流域可持续发展（如黑河流域生态-水文过程集成研究）提供重要支撑（陈亚宁等，2008；Cheng et al.，2014）。生态系统存在多个稳态，稳态的转变受到外界社会或者自然干扰的影响（Scheffer et al.，2009）。Eagleson（2002）提出，自然植被会受到自然选择的进化压力驱动，逐渐达到一定气候条件下的最优生物状态，从而形成一定的植被形态和生态功能。一方面，植被通过改变盖度来适应区域的水分胁迫，保障单棵植物供水；另一方面，通过植物灌层结构的最优化，使蒸腾达到最大，以保障光合作用所需二氧化碳及养分的供给。但是目前的生态水文学研究尚未能明确流域生态系统的不同稳态。主要是因为生态系统不仅反映了当前的物质和能量交换，也受历史信息的影响（吕文等，2012）。历史时期（百年、千年甚至万年尺度）气候-植被的区域变化依然对当前生态系统持续产生影响。历史极端事件和潜在的未来气候变化一样，都可能需要在长时间序列中才能被准确理解（Greenwood et al.，2006）。

3. 聚焦社会与水相互作用的社会水文理念

随着人类对水文过程产生影响的增加，人-水关系发生了显著变化。1977年，

Falkenmark 就强调水与人类是一个存在相互作用的复杂系统，Falkenmark（2003）运用绿水和蓝水的概念分析了水-自然和水-人类社会的关系。Simmons 等（2007）认为人-水关系的实质就是人类经济社会与水系统间的相互作用和相互联系。Schimel 等（2007）强调了社会-水文关系演变的重要意义，认为充分认识人-水关系的演变过程是改进水资源管理策略的重要基础。针对人类活动导致的水文变化及其水文挑战，Wagener 等（2010）提出有必要更新水文科学的学科定义。Kallis（2010）从协同进化角度强化水和人类系统之间的相互作用和互馈机制的表达，并逐渐成为水文科学发展的迫切需求和探索方向。在此背景下，社会水文学（Sivapalan et al., 2012）应运而生，且其目标是探索人类在水资源限制条件下的协同进化和自组织行为与过程，更加深刻地分析水与人类的联系，以实现水资源的可持续利用和社会的可持续发展。社会水文学将人类和人类活动视为水循环动力学中的组成部分，对社会水文现象进行观察、分析及预测，力图揭示社会要素通过人类决策反馈系统对流域水文生态系统所施加的影响，探究人-水耦合系统的相互作用及其协同进化的动力学机制，为水资源可持续管理提供支撑。自 2012 年社会水文学的概念提出以来，在世界多个流域得到应用和研究，如使用社会水文学模型框架对墨累-达令盆地、塔里木盆地、黑河流域等地的人-水耦合系统的互馈和演化过程进行了研究，揭示了人类系统和水系统之间关键的反馈机制，发现农业发展与生态保护之间存在钟摆效应（Elshafei et al., 2014）。为了避免代价高昂的钟摆效应，Kandasamy 等（2014）指出，需要基于长时间尺度的社会水耦合模型进行水资源管理，此类模型需要兼顾人水系统的双向耦合，并涵盖水和环境相关的人类价值观念与规范的缓慢变迁过程。Di Baldassarre 等（2015）开发了一个高度简化的动态模型来表达冲积平原区水文与社会过程之间的互馈机制，并指出简单的概念模型即可有效地再现洪水和人类之间的相互影响。社会水文学的产生和发展为揭示流域社会生态系统耦合平衡态的演化规律，探明其对水管理的反馈机制研究提供了契机。将人作为系统的一部分，关注人-水系统的反馈和协同演化，定量模拟和预测未来的演化路径，是社会水文学区别于其他学科的主要特征。

7.1.2 黑河流域生态退化的制度原因分析

自然生态系统是人类赖以生存和发展的基础，为人类存续和社会进步提供了重要生态系统服务。当前，地球生态系统的大部分的功能和服务都呈退化态势。此现象的出现与大部分生态系统具有公共池塘资源的属性有关，表现为以下两项重要特征：①排他性，即很难排除人们从物品中受益；②竞争性，即一个人消费该物品，会导致本能同时享用该物品的其他人的收益减损。前者本质是排除或限制潜在受益者（使用者）进行消费的难易程度或成本，后者则是对他人从该物品所获得的收益的减损程度。基于排他性和竞争性对物品进行判断，可以将物品归纳为四类，即公益物品、公共池塘资源、使用者付费物品以及私益物品（图 7-1）。大部分自然生态系统及其提供的服务和产品具有公共池塘资源的属性，即具有私益物品的竞争性，又像公益物品一样难以排他。这难免会造成与生态系统"公地悲剧"一样的退化，即生态系统面向所有人开放，每个利益相关方都试图增加利用强度以获取更多的收益，然而这种模式却造成生态资源的过度消耗，导致生态系统退化。

		竞争性	
		低	高
排他性	困难	公益物品	公共池塘资源
	容易	使用者付费物品	私益物品

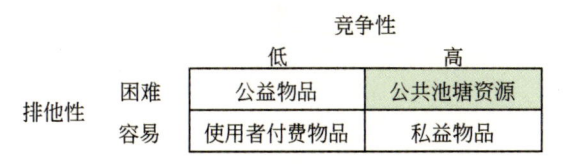

图 7-1　物品的基本分类

"公地悲剧"常被形式化为囚徒困境博弈，即个人理性的决策导致集体非理性的结局。此现象本质上是负外部性造成的。外部性是一个经济学概念，指一个人或一群人的行动和决策使另一个人或另一群人受损或受益的情况，受损为负外部性，受益为正外部性。按照传统的理论，有两种代表性的方法能够实现外部性内部化，化解"公地悲剧"。第一种是将公共资源整合，由国家根据资源的现状和可持续发展来制订使用计划并进行统一调配，也就是国有化，主要依靠政府的行政资源实现。第二种是将公共资源售予个人所有，由个人垄断，或将产权界定给每一个参与人，也就是私有化，主要依靠市场实现。但政府和市场机制运行都需要一定的条件，若条件不满足则会导致政府或市场的调控失灵。然而，对于大部分生态系统而言，其服务和产品很多时候难以进入市场，因此需要在国有化和私有化之外探索第三条途径。以 Ostrom 为代表的公共池塘资源管理学派在梳理大量实证研究的基础上，提出并发展了自主组织和治理公共池塘资源的制度理论，为解决这一难题开辟了新的思路。在随后的研究中，Ostrom 还将其理论扩展为社会-生态系统管理，提出社会-生态系统的研究框架（图7-2），认为社会-生态系统的核心子系统应涵盖资源系统（RS）、管理系统（GS）、资源单元（RU）、使用者（U）及其相互作用（I）与后果（O）。此外，系统外部还受到社会、经济和政治环境（S），以及相关生态系统（ECO）的影响，并相应提出了一级核心子系统下的二级指标变量。

自然格局和人为管理结构的不匹配是导致生态系统管理复杂性的重要因素。实践证明，将自然和社会结构相互匹配能够有效提高生态系统管理能力和恢复成效。社会-生态匹配包括两个维度，即各网络层级内的水平匹配与网络层级间的垂直匹配：①水平匹配维度。当两个相互联系的生态要素分别由两个没有合作的行为人利用时，可能损害生态系统的功能（Chadès et al.，2011）[图7-3（a）左]，建立行为人之间的合作则有助于解决此问题[图7-3（a）右]；两个行为人共同利用（或竞争使用）同一个生态要素，如果没有合作可能导致资源的过度开发与耗竭[图7-3（b）左，"公地悲剧"]，建立行为人的合作有助于避免"公地悲剧"发生[图7-3（b）右]。②垂直匹配维度。当存在两个相互联系的生态要素时，行为人只利用其中的一个，可能对另一个要素产生不利影响[图7-3（c）左，负外部性]（Dallimer and Strange，2015），通过多要素或多目标综合管理则有助于促进外部性内部化[图7-3（c）右]；当两个相互联系的生态要素由两个局地资源使用者独立利用，而只有一个使用者与更高层级的管理者存在联系时，由于更高层级的管理者（如政府部门）往往拥有更多的资源，这种单方面联系可能导致资源分配不公平与管理目标失衡（Kininmonth et al.，2015）[图7-3（d）左]，更高层级的管理者采用更广泛、更包容

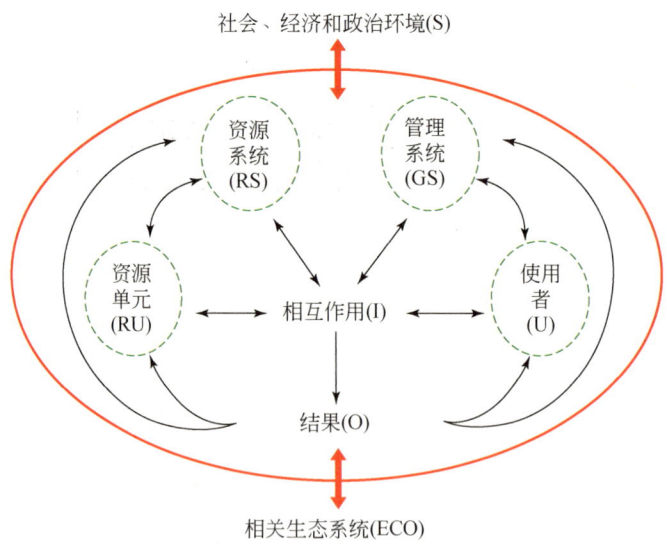

图 7-2 社会–生态系统的核心子系统

资料来源：Ostrom（2007）

的参与式审议有助于解决此类问题［图 7-3（d）右］。

(a) 两个相互联系的生态与社会要素

(b) 两个行为人共同利用（或竞争使用）同一个生态要素

(c) 两个相互联系的生态要素，行为人只利用其中的一个

(d) 两个相互联系的生态要素与两个局地资源使用者

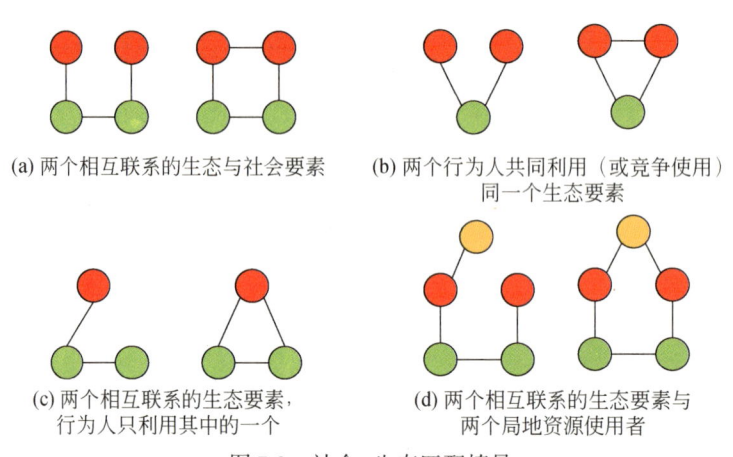

图 7-3 社会–生态匹配情景

具体到黑河流域，黑河特殊的山盆结构决定了流域独特的水循环特征，即上游山区产水，中游绿洲用水，直到耗散于下游荒漠绿洲。由于行政区划因素，下游主要位于内蒙古，中游主要位于甘肃，完整的河流生态系统被人为分割管理［图 7-4（a）］，导致了一系列的负面影响。20 世纪 50 年代以来，由于中游地区对水资源的大规模开发利用，下游生态环境持续恶化，河道断流，胡杨枯死，居延海干涸。1992 年以来，国家启动一系列分水方案及生态工程对黑河流域进行抢救性恢复。特别是黑河甘蒙跨省级调水于 2000 年正式实施，至 2014 年累计向下输水 156.27 亿 m³，占黑河来水的 57.33%。国家通过成立黑河流域管理局增强中下游之间的联系［图 7-4（b）］，使得东居延海自 2004 年以来连续多

年不干涸，水域面积近年来达到 50km² 以上。额济纳核心绿洲的生态恶化态势初步得到缓解，地下水位有所回升，经济和社会效益明显。

黑河调水虽然取得了明显成效，但也引发了一些不容忽视的问题。首先，即使在分水前，中游绿洲已经存在水资源供需矛盾，分水后无疑会加剧中游绿洲农业、地下水循环和生态环境等面临的风险。其次，尽管张掖市在产业结构、节水措施和制度创新方面已经取得显著进展，但遍地开花式的地下水开采增加，造成区域性地下水位持续下降，导致溢出带泉水大幅度削减，并引发植被退化、水质恶化和沙漠化等一系列环境问题，使黑河水资源和生态安全问题更加复杂。最后，得益于连年的分水措施，黑河下游额济纳的社会经济发展得到有效促进，农牧民生产生活环境得到明显改善，旅游业的逐渐兴起吸引大量外地从业人员，耕地面积由 2000 年的 15.4km² 扩张至 2014 年的 48.8km²。然而，上述成果都是以耗水增加为前提，同时整地、打坑等工程措施也极大地扰动了当地自然生态系统，打破了长期演化形成的戈壁生态系统的稳定，造成新的沙源形成。类似于效率悖论，由于中下游之间仍然缺乏直接联系，不能将外部性完全内部化，黑河流域内部也出现了输水悖论，即输水并没有满足中下游的用水需求，反而刺激了经济发展，人口增加，导致用水需求激增 [图 7-4（c）]。

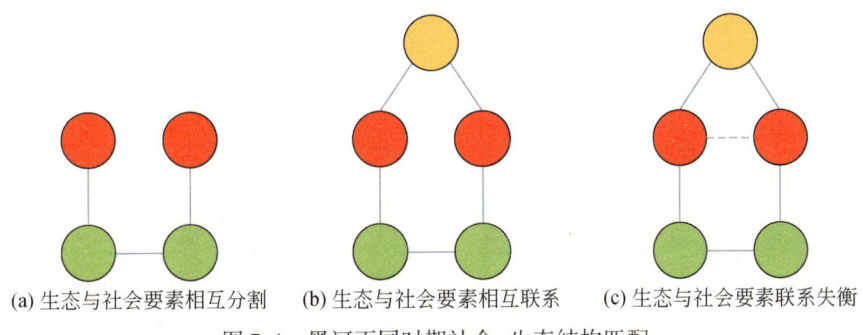

(a) 生态与社会要素相互分割　　(b) 生态与社会要素相互联系　　(c) 生态与社会要素联系失衡

图 7-4　黑河不同时期社会–生态结构匹配

7.1.3　黑河分水的成效与问题

1. 分水的水文、生态、经济效应

黑河水作为黑河流域主要的水分来源，对其进行分配管理能够提高水资源利用效率，但是也会对流域水文状况、生态环境、社会经济结构等产生重要影响，甚至引发生态、水文和经济系统的联动反应。

（1）水资源在中下游地区的分配

分水工程显著改变了黑河流域水资源的时空分布状况，图 7-5 显示了黑河主要水文站点的径流变化情况。在过去的半个多世纪里，莺落峡和正义峡的年径流量在多数年份中都呈现有规律的同步增减，但 1980 年以来该趋势被中断。1980 年以后，黑河进入丰水期，上游莺落峡的出山径流量呈现增加的趋势，尤其是 2000 年以后增加趋势更加明显，其多年平均径流量从 15.74 亿 m³（1990~2000 年）增加至 17.79 亿 m³（2000~2010 年）。正义峡多年平均径流量则在 1980 年后逐渐下降，直到 2000 年生态分水工程开始实施，正义峡的年径流量开始显著增加，多年平均径流量增加了 34%，从 7.63 亿 m³（1990~2000 年）增加到 10.23 亿 m³（2000~2010 年）。

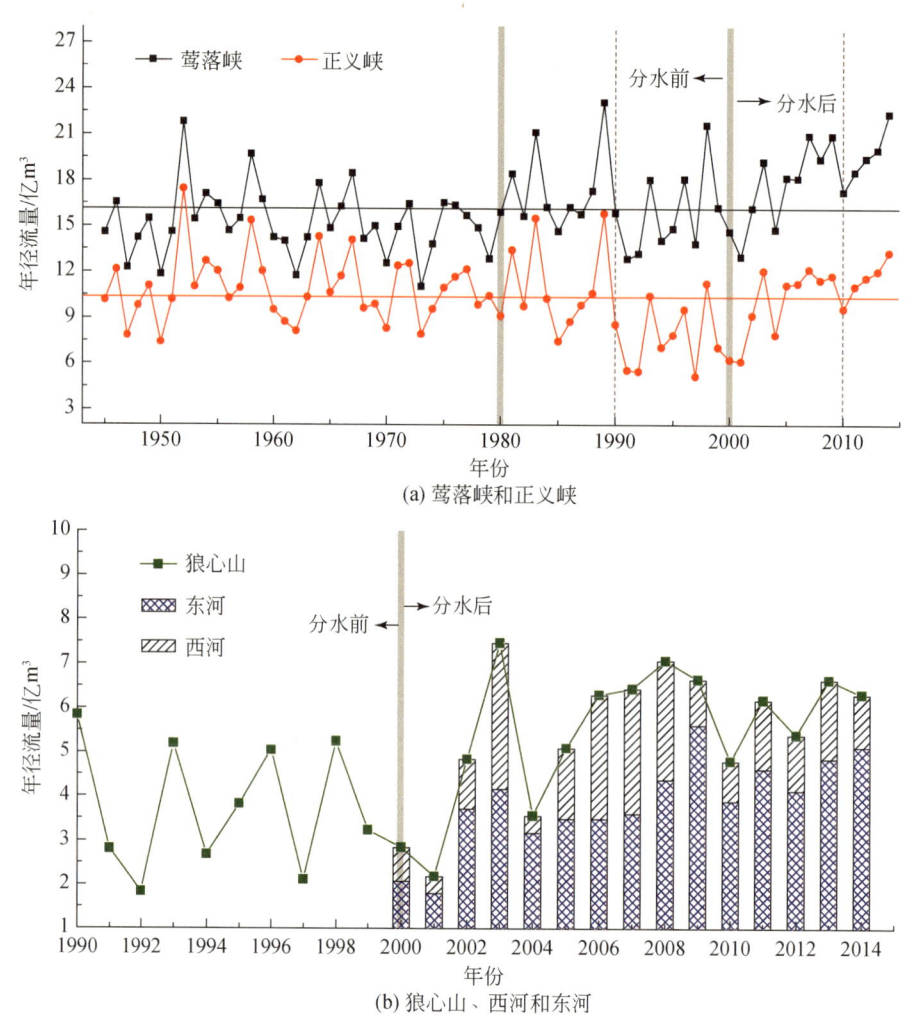

图 7-5 分水前后黑河主要水文站点年径流量变化

从径流总量来看，2000 年以后平均超过 57.82% 的莺落峡来水进入下游。下游狼心山断面下泄水量在分水后明显增加，其平均径流量在 2000~2010 年增加至 5.29 亿 m³，与 1990~2000 年相比，增加了 1.52 亿 m³，2008 年以后，狼心山下泄水量主要进入东河。

黑河下游水资源的季节性分配同样受到生态分水工程的影响。根据黑河流域重点控制水文站实测月径流量观测资料分析结果（图 7-6），莺落峡月径流量的年内分配特征在分水前后较为相似，仅月径流量的峰值从分水前的 7 月延迟至 8 月出现。正义峡月径流量则在分水后发生显著变化。分水前，正义峡地表径流在 5 月和 11 月处于最低值，7 月或 8 月达到峰值。分水后，4~6 月正义峡径流量增加，谷值仍出现在 11 月，但谷值流量低于分水前的水平。峰值则延迟至 9 月出现，且峰值流量显著增加。

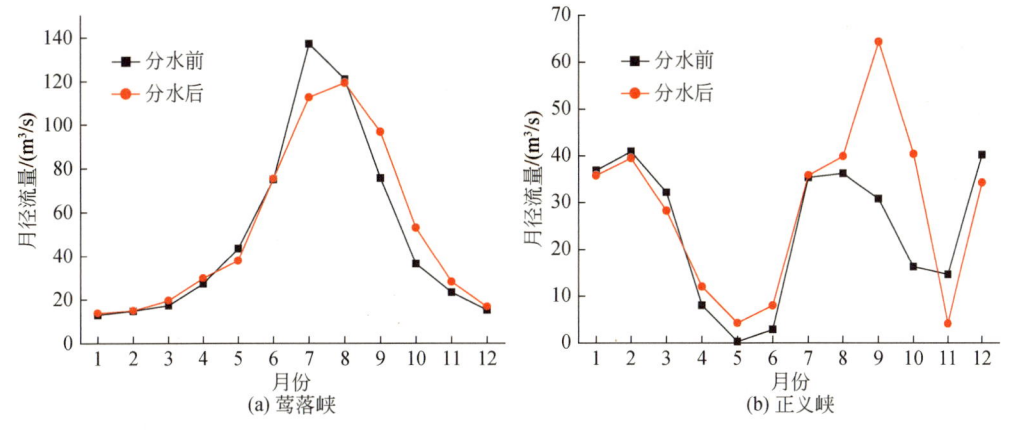

图 7-6　分水前后月径流量变化

1990~2010 年，黑河流域中下游地区地下水位在分水前后呈现出不同的变化（图 7-7）。分水前后，中游地下水位持续下降，最大累计下降 5.8m，最大年平均下降率达到 0.87m。20 世纪 90 年代以来，下游地区地下水位同样呈现下降的趋势，并在 2002 年降至最低水平，之后在 2009 年达到最高水平，最大水位抬升达到 0.66m。

尽管下游地下水位已逐步升高，但下游不同区域地下水的时空变化差异显著。从图 7-7（b）可以看出，1995~2010 年狼心山地下水埋深呈下降趋势，东河上游区域地下水埋深呈上升趋势。这表明分水后狼心山附近地下水位有所抬升，但东河上游地区地下水位则继续下降。如图 7-7（c）所示，东河、西河中段区域地下水埋深在 2002 年前呈上升趋势，2002 年后呈下降趋势，说明分水后这些地区的地下水位开始抬升。图 7-7（d）显示 2000 年后东河、西河下段区域地下水埋深增加，2004 年后保持相对稳定，表明生态分水工程实施后东河、西河下段区域地下水位下降。

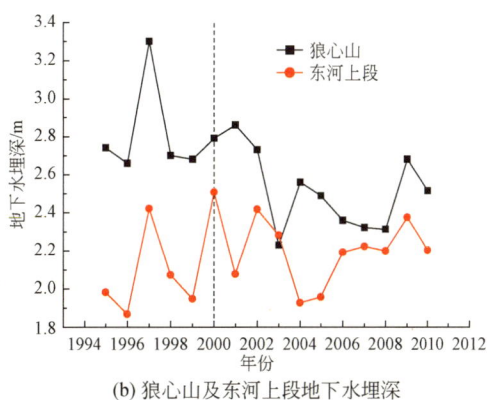

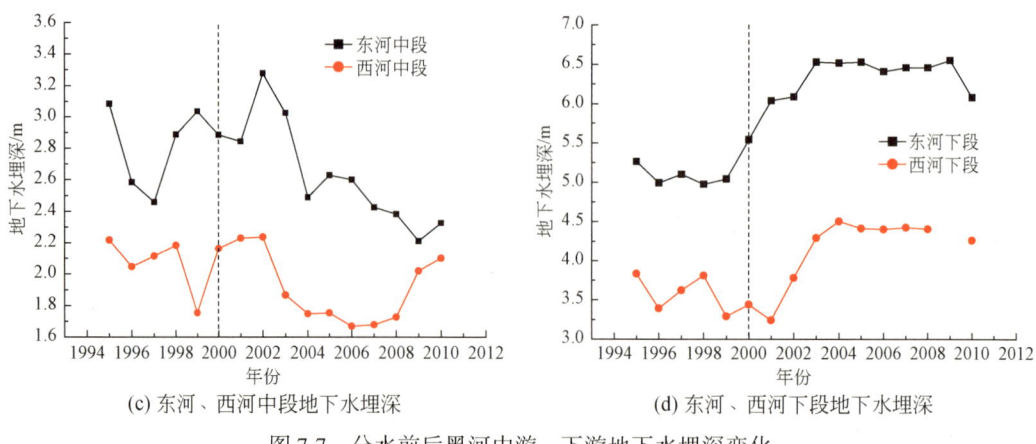

(c) 东河、西河中段地下水埋深　　　　(d) 东河、西河下段地下水埋深

图 7-7　分水前后黑河中游、下游地下水埋深变化

（2）中下游地区土地利用/覆被变化

黑河作为流域水资源主要的来源，其水资源空间分布的变化带来了地表土地覆被的显著变化（表 7-1）。

表 7-1　黑河中下游地区土地利用类型面积变化　　　　（单位：km²）

时段	地区	林地	草地	湿地	耕地	建设用地	其他
1990~2000 年	中游	13.79	−128.84	−42.26	686.14	96.32	−630.10
	下游	−1.18	−0.16	−45.22	1.76	37.02	7.37
2000~2010 年	中游	13.20	79.73	71.33	200.40	116.15	−475.89
	下游	4.62	−3.95	101.71	6.99	62.54	−171.49

1990~2010 年，黑河中下游地区耕地和建设用地持续增加。1990~2000 年到 2001~2010 年，下游农田从 1.76km² 增加至 6.99km²。1990~2000 年，黑河中下游地区湿地面积共减少 87.48km²，而 2001~2010 年，湿地面积则增加了 173.04km²。2010 年中下游地区的湿地总面积已超过 1990 年的水平。1990~2010 年，黑河下游地区草地面积持续下降。中游地区草地面积则在 2001~2010 年增加了 79.73km²，但并未恢复到 1990 年的水平。中下游地区林地面积普遍增加，2010 年林地面积已超过 1990 年的水平。

2000~2010 年黑河中下游地区生长季平均 NDVI 的空间分布图 [图 7-8（a）] 显示，植被主要分布在黑河中游、下游核心绿洲区以及和沿河周边的区域。西河水道附近的植被盖度大于东河水道附近的植被盖度。分水后 79.76% 的中下游地区生长季平均 NDVI 没有显著的时空变化。然而，19.54% 和 0.7% 的中下游地区呈现显著上升和下降的趋势（$P<0.5$），最大值分别为 69.3×10^{-3} 和 37.1×10^{-3}。因此，分水后，中下游地区大部分植被覆盖状况稳定，局部地区植被恢复和退化并存。

黑河下游地区，11.83% 和 0.79% 的区域显示生长季平均 NDVI 的显著增加和减少趋势。增加主要发生在额济纳绿洲和东河、西河干流附近的区域 [图 7-8（b）]。与东河流域相比,西河流域生长季平均 NDVI 增加趋势更加明显,表明该流域植被恢复较为有效。另外,在额济纳核心绿洲区同时观测到生长季平均 NDVI 的增加和减少趋势,表明该地区植被恢复和退化同时发生。黑河中游地区,植被恢复区占中游植被变化区域的 31.82%。植被退化区域则主要沿河道分散分布。

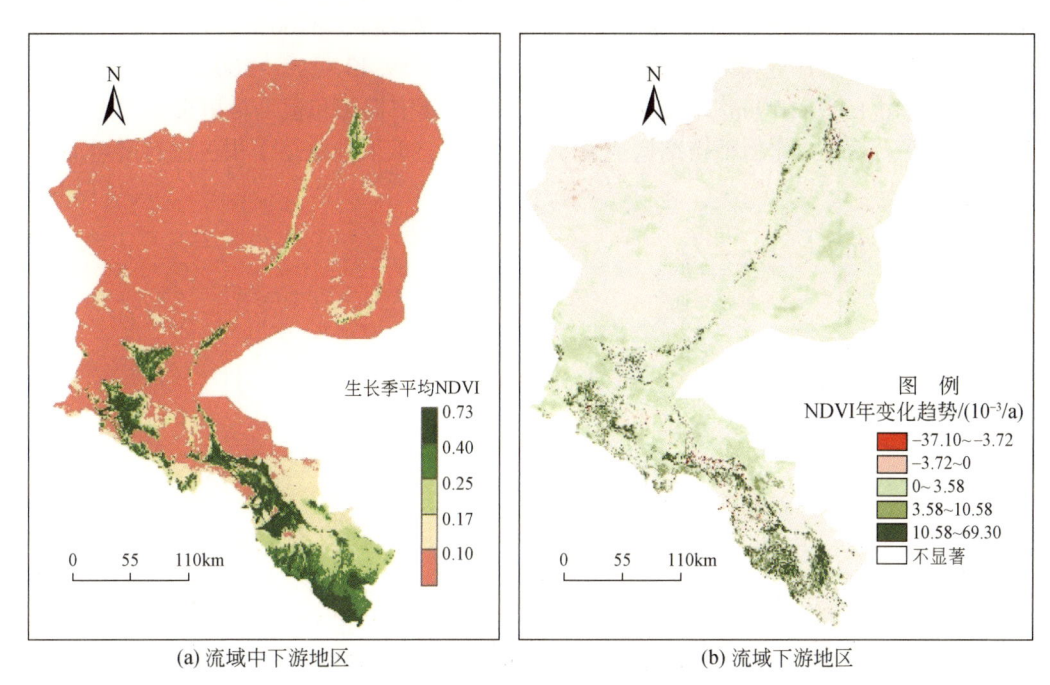

(a) 流域中下游地区　　　　　　　(b) 流域下游地区

图 7-8　2000~2010 年黑河中下游地区生长季平均 NDVI 变化

图 7-9 显示分水后东居延海湖泊面积随时间呈对数增加趋势。面积从 2002 年的 27.89km² 扩大到 2009 年的 61.13km²,随后趋于稳定。东居延海面积年内变化差异显著,

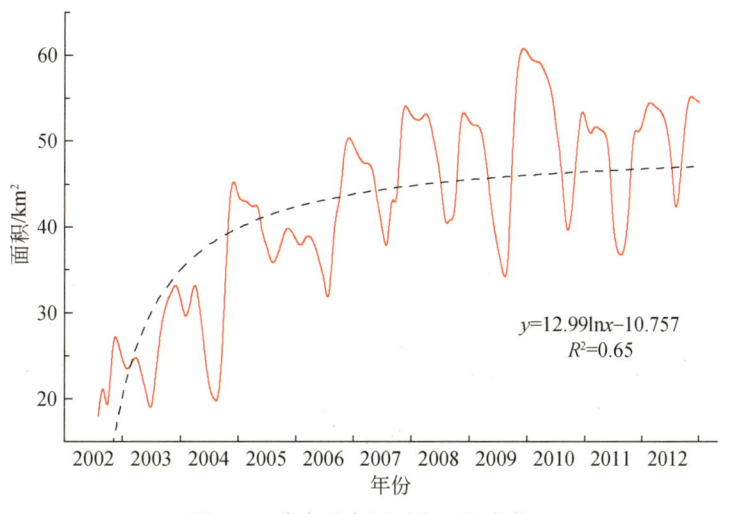

$y=12.99\ln x-10.757$
$R^2=0.65$

图 7-9　分水后东居延海面积变化

6~8月水面面积最小,10~12月水面面积最大。2000~2012年几乎没有水到达西河下游,仅在2003年和2008年有少量水流入西居延海。因此,西居延海持续干涸。

(3) 下游地区社会经济发展

连年的分水成功促进了黑河地区特别是黑河下游地区社会经济的发展。研究表明,2000年以后,额济纳经济迅速发展壮大,经济产值年均增长28.06%(图7-10)。2000~2015年,第二、第三产业总增加值由1.02亿元增加至39.40亿元。2000~2007年,额济纳的播种面积由$1.09×10^3 hm^2$增加至$4.45×10^3 hm^2$,其中棉花和蜜瓜种植贡献了近92%的增长。分水后,额济纳作物种植结构也发生显著变化,瓜果种植总面积占比有所增加。

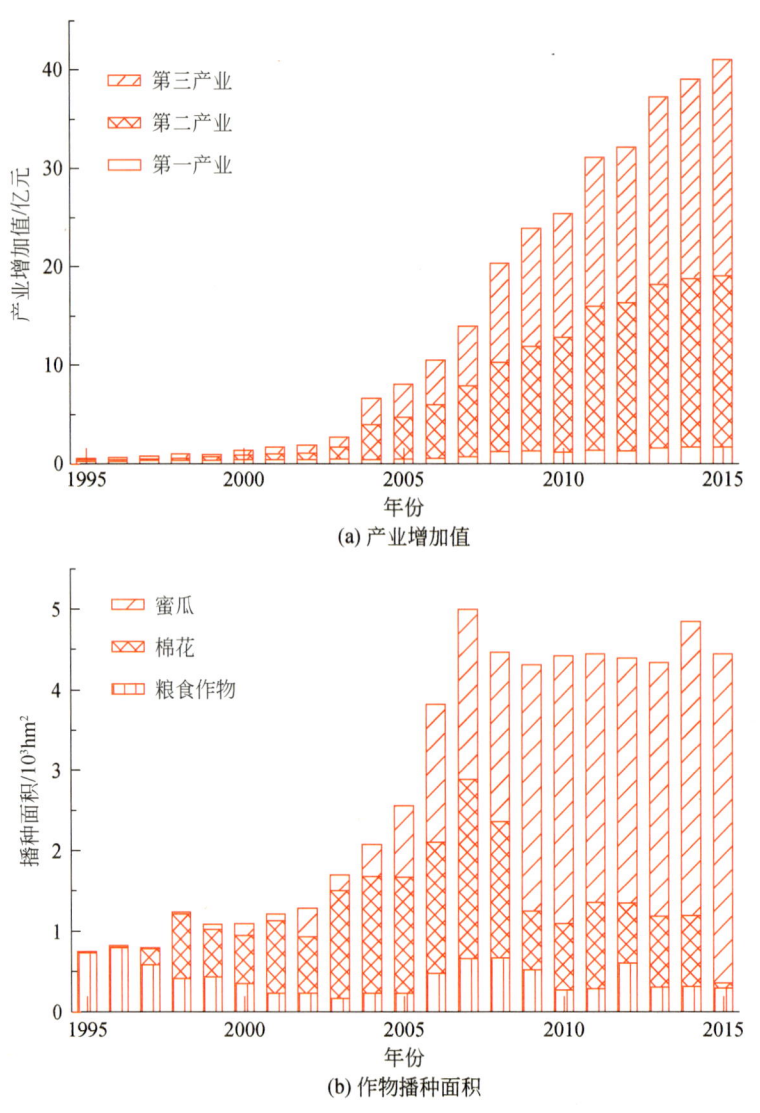

图7-10 1995~2015年额济纳产业增加值与作物播种面积变化

(4) 分水与生态、社会经济的定量关系分析

生态、社会经济效应与下放水量关系的统计分析结果（图 7-11）表明，在生态影响方面，居延海面积与累计下放水量显著正相关（$R^2=0.81$）；在社会经济影响方面，额济纳第三产业增加值和总播种面积均与累计下放水量显著正相关，相关系数分别为 0.97 和 0.86。此外，下放水量与中游灌溉水量关系的定量分析表明，中游地下水取水量与累计下放水量呈正相关（$R^2=0.90$），中游地表水取水量与累计下放水量呈负相关。

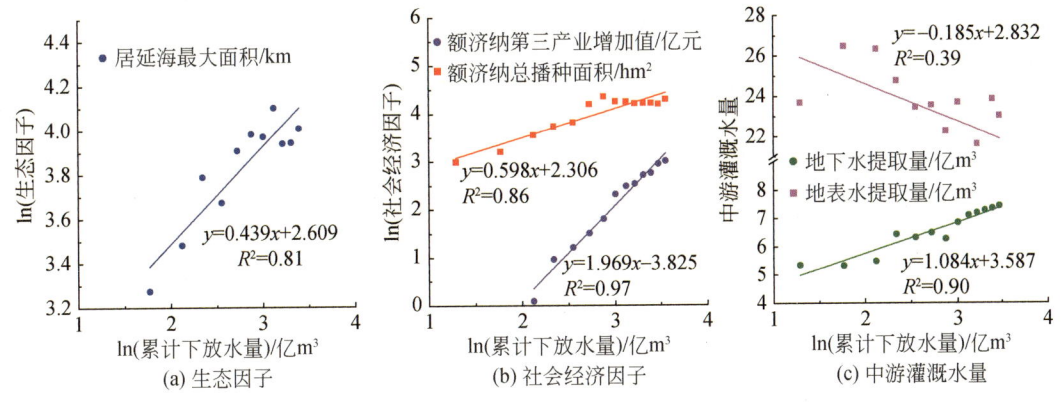

图 7-11 累计下放水量与生态因子、社会经济因子以及中游灌溉水量间的定量关系

2. 黑河流域生态分水工程阶段性成果

2000 年以来，黑河流域生态分水工程的实施已在中下游地区取得有效成果，工程高效调配了黑河流域的地表水资源，尾闾湖东居延海得以恢复。至 2010 年，东居延海面积已超过 1958 年的规模，湖中的鱼群组成比湖泊彻底干涸前（1992 年）更丰富。东居延海水量增加，引起地下水补给量及周围土壤含水量增加，湖泊周边自然植被生长和物种多样性得以恢复。2000 年以后，天鹅湖也逐渐得到补充并恢复。

此外，生态分水工程促进了下游地区植被恢复和绿洲扩张。生长季平均 NDVI 变化趋势的分析表明，11.83% 的下游地区生长季平均 NDVI 呈上升趋势。下游东河、西河两岸出现显著的绿化趋势（$P<0.5$），这主要是因为分水带来的河岸流有效补充了近岸地下水，促进了土壤湿度的增加。实地调查也发现退化的河岸林已开始发芽，森林逐渐恢复，植物物种多样性增加（Xiao et al.，2013；Shen et al.，2015）。此外，分水后，下游绿洲（无沙漠地区）规模从 2000 年的 533.04km² 增加至 2010 年的 704.95km²，已远大于 1990 年的规模。

生态分水工程的实施加速了下游地区的经济发展。东居延海面积的增加和河岸植被的恢复促进了以沙漠湖泊和胡杨林为特色的额济纳旅游业的发展。可利用地表水资源的增加也刺激了下游地区农业发展，额济纳农作物播种面积显著增加。尽管生态分水工程导致中游地区可用地表水相对短缺，但中游人工绿洲依然不断发展，2000~2010 年中游人工绿洲总面积增加了 6.26%，其中农田是最大的贡献者，且农田的增加主要由沙漠和草原转化

而来。

3. 流域水资源管理现存问题

尽管目前的生态分水工程取得了一些积极的成果，但也出现了一些潜在的问题。

最突出的问题是黑河流域地下水资源的失衡。分水后下游地区地下水位出现不同程度的抬升，但中游地区地下水位却不断下降。前述研究表明，分水后中游地区耕地面积持续扩大，其中灌区总灌溉量从 1990~1999 年的 18.71 亿 m^3/a 增加至 19.28 亿 m^3/a，增加了 0.57 亿 m^3/a（表 7-2），且各灌区之间存在显著差异。实地调查结果表明，2000 年后中游地区新增的大部分农田完全依赖地下水进行灌溉（Hu et al.，2015）。因此新增耕地带来农业灌溉需水量大幅度增加，20 世纪 80 年代已广泛开展的中游地下水开采进一步加强（Wang et al.，2008）。水利普查资料显示，中游灌溉机井数量从 3548 眼（1990~1999 年）增加至 5496 眼（2000~2010 年），地下水灌溉量从 4.04 亿 m^3/a 增加至 6.15 亿 m^3/a，受到分水政策的限制，中游地区水渠灌溉量则从 14.67 亿 m^3/a 降低到 13.13 亿 m^3/a（表 7-2）。因此，中游耕地的扩张及生态分水工程的实施造成中游地下水位持续下降。

表 7-2 黑河中游分水前后灌溉水量和机井数量变化

时段	中游灌溉类型	西干渠	东干渠	黑河	梨园河	合计
1990~1999 年	水渠灌溉量/(亿 m^3/a)	4.11	2.94	6.13	1.49	14.67
	地下水灌溉量/(亿 m^3/a)	1.70	1.61	0.67	0.06	4.04
	机井数/眼	1187	862	1422	77	3548
2000~2010 年	水渠灌溉量/(亿 m^3/a)	3.96	2.95	5.00	1.22	13.13
	地下水灌溉量/(亿 m^3/a)	2.64	2.35	0.10	0.16	6.15
	机井数/眼	1889	1287	2126	194	5496

另一个严重问题是绿洲的局部退化。生长季平均 NDVI 变化趋势的分析结果表明，分水后黑河中游地区植被恢复和退化现象并存。植被恢复主要由分布在中游河段附近的重点灌溉区新增耕地引起，而灌溉引起的地下水位下降不可避免地导致局部原生草地的退化。

虽然绿洲恢复是下游地区主要的生态过程，但下游局部地区仍出现了绿洲衰退的现象。2000~2010 年额济纳作物播种面积增加了 2.94 万 hm^2。作物播种面积的扩大是河岸区域 NDVI 增加的主要原因（Zhang et al.，2011）。由于节水农业的发展，2000~2015 年额济纳棉花和甜瓜播种面积比例从 4.14% 下降到 0.02%。瓜果种植经济效益好，农民净收益高，且单位面积耗水量较少，下游的作物结构相对合理。尽管如此，种植业的发展仍加剧了下游生态系统与灌溉农业间的水资源竞争。生态分水工程实施后，额济纳农业灌溉用水量从 14.97 亿 m^3 增加至 28.10 亿 m^3，占下游可用水量的比例从 39.69% 增加至 49.20%。农业经济用水挤占生态环境用水，已阻碍当地植被和生态系统的继续恢复。另外，具有高传输速率的人工运河、衬砌沟渠大大降低了渗透和蒸发损失，导致河道周边地下水补给不足，最终限制了近河岸区域植被的恢复。

黑河水是典型的流域公共水资源，其管理受到自然、社会、经济等因素的共同影响。

尽管下游地区 2000 年以来入境水量不断增加，但按照现行的分水政策，依然存在一定量的欠账水量（图 7-12），省级及中下游地区争水矛盾仍然激烈。就黑河流域的用水情况而言，存在一个根本性的悖论，即"再多的水都不够用"。这意味着增加的可使用水量为社会经济发展提供更多水资源的同时，必然会导致农田的进一步扩张。但若没有完善的水政策，新的水困境将会出现，即增加的可使用水量不能满足新的用水需求。这可以通过水文、生态和社会经济系统之间的反馈环来解释（van Emmerik et al., 2014）。在反馈环中，下放水量增加为下游地区提供了更多的可用水量，可用水量增加导致农田扩张和促进旅游业的发展，旅游业创造财富并吸引人口聚集，最终导致对水的需求量增加，循环以这种方式不断进行。目前，行政措施保证了高效的调水，但没有改变下游地区利益相关者的行为和由此造成的非生态用水的增加，这可能加剧中下游社会矛盾，阻碍黑河流域的可持续发展。因此，黑河流域水资源的管理和分配问题形势依然严峻。尤其在未来可能面临的枯水期，分水还不是万全之策，流域可持续发展目标下的水资源管理将面临更大的挑战。在未来的水资源管理计划中，水量分配应根据下游生态需水确定，评估和确定尾闾湖和天然绿洲的适宜规模，联合调度流域地下水和地表水，通过控制下游农田规模来限制其非生态用水。此外，行政措施、市场激励措施和公众参与都应纳入有效的水资源管理战略，并将流域作为整体来协调水资源的配置。

图 7-12 2001~2014 年中游水消耗量、正义峡实际下泄水量和历史欠账水量变化

7.2 黑河流域社会生态系统结构演变与适应性管理

适应性治理强调通过建立韧性管理策略，调节复杂适应性系统的状态，从而应对非线性变化、不确定性和复杂性。社会-生态系统适应性治理旨在建立适应性的社会权利分配与行为决策机制，使耦合系统能够满足人类所需的生态系统服务的同时实现其可持续发展，具体目标包括：①理解社会-生态系统多稳态、非线性、不确定性、整体性以及复杂性；②建立非对抗性社会结构、权利分配以及行为决策体系；③通过综合方法实现生态系

统服务可持续管理。适应性治理是在认识社会–生态系统复杂性基础上提出的新环境管理策略，整合自组织公共池塘管理、生态系统韧性与稳态、开放决策结构自然资源治理等理念。

7.2.1 黑河流域社会生态系统结构演变

旱区流域中，河流景观斑块在不同的生态和社会背景中互相嵌套、相互作用。人类活动、生态系统、管理制度协同反馈，使得旱区流域成为一个复杂的社会生态系统。流域内社会和生态组分相互作用形成复杂的相互依赖格局，对流域水资源适应性管理带来挑战。近几十年来，由于水资源管理理念、制度等的变化，黑河流域社会生态系统结构发生显著变化。

（1）流域社会生态网络构建

社会生态网络模型是用来解构复杂社会生态系统的有效手段（Janssen et al., 2006; Bodin and Tengö, 2012）。它将复杂社会生态系统拆解成社会网络、生态网络，使社会和生态系统联系起来（图 7-13）。该模型假设社会生态系统可以被模拟成社会生态网络，每一个社会生态网络同时包含了一系列的社会和生态/生物物理实体（节点），以及它们之间的依赖关系（链接）。根据所研究对象的不同，社会节点可以是个体资源获取者、政府、非政府组织或机构等非实体行为人。生态节点可能是生物物理环境的特定组件，如特定的物种或空间上分离的栖息地斑块，也可代表聚合生物物理形式或现象（如富营养化、气候变化等）。社会生态网络中的联系包括（行为人之间的）协作、（物种之间的）竞争（如捕食同一物种）和资源开采（行为人获取生态资源）等。可以研究多种类型的链接或有选择地逐个研究，也可以以组合的方式研究。社会生态网络方法不仅可以捕捉社会和生态实体之间以及它们之间的重要关系，明确解释可能对社会生态系统行为产生显著影响的相互依赖关系，而且为自然科学和社会科学提供了共同的语言、方法和模型，为解决复杂环境问题提供了一个促进跨学科参与的途径。

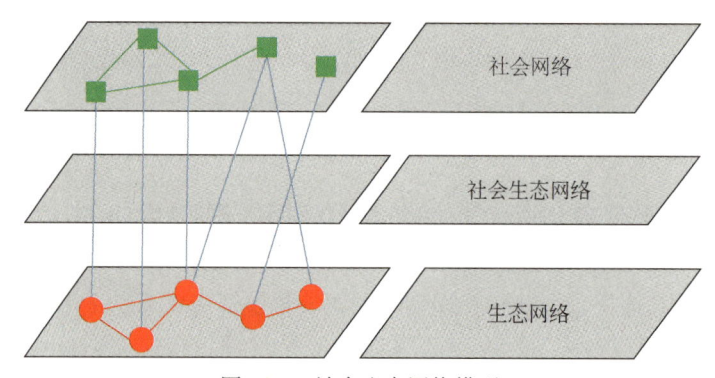

图 7-13 社会生态网络模型

本书使用社会生态网络模型框架，将黑河流域社会生态系统概念化为一个社会生态系统网络。其中，生态节点代表不同地理空间上的各类型资源系统，如中游、下游河段（E2、E4），中游、下游地下水（E3、E5），中游、下游林地（E8、E6），中游、下游草地（E9、E11），中游、下游耕地（E1、E7），中游、下游湖泊（E10、E12）；社会节点代表资源管理组织，如黑河流域管理局（S1）、张掖市政府（S8）、额济纳旗政府（S9）、张掖市水务局（S2）、张掖市林业局（S7）、张掖市国土局（S3）、额济纳旗水务局（S4）、额济纳旗林业局（S5）、额济纳旗国土局（S6）。生态节点间的链接为水流动产生的生态联系，社会节点间的链接则是因资源管理过程中合作或者协调产生的联系，社会与生态节点间的链接为资源管理。

（2）流域社会和生态网络的演变

图 7-14 显示了不同均水制度时期流域社会网络和生态网络的特征。生态网络中，圆为生态节点，代表不同地理空间上的各类型生态单元，如（中游和下游）林地、耕地、湖泊等；节点间的链接代表水资源的流动，箭头代表水流动的方向。例如，箭头从生态节点 E2 指向 E4，代表水资源从 E2 流向 E4。生态网络中，节点的大小代表节点的加权度（weighted vertex degree），节点越大，说明该节点在网络中的重要性越高。链接上的数字代表节点间联系的强度，数值越大，节点间联系越紧密。黑河流域生态网络密度较低，是一个稀疏网络。河流（E2、E4）、地下水（E5）和耕地（E1）具有较大的节点中心度，它们在生态网络中发挥重要作用。使用优化算法对生态节点进行社团识别，发现识别的结果与节点的地理空间位置一致，即所有位于中游的节点被识别为一个社团（蓝色显示的圆），所有位于下游的节点被识别为另一个社团（红色显示的圆）。具有紧密生态联系的中游河段（E2）和下游河段（E4）位于不同的社团中。生态网络的拓扑结构变化较小，但是节点间链接的权重发生了显著变化。特别是下游地区，节点间链接的权重普遍增加，下游地区生态节点间联系更加紧密。社会网络中，最显著的变化出现在黑河流域管理局（S1）。在流域中游均水时期，中游和下游管理组织之间没有联系。如图 7-14 所示，黑河流域管理局拥有最大的介数中心度（betweenness centrality），其作为一个桥联组织将中下游的管理组织连接起来。此外，在全流域均水时期，下游地区水资源管理组织和林地管理组织之间也因协作产生联系。

（3）流域社会生态网络结构变化

图 7-15 显示了流域社会生态网络结构的特征。在该社会生态网络中，节点代表生态节点，节点的大小由该网络中节点的度决定。生态节点间的联系分为两种，一是生态联系（灰色的线），代表一对生态节点间存在水流动；二是社会（管理）联系（红色的线），代表有某个管理组织同时管理这对节点，或节点的管理组织之间存在协作。我们定义匹配度为任意一对具有生态联系的节点间同时存在社会联系的比例，并用此来表征社会生态之间的匹配度。从图 7-15 可以看出，流域社会生态网络整体有较低的匹配度，从流域中游均水时期到全流域均水时期，匹配度从 0.33 增加到 0.53。匹配度的增加主要是因为中游河段（E2）和下游河段（E4）之间新增加的管理联系。这两个节点在社会生态网络中有最大的节点度，说明它们在整个网络占据最高的地位。此外，尽管中游耕地（节点 E1）在生态网络中具有较高的节点中心度（加权度）（图 7-14），但在社会生态网络中其节点度

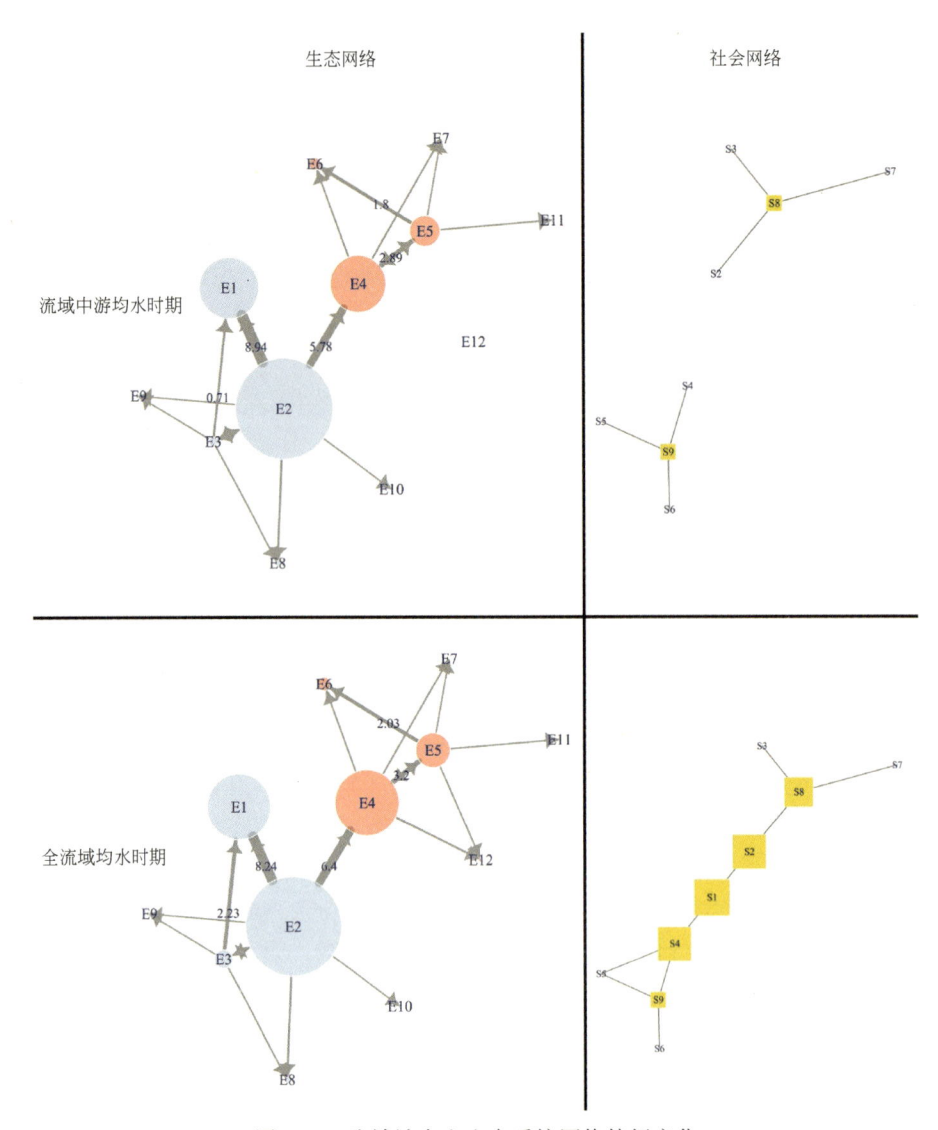

图 7-14 流域社会和生态系统网络特征变化

低，且与其有生态依赖的节点间无管理联系，这说明中游地区的耕地管理相对孤立。

7.2.2 对流域社会生态系统适应性管理的启发

从以上分析可以看出，流域生态网络存在典型的低密度、高节点中心度的特征，这说明流域生态网络对个别重要节点的依赖程度非常高，对重要生态节点管理的失效，可能导致整个生态网络受到影响。更高层级的管理组织，黑河流域管理局的出现，虽然建立了地方管理组织之间的联系和协调，加强了中下游河流的共同管理，但是流域社会生态匹配度仍需提高。正如图 7-3（a）和图 7-3（b）所示，将社会管理结构和生态系统结构相互匹

(a) 匹配度=0.33　　　　　　　　(b) 匹配度=0.53

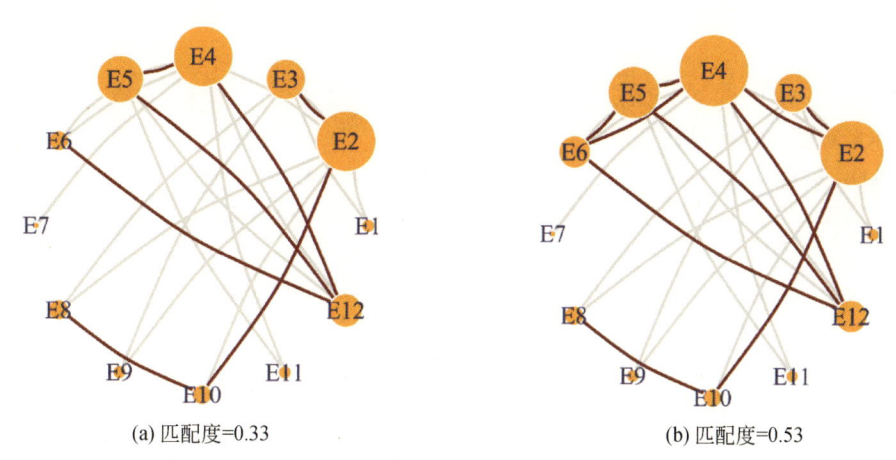

图 7-15　流域社会生态网络结构度量

配能够提高管理效果。若仅对部分重要生态节点进行单独管理，其管理效果可能通过生态网络对其他生态节点产生不良影响。因此，特别是作为重要生态节点的中游耕地，对其的管理应该纳入整个社会管理结构中，使管理结构与其所在的生态结构相互匹配。未来流域社会生态系统的管理，可从网络的视角出发，应充分考虑网络的特征以及社会生态结构匹配问题，完善流域适应性治理系统，提高社会生态系统恢复力。

参考文献

陈亚宁, 郝兴明, 李卫红, 等. 2008. 干旱区内陆河流域的生态安全与生态需水量研究——兼谈塔里木河生态需水量问题. 地球科学进展, 23 (7): 732-738.

程国栋. 2009. 黑河流域水-生态-经济系统综合管理研究. 北京: 科学出版社.

程国栋, 肖洪浪, 傅伯杰, 等. 2014. 黑河流域生态-水文过程集成研究进展. 地球科学进展, 29 (4): 431-437.

程国栋, 肖洪浪, 徐中民, 等. 2006. 中国西北内陆河水问题及其应对策略——以黑河流域为例. 冰川冻土, 28 (3): 406-413.

丁婧祎, 赵文武, 房学宁. 2015. 社会水文学研究进展. 应用生态学报, 26 (4): 1055-1063.

冯起, 苏永红, 司建华, 等. 2013. 黑河流域生态水文样带调查. 地球科学进展, 28 (2): 187-196.

葛晓光, 薛博, 万力, 等. 2009. 黑河下游径流量与额济纳绿洲NDVI的滞后模型. 地理科学, 29 (6): 900-904.

贡璐, 刘曾媛, 塔西甫拉提·特依拜. 2015. 极端干旱区绿洲土壤盐分特征及其影响因素. 干旱区研究, 32 (4): 657-662.

郝兴明, 陈亚宁, 李卫红, 等. 2009. 胡杨根系水力提升作用的证据及其生态学意义. 植物生态学报, 33 (6): 1125-1131.

何志斌, 赵文智. 2003. 黑河下游荒漠河岸林典型样带植被空间异质性. 冰川冻土, 25 (5): 591-596.

黄永梅, 陈慧颖, 张景慧, 等. 2018. 植物属性地理的研究进展与展望. 地理科学进展, 37 (1): 93-101.

黄友波, 郑冬燕, 夏军, 等. 2004. 黑河地区水资源脆弱性及其生态问题分析. 水资源与水工程学报, 15 (1): 32-37.

姜联合, 王建中, 郑元润. 2004. 叶片投影盖度-描述植物群落结构的有效方法. 植物分类与资源学报, 26 (2): 166-172.

蒋晓辉, 刘昌明. 2009. 黑河下游植被对调水的响应. 地理学报, 64 (7): 791-797.

李小雁. 2011. 干旱地区土壤-植被-水文耦合、响应与适应机制. 中国科学: 地球科学, 41 (12): 1721-1730.

刘蔚, 王忠静, 席海洋. 2008. 黑河下游水土理化性质变化及生态环境意义. 冰川冻土, 30 (4): 688-696.

吕文, 杨桂山, 万荣荣. 2012. "生态水文学"学科发展和研究方法概述. 水资源与水工程学报, 23 (5): 29-33.

牛云, 张宏斌. 2002. 祁连山主要植被下土壤水的时空动态变化特征. 山地学报, 20 (6): 723-726.

洒文君. 2012. 青藏高原高寒草地生产力及载畜量动态分析研究. 兰州: 兰州大学博士学位论文.

施雅风, 沈永平, 李栋梁, 等. 2003. 中国西北气候由暖干向暖湿转型的特征和趋势探讨. 第四纪研究, 23 (2), 152-164.

司建华, 常宗强, 苏永红, 等. 2008. 胡杨叶片气孔导度特征及其对环境因子的响应. 西北植物学报, 28 (1): 125-130.

司建华, 冯启, 张小由, 等. 2005. 黑河下游分水后的植被变化初步研究. 西北植物学报, 25 (4): 631-640.

苏培玺, 严巧娣. 2008. 内陆河流域植物稳定碳同位素变化及其指示意义. 生态学报, 28: 1616-1624.

苏琦, 袁道阳, 谢虹. 2016. 祁连山—河西走廊黑河流域地貌特征及其构造意义. 地震地质, 38 (3):

560-581.

塔依尔江·艾山, 玉米提·哈力克, 艾尔肯·艾白不拉, 等. 2011. 塔里木河下游阿拉干断面胡杨林空间分布特征及其影响因素. 干旱区资源与环境, 25 (12): 156-160.

王根绪, 程国栋. 2000. 干旱荒漠绿洲景观空间格局及其受水资源条件的影响分析. 生态学报, 20 (3): 363-368.

王根绪, 钱鞠, 程国栋. 2001. 生态水文科学研究的现状与展望. 地球科学进展, 16 (3): 314-323.

王海军, 张勃, 靳晓华, 等. 2009. 基于 GIS 的祁连山区气温和降水的时空变化分析. 中国沙漠, 29 (6): 1196-1202.

王彦芳. 2014. 干旱区植被格局、动态及其对气候水文响应研究. 北京: 中国科学院大学博士学位论文.

王忠武, 祁维秀, 白林, 等. 2018. 祁连山地区气候变化特征再分析. 青海草业, 27 (2): 42-48.

吴琴, 胡启武, 郑林, 等. 2010. 青海云杉叶寿命与比叶重随海拔变化特征. 西北植物学报, 30: 1689-1694.

席海洋, 冯起, 司建华, 等. 2013. 黑河下游绿洲 NDVI 对地下水位变化的响应研究. 中国沙漠, 33 (2): 574-582.

严登华, 何岩, 邓伟, 等. 2001. 生态水文学研究进展. 地理科学, 21 (5): 467-473.

杨文娟. 2018. 祁连山青海云杉林空间分布和结构特征及蒸散研究. 北京: 中国林业科学研究院博士学位论文.

叶朝霞, 陈亚宁, 李卫红. 2007. 基于生态水文过程的塔里木河下游植被生态需水量研究. 地理学报, 62 (6): 451-461.

尹力, 赵良菊, 阮云峰, 等. 2012. 黑河下游典型生态系统水分补给源及优势植物水分来源研究. 冰川冻土, 34 (6): 1478-1486.

俞锡章. 1983. 青海祁连山地区草场资源特点与发展畜牧业生产措施的探讨. 中国草地学报, (1): 9-14.

张赐成. 2018. 黑河流域中下游荒漠植物水分适应性特征研究. 北京: 北京师范大学博士学位论文.

张华, 张兰, 赵传燕. 2014. 极端干旱区尾闾湖生态需水估算——以东居延海为例. 生态学报, 34 (8): 2102-2108.

张锐, 刘普幸, 张克新, 等. 2010. 祁连山区日照时数的空间差异、突变与多尺度分析. 资源科学, 32 (12): 2413-2418.

张晓龙, 周继华, 蔡文涛, 等. 2018. 基于 3S 技术的黑河流域 1∶100000 植被制图. 西北师范大学学报 (自然科学版), 54 (2): 95-101.

赵文智, 程国栋. 2001a. 生态水文学——揭示生态格局和生态过程水文学机制的科学. 冰川冻土, 23 (4): 450-457.

赵文智, 程国栋. 2001b. 干旱区生态水文过程研究若干问题评述. 科学通报, 46 (22): 1851-1857.

赵祥, 董宽虎, 张垚等. 2011. 达乌里胡枝子根解剖结构与其抗旱性的关系. 草地学报, 19: 13-19.

郑丹, 李卫红, 陈亚鹏, 等. 2005. 干旱区地下水与天然植被关系研究综述. 资源科学, 27 (4): 160-167.

中国科学院中国植被图编辑委员会. 2007. 中华人民共和国植被图 1∶1 000 000. 北京: 地质出版社.

中华人民共和国农业部. 2003. NY/T635-2002. 中华人民共和国农业行业标准——天然草地合理载畜量的计算. 北京: 中国标准出版社.

周勋, 范泽孟, 岳天祥. 2017. 黑河流域植被类型分布模拟分析. 地球信息科学学报, 19 (4): 493-501.

Alberto M, Young G, Savenije H H G, et al. 2013. "Panta Rhei-Everything Flows": Change in hydrology and society-The IAHS Scientific Decade 2013–2022. Hydrological Sciences Journal, 58 (6): 1256-1275.

Asbjornsen H, Goldsmith G R, Alvarado-Barrientos M S, et al. 2011. Ecohydrological advances and applications in plant-water relations research: a review. Journal of Plant Ecology, 4 (1-2): 3-22.

Bachelet D, Ferschweiler K, Sheehan T J, et al. 2015. Projected carbon stocks in the conterminous USA with land use and variable fire regimes. Global Change Biology, 21: 4548-4560.

Bachelet D, Ferschweiler K, Sheehan T J, et al. 2016. Climate change effects on southern California deserts. Journal of Arid Environments, 127: 17-29.

Baird A J, Wilby R L. 1999. Eco-Hydrology: Plants and Water in Terrestrial and Aquatic Environments. Routledge: London.

Baltzer J L, Davis S J, Bunyavejchewin S, et al. 2008. The role of desiccation tolerance in determining tree species distributions along the Malay: Thai peninsula. Functional Ecology, 22: 221-231.

Bannari A, Morin D, Bonn F, et al. 1995. A review of vegetation indices. Remote Sensing Reviews, 13 (1-2): 95-120.

Bastin G, Scarth P, Chewings V, et al. 2012. Separating grazing and rainfall effects at regional scale using remote sensing imagery: a dynamic reference-cover method. Remote Sensing of Environment, 121: 443-457.

Bedford D R, Small E E. 2008. Spatial patterns of ecohydrologic properties on a hillslope-alluvial fan transect central New Mexico. Catena, 73 (1): 34-48.

Bennion H, Battarbee R W, Sayer C D, et al. 2010. Defining reference conditions and restoration targets for lake ecosystems using palaeolimnology: a synthesis. Journal of Paleolimnology, 45 (4): 533-544.

Betts R A, Cox P M, Woodward F L. 2001. Simulated responses of potential vegetation to doubled-CO_2 climate change and feedbacks on near-surface temperature. Global Ecology and Biogeography, 9: 171-180.

Bodin Ö, Tengö M. 2012. Disentangling intangible social-ecological systems. Global Environmental Change, 22: 430-439.

Budyko M. 1974. Climate and Life. New York: Academic Press.

Busch D E, Smith S D. 1995. Mechanisms associated with decline of woody species in Riparian ecosystems of the Southwestern US. Ecological Monographs, 65 (3): 347-370.

Butler E E, Datta A, Flores-Moreno H, et al. 2017. Mapping local and global variability in plant trait distributions. Proceedings of the National Academy of Sciences, 114 (51): 10937-10946.

Catford J A, Daehler C C, Murphy H T, et al. 2012. The intermediate disturbance hypothesis and plant invasions: Implications for species richness and management. Perspectives in Plant Ecology Evolution and Systematics, 14 (3): 231-241.

Chadès I, Martin T G, Nicol S, et al. 2011. General rules for managing and surveying networks of pests, diseases, and endangered species. Proceedings of the National Academy of Sciences, 108 (20): 8323-8328.

Chen L Y, He L, Zhang P, et al. 2014. Climate and native grassland vegetation as divers of the community structures of shrub-encroached grasslands in Inner Mongolia, China. Landscape Ecology, 30 (9): 1627-1641.

Chen Y, Li Z, Fan Y, et al. 2015. Progress and prospects of climate change impacts on hydrology in the arid region of northwest China. Environmental Research, 139: 11-19.

Cheng G, Li X, Zhao W, et al. 2014. Integrated study of the water-ecosystem-economy in the Heihe River Basin. National science review, 1: 413-428.

Cipriotti P A, Aguiar M R. 2015. Is the balance between competition and facilitation a driver of the patch dynamics in arid vegetation mosaics? Oikos, 124 (2): 139-149.

Cornelissen J H C, Lavorel S, Garnier E, et al. 2003. A handbook of protocols for standardized and easy measurement of plant functional traits worldwide. Australian Journal of Botany, 51: 335-380.

Craig H. 1961. Isotopic Variations in Meteoric Waters. Science, 133: 1702-1703.

Cramer M D, Barger N N. 2013. Are Namibian "Fairy Circles" the Consequence of Self-Organizing Spatial Vegetation Patterning? Plos One, 8 (8): 70876.

Creutzburg M K, Halofsky J E, Halofsky J S, et al. 2015. Climate change and land management in the Rangelands of central oregon. Environmental Management, 55: 43-55.

Dallimer M, Strange N. 2015. Why socio-political borders and boundaries matter in conservation. Trends in Ecology and Evolution, 30 (3): 132-139.

Darrouzet-Nardi A, D'Antonio C M, Dawson T E. 2006. Depth of water acquisition by invading shrubs and resident herbs in a Sierra Nevada meadow. Plant and Soil, 285: 31-43.

Décamps H, Pinay G, Naiman R J, et al. 2004. Riparian zones: Where biogeochemistry meets biodiversity in management practice. Polish Journal of Ecology, 52 (1): 3-18.

Di Baldassarre G, Viglione A, Carr G, et al. 2015. Debates—Perspectives on sociohydrology: Capturing feedbacks between physical and social processes. Water Resources Research, (51): 1-12.

Dickman L T, McDowell N G, Sevanto S, et al. 2015. Carbohydrate dynamics and mortality in a piñon-juniper woodland under three future precipitation scenarios. Plant, Cell and Environment, 38 (4): 729-739.

Dilts T E, Weisberg P J, Dencker C M, et al. 2015. Functionally relevant climate variables for arid lands: a climatic water deficit approach for modelling desert shrub distributions. Journal of Biogeography, 42: 1986-1997.

Duniway M C, Snyder K A, Herrick J E. 2010. Spatial and temporal patterns of water availability in a grass-shrub ecotone and implications for grassland recovery in arid environments. Ecohydrology, 3 (1): 55-67.

Eagleson P S. 2002. Ecohydrology: Darwinian Expression of Vegetation form and Function. Cambridge: Cambridge University Press.

Eggemeyer K D, Awada T, Harvey F E, et al. 2009. Seasonal changes in depth of water uptake for encroaching trees Juniperus virginiana and Pinus ponderosa and two dominant C4 grasses in a semiarid grassland. Tree Physiology, 29: 157-169.

Elshafei Y, Sivapalan M, Tonts M, et al. 2014. A prototype framework for models of socio-hydrology: identification of key feedback loops and parameterisation approach. Hydrology and Earth System Sciences, 18 (6): 2141-2166.

Falkenmark M. 1977. Water and mankind: A complex system of mutual interaction. Ambio, 6 (1): 3-9.

Falkenmark M. 2003. Freshwater as shared between society and ecosystems: from divided approaches to integrated challenges. Philosophical Transactions of the Royal Society of London. Series B: Biological Sciences, 358 (1440): 2037-2049.

Franco A C, Bustamante M, Caldas L S, et al. 2005. Leaf functional traits of Neotropical savanna trees in relation to seasonal water deficit. Trees, 19 (3): 326-335.

Franklin J. 2010. Mapping Species Distributions: Spatial Inference and Prediction. Cambridge: Cambridge University Press.

Fu A, Chen Y, Li W. 2014. Water use strategies of the desert riparian forest plant community in the lower reaches of Heihe River Basin, China. Science China-Earth Sciences, 57: 1-13.

Gao B, Qin Y, Wang Y H, et al. 2016. Modeling Ecohydrological Processes and Spatial Patterns in the Upper Heihe Basin in China. Forests, 7 (10): 1-21.

Gao G, Shen Q, Zhang Y, et al. 2018. Determining spatio-temporal variations of ecological water consumption by natural oases for sustainable water resources allocation in a hyper-arid endorheic basin. Journal of Cleaner Production, 185: 1-13.

Gibson J J, Birks S J, Edwards T W D. 2008. Global prediction of δA and $δ^2H$-$δ^{18}O$ evaporation slopes for lakes and soil water accounting for seasonality. Global Biogeochemcal Cycles, 22: 20-31.

Greenwood M T, Wood P J, Monk W A. 2006. The use of fossil caddisfly assemblages in the reconstruction of flow environments from floodplain paleochannels of the river trent, England. Journal of Paleolimnology, 35 (4): 747-761.

Grossiord C, Sevanto S, Dawson T E, et al. 2017. Warming combined with more extreme precipitation regimes modifies the water sources used by trees. New Phytologist, 213 (2): 584-596.

Guo C, Ma L, Yuan S, et al. 2017. Morphological, physiological and anatomical traits of plant functional types in temperate grasslands along a large-scale aridity gradient in northeastern China. Scientific Reports, 7: 1-10.

Hacke U G, Sperry J S, Pockman W T, et al. 2001. Trends in wood density and structure are linked to prevention of xylem implosion by negative pressure. Oecologia, 126: 457.

Hao L, Pan C, Fang D, et al. 2018. Quantifying the effects of overgrazing on mountainous watershed vegetation dynamics under a changing climate. Science of the Total Environment, 638: 1408-1420.

Hao L, Pan C, Liu P L, et al. 2016. Detection of the coupling between vegetation leaf area and climate in a multi-functional watershed, Northwestern China. Remote Sense, 8: 1032.

Hao X M, Li W H, Huang X, et al. 2010. Assessment of the groundwater threshold of desert riparian forest vegetation along the middle and lower reaches of the Tarim River, China. Hydrology Process, 24: 178-186.

Hastie T, Tibshirani R, Friedman J, et al. 2009. The Elements of Statistical Learning. Berlin: Springer.

Hickler T, Vohland K, Feehan J, et al. 2012. Projecting the future distribution of European potential natural vegetation zones with a generalized, tree species-based dynamic vegetation model. Global Ecology and Biogeography, 21: 50-63.

Hijmans R, Cameron S, Parra J, et al. 2005. Very high resolution interpolated climate surfaces for global land areas. International Journal of Climatology, 25 (15): 1965-1978.

Hochmuth H, Thevs N, He P. 2015. Water allocation and water consumption of irrigation agriculture and natural vegetation in the Heihe River watershed, NW China. Environmental Earth Sciences, 73 (9): 5269-5279.

Holdridge L R. 1967. Life Zone Ecology. Tropical Science Center, San Jose, Costa Rica.

Hu X, Lu L, Li X, et al. 2015. Land use/cover change in the middle reaches of the Heihe River Basin over 2000-2011 and Its implications for sustainable water resource management. Plos One, 10: e0128960.

Janssen M A, Bodin Ö, Anderies J M, et al. 2006. Toward a network perspective of the study of resilience in social-ecological systems. Ecology and Society, 1 (1): 11.

Kallis G. 2010. Coevolution in water resource development: the vicious cycle of water supply and demand in Athens, Greece. Ecological Economics, 69 (4): 796-809.

Kandasamy J, Sountharararajah D, Sivabalan P, et al. 2014. Socio-hydrologic drivers of the pendulum swing between agricultural development and environmental health: a case study from Murrumbidgee River basin, Australia. Hydrology and Earth System Sciences, 18 (3): 1027-1041.

Kattge J, Díaz S, Lavorel S, et al. 2011. TRY-a global database of plant traits. Global Change Biology, 17 (9): 2905-2935.

Kininmonth S, Bergsten A, Bodin Ö. 2015. Closing the collaborative gap: Aligning social and ecological connectivity for better management of interconnected wetlands. Ambio, 44 (1): 138-148.

Kool D, Kustas WP, Ben-Gal A, et al. 2016. Energy and evapotranspiration partitioning in a desert vineyard. Agricultural and Forest Meteorology, 218-219: 277-287.

Lars M, Lourens P. 2010. Seedling root morphology and biomass allocation of 62 tropical tree species in relation to drought- and shade-tolerance. Journal of Ecology, 97: 311-325.

Lenihan J M, Daly C, Bachelet D, et al. 1998. Simulating broad-scale fire severity in a dynamic global vegetation model. Northwest Science, 72: 92-103.

Lepš J, Šmilauer P. 2003. Multivariate Analysis of Ecological Data Using CANOCOTM. Cambridge: Cambridge University Press.

Levine J M. 2016. A trail map for trait-based studies. Nature, 529: 163-164.

Li J, Yu B, Zhao C, et al. 2013. Physiological and morphological responses of Tamarix ramosissima and Populus euphratica to altered groundwater availability. Tree Physiology, 33: 57-68.

Li X Y, Yang D W, Zhen C M, et al. 2017. Ecohydrology//The Geographical Sciences During 1986-2015. Springer Gepgraphy.

Li Xin, Cheng G D, Ge Y C, et al. 2018. Hydrological Cycle in the Heihe River Basin and Its Implication for Water Resource Management in Endorheic Basins. Journal of Geophysical Research: Atmospheres, 123 (2): 890-914.

Liu P L, Hao L, Pan C, et al. 2017. Combined effects of climate and land management on watershed vegetation dynamics in an arid environment. Science of the Total Environment, 589: 73-88.

Liu X, Yu J, Wang P, et al. 2016. Lake evaporation in a hyper-arid environment. Northwest of China-measurement and estimation. Water 8: 527.

Luo G P, Zhou C H, Chen X, et al. 2008. A methodology of characterizing status and trend of land changes in oases: a case study of Sangong River watershed, Xinjiang, China. Journal of Environmental Management, 88 (4): 775-783.

Martorell C, Almanza-Celis C A I, Pérez-García E A, et al. 2015. Co-existence in a species-rich grassland: competition, facilitation and niche structure over a soil depth gradient. Journal of Vegetation Science, 26: 674-685.

McDowell N, Pockman W T, Allen C D, et al. 2008. Mechanisms of Plant Survival and Mortality during Drought: Why Do Some Plants Survive while Others Succumb to Drought? The New Phytologist, 178 (4): 719-739.

McGarigal K, Cushman S A, Ene E. 2012. FRAGSTATS v4: Spatial Pattern Analysis Program for Categorical and Continuous Maps. http://www.umass.edu/landeco/research/fragstats/fragstats.html[2012-12-30].

McGarigal K. 2002. Landscape pattern metrics//El-Shaarawi A H, Piegorsch W W. Encyclopedia of Environmetrics. Sussex: John Wiley and Sons: 1135-1142.

Meinshausen M, Smith S J, Calvin K, et al. 2011. The RCP greenhouse gas concentrations and their extensions from 1765 to 2300. Climatic Change, 109: 213.

Myerssmith I H, Elmendorf S C, Beck P S A, et al. 2015. Climate sensitivity of shrub growth across the tundra biome. Nature Climate Change, 5 (9): 99-100.

Neilson R P. 1995. A Model for Predicting Continental-Scale Vegetation Distribution and Water Balance. Ecological Applications, 5: 362-385.

Newman B D, Wilcox B P, Archer S R, et al. 2006. Ecohydrology of water-limited environments: A scientific vision. Water Resources Research, 42 (6): 1-15.

Noy-Meir I. 1973. Desert ecosystems: Environment and producers. Annual Review of Ecology and Systematics,

4（1）：25-51.

Oksanen J, Blanchet F G, Kindt R, et al. 2017. Vegan: Community ecology package. https://CRAN. R-project. org/package=vegan ［2019-9-10］.

Oksanen J, Minchin P R. 2002. Continuum theory revisited: What shape are species responses along ecological gradients? Ecological Modelling, 157（2）：119-129.

Ostrom E. 2007. A diagnostic approach for going beyond panaceas. Proceedings of the National Academy of Sciences, 104（39）：15181-15187.

Otieno D O, Kurz-Besson C, Liu J, et al. 2006. Seasonal variations in soil and plant water status in a quercus suber L. Stand: Roots as determinants of tree productivity and survival in the Mediterranean-type Ecosystem. Plant and Soil, 283（1-2）：119-135.

Palpurina S, Wagner V, Von Wehrden H, et al. 2017. The relationship between plant species richness and soil pH vanishes with increasing aridity across Eurasian dry grasslands. Global Ecology and Biogeography, 26：425-434.

Pan X D, Li X, Shi X K, et al. 2012. Dynamic downscaling of near-surface air temperature at the basin scale using WRF-a case study in the Heihe River Basin, China. Frontiers of Earth Science, 6（3）：314-323.

Pappas C, Fatichi S, Burlando P. 2015. Modeling terrestrial carbon and water dynamics across climatic gradients: does plant diversity matter? New Phytologist, 209（1）：13590.

Parton W J, Scurlock J M O, Ojima D S, et al. 1993. Observations and modeling of biomass and soil organic matter dynamics for the grassland biome worldwide. Global Biogeochemical Cycles, 7：785-809.

Phillips D L, Gregg J W. 2003. Source partitioning using stable isotopes: Coping with too many sources. Oecologia, 136（2）：261-269.

Piao S, Fang J, Ciais P, et al. 2009. The carbon balance of terrestrial ecosystems in China. Nature, 458：1009.

Piao S, Wang X, Ciais P, et al. 2011. Changes in satellite-derived vegetation growth trend in temperate and boreal Eurasia from 1982 to 2006. Global Change Biology, 17：3228-3239.

Pugnaire F I, Armas C, Maestre F T, et al. 2011. Positive plant interactions in the Iberian Southeast: Mechaniss, environmental gradient, and ecosystem function. Journal of Environments, 75（12）：1310-1320.

Puigdefábregas J. 2005. The role of vegetation patterns in structuring runoff and sediment fluxes in drylands. Earth Surface Processes and Landforms,（30）：133-147.

Reich P B, Walters M B, Ellsworth D S. 1997. From tropics to tundra: Global convergence in plant functioning. Proceedings of the National Academy of Sciences, 94（25）：13730-13734.

Reich P B, Rich R L, Lu X J, et al. 2014. Biogeographic variation in evergreen conifer needle longevity and impacts on boreal forest carbon cycle projections. Proceedings of the National Academy of Sciences of the United States of America（PNAS）, 111（38）：13703-13708.

Rietkerk M, Dekker S, Ruiter P C, et al. 2004. Self-organized patchiness and catastrophic shifts in ecosystems. Science, 305（5692）：1926-1929.

Robertson J A, Gazis C A. 2006. An oxygen isotope study of seasonal trends in soil water fluxes at two sites along a climate gradient in Washington State（USA）. Journal of Hydrology, 328：375-387.

Rodriguez I. 2000. Ecohydrology: A hydrologic perspective of climate-soil-vegetation dynamics. Water Resources Research, 36（1）：3-9.

Ruan H, Zou S, Yang D, et al. 2017. Runoff Simulation by SWAT Model Using High-Resolution Gridded Precipitation in the Upper Heihe River Basin, Northeastern Tibetan Plateau. Water, 9：866.

Running S W, Zhao M. 2015. Daily GPP and annual NPP (MOD17A2/A3) products NASA Earth Observing System MODIS land algorithm. MOD17 User's Guide.

Schaphoff S, Lucht W, Gerten D, et al. 2006. Terrestrial biosphere carbon storage under alternative climate projections. Climatic Change, 74: 97-122.

Scheffer M, Bascompte J, Brock W A, et al. 2009. Early-warning signals for critical transitions. Nature, 461: 53.

Schneider F D, Morsdorf F, Schmid B, et al. 2017. Mapping functional diversity from remotely sensed morphological and physiological forest traits. Nat Commun, 8: 1-12.

Sesnie S, Gessler P, Finegan B, et al. 2008. Integrating Landsat TM and SRTM-DEM derived variables with decision trees for habitat classification and change detection in complex neotropical environments. Remote Sensing of Environment, 112 (5): 2145-2159.

Shackel K A, Hall A E. 1983. Comparison of Water Relations and Osmotic Adjustment in Sorghum and Cowpea Under Field Conditions. Australian Journal of Plant Physiology, 10 (4-5): 423-435.

Shafer J M, Labadie J. 1978. Synthesis and Calibration of a River Basin Water Management Model. Colorado: Colorado State University.

Shen Q, Gao G Y, Lu Y H, et al. 2017. River flow is critical for vegetation dynamics: Lessons from multi-scale analysis in a hyper-arid endorheic basin. Science of the Total Environment, 603: 290-298.

Shen Q, Gao G, Fu B. 2015. Responses of shelterbelt stand transpiration to drought and groundwater variations in an arid inland river basin of Northwest China. Journal of Hydrology, 531: 738-748.

Shen Q, Gao G, Han F, et al. 2018. Quantifying the effects of human activities and climate variability on vegetation cover chang in a hyper-arid endorheic basin. Land Degradation and Development, 29 (10): 3294-3304.

Silvertown J Y A, Gowing D. 2015. Hydrological niches in terrestrial plant communities: A review. Journal of Ecology, 103: 93-108.

Silvertown J. 2004. Plant coexistence and the niche. Trends in Ecology and Evolution 19: 605-611.

Simmons B, Woog R, Dimitrov V. 2007. Living on the edge: A complexity-informed exploration of the human-water relationship. World Futures, 63 (3&4): 275-285.

Sivapalan M, Savenije H H, Blöschl G. 2012. Socio-hydrology: A new science of people and water. Hydrological Processes, 26 (8): 1270-1276.

Song M, Duan D, Chen H, et al. 2008. Leaf δ^{13}C reflects ecosystem patterns and responses of alpine plants to the environments on the Tibetan Plateau. Ecography, 31: 499-508.

Song X D, Brus D J, Liu F, et al. 2016. Mapping soil organic carbon content by geographically weighted regression: A case study in the Heihe River Basin, China. Geoderma, 261: 11-22.

Stirzaker R J, Passioura J B, Wilms Y. 1996. Soil structure and plant growth: Impact of bulk density and biopores. Plant and Soil, 185 (1): 151-162.

Su Z. 2002. The Surface Energy Balance System (SEBS) for estimation of turbulent heat fluxes. Hydrology and Earth System Sciences, 6: 85-99.

Sun Z, Long X, Ma R. 2015. Water uptake by saltcedar (Tamarix ramosissima) in a desert riparian forest: responses to intra-annual water table fluctuation. Hydrological Processes, 30 (9): 1388-1402.

Tachikawa T, Hato M, Kaku M, et al. 2011. Characteristics of ASTER GDEM version 2//2011 IEEE International Geoscience and Remote Sensing Symposium (pp. 3657-3660).

Ter Braak C J F, Smilauer P. 2002. CANOCO Reference Manual and CanoDraw for Windows User's Guide: Software for Canonical Community Ordination (version 4.5). New York: Microcomputer Power.

Ter Braak C J F, Smilauer P. 2012. Canoco reference manual and user's guide: software for ordination, version 5.0. Ithaca: Microcomputer Power.

Turner N C, Schulze E D, Gollan T. 1985. The responses of stomata and leaf gas exchange to vapour pressure deficits and soil water content. III. in the sclerophyllous woody species Nerium oleander. Oecologia, 65 (3): 348-355.

van Bodegom P M, Douma J C, Verheijen L M. 2014. A fully traits-based approach to modeling global vegetation distribution. Proceedings of the National Academy of Sciences of the United States of America (PNAS), 111 (38): 13733-13738.

van der Linden S, Rabe A, Held M, et al. 2015. The EnMAP-Box—A toolbox and application programming interface for EnMAP data processing. Remote Sensing, 7 (9): 11249.

Van Emmerik T, Li Z, Sivapalan M, et al. 2014. Socio-hydrologic modeling to understand and mediate the competition for water between agriculture development and environmental health: Murrumbidgee River Basin, Australia. Hydrology and Earth System Sciences, 18 (10): 4239-4259.

Verburg P H, Overmars K P. 2009. Combining top-down and bottom-up dynamics in land use modeling: exploring the future of abandoned farmlands in Europe with the Dyna-CLUE model. Landscape Ecology, 24 (9): 1167-1181.

Violle C, Reich P B, Pacala S W, et al. 2014. The emergence and promise of functional biogeography. Proceedings of the National Academy of Sciences of the United States of America (PNAS), 111 (38): 13690-13696.

Wagener T, Sivapalan M, Troch P A, et al. 2010. The future of hydrology: An evolving science for a changing world. Water Resources Research, 46 (5): W05301.

Wang F, Qin Z, Song C, et al. 2015. An improved Mono-Window algorithm for land surface temperature retrieval from Landsat 8 thermal infrared sensor data. Remote Sensing, 7 (4): 4268-4289.

Wang G, Zhou J, Kubota J, et al. 2008. Evaluation of groundwater dynamic regime with groundwater depth evaluation indexes. Water environment research, 80: 547-560.

Wang J, Li A, Bian J. 2016. Simulation of the grazing effects on grassland aboveground net primary production using DNDC model combined with time-series remote sensing data—a case study in Zoige Plateau, China. Remote Sens, 8 (3): 168.

Wang Y, Yang H, Yan D, et al. 2016. Spatial interpolation of daily precipitation in a high mountainous watershed based on Gauge observations and a regional climate model simulation. Journal of Hydrometeorology, 18: 845-862.

Warren C. 2006. Corrigendum to: Estimating the internal conductance to CO_2 movement. Functional Plant Biology, 35: 431-442.

West A G, Patrickson S J, Ehleringer J R. 2006. Water extraction times for plant and soil materials used in stable isotope analysis. Rapid Communications in Mass Spectrometry, 20: 1317-1321.

Williams D G, Ehleringer J R. 2000. Intra-and interspecific variation for summer precipitation use in Pinyon-Juniper woodlands. Ecological Monographs, 70 (4): 517-537.

Williams D G, Scott R L, Huxman T E, et al. 2006. Sensitivity of riparian ecosystems in arid and semiarid environments to moisture pulses. Hydrological Processes, 20 (15): 3191-3205.

Wong C P, Jiang B, Bohn T J, et al. 2017. Lake and wetland ecosystem services measuring water storage and local climate regulation. Water Resources Research, 53 (4): 3197-3223.

Wright I J, Reich P B, Cornelissen J H C, et al. 2005. Modulation of leaf economic traits and trait relationships by climate. Global Ecology and Biogeography, 14: 411-421.

Wright I J, Reich P B, Westoby M, et al. 2004. The worldwide leaf economics spectrum. Nature, 428: 821-827.

Wu B, Zhu W, Yan N, et al. 2016. An improved method for deriving daily evapotranspiration estimates from satellite estimates on cloud-free days. IEEE Journal of Selected Topics in Applied Earth Observations and Remote Sensing, 9: 1323-1330.

Wu G L, Zhang Z N, Wang D, et al. 2014. Interactions of soil water content heterogeneity and species diversity patterns in semi-arid steppes on the Loess Plateau of China. Journal of Hydrology, 519: 1362-1367.

Wu H, Li X Y, Jiang Z, et al. 2016. Contrasting water use pattern of introduced and native plants in an alpine desert ecosystem, Northeast Qinghai-Tibet Plateau, China. Science of the Total Environment, 542: 182-191.

Wu Y, Zhou H, Zheng X J, et al. 2014. Seasonal changes in the water use strategies of three co-occurring desert shrubs. Hydrological Processes, 28: 6265-6275.

Xiao F, Gao G, Shen Q, et al. 2019. Spatio-temporal characteristics and driving forces of landscape structure changes in the middle reach of the Heihe River Basin from 1990 to 2015. Landscape Ecology, 34: 755-770.

Xiao S, Xiao H L, Peng X M, et al. 2013. Daily and seasonal stem radial activity of Populus euphratica and its association with hydroclimatic factors in the lower reaches of China's Heihe River basin. Environ Earth Science, 72: 609-621.

Xiao Z, Liang S, Wang J, et al. 2014. Use of general regression neural networks for generating the GLASS leaf area index product from time-series MODIS surface reflectance IEEE Transactions on Geoscience and Remote Sensing, 52: 209-223.

Xiao Z, Liang S, Wang J, et al. 2016. Long-time-series global land surface satellite leaf area index product derived from MODIS and AVHRR surface reflectance. IEEE Trans. reflectance IEEE Transactions on Geoscience and Remote Sensing, 54: 1-18.

Xiao Z, Liang S, Wang J. 2013. Leaf Area Index retrieval from multi-sensor remote sensing data using general regression neural networks. IEEE Transactions on Geoscience and Remote Sensing, 43: 1855-1865.

Xiong Z, Yan X. 2013. Building a high-resolution regional climate model for the Heihe River Basin and simulating precipitation over this region. Chinese Science Bulletin, 58: 4670-4678.

Yang D W, Bing G, Yang J, et al. 2015. A distributed scheme developed for eco-hydrological modeling in the upper Heihe River. Science China Earth Sciences, 58: 36-45.

Yang R M, Zhang G L, Liu F, et al. 2016. Comparison of boosted regression tree and random forest models for mapping topsoil organic carbon concentration in an alpine ecosystem Ecological Indicators, 60: 870-878.

Zalewski M, Robarts R. 2003. Ecohydrology-a new paradigm for integrated water resources management. SIL News, 40: 1-5.

Zhang J T, Dong Y. 2010. Factors affecting species diversity of plant communities and the restoration process in the loess area of China. Ecological Engineering, 36 (3): 345-350.

Zhang M, Wang S, Fu B, et al. 2018. Ecological effects and potential risks of the water diversion project in the Heihe River Basin. Science of the Total Environment, 619: 794-803.

Zhang M, Wang S, Gao G, et al. 2019. Exploring responses of lake area to river regulation and implications for lake restoration in arid regions. Ecological Engineering, 128: 18-26.

Zhang X, Zhou J, Zheng Y. 2016. 1 : 100000 Vegetation Map of Heihe River Basin (Version 2.0): Cold and Arid Regions Science Data Center: Lanzhou, China.

Zhang Y, Yu J J, Wang P, et al. 2011. Vegetation responses to integrated water management in the Ejina basin, northwest China. Hydrological Processes, 25 (22): 3448-3461.

Zhao C, Nan Z, Cheng G, et al. 2006. GIS-assisted modelling of the spatial distribution of Qinghai spruce (*Picea crassifolia*) in the Qilian Mountains, northwestern China based on biophysical parameters. Ecological Modelling, 191: 487-500.

Zhong B, Yang A, Nie A, et al. 2015. Finer resolution land-cover mapping using multiple classifiers and multisource remotely sensed data in the Heihe River Basin. IEEE Journal of STARS, 8: 4973-4992.

Zhou D C, Hao L, Kim J B, et al. 2019. Potential impacts of climate change on vegetation dynamics and ecosystem function in a mountain watershed on the Qinghai-Tibet Plateau. Climatic Change, 156: 31-50.

Zhou G, Wang Y, Wang S. 2002. Responses of grassland ecosystems to precipitation and land use along the Northeast China Transect. Journal of Vegetation Science, 13: 361-368.

Zhou H, Zhao W, Zheng X, et al. 2015. Root distribution of *Nitraria sibirica* with seasonally varying water sources in a desert habitat. Journal of Plant Research, 128: 613-622.

Zhou J, Lai L, Guan T, et al. 2016. Comparison modeling for alpine vegetation distribution in an arid area. Environmental Monitoring and Assessment, 188 (7): 1-14.

索　引

B

比叶面积	34

D

动态植被模型	157，180
多尺度	102，131

F

放牧	159，181
放牧密度	162
放牧时长	160

G

各向同性	13
各向异性	13
光合参数	81
光照适应	91
归因分析	192，208

H

荒漠植被	5，45

J

景观结构	190，198

K

空间分布	93，98

L

林分生长	40，44
流域水资源管理	226，238

M

模型验证	172

Q

气候变化	177，186
气候因子	99

潜在植被分布	173
情景模拟	14

S

山地植被	72
社会生态网络模型	240
社会生态系统结构	239，243
社会水文理念	227
生态情景	194，219
生态水文	9，34
生态水文参数	36，45
生态水文理念	227
生态退化机制	228
生态需水	193，212
生态需水量	193
湿润指数	59
时空分布	38，40
适应性	12，101
适应性管理	242
水文气象因子	211
水资源管理	226

T

土壤黏粒含量	59
土壤水调节层	86
土壤水分	84，86
土壤盐渍化	70
土壤总氮	59

W

尾闾湖	222
温度适应	88，90

X

限制因子   98，100

Y

叶面积指数   38，158
叶性状   74

Z

植被分布   16，19
植被分布模型   19
植被覆盖   192，206
植被格局   10，14
植被格局变化   157，187
植被制图   17
植物功能属性   34，50
植物属性   34
综合环境指数   76
最大情景   222
最优情景   223